炼油化工工艺概论

孙昱东　山红红　主编
杨朝合　主审

石油工业出版社

内 容 提 要

本书全面系统介绍了炼油化工工艺基础、石油产品生产过程和基本有机化工原料生产过程，包括石油及其产品的化学组成和物理性质、炼油化工产品简介、炼油化工过程概述，原油蒸馏、催化裂化、加氢过程、催化重整、石油热加工过程、高辛烷值汽油组分的生产、润滑油生产技术、石油产品添加剂、油品调和、天然气处理与加工，低碳烯烃生产、轻芳烃生产、合成气生产等。

本书可供石油炼制与化工行业技术人员参考，也可以作为高等院校化工及相近专业的教材。

图书在版编目(CIP)数据

炼油化工工艺概论 / 孙昱东，山红红

主编. —北京：石油工业出版社，2020.1

ISBN 978-7-5183-3718-7

Ⅰ. ①炼… Ⅱ. ①孙… ②山… Ⅲ. ①石油炼制-化工生产-生产工艺-概论 Ⅳ. ①TE624

中国版本图书馆 CIP 数据核字(2019)第 251094 号

出版发行：石油工业出版社

　　　　　（北京安定门外安华里2区1号　100011）

　　　　　网　　址：www.petropub.com

　　　　　编辑部：(010)64243881　图书营销中心：(010)64523633

经　　销：全国新华书店

印　　刷：北京中石油彩色印刷有限责任公司

2020 年 1 月第 1 版　2020 年 1 月第 1 次印刷

787×1092 毫米　开本：1/16　印张：23

字数：540 千字

定价：98.00 元

前 言

　　石油是从地下深处开采出来的棕黑色可燃性黏稠液体，是现代工业的血液和经济的命脉。炼油化工工业是将石油加工成各种石油产品和化工产品的行业，是国民经济发展的重要支柱产业之一，在国家的政治、经济和国防安全中占有举足轻重的地位。石油占全球能源消费结构的35%左右，在运输能源消费结构中的占比在90%以上，并且是除矿物以外最重要的工业原材料和最主要的基本有机化工原料。由石油生产及衍生出来的产品种类繁多，形态和功能各异，在工业、农业、生活、交通运输以及国防工业中发挥着重要的作用。石油化工产品已经渗透进我们生活的方方面面，与每个人的衣食住行密切相关。

　　本书在阐述原油和石油产品组成及物性要求的基础上，从工艺原理、影响和操作因素、工艺流程及主要工艺设备等方面，介绍了以石油和天然气为原料生产各种石油产品和基本有机化工原料的主要工艺过程。在详细介绍各种炼油化工过程基础理论和工艺工程知识的同时，也对一些最新的技术发展动态进行了介绍。受篇幅所限，并考虑到介绍石油化工工艺的各类专著和教材较多且已比较完善，本书未选取石油化工下游相关产品合成工艺方面的内容。

　　本书由孙昱东教授和山红红教授编写，杨朝合教授担任主审，编写过程中得到了中国石油大学(华东)化学工程学院各位老师的大力支持与帮助。除书后所附参考书目外，本书还参考了大量的国家标准、行业标准和期刊文献，在此一并表示衷心的感谢！

　　由于编者水平有限，书中难免有不当亟待完善之处，敬请同行专家及广大读者批评指正。

目 录

第三篇　基本有机化工原料生产过程

绪　　论

　　自然界中以气态、液态、固态的形式存在于地下的烃类混合物统称为"石油"。人们常把自然界产出的油状可燃液体矿物称为"石油"，把可燃气体称为"天然气"，把固态可燃油质称为"沥青"。未经加工的自然产出的"石油"又常称为"原油"，石油是从地下深处开采出来的带有一定颜色的油状可燃性黏稠液体，是由古代海洋或湖泊生物埋藏在地下经过漫长的地质演化而形成的各种烃类和非烃类的复杂混合物，与煤一样都属于化石燃料。

　　石油炼制与化工是以石油为原料，生产各种石油及石化产品的过程，是国民经济的重要支柱产业之一。石油是非常复杂的混合物，其所包含化合物的分子结构、大小及性质差异大，而石油及石化产品的种类繁多，产品质量要求各异。因此，要把原油加工成符合各种产品质量要求的石油产品，尤其是石化产品，其工艺流程复杂，装置类型繁多。石油炼制与化工是一个非常复杂的生产过程。

　　石油炼制是在炼油厂中进行的，炼油厂的主要生产装置通常有原油蒸馏（常减压蒸馏）、催化裂化、加氢裂化、加氢精制、焦化、催化重整以及炼厂气加工和石油产品精制等。原油经过加工以后，得到的主要石油产品有汽油、喷气燃料、柴油、燃料油、润滑油、石油蜡、石油沥青、石油焦、液化气和各种石油化工原料。

　　石油化工是指以石油为原料，生产各种化学品的领域，广义上也包括天然气化工。20世纪中叶，石油化工快速发展，使大量化学品的生产从传统的以煤及农林产品为原料，转移到以石油及天然气为原料的基础上，石油化工已成为化学工业中的基干工业，在国民经济中占有极为重要的地位。通过石油炼制工业提供的轻质石油化工原料，可以生产"三烯"（乙烯、丙烯、丁烯或丁二烯）和"三苯"（苯、甲苯、二甲苯）等基本有机化工原料，天然气和渣油可用于生产合成气，进而用于生产合成纤维、合成橡胶、塑料以及化肥、农药等化工产品。

　　石油炼制与化工工业与国民经济的发展关系密切，无论工业、农业、交通运输还是国防建设，都离不开石油产品。石油基燃料是使用范围最广泛的液体燃料，各种交通运输工具和军用机动设备（如飞机、汽车、内燃机车、拖拉机、坦克、船舶和舰艇等）的燃料，主要都是由石油炼制工业提供的。石油可提供绝大多数的润滑剂（润滑油、润滑脂）产品，为运动中的机械提供润滑以减少机件的磨损，延长使用寿命。而石油化工产品更是在各行各业得到了广泛的应用。可以说，石油炼制与化工和我们的衣食住行息息相关。

　　石油炼制工业最早主要是通过原油的简单蒸馏制取家用煤油。20世纪初，汽车工业的发展和第一次世界大战的发生，对汽油的需求迅猛增长，促使从较重的馏分油生产汽油的热裂化技术应运而生；20世纪40年代，催化裂化技术出现，并逐渐成为生产汽油的主要加工过程；20世纪50年代初，为满足对汽油抗爆性的要求，出现了重整技术，而催化重整廉价的副产品氢气促进了加氢技术的发展。

　　中国是世界上最早发现和使用石油的国家之一，早在宋代沈括所编著的《梦溪笔谈》中就有对石油的记载，而真正的石油炼制工业是伴随着中华人民共和国成立后大庆油田、胜利油田先后被发现和开采，原油产量迅速增长而发展起来的。目前，中国的石油炼制与化工工业已发展成为加工手段和产品种类齐全，产品能够满足国内需求，并且有部分产品出口国外的现代化化工产业。2017年，中国原油加工量达到 $5.68×10^8$ t，位居世界第二。

20世纪70年代以来，受中东石油危机影响，国际原油价格上涨，且由于世界上很多油田的开采已进入中后期，轻质油产量减少，重质原油的开采逐渐受到重视，产量逐年增加。此外，由于环境保护的压力逐年增加，对石油产品的质量要求越来越高，尤其是对油品的清洁性要求更高。如何以越来越差的原料生产品质更高的石油和石化产品，是目前国内外炼化企业所面临的严峻问题，也促使炼化企业在今后的发展中不断采取措施，以应对石油工业的发展形势。预计今后一段时间，石油炼制与化工工业的发展趋势主要有以下几个方面：

（1）重油轻质化和劣质原油的加工技术日益受到重视。世界石油市场上原油的重质化、劣质化趋势逐年增加，如何高效、清洁地利用这些原油，是目前炼油工业所面临的严峻问题。

（2）石油产品结构和质量要求发生变化。受燃料消费结构和环保要求的影响，燃料油的需求量减少，而轻质石油馏分需求量增加，石油产品的质量等级升高，尤其是油品的清洁性能要求越来越严格。汽油产品朝着低硫、低芳烃、低烯烃方向发展，柴油要求低硫、低芳烃和高十六烷值，消费柴汽比的降低以及油品替代能源的发展都要求炼油厂的装置结构和类型也必然发生相应的改变，如大力发展催化重整、加氢技术、异构化和烷基化等工艺，全面提升油品质量。

（3）节能降耗和环保要求是石油炼制与化工工业发展的重要推动力。采取新技术，降低油品加工过程中的物耗和能耗，是提高炼化企业经济效益的重要措施。炼油化工生产过程的污水、废气、废渣排放量大，对环境影响明显，开发和实施环保新技术，减少炼化企业对环境的影响，是炼化企业的重要社会责任。

（4）全面提升原油的综合利用率。发展炼化一体化，增产石油化工原料和产品，充分利用石油资源，提高炼化企业的经济效益。

第一篇
炼油化工工艺基础

  石油是一种组成极为复杂的混合物，其主要组分是烃类，除此以外，还含有含硫化合物、含氮化合物、含氧化合物等非烃类化合物和胶质、沥青质，以及种类繁多的微量金属元素。由于产地和基属不同，石油从外观到化学组成上都存在非常大的差异。即使是同一种原油，也包括了分子大小和化学结构各异的数千种化合物，其沸点范围从常温到近千摄氏度，分子量范围从数十到数千，而且至今原油中仍有很大一部分化合物的结构和组成不甚清楚。石油及其产品的化学组成，主要是依据石油及其产品的物理性质数据间接进行表征。

  不同性质的原油，需采用不同的加工方法，以生产适当的石油产品。石油经过加工以后，可以得到近千种石油产品（不包括以石油为原料合成的各种石油化工产品），中国按照现行标准（GB/T 498—2014）将石油产品和有关产品分为燃料，溶剂和化工原料，润滑剂、工业润滑油和有关产品，沥青，蜡五大类。由于组成和使用要求不同，每种石油产品的质量指标也不同，而且，随着社会经济发展和科技水平的提高，石油产品的品种和质量要求也是不断变化的。石油产品的使用性能也是使用石油产品的物性指标进行表征的，其与化学组成之间存在着密切的内在联系。

  本篇主要介绍石油及其产品的化学组成、物理性质及其相互关系，石油产品的种类及其质量要求等。

第一章　石油及其产品的化学组成和物理性质

原油是从地下开采出来的、未经加工的石油。原油经炼制加工后可以得到各种石油产品。原油及其产品都是由各种化合物组成的复杂混合物，了解石油及其产品的化学组成，对于原油加工、产品使用以及石油的综合利用等具有重要意义。石油及其产品均为复杂的混合物，其组成不易测定，通常都是采用与其组成密切相关的物理性质来间接表示石油及其产品组成。物理性质是评价石油加工性能及油品使用质量的重要指标，也是设计炼油设备和装置的必要基础数据。

第一节　石油的化学组成

一、石油的外观性质

石油通常是一种流动或半流动状的黏稠液体。因产地和性质不同，石油在外观上有不同程度的差别。绝大部分石油的颜色是黑色的，但也有暗绿色或暗褐色的，少数显赤褐色、浅黄色，甚至极少数石油是无色的。石油的相对密度一般都小于1，绝大多数石油的相对密度在 0.80~0.98，但也有个别石油的相对密度高达 1.02 和低至 0.71 以下。中国主要原油的相对密度都在 0.85 以上。不同石油的流动性差别也很大，例如，有的石油 50℃的运动黏度为 1.46mm²/s，有的却高达 20000mm²/s。

此外，绝大多数石油都因为含有各种硫化物而带有不同程度的臭味。

石油的外观性质之所以存在较大差异，是因为其化学组成的不同引起的。

二、石油的元素组成

石油主要由碳（C）和氢（H）两种元素组成，大多数石油的碳含量为 83%~87%（质量分数），氢含量为 11%~14%（质量分数），两者合计为 95%~99%（质量分数）。由碳和氢两种元素组成的碳氢化合物称为烃，是石油炼制过程中主要的加工和利用对象，也是石油及其产品的主要组成部分。此外，石油中还广泛含有硫（S）、氮（N）、氧（O）元素，这些非碳氢元素的含量一般为 1%~5%（质量分数）。但也有个别例外，例如，国外某原油含硫量高达 5.5%（质量分数），某原油含氮量为 1.4%~2.2%（质量分数）。虽然石油中非碳氢元素的含量很少，但是它们对石油的性质、石油加工过程以及产品的使用性能有很大的影响。

石油中除含有碳、氢、硫、氮和氧五种主要元素外，还含有许多微量的金属元素和其他非金属元素，如镍、钒、铁、铜、钙、砷、氯、磷和硅等，这些元素的含量非常少，常以百万分之几（微克/克，μg/g）计。

石油中的各种元素并非以单质形式存在，而是相互以不同的形式结合成各种烃类和非烃类化合物。因此，石油的组成是极为复杂的。

三、石油的烃类组成

石油是由各种不同的烃类和非烃类组成的，烃类和非烃类的相对含量因石油产地和种类的不同而异。石油中究竟含有多少种烃，每种烃的含量是多少，至今仍不得而知。但目前已确定的是石油中的烃类主要包括烷烃、环烷烃和芳烃。天然石油中一般不含烯烃、炔烃等不饱和烃，但在石油的二次加工产物以及利用油页岩制得的页岩油中含有不同数量的烯烃。

1. 烷烃

烷烃是石油的重要组分。在常温常压下，C_1—C_4（即分子中含有 $1 \sim 4$ 个碳原子）的烷烃为气体，主要存在于干气和液化气中；C_5—C_{16} 的烷烃为液体，主要存在于汽油和煤油、柴油中；大于 C_{16} 的正构烷烃为固体，一般溶解于油中，在低温下会从油中结晶析出，即所说的蜡，通常存在于柴油和润滑油馏分中。

低分子烷烃的沸点低、易挥发，对油品的蒸发性能和安全性能影响很大。蜡的含量多少对油品低温性能影响很大。

在一般条件下，烷烃的化学性质很不活泼，不易与其他物质发生反应，但在特殊条件（如光照、催化剂、高温）下，烷烃也会发生氧化、卤化、硝化及热分解等反应。

2. 环烷烃

环烷烃是环状的饱和烃，也是石油的重要组分之一。石油中的环烷烃主要是含五元环的环戊烷系和含六元环的环己烷系。从数量上看，国内原油一般是环己烷系多于环戊烷系，而大多数国外原油则是环戊烷系多于环己烷系。在高沸点的石油馏分中，还含有双环和多环的环烷烃以及环烷—芳烃。

环烷烃的抗爆性较好，凝点低，有较好的润滑性能和黏温性能，是汽油、喷气燃料及润滑油的良好组分。

环烷烃的化学性质与烷烃相近，其密度、熔点和沸点较相同碳原子数的烷烃高，化学性质稍活泼，在一定的条件下可发生氧化、卤化、硝化、热分解等反应，环烷烃在一定条件下还能脱氢生成芳烃。

3. 芳烃

芳烃是指分子中含有苯环的烃类，一般苯环上还带有不同的烷基侧链。芳烃也是石油的重要组分之一，石油中除含有单环芳烃外，还含有双环芳烃和多环芳烃。

芳烃具有良好的抗爆性，是车用汽油的高辛烷值组分，但其本身具有致癌性且燃烧完全性稍差，因此需限制油品中的芳烃含量。润滑油馏分中的多环短侧链芳烃的黏温性能很差，且易氧化生成胶质，因此必须通过精制将其除去。

芳烃的化学性质较烷烃稍活泼，可与一些物质发生反应，但芳烃中的苯环很稳定，即使强氧化剂也不能使其氧化，也不易起加成反应。在一定条件下，芳烃上的侧链会被氧化成有机酸，这是油品氧化变质的重要原因之一。芳烃在一定条件下还能进行加氢反应。

4. 烯烃

烯烃是指分子中含有双键的烃类，烯烃又分为单烯烃（即分子中只含有一个双键）、双烯烃和环烯烃。在常温常压下，单烯烃 C_2—C_4 是气体，C_5—C_{18} 是液体，C_{18} 以上是固体。石油中一般不含烯烃，烯烃主要存在于石油的二次加工产物中。

烯烃分子中含有双键，化学性质很活泼，可与多种物质发生反应。在一定条件下可进行加成、氧化和聚合等各种反应。烯烃在空气中易氧化成酸性物质或胶质，特别是二烯烃和环烯烃更易氧化，影响油品的安定性。

石油中的烃类含量随着石油馏分沸点的升高而改变。一般来说，随着石油馏分沸点的升高，烃类含量逐渐降低，烃类中的烷烃含量也逐渐降低，而芳烃的含量升高。

四、石油的馏分组成

石油是一种由多种组分组成的复杂混合物，每种组分都有其各自不同的沸点。石油加工的第一道工序——蒸馏（分馏），就是根据各组分沸点的不同，用蒸馏的方法把石油"分割"成几个部分，每一部分称为一个馏分。

通常把沸点小于200℃的馏分称为汽油馏分或低沸点馏分，200~350℃的馏分称为煤油、柴油馏分或中间馏分，350~500℃的馏分称为减压馏分、润滑油馏分或高沸点馏分，大于500℃的馏分称为渣油（减压渣油）。

从原油直接蒸馏得到的馏分称为直馏馏分，由它生产的产品称为直馏产品。直馏产品基本上保持了原油的化学组成，不含不饱和烃。经过催化裂化、延迟焦化等二次加工得到的馏分或产品，称为二次加工馏分或产品，其化学组成与原油相比发生了很大变化。

必须指出的是，石油馏分不是石油产品，石油产品必须满足产品质量规格的要求。而馏分油通常要经过进一步加工后才能变成石油产品。此外，同一沸点范围的馏分可以根据生产目的不同而加工成不同产品，例如，航空煤油（即喷气燃料）的馏分范围是150~300℃，灯用煤油的馏分范围是200~300℃，轻柴油的馏分范围是200~360℃，其中都包括了200~300℃的馏分；减压馏分油既可以加工成润滑油产品，也可作为裂化的原料来生产轻质油品。

不同原油的馏分组成存在较大差别，国内外部分原油的相对密度和馏分组成见表1-1。从表中可以看出，与国外原油相比，中国一些主要油田原油的汽油馏分少（一般低于10%），渣油含量高，这是中国原油的主要组成特点之一。

表1-1 不同原油的相对密度和馏分组成

原油来源	相对密度 d_4^{20}	馏分组成，%（质量分数）			
		<200℃	200~350℃	350~500℃	>500℃
大庆	0.865	10.9	18.4	25.2	44.6
胜利	0.8898	8.71	19.21	27.25	44.83
大港	0.8968	6.9	18.42	32.44	41.52
伊朗	0.8551	24.92	25.74	24.61	24.73
印度尼西亚（米纳斯）	0.8456	11.9	30.2	24.8	33.1
沙特阿拉伯（混合）	0.8716	20.7	24.5	23.2	14.7
阿曼	0.8488	20.08	34.4	8.45	37.07

五、石油的非烃组成

石油中的非烃化合物主要指含硫化合物、含氮化合物、含氧化合物和胶状沥青状物质。虽然石油中的杂原子含量仅1%~5%，但非烃化合物的含量却相当高，可高达20%。非烃化合物在石油各馏分中的分布是不均匀的，随着石油馏分沸点的升高而增加，大部分集中在重质馏分和残渣油中。非烃化合物的存在对石油加工和石油产品使用性能影响很大，石油加工过程中的绝大多数精制过程都是为了除去这些非烃化合物。如果处理适当，综合利用，可变害为利，生产一些重要的化工产品。例如，从石油中脱硫的同时，又可回收生产硫黄。

1. 含硫化合物

硫是石油中常见的组成元素之一，不同的石油含硫量相差很大，从万分之几到百分之几。硫在石油馏分中的含量随馏分沸点范围的升高而增加，大部分硫化物集中在重油中。由于硫对石油加工影响极大，因此硫含量常作为评价石油的一项重要指标。通常，可根据原油中的硫含量将原油划分为低硫原油(硫含量<0.5%)，含硫原油(硫含量为0.5%~2.0%)和高硫原油(硫含量>2.0%)。

石油中的硫少量以单质硫(S)和硫化氢(H_2S)形式存在，大多数以有机硫化物形式存在，如硫醇(RSH)、硫醚(RSR′)、环硫醚(、等)、二硫化物(RSSR′)、噻吩()及其同系物等。

含硫化合物的主要危害如下：(1)对设备和管线造成腐蚀作用。单质硫、硫化氢和低分子硫醇(统称为活性硫化物)都能与金属直接作用而腐蚀设备和管线。硫醚、二硫化物、噻吩等(统称为非活性硫化物)本身对金属并无腐蚀作用，但受热后可分解生成腐蚀性较强的硫醇和硫化氢，特别是燃烧生成的二氧化硫和三氧化硫腐蚀性更强。(2)可使油品某些使用性能变差。汽油中的含硫化合物会使汽油的燃烧性能变差，导致气缸积炭增多、发动机腐蚀和磨损加剧。含硫化合物还会使油品的储存安定性变差，不仅产生恶臭，还会显著促进胶质的生成。目前国内外车用汽油、柴油产品质量标准中对硫含量的限制日趋严格，石油产品升级换代的一个重要目的就是降低硫含量。(3)污染环境。石油中的含硫化合物本身就具有强烈的臭味，造成人体不适，如当空气中含有$0.01mg/m^3$的硫醇时即可嗅到。此外，含硫油品燃烧后生成二氧化硫、三氧化硫等，排放后会污染大气，对人体有害。(4)在二次加工过程中，含硫化合物可使某些催化剂中毒，丧失催化活性。

近年来，随着中国进口高硫原油数量的增加，含硫原油的加工已成为炼油生产中的一个重要课题，炼油厂面临着解决加工过程中设备腐蚀和产品脱硫问题，以及妥善解决酸性污水、废酸、废碱等的处理问题。油品中的含硫化合物可采用酸碱洗涤、吸附、催化加氢和催化氧化等方法除去，目前工业采用最多的方法是加氢精制。

2. 含氮化合物

石油中含氮量一般小于1%，大多数在万分之几至千分之几。石油馏分中氮化物的含量随馏分沸点范围的升高而增加，大部分氮化物以胶状沥青状物质存在于渣油中。

石油中的氮化物大多数是氮原子在环状结构中的杂环化合物，主要有吡啶()、喹啉()等的同系物(统称为碱性氮化物)及吡咯()、吲哚()等的同系物(统称为非碱性氮化物)。

石油中还有一类重要的非碱性氮化物是金属卟啉化合物，即分子中有4个吡咯环，重金属原子与卟啉中吡咯环上的氮原子呈络合状态存在，又称咕族化合物。

石油中的氮含量虽少，但对石油加工、油品储存和使用都有很大的影响。例如，当油品中含有氮化物时，储存日期稍久，就会颜色变深，气味发臭，这是由于不稳定的氮化物长期与空气接触氧化生成了胶质的缘故。氮化物也是某些二次加工催化剂的毒物。因此，油品中的氮化物应在精制过程中除去。

3. 含氧化合物

石油中的氧含量一般都很小（千分之几），但个别石油中的氧含量可高达 2%~3%。石油中的氧含量随着石油馏分沸点的升高而增大，大部分集中在胶质、沥青质中。因此，胶质、沥青质含量高的石油的氧含量一般也比较高，但胶质和沥青质中一般都含有多种杂原子，不属于严格意义上的含氧化合物。

石油中的氧均以有机物形式存在，含氧化合物可分为酸性氧化物和中性氧化物两类。酸性氧化物包括环烷酸、脂肪酸和酚类等，总称石油酸。中性氧化物有醛、酮和酯类等，在石油中含量极少。石油中的含氧化合物以环烷酸和酚类最为重要，特别是环烷酸，约占石油酸总量的 90%。石油中的环烷酸一般是一元羧酸，主要集中在中间馏分（沸程为 250~400℃）中，在低沸点馏分或高沸点馏分中含量都比较低。石油中的环烷酸含量因原油的产地和类型不同而异，一般环烷基原油和中间基原油的环烷酸含量较高。

环烷酸是一种油状液体，具有普通羧酸的一切性质，有特殊的臭味，具有腐蚀性，对油品的加工和使用有不良影响。但环烷酸也是非常有用的化工产品或化工原料，石油中的环烷酸提取出来后可用作防腐剂、杀虫剂、杀菌剂、洗涤剂、颜料添加剂等。

酚类有强烈的气味，具有腐蚀性，炼厂废水中的酚会带来严重的环境污染。但酚可作为消毒剂，还是合成纤维、医药、染料、炸药等的原料。

油品中的含氧化合物在精制时必须除去。

4. 胶状沥青状物质

石油中的非烃化合物大部分以胶状沥青状物质（即胶质和沥青质）形式存在，是由碳、氢、硫、氮、氧以及其他微量元素组成的复杂化合物，在石油中的含量相当可观，从百分之几到百分之几十，绝大部分存在于减压渣油中。

胶质和沥青质的组成和分子结构非常复杂，是石油中平均分子量和极性最大的组分，两者之间有差别，但并没有严格的划分界限。其基本结构单元都是以稠合的芳环系为核心，合并若干个环烷环，芳环和环烷环上带有数量和大小不等的烷基侧链，且环和侧链上还带有各种杂原子的结构。胶质和沥青质的区别在于其所包含的结构单元数不同，一般来说，沥青质的结构单元数多于胶质。

胶质一般能溶于石油醚（低沸点烷烃）及苯，也能溶于一切石油馏分，胶质的平均分子量一般介于 1000~3000，为褐色至暗褐色的黏稠液体。胶质有很强的着色力，油品的颜色主要来自胶质。胶质受热或在常温下氧化可以转化为沥青质。

沥青质不溶于石油醚而溶于热苯，平均分子量一般在 3000~10000，是暗褐色或深黑色的脆性非晶体固体粉末，通常只存在于减压渣油中。

胶质和沥青质在高温时易转化为焦炭，因此油品中的胶质必须除去。但含有大量胶质和沥青质的渣油可用于生产性能优良的沥青，包括道路沥青、建筑沥青及专用沥青等。

第二节　石油及其产品的物理性质

石油及其产品的物理性质是生产和科研过程中评定油品加工和使用性能的主要指标，也是设计和操作炼油设备及装置的必要依据。石油及其产品是复杂的混合物，其组成和性能不能使用与纯化合物相同的方法来表示，而是采用与化学组成和分子结构特性密切相关的物理性质来表示。石油及其产品的物理性质是其所含各种成分的综合表现。

与纯化合物的性质不同，石油及其产品的物理性质往往是条件性的，即在严格规定的仪器、方法和条件下测得的数据，脱离了一定的测定方法、仪器和条件，这些性质也就失去了意义。石油及其产品的性质测定方法都规定了不同级别的统一标准，常用的有国际标准（简称 ISO）、美国材料与试验协会标准（简称 ASTM 标准）、中国国家标准（简称 GB）、中国石油化工行业标准（简称 SH）等。

加工一种原油之前，先要测定它的各种物理性质，如沸点范围（馏分组成）、相对密度、黏度、凝点、闪点、残炭、硫含量等，称为原油评价，根据原油评价数据确定合理的加工方案。同样，石油产品的质量标准也是通过规定油品的各种物性数据来实现的。

一、密度和相对密度

在规定的温度和真空状态下，单位体积内所含物质的质量称为密度，国际单位制单位是千克/米^3（kg/m^3），炼油工业中经常使用克/厘米^3（g/cm^3）来表示。

中国国家标准 GB/T 1884—2000 规定，20℃ 时的密度为石油和液体石油产品的标准密度，以 ρ_{20} 表示。其他温度下测得的密度用 ρ_T 表示，称为视密度。

油品的密度与规定温度下水的密度之比称为油品的相对密度，用 d 表示，是一个量纲一的物理量。由于 4℃ 时纯水的密度近似为 1g/cm^3，因此常以 4℃ 的水作为比较标准。中国常用的相对密度为 d_4^{20}，即 20℃ 时油品的密度与 4℃ 时水的密度之比；欧美各国常用的相对密度为 $d_{15.6}^{15.6}$，即 15.6℃（或 60°F）时油品的密度与 15.6℃ 时水的密度之比，并常用比重指数来表示液体的相对密度，也称 API 度。API 度与 $d_{15.6}^{15.6}$ 的关系为

$$\text{API 度} = \frac{141.5}{d_{15.6}^{15.6}} - 131.5 \tag{1-1}$$

由式(1-1)可以看出，API 度与密度成反比关系。因此，与通常密度的观念相反，API 度数值越大，油品的密度越小。

油品的密度与其馏程和组成密切相关。对于同一种原油的不同馏分油，随沸点范围升高，密度增大。而对不同原油蒸馏所得同一沸点范围的馏分油，含芳烃越多，密度越大；含烷烃越多，密度越小。油品的密度还与温度和压力有关，一般随着温度升高和压力降低而减小，但压力对液体油品密度的影响不明显。

密度是评价石油及其产品质量的重要指标，通过密度可以大体判断原油及其产品的化学组成，并且还可用于计算油品的其他物性数据。

二、蒸气压

在一定的温度下，液体与液面上方蒸气呈平衡状态时，该蒸气所产生的压力称为饱和蒸

气压，简称蒸气压。蒸气压越高，说明液体越容易汽化。

纯烃和其他纯液体一样，蒸气压只随温度而变化，温度升高，蒸气压增大。但石油及石油馏分的蒸气压与纯物质有所不同，它不仅与温度有关，还与汽化率（或液相组成）有关，在温度一定时，随着油品汽化率的增加，蒸气压减小。

油品的蒸气压通常有两种表示方法：一种是油品质量标准中使用的雷德（Reid）蒸气压，它是在规定条件（38℃，气相体积与液相体积之比为 4∶1）下测得的蒸气压。另一种是真实蒸气压，即油品汽化率为 0 时的蒸气压。同一种油品的雷德蒸气压和真实蒸气压一般不相等，但两者之间可以通过图表或公式进行换算。

三、沸程（馏程）

纯物质在一定的外压下，当加热到某一温度时，其饱和蒸气压等于外界压力，液体就会沸腾，此温度称为沸点。在外压一定时，纯化合物的沸点是一个定值。

石油及其馏分或产品都是复杂的混合物，所含各组分的沸点不同，因此在一定外压下，油品的沸点不是一个温度点，而是一个温度范围，称为沸程或馏程。

馏程的测定必须严格地按照规定的条件进行。将一定量的油品放入规定的仪器中，按照规定的条件进行加热、汽化和冷凝等过程，油品中低沸点组分易蒸发出来，随着蒸馏温度的不断提高，高沸点组分也相继蒸出。蒸馏时冷凝管流出第一滴冷凝液时的气相温度称为初馏点，当馏出物的体积依次达到 10%，20%，30%，…，90% 时的气相温度分别称为 10% 馏出温度、20% 馏出温度、30% 馏出温度……90% 馏出温度，最后一点液体从蒸馏烧瓶中的最低点蒸发瞬时所观察到的温度计读数称为干点。蒸馏到最后所能达到的气相最高温度称为终馏点，终馏点通常在干点之后出现，常被称为最高温度。从初馏点到干点（或终馏点）的温度范围称为沸程（馏程），在此温度范围内蒸馏出的液体部分称为馏分。馏分与馏程或蒸馏温度与馏出量之间的关系称为原油或油品的馏分组成。

石油馏分的沸程会因所用蒸馏设备和方法的不同而异，其使用范围也有所不同。在生产和科研中常用的馏程测定方法有实沸点蒸馏和恩氏蒸馏，它们的不同点如下：前者蒸馏设备较精密、分离效率较高，蒸馏时的气相温度较接近馏出物的沸点；而后者蒸馏设备较简单、分离效率低，馏程数据容易得到，但馏程并不能完全代表油品的真实沸点范围。实沸点蒸馏适用于原油评价及制订产品切割方案，恩氏蒸馏馏程常用于生产控制、产品质量标准及工艺计算。

馏程是汽油、喷气燃料、柴油、溶剂油等的重要产品质量指标，不同石油产品的馏程不同，如汽油的馏程为 40~200℃，煤油的馏程为 130~300℃，轻柴油的馏程为 200~360℃。

石油馏分没有特定的沸点，在求定石油馏分的其他物性数据时，为简化起见，常常使用平均沸点来表征其汽化性能。根据定义不同，石油馏分的平均沸点有体积平均沸点、质量平均沸点、实分子平均沸点、立方平均沸点和中平均沸点之分，各平均沸点都是根据石油馏分的恩氏蒸馏数据采用不同的方法计算得到的。

四、特性因数

特性因数（K）是反映石油或石油馏分化学组成特性的一个特征数据，在石油工业中应用极为普遍。特性因数是油品平均沸点和相对密度的函数，其定义为

$$K = \frac{1.216T^{1/3}}{d_{15.6}^{15.6}}$$ (1-2)

式中，T 为烃类的沸点、石油或石油馏分的中平均沸点，单位为 K。

不同烃类的特性因数不同。当分子量大小相近时，烷烃的特性因数最高，环烷烃次之，芳烃最低。由于石油及其馏分是以烃类为主的复杂混合物，因此也可以用特性因数表示它们的化学组成特性。一般来说，烷烃含量多的石油馏分的特性因数较大，为 12.5~13.0；芳烃含量多的石油馏分的特性因数较小，为 10~11。石油的特性因数一般在 9.7~13。中国大庆原油的 K 值为 12.5，胜利原油的 K 值为 12.1。

特性因数 K 值对原油的分类、确定原油加工方案等具有十分重要的意义。

除特性因数外，还可用相关指数（BMCI）、黏重常数（VGC）、特征化参数（K_H）等来表征油品的化学组成特性。

五、平均分子量

石油及其馏分是多种化合物的复杂混合物，其分子量是所包含各组分分子量的平均值，因此称为平均分子量。平均分子量是炼油设备设计计算、关联石油物性及研究石油化学组成必不可少的原始数据。

石油馏分的平均分子量随馏分沸程的升高而增大。汽油的平均分子量为 100~120，煤油的平均分子量为 180~200，轻柴油的平均分子量为 210~240，低黏度润滑油的平均分子量为 300~360，高黏度润滑油的平均分子量为 370~500。

油品的平均分子量可实测得到，也可查相关图表或由经验关联式计算得到。

六、黏度

黏度是评价石油及其产品流动性能的重要指标，是喷气燃料、柴油、重油和润滑油的重要质量指标之一，特别是对各种润滑油的分级、质量鉴别和用途具有决定意义。黏度对油品流动和输送时的流量和压力降也有重要影响。

黏度表示液体流动时由于分子间内摩擦而产生阻力的大小。黏稠的液体比稀薄的液体流动得慢，因为黏稠液体在流动时产生的分子间摩擦力较大。黏度的大小随液体组成、温度和压力不同而异。

黏度的表示方法有动力黏度、运动黏度、恩氏黏度、赛氏黏度、雷氏黏度等。国际标准化组织（ISO）规定统一采用运动黏度。

动力黏度是液体在一定的剪切应力下流动时内摩擦力的量度，其值等于所加于流动液体的剪切应力和剪切速率之比。在国际单位制中以帕·秒（Pa·s）表示，而习惯上一般以厘泊（cP）为单位。$1cP = 10^{-3}Pa \cdot s = 1mPa \cdot s$。

运动黏度是液体在重力作用下流动时内摩擦力的量度，其值为相同温度下液体的动力黏度与其密度之比，在国际单位制中以米²/秒（m^2/s）表示。在物理单位制中运动黏度的单位为斯（St），常用单位是厘斯（cSt）。$1m^2/s = 10000cSt = 1000000cSt（mm^2/s）$。

恩氏黏度是条件性黏度，常用于表示油品的黏度。恩氏黏度是在规定条件下，测定油品从特定仪器中流出 200mL 时所需时间与 20℃时相同体积的蒸馏水流出所需时间的比值，以 °E 来表示。

石油及其产品的黏度随其组成不同而异。烷烃含量多(特性因数大)的石油馏分黏度较小，环状烃含量多(特性因数小)的石油馏分黏度较大。一般来说，石油馏分越重、沸点越高，其黏度也越大。

温度对油品黏度的影响很大。温度升高，液体油品的黏度减小，而油蒸气的黏度增大。

油品的黏度随温度变化而变化的性质称为黏温性质。黏温性质好的油品，黏度随温度变化的幅度较小。黏温性质是润滑油的重要指标之一，为了使润滑油在温度变化的条件下仍能保证良好的润滑作用，要求润滑油必须具有良好的黏温性质。

油品的黏温性质常用两种方法表示，即黏度比和黏度指数(VI)。

黏度比最常用的是50℃与100℃时运动黏度的比值，有时也用-20℃与50℃时运动黏度的比值，分别表示为 $\nu_{50℃}/\nu_{100℃}$ 和 $\nu_{-20℃}/\nu_{50℃}$。油品的黏度比越小，其黏温性越好。

黏度指数是世界各国表示润滑油黏温性质的通用指标，也是ISO标准。油品的黏度指数越高，则黏温性质越好。

油品的黏温性质是由其化学组成决定的。各种不同的烃类中，正构烷烃的黏温性质最好，环烷烃次之，芳烃的黏温性质最差。烃类分子中环状结构越多，黏温性质越差，侧链越长则黏温性质越好。

七、低温流动性能

燃料和润滑油通常需要在冬季、室外、高空等低温条件下储存或使用，因此油品在低温时的流动性是评价油品使用性能的重要项目，原油和油品的低温流动性对其输送过程也有重要意义。油品低温流动性能包括凝点、浊点、冰点、结晶点、倾点和冷滤点等温度点，它们都是使用特定仪器在规定条件下测定的。

油品在低温下失去流动性的原因有两种。一种是对于含蜡很少或不含蜡的油品，随着温度降低，油品黏度迅速增大，当黏度增大到某一程度时，油品就变成无定形的黏稠状物质而失去流动性，即所谓的"黏温凝固"。另一种情况是对含蜡油品而言，温度较高时固体蜡可溶解于液相油中，但随着温度的降低，蜡的溶解度逐渐降低，油中的蜡就会逐渐结晶析出，当温度降低到大量蜡析出并连接成网状的结晶骨架时，蜡的结晶骨架把还处于液态的油品包裹在其中，使整个油品失去流动性，即所谓的"构造凝固"。

不管是黏温凝固还是构造凝固，油品失去流动性时的最高温度称为油品的凝点。纯化合物在一定的压力下有固定的凝点(结晶点)，并且与熔点数值相同，而油品是一种复杂的混合物，它没有固定的"凝点"。所谓油品的"凝点"，是在严格规定的仪器和条件下测定的。事实上，到达凝点时油品并未完全凝固，只是其流动性已经变得非常差而已。

浊点是在规定条件下降温，当清晰的液体油品中由于出现蜡的微晶粒而呈雾状或浑浊时的最高温度。若油品继续冷却，直到油中出现肉眼能够看得到的晶体时的温度就是结晶点。油品中出现结晶后，若再使其升温，当原来形成的烃类结晶刚好消失时的最低温度称为冰点。同一油品的冰点比结晶点稍高1~3℃。浊点是灯用煤油的重要质量指标，而结晶点和冰点是航空汽油和喷气燃料的重要质量指标。

倾点是在规定条件下，被冷却的油品能流动的最低温度。冷滤点是表示柴油在低温下堵塞滤网可能性的指标，是在规定条件下测得的油品不能按规定速度通过标准滤网时的最高温度。由于倾点和冷滤点能够真正表示油品在发动机中使用的极限低温，因此中国已采用倾点代替燃料油凝点、冷滤点也作为柴油凝点的补充指标用于表征油品的低温性能。

油品的低温流动性与其化学组成和馏分组成密切相关。油品的沸点越高，特性因数越大或蜡含量越高，其倾点或凝点就越高，低温流动性越差。

八、燃烧性能

油品是极易着火的物质，而且大多数石油产品是作为燃料在发动机中燃烧放热以对外做功的，因此燃烧性能是油品的重要特性。油品蒸气与空气的混合气在一定浓度范围内遇到明火会发生闪火或爆炸。混合气中油气的浓度低于这一范围，则油气浓度不足；而高于这一范围，则空气不足，两种情况均不能发生闪火爆炸，这一浓度范围称为爆炸范围或爆炸极限。油气的下限浓度称为爆炸下限，上限浓度称为爆炸上限。

闪点是在规定条件下加热油品，当逸出的油蒸气和空气组成的混合物达到爆炸下限或爆炸上限时的温度。

由于测定仪器和条件不同，油品的闪点又分为闭口杯闪点和开口杯闪点两种，两者的数值是不同的。通常轻质油品测定闭口杯闪点，重质油和润滑油多测定开口杯闪点。

石油馏分的沸程越低，其闪点也越低。汽油的闪点为 $-50 \sim 30℃$，煤油的闪点为 $28 \sim 60℃$，润滑油的闪点为 $130 \sim 325℃$。

燃点是在规定条件下，当火焰靠近油品表面的油气和空气混合物时，发生闪火并能持续燃烧 5s 以上时的最低温度。

测定闪点和燃点时，需要用外部火源引燃油品。如果预先将油品加热到很高的温度，然后使之与空气接触，则无须引火，油品会因剧烈的氧化而产生火焰自行燃烧，称为油品的自燃。发生自燃的最低温度称为油品的自燃点。

对于同一轻质油品，燃点一般比开口杯闪点高 $20 \sim 60℃$，而自燃点一般要比闪点高数百摄氏度。

闪点和燃点与烃类的蒸发性能有关，而自燃点却与其氧化性能有关。因此，油品的闪点、燃点和自燃点与其化学组成和馏分组成有关。油品的沸程越低，其闪点和燃点越低，而自燃点越高。

闪点、燃点和自燃点对油品的储存、使用和安全生产都有重要意义，是油品安全保管、输送的重要指标。从安全防火的角度来说，轻质油品应重点防明火，以免外界火源引燃爆炸；重质油品重点防高温泄漏，以免遇空气自燃。

九、油品的其他物理性质

1. 热性质

1) 比热容

单位质量的物质温度升高 1℃（或 1K）所需要的热量称为比热容，也称质量热容，单位是 $kJ/(kg \cdot K)$ 或 $kJ/(kg \cdot ℃)$。

油品的比热容随密度增加而减小，随温度升高而增大。

2) 汽化潜热

在常压沸点下，单位质量的物质由液态转化为气态时所需要的热量称为汽化潜热，单位是 kJ/kg。汽化潜热随温度和压力的升高而减小。

油品的汽化潜热随沸程的升高而减小，如汽油的汽化潜热为 290~315kJ/kg，煤油的汽化潜热为 250~270kJ/kg，柴油的汽化潜热为 230~250kJ/kg，润滑油的汽化潜热为 190~230kJ/kg。

3）焓

焓是重要的热力学函数之一。焓的绝对值是不能测定的，但可测定过程始态焓和终态焓的变化值。为了方便起见，人为地规定某个状态下的焓值为 0，该状态称为基准状态。物质从基准状态变化到指定状态时发生的焓变（热量的变化）称为物质在该状态下的焓值，单位是 kJ/kg。由于焓是一个相对数值，因此其基准状态可以任意选择。

油品的焓值与其组成、温度和压力有关。在相同温度下，油品的密度越小，特性因数越大，其焓值越高。

焓是炼油工艺计算中确定热量变化的重要物理量，可通过查图表或采用关联式计算得到。

4）热值

热值是单位质量的燃料完全燃烧时所放出的热量，又称燃烧热，单位是 kJ/kg 或 MJ/kg。

石油馏分的热值随其密度的增加而减小，一般净热值为 40~44MJ/kg。热值可以通过实验测定，也可以通过燃料的化学组成及物性计算或查图得到。

热值是喷气燃料的重要质量指标。

2. 折射率（折光率）

严格地讲，光在真空中的传播速度（2.9986×10^8 m/s）与光在物质中传播速度之比称为折射率，以 n 表示。通常用的折射率数据是光在空气中的传播速度与光在被空气饱和的物质中的传播速度之比。

折射率是物质的重要特性参数，其大小与光的波长、物质的化学组成以及密度、温度和压力等有关。不同族烃类之间的折射率有明显的差别，在其他条件相同的情况下，烷烃的折射率最低，芳烃的折射率最高，烯烃和环烷烃的折射率介于它们之间，而同一族烃类的折射率随其分子量的增加而增大。对环烷烃和芳烃而言，分子中环数越多，则折射率越高。

常用的折射率是 n_D^{20}，即温度为 20℃、常压下钠的 D 线（波长为 589.3nm）的折射率。

油品的折射率常用于测定油品的烃类族组成，并借助于折射率计算油品的其他物性。油品的折射率可通过实验测定，也可通过经验关联式或查图表求得。

3. 硫含量

石油中的含硫化合物对石油加工及石油产品的使用性能影响很大，如带有腐蚀性并导致油品安定性变差等。因此，硫含量是评价石油性质及产品质量的一项重要指标，也是选择石油加工方案的重要依据。硫含量的测定方法有多种，如硫醇硫含量、硫含量（即总硫含量）、燃灯法、紫外荧光法、博士试验等定量或定性方法。通常，硫含量是指油品中所含硫元素的质量分数。

4. 胶质、沥青质和蜡含量

原油中的胶质、沥青质和蜡含量对原油的加工和输送影响很大，特别是制订高含蜡易凝原油的加热输送方案时，胶质与蜡含量之间的比例关系会显著影响热处理温度和热处理效果。因此，通常需要测定原油中的胶质、沥青质和蜡含量，均以质量分数表示。

三者的测定方法大都是根据其在不同溶剂中的溶解度不同、不同吸附剂对其吸附能力不同或其他物性的差异来区分。

5. 残炭

使用特定的仪器，在规定的条件下，将油品在不通空气的情况下加热至高温，此时油品中的烃类即发生蒸发和分解反应，最终形成部分焦炭，此焦炭占试验用油的质量分数称为油品的残炭或残炭值。残炭的大小能够间接地表明油品在加工和使用过程中积炭的倾向和结焦的多少，是润滑油和燃料油等重质油品以及二次加工原料的重要质量指标。

残炭与油品的化学组成及馏分组成有关。油品在加工和使用过程中生成焦炭的主要物质是沥青质、胶质和芳烃，在芳烃中又以稠环芳烃的残炭最高。因此，残炭在一定程度上反映了油品中沥青质、胶质和稠环芳烃的含量。

残炭可采用试验测得，依据测定方法不同，又分为康氏法残炭和兰氏法残炭，其数值有所不同。

6. 机械杂质和水分

机械杂质和水分是表征油品清洁性的指标。油品中含有机械杂质和水分，会造成过滤器堵塞、加剧机械磨损等。水分还会引起油品变质、腐蚀设备，影响油品的燃烧性能等。原油中含水会对其加工和储运带来不利影响。

7. 酸度和酸值

油品中所含酸性物质(主要是有机酸)的多少采用酸度或酸值来表示。酸度是指中和 100mL 油品中的酸性物质所需要 KOH 的毫克数，单位为 mg KOH/100mL；酸值是指中和 1g 油品中的酸性物质所需要 KOH 的毫克数，单位为 mg KOH/g。一般轻质油品测定其酸度，重质油品测定其酸值。

酸度和酸值与油品中的有机酸及酚类等含量有关，也与精制过程中残留的少量无机酸有关。此外，油品的酸度或酸值在储运过程中会随着其氧化变质的进行而增大。

8. 水溶性酸或碱

水溶性酸或碱是指油品在加工或精制过程中残留下来的无机酸和碱。水溶性酸或碱会腐蚀设备、影响油品质量，尤其是在油品含水时会更加明显，因此油品中不允许含有水溶性酸或碱。

表 1-2 中列举了中国几种常见原油的物性数据。

表 1-2　中国几种原油的物理性质

原油	大庆	胜利	孤东	辽河	江汉	中原	南疆
API 度，°API	31.29	23.67	19.06	19.42	31.63	31.7	32.7
密度(20℃)，kg/m³	865	907.9	936	933.8	863.7	863.6	857.6
运动黏度，mm²/s							
50℃	25.42	83.29	221.07	509.4	21.59	16.72	12.78
80℃	—	25.66	48.35	44.02(100℃)	—	7.74	—
凝点，℃	25	20		3	30	23	−8
蜡含量(质量分数)，%	16.54	16.48	7.17	7.5	19.56	15.3	4.92
沥青质(质量分数)，%	0.38	1.07	0.39	0.68	0.34	13(沥青质+胶质)	2.64

续表

原油	大庆	胜利	孤东	辽河	江汉	中原	南疆
胶质(质量分数),%	6.75	9.93	16.72	17.86	12.19	—	1.66
残炭(质量分数),%	3.64	6.77	6.41	8.98	—	5.1	—
灰分(质量分数),%	0.006	0.006	—	0.052	0.008	0.04	—
元素组成							
碳(质量分数),%	—	—	—	—	85.55	85	—
氢(质量分数),%	—	—	—	—	12.58	12.9	—
硫(质量分数),%	0.15	0.855	0.32	0.2	1.169	0.74	0.74
氮(质量分数),%	0.139	0.346	0.38	0.47	0.298	0.38	0.15
镍(质量分数),μg/g	5.19	15.05	14.9	46.58	—	3.3	—
钒(质量分数),μg/g	0.038	—	0.8	0.17	—	—	—
初馏点,℃	—	105	—	—	—	112	61
馏出率(体积分数),%							
100℃	—	—	—	—	3.4	—	4.0
120℃	4.7	1.3	0.4	1.3	5.8	0.6	6.7
140℃	5.8	2.5	0.8	1.7	8.1	1.9	10.0
160℃	7.3	3.75	1.8	2.3	10.9	4.4	13.0
180℃	8.9	5	2.4	3.1	13.2	6.9	16.5
200℃	10.9	6.15	2.8	4.3	16.2	9.4	20.0
220℃	13.1	7.5	3.7	5.7	19.8	12.5	23.0
240℃	15.4	9.3	5.1	7.5	23.2	15.6	26.0
260℃	18	11.25	7	9.6	27	18.8	29.0
280℃	20.6	12.5	9.4	12.1	31.1	23.1	33.0
300℃	23.4	13.75	12.2	14.7	36.4	29.4	37.0

第二章　炼油化工产品简介

石油在炼化企业经过复杂的加工过程，可生产出上千种产品，根据石油产品的组成、特性和用途不同，可以分为五大类(GB/T 498—2014)，即：燃料(F)、溶剂和化工原料(S)、润滑剂和有关产品(L)、蜡(W)和沥青(B)。

从消费数量上看，燃料约占石油产品的80%，其用量大、涉及范围广，其中又以发动机燃料为主。润滑剂仅占石油产品的2%左右，但其品种和类别却极其繁多。

石油产品的使用范围广，使用目的各异，每种石油产品都必须满足其特殊的使用性能要求。因此，每一种石油产品都有其产品质量标准，严格规定了石油产品的各项物性指标。随着社会经济的发展和环保要求的提高，石油产品的品种和标准也在不断地发生变化。

第一节　燃料

与固体燃料相比，液体燃料具有热值高(石油产品热值为40000~48000kJ/kg，煤的热值为25000~33500kJ/kg)、灰分少、对环境污染小及储运使用方便等优点，因而广泛应用于国民经济各部门。随着社会经济的发展，不仅对液体燃料(特别是发动机燃料)的需求量日益增加，对其质量也提出了更高的要求，石油产品的升级换代，已经成为油品生产过程中的常规性要求。提高燃料的质量，可以提高发动机的效率，延长设备使用年限，降低燃料消耗，减少环境污染。

轻质液体燃料主要包括汽油、柴油和航空煤油。

一、汽油

汽油主要应用于汽油发动机(简称汽油机)，是小轿车、摩托车、快艇、小型发电机和螺旋桨式飞机等的燃料。

汽油机是点燃式发动机，燃料在发动机气缸中是由火花塞引燃的，目前使用的汽油机主要是电喷式(喷射式)发动机。汽油机的一个工作循环一般包括进气、压缩、燃烧做功和排气四个冲程。油气混合气在进气冲程被吸入发动机气缸，压缩冲程对油气混合气压缩产生高温高压，在压缩冲程临近结束时，火花塞引燃油气混合气，燃烧并对外做功，最后燃烧后的废气被排放出发动机气缸。

1. 汽油的蒸发性

汽油的蒸发性能用馏程和蒸气压表示。汽油要有良好的蒸发性能，以便在发动机气缸中迅速汽化并与空气形成均匀的油气混合气，有利于燃烧完全和发动机的正常运转，同时也有利于发动机的冷启动。但汽油的蒸发性太强，将会加剧油品储运过程中的蒸发损失。

汽油产品质量标准中用恩氏蒸馏的馏程数据表示其蒸发性能，对汽油的10%、50%、90%馏出温度和终馏点做出了规定，各点温度与汽油的使用性能有十分密切的关系。

汽油的 10% 馏出温度反映了汽油的启动性能，此温度过高，发动机不易启动。

50% 馏出温度表示汽油的平均蒸发性能，反映了发动机的加速性和平衡性，此温度过高，发动机加速性能差，当行驶中需要加大油门时，汽油会因为来不及完全燃烧而使发动机不能产生应有的功率。

90% 馏出温度和干点反映了汽油在气缸中蒸发和燃烧的完全程度，温度过高，说明汽油中重组分含量多，汽油汽化燃烧不完全，不仅增大了汽油耗量，使发动机功率下降，而且会造成燃烧室中结焦和积炭，影响发动机正常工作，此外还会稀释、冲掉气缸壁上的润滑油，增加机件的磨损。

汽油的蒸气压也称饱和蒸气压，是指汽油在某一温度下液相与其上方的气相呈平衡状态时的压力。一般用雷德蒸气压表示，需要在规定仪器中进行测定，汽油产品质量标准中规定了其最高值。汽油的蒸气压过大，说明汽油中轻组分太多，在输油管路中就会蒸发，易形成气阻，中断正常供油，致使发动机停止运行，同时，汽油在储运中的蒸发损失也会增加。

2. 汽油的抗爆性

抗爆性表征汽油在气缸中的燃烧性能，是汽油的重要使用性能之一。

汽油机的热功效率与它的压缩比直接有关。所谓压缩比，是指活塞移动到下止点时气缸的容积与活塞移动到上止点时气缸容积的比值。压缩比越大，发动机的效率和经济性越好，但要求汽油有更好的抗爆性。抗爆性差的汽油在压缩比高的发动机中燃烧，会出现气缸壁温度猛烈升高、发出金属敲击声、排出大量黑烟、发动机功率下降、耗油增加等现象，严重时甚至会引发机件损坏，即所谓的爆震燃烧。因此，汽油机的压缩比要与燃料的抗爆性相匹配，压缩比高，燃料的抗爆性就要好。

汽油机产生爆震的原因主要有两个：一是与燃料性质有关，如果燃料很容易氧化，且形成的过氧化物不易分解，自燃点低，就很容易产生爆震现象。二是与发动机工作条件有关，如果发动机的压缩比过大，气缸壁温度过高，或操作不当，都易引起爆震现象。

汽油的抗爆性用辛烷值表示。在测定车用汽油的辛烷值时，选择了两种烃作为标准物：一种是异辛烷(2,2,4-三甲基戊烷)，它的抗爆性很好，人为规定其辛烷值为 100；另一种是正庚烷，它的抗爆性很差，规定其辛烷值为 0，然后将两者按照体积比配成一系列标准燃料。在相同的发动机工作条件下，某汽油的辛烷值即为与其抗爆性相同的标准燃料中异辛烷的体积分数。例如，某汽油的抗爆性与含 90% 异辛烷和 10% 正庚烷的标准燃料的抗爆性相同，此汽油的辛烷值即为 90。汽油的辛烷值一般在标准的单缸汽油机中测定。

汽油的辛烷值越高，其抗爆性越好。辛烷值分马达法和研究法两种。马达法辛烷值(MON)表示重负荷、高转速时汽油的抗爆性；研究法辛烷值(RON)表示低转速时汽油的抗爆性。同一汽油的 MON 低于 RON。除此之外，还可采用抗爆指数来表示汽油的抗爆性，抗爆指数等于 MON 和 RON 的平均值。中国车用汽油质量标准 GB 17930—2016 规定，国 V 和国 VI 标准汽油的商品牌号以研究法辛烷值划分为 89 号、92 号、95 号和 98 号。

汽油的抗爆性与其化学组成和馏分组成有关。在各类烃中，正构烷烃的辛烷值最低，环烷烃、烯烃次之，高度分支的异构烷烃和芳烃的辛烷值最高。各族烃类的辛烷值随分子量增大、沸点升高而减小。

汽油机一般根据压缩比的不同选用不同牌号的汽油。汽油机的压缩比越高，对汽油辛烷值的要求越高。汽油机压缩比与所要求汽油辛烷值的关系见表 2-1。

表 2-1　不同压缩比汽油机对汽油辛烷值的要求

汽油机的压缩比	<9.0	9.0~10.0	>10.0
所用汽油的最低辛烷值(RON)	90	90 或 93	>93

工业生产过程中，希望汽油有较高的辛烷值，提高汽油辛烷值的途径主要有以下 3 种：

(1) 改变汽油的化学组成，增加异构烷烃和芳烃的含量。这是提高汽油辛烷值的根本方法，可以通过催化重整、异构化、烷基化等工艺过程来提高汽油中芳烃和异构烷烃的含量。

(2) 加入提高辛烷值的添加剂，即抗爆剂。过去常用的抗爆剂是四乙基铅，由于其剧毒性及对环境带来的影响，目前已被禁止使用，被其他辛烷值助剂所取代，开发不含金属离子的抗爆剂是目前抗爆剂研究的重点。

(3) 调入高辛烷值组分，如含氧有机化合物醚类及醇类等。这类化合物包括甲醇、乙醇、叔丁醇、甲基叔丁基醚(MTBE)等。其中，MTBE 不仅单独使用时具有很高的辛烷值(RON 为 117，MON 为 101)，在掺入其他汽油中时也可使其辛烷值大大提高，且在不改变汽油基本性能的前提下，改善汽油的某些性质。但由于 MTBE 具有毒性且可溶于水，目前在一些发达国家已被禁止使用，正逐渐被甲基叔戊基醚所取代。乙醇汽油在中国部分地区已经推广使用，但甲醇汽油应用较少。

3. 汽油的安定性

汽油的安定性一般是指化学安定性，表征汽油在储存过程中抵抗氧化的能力。安定性好的汽油可储存较长的时间，安定性差的汽油储存很短的时间就会变质。

汽油的安定性与其化学组成有关，如果汽油中含有大量较活泼的不饱和烃，特别是二烯烃，在贮存和使用过程中，这些不饱和烃极易被氧化，生成黏稠胶状沉淀物即胶质，汽油颜色变深。同时，汽油中的含硫化合物、含氮化合物也会影响其安定性。汽油中生成的胶状物沉积在发动机的油箱、滤网、汽化器等部位，会堵塞油路，影响供油；沉积在火花塞上的胶质在高温下会形成积炭而引起短路；沉积在气缸盖、气缸壁上的胶质形成积炭，使传热恶化，加剧磨损，引起表面着火或爆震现象。总之，使用安定性差的汽油会严重破坏发动机的正常工作。通常采用在适当精制的基础上添加一些抗氧化添加剂的方式来改善汽油的安定性。

在车用汽油的规格指标中用溶剂洗胶质(在规定条件下测得的发动机燃料的蒸发残留物)和诱导期(在规定的加速氧化条件下，油品处于稳定状态所经历的时间周期)来评价汽油的安定性。一般来说，实际胶质含量越少、诱导期越长，汽油安定性越好。

4. 汽油的腐蚀性

腐蚀性表征汽油对金属的腐蚀性能。

汽油的主要组分是烃类，任何烃对金属都无腐蚀作用。但汽油中的非烃杂质，如硫及含硫化合物、水溶性酸或碱、有机酸等，都会对金属产生腐蚀作用。

评定汽油腐蚀性的指标有酸度、硫含量、铜片腐蚀、水溶性酸碱等。酸度指中和 100mL 油品中酸性物质所需的氢氧化钾毫克数，单位为 mg KOH/100mL。铜片腐蚀是用铜片直接测定油品中是否存在活性硫的定性方法。水溶性酸或碱是在油品用酸碱精制后，因水洗过程操作不良而残留在汽油中的可溶于水的酸性或碱性物质。成品汽油中应不含水溶性酸或碱。

5. 车用汽油质量标准

国产车用汽油的主要质量标准见表2-2。2019年执行国Ⅵ汽油标准，2023年要求车用汽油烯烃含量不大于15%。

表2-2 车用汽油质量标准（GB 17930—2016）

项目			国V标准			国Ⅵ（A）标准			试验方法
			89	92	95	89	92	95	
抗爆性									
研究法辛烷值（RON）	不小于		89	92	95	89	92	95	GB/T 5487
抗爆指数（RON-MON）/2	不小于		84	87	90	84	87	90	GB/T 503、GB/T 5487
铅含量，g/L	不大于		0.005			0.005			GB/T 8020
馏程									
10%蒸发温度，℃	不高于		70			70			GB/T 6536
50%蒸发温度，℃	不高于		120			110			
90%蒸发温度，℃	不高于		190			190			
终馏点，℃	不高于		205			205			
残留量，%	不大于		2			2			
蒸气压，kPa									
从11月1日至4月30日			45~85			45~85			GB/T 8017
从5月1日至10月31日			40~65			40~65			
溶剂洗胶质含量，mg/100mL									
未洗胶质含量（加入清净剂前）	不大于		30			30			GB/T 8019
溶剂洗胶质含量	不大于		5			5			
诱导期，min	不小于		480			480			GB/T 8018
硫含量，mg/kg	不大于		10			10			SH/T 0689
硫醇（博士试验）			通过			通过			SH/T 0174
铜片腐蚀（50℃，3h），级	不大于		1			1			GB/T 5096
水溶性酸或碱			无			无			GB/T 259
机械杂质及水分			无			无			目测
苯含量，%	不大于		1.0			0.8			SH/T 0713
芳烃含量，%	不大于		40			35			GB/T 11132
烯烃含量，%	不大于		24			18/15			GB/T 11132
氧含量，%	不大于		2.7			2.7			SH/T 0663
甲醇含量，%	不大于		0.3			0.3			SH/T 0663
锰含量，g/L	不大于		0.002			0.002			SH/T 0711
铁含量，g/L	不大于		0.01			0.01			SH/T 0712
密度（20℃），kg/m³			720~775			720~775			GB/T 1884、GB/T 1885

6. 车用乙醇汽油

低分子量醇类具有清洁、可再生的特点，密度、蒸发性能及动力性能与汽油接近，且具有较高的辛烷值，如甲醇的RON/MON为114/95，乙醇的RON/MON为111/94。因此，低分子醇类可以作为车用汽油的高辛烷值调和组分。醇类的不足是含氧致使其发热量低，且蒸发潜热较高，造成汽车冬季的冷启动困难。此外，醇类对金属、橡胶、塑料等具有不良影响，使用醇类汽油的发动机需做改装。

目前，国内外所用的醇类燃料都是将一定比例的醇类与汽油调和，调和时必须解决低分子量醇与汽油的相溶性问题，尤其是遇水分层的问题。醇类与汽油的互溶性取决于汽油的组成、醇的浓度及调和油中是否含水。在汽油中掺入限定比例的低分子量醇类，再加入少量高级醇作为助溶剂，可以增加醇类汽油的稳定性，避免分相。

由于甲醇有毒性，饮用及长期接触甲醇会引起中毒，因此目前应用比较广泛的是乙醇汽油。车用乙醇汽油就是在汽油中添加一定量的变性乙醇（加入变性剂后不能饮用的乙醇），混合均匀后所得的车用燃料。中国车用乙醇汽油（E10）国家标准（GB 18351）规定乙醇的加入量为 8%~12%，按照研究法辛烷值划分为 89 号、92 号、95 号和 98 号四个牌号［为了与普通汽油区分，销售时应给予明显表示，如 92 号车用乙醇汽油（E10）（V）等］。

二、柴油

柴油是压燃式发动机（简称柴油机）的燃料。与汽油机相比，柴油机的热功效率高，燃料比消耗低，运行经济，被视为节能型发动机，因而在中国应用很广泛。柴油主要用作载重汽车、大轿车、拖拉机、船舶和铁路内燃机车等的大功率内燃机的燃料。

按照所应用柴油机的类别不同，柴油分为轻柴油和重柴油。前者应用于 1000r/min 以上的高速柴油机；后者应用于 500~1000r/min 的中速柴油机和小于 500r/min 的低速柴油机。由于使用条件不同，对轻重柴油制定了不同的标准，本节以轻柴油为例说明其质量指标。轻柴油包括普通柴油和车用柴油，按凝点不同分为 5 号、0 号、-10 号、-20 号、-35 号和 -50 号六个牌号。

1. 柴油的燃烧性能

1）抗爆性（发火性能或着火性能）

柴油机在运转过程中也会发生类似于汽油机的爆震现象，导致发动机功率下降、机件损害等。但柴油机产生爆震的原因与汽油机完全不同。汽油机的爆震是由于燃料太容易氧化，自燃点太低，燃料在不该燃烧的时候提前自燃而引起的；而柴油机的爆震是由于燃料不易氧化，自燃点太高，在燃烧的初期迟迟不能自燃，致使自燃开始后大量燃料同时剧烈燃烧而引起的。因此，汽油机要求自燃点高的燃料，而柴油机要求自燃点低的燃料。

柴油的抗爆性用十六烷值（CN）表示。十六烷值高的柴油，抗爆性好。与汽油类似，测定柴油的十六烷值时，也是人为地选择了两种标准物，一种是抗爆性非常好的正十六烷，将其十六烷值定义为 100；另一种是抗爆性较差的七甲基壬烷，将其十六烷值定义为 15（或 α-甲基萘，十六烷值为 0）。在相同的发动机工作条件下，如果某柴油的抗爆性与含 45% 正十六烷和 55% 七甲基壬烷的混合物相同，则此柴油的十六烷值为

$$CN=正十六烷的体积分数+0.15×七甲基壬烷的体积分数 \qquad (2-1)$$

柴油的抗爆性与其所含烃类的自燃点有关，自燃点低，则不易发生爆震。在各类烃中，正构烷烃的自燃点最低，十六烷值最高，烯烃、异构烷烃和环烷烃居中，芳烃的自燃点最高，十六烷值最低。因此，含烷烃多、芳烃少的柴油的抗爆性好。同时，各族烃类的十六烷值随分子中碳原子数的增加而增高，这也是柴油通常要比汽油分子大（重）、沸程高的原因之一。

柴油的十六烷值并不是越高越好，如果柴油的十六烷值很高（如65以上），由于自燃点太低，滞燃期太短，在柴油没有充分汽化、与空气形成均匀的油气混合气前就开始自燃，容易使燃烧不完全，产生黑烟，使耗油量增加，柴油机功率下降。不同转速的柴油机对柴油十六烷值的要求不同，两者相应的关系见表2-3。

表 2-3　不同转速柴油机对柴油十六烷值的要求

柴油机转速，r/min	要求柴油的十六烷值	柴油机转速，r/min	要求柴油的十六烷值
<1000	35~40	>1500	45~60
1000~1500	40~45		

2）蒸发性

柴油的蒸发性可以影响其燃烧性能和发动机的启动性能，其重要性不亚于十六烷值。馏分轻的柴油启动性好，易于蒸发和迅速燃烧，但馏分过轻，自燃点高，滞燃期长，会引发爆震现象。馏分过重的柴油，由于蒸发慢，会造成不完全燃烧，燃料消耗量增加。

柴油的蒸发性用馏程和残炭来评定。不同转速的柴油机对柴油馏程的要求不同，高转速的柴油机对柴油馏程要求比较严格，国家标准中规定了轻柴油50%馏出温度、90%馏出温度和95%馏出温度。对低转速的柴油机没有严格规定柴油的馏程，只限制了残炭含量。

2. 柴油的低温性能

柴油的低温性能对于在露天作业、特别是在低温下工作的柴油机的供油性能有重要影响。当柴油的温度降到一定程度时，由于黏度增大或蜡结晶析出，导致其流动性变差，减少供油，降低发动机功率，严重时甚至会堵塞过滤器，导致供油完全中断。

国产柴油的低温性能主要以凝点来表征，并以此作为柴油的商品牌号。例如，0号和-10号轻柴油分别表示其凝点不高于0℃和-10℃。凝点低表示柴油在较低的温度下仍然具有流动性，其低温性能好。国外也有采用浊点、倾点或冷滤点等来表征柴油的低温流动性的，目前中国也已经采用冷滤点作为柴油低温流动性的补充控制指标。通常使用浊点比使用温度低3~5℃，凝点比环境温度低5~10℃的柴油。

柴油的低温性能取决于其化学组成和馏分组成。柴油的馏分越重，凝点越高。含环烷烃或环烷烃—芳烃含量多的柴油，其浊点和凝点较低，但其十六烷值也较低。含烷烃特别是正构烷烃多的柴油，浊点和凝点都较高，十六烷值也较高。因此，综合燃烧性能和低温性能来看，柴油的理想组分是带一个或两个短烷基侧链的长链异构烷烃，它们具有较低的凝点和足够的十六烷值。

中国大部分原油蜡含量较高，直馏柴油的凝点一般都较高。改善柴油低温流动性能的主要途径有三种：（1）脱除柴油中凝点较高的蜡（正构烷烃），但柴油脱蜡的成本高且收率低，只有在特殊情况下才采用。（2）调入低凝点的二次加工柴油。（3）添加低温流动改进剂，即降凝剂或降滤剂。向柴油中加入低温流动改进剂，可防止或延缓石蜡形成网状结构，从而使柴油凝点降低。这种方法较经济且简便，因此采用较多。但需要注意的是，降凝剂只能降低柴油的凝点，而不能降低其冷滤点，因此，其改善低温流动性的效果有限。

3. 柴油的黏度

柴油的供油量、雾化性能、燃烧情况以及高压油泵的润滑等都与柴油的黏度密切相关。

柴油的黏度过大，油泵的抽油效率下降，造成供油困难，且会导致雾化不良，油滴直径大且油流射程长，油气混合不均匀，使燃烧不完全，耗油增加，发动机功率下降。柴油的黏度也不能过小，否则柴油易于从油泵的柱塞和泵筒之间泄漏，且雾化后的油滴虽小但射程也短，不能与空气混合均匀，同样造成燃烧不完全，发动机功率下降。同时，柴油本身作为输送泵和高压油泵的润滑剂，黏度过小会使润滑效果变差，造成机件磨损。因此，要求柴油的黏度在合适的范围内。

除了上述几项质量要求外，对柴油也有安定性、腐蚀性和洁净度等方面的要求，同汽油类似。

4. 柴油产品质量标准

表 2-4 和表 2-5 中分别列出了国产普通柴油和车用柴油的主要质量指标。

表 2-4　普通柴油的质量指标（GB 252—2015）

项目		质量指标						试验方法
		5 号	0 号	-10 号	-20 号	-35 号	-50 号	
色度，号	不大于	3.5						GB/T 6540
氧化安定性 　总不溶物，mg/100mL	不大于	2.5						SH/T 0175
硫含量，mg/kg 　2017 年 6 月 30 日前 　2017 年 7 月 1 日开始 　2018 年 1 月 1 日前	不大于	350 50 10						SH/T 0689
酸度，mg KOH/100mL	不大于	7						GB/T 258
10%蒸余物残炭（质量分数），%	不大于	0.3						GB/T 268
灰分（质量分数），%	不大于	0.01						GB/T 508
铜片腐蚀（50℃，3h），级	不大于	1						GB/T 5096
水分（体积分数），%	不大于	痕迹						GB/T 260
机械杂质		无						GB/T 511
运动黏度（20℃），mm²/s		3.0~8.0		2.5~8.0		1.8~7.0		GB/T 265
凝点，℃	不高于	5	0	-10	-20	-35	-50	GB/T 510
冷滤点，℃	不高于	8	4	-5	-14	-29	-44	SH/T 0248
闪点（闭口），℃	不低于	55			45			
着火性（应满足下列要求之一） 　十六烷值 　十六烷指数	不小于 不小于	45 43						GB/T 386 SH/T 0694
馏程 　50%馏出温度，℃ 　90%馏出温度，℃ 　95%馏出温度，℃	不高于 不高于 不高于	300 355 365						GB/T 6536
润滑性 　校正磨痕直径（60℃），μm	不大于	460						SH/T 0765
密度（20℃），kg/m³		报告						GB/T 1884 和 GB/T 1885
脂肪酸甲酯（体积分数），%	不大于	1.0						GB/T 23801

表 2-5　车用柴油的质量指标(GB 19147—2016)

项目		质量指标						试验方法
		5 号	0 号	-10 号	-20 号	-35 号	-50 号	
氧化安定性 　总不溶物, mg/100mL	不大于	2.5						SH/T 0175
硫含量, mg/kg	不大于	10						SH/T 0689
酸度, mg KOH/100mL	不大于	7						GB/T 258
10%蒸余物残炭(质量分数),%	不大于	0.3						GB/T 268
灰分(质量分数),%	不大于	0.01						GB/T 508
铜片腐蚀(50℃, 3h), 级	不大于	1						GB/T 5096
水含量(体积分数),%	不大于	痕迹						GB/T 260
机械杂质		无						GB/T 511
润滑性 　校正磨痕直径(60℃), μm	不大于	460						SH/T 0765
多环芳烃含量(质量分数),%	不大于	11(国 V 标准); 7(国 VI 标准)						SH/T 0606
运动黏度(20℃), mm²/s		3.0~8.0		2.5~8.0		1.8~7.0		GB/T 265
凝点,℃	不高于	5	0	-10	-20	-35	-50	GB/T 510
冷滤点,℃	不高于	8	4	-5	-14	-29	-44	SH/T 0248
闪点(闭口),℃	不低于	60		50		45		GB/T 261
着火性(需满足下列条件要求之一) 　十六烷值 　十六烷指数	不小于 不小于	51 46		49 46		47 43		GB/T 386 SH/T 0694
馏程 　50%回收温度,℃ 　90%回收温度,℃ 　95%回收温度,℃	不高于 不高于 不高于	300 355 365						GB/T 6536
密度(20℃), kg/m³		810~850(国 V 标准); 810~845(国 VI 标准)			790~840			GB/T 1884 GB/T 1885
脂肪酸甲酯(体积分数),%	不大于	1.0						GB/T 23801

　　柴油中除了轻柴油、重柴油外,还有农用柴油,主要用于拖拉机和排灌机械,一般质量要求较低;一些专用柴油(如军用柴油),要求其具有很低的凝点,如-35℃、-50℃以下等。

　　5. 清洁柴油和生物柴油

　　1)清洁柴油

　　随着人类环保意识的提高和对汽车尾气排放所带来环境问题的认识,提高柴油质量、减少尾气排放已成为柴油生产过程中的必然要求。所谓清洁柴油,就是指燃烧后尾气能达到排放要求、非理想组分含量极少的柴油,其最主要的要求是硫含量低,并限制其中的多环芳烃和总芳烃含量。

　　柴油的使用范围广,发动机类型多,对柴油的要求也千差万别。此外,由于柴油机多用于大负荷机械的动力系统,需要的动力较大,容易导致柴油机在某些极端条件下工作时燃料燃烧不完全，尾气排放对环境带来的危害更大。柴油机尾气中对环境危害最大的是颗粒物，主要包括炭粒、可溶性有机物和硫酸盐等，会对人体的呼吸系统带来较大的危害，甚至致癌，因此减少颗粒物的排放是柴油清洁化的重要任务之一。

影响颗粒物形成和组成的因素是多方面的。一般来说，柴油中的硫含量越高，生成的硫酸盐越多，且硫会引起尾气转化器催化剂的中毒。柴油中的芳烃也是造成柴油车尾气中氮氧化物和颗粒物含量高的原因之一。因此，清洁柴油将向着低硫、超低硫和限制芳烃含量的方向发展。

2）生物柴油

生物柴油又名脂肪酸甲酯，是以油料作物、野生油料植物和工程微藻等水生植物油脂以及动物油脂、餐饮垃圾油等为原料油，通过酯交换工艺制成的、可代替石化柴油的再生性柴油燃料。生物柴油是生物质能源的一种，主要组分为长链脂肪酸的单烷基酯，有良好的润滑性。

生物柴油是含氧量极高的各种复杂有机物的混合物，几乎包括所有种类的含氧有机物，如醚、醛、酮、酚、有机酸、醇等，十六烷值较高。生物柴油的硫含量和芳烃含量低，闪点高，燃烧后废气中的颗粒物、碳氢化合物和一氧化碳含量少，且其本身无毒，是一种环境友好的燃料。

生物柴油的不足是其黏度较大，凝点高，易于氧化，酸值较高。生物柴油可以单独作为燃料使用，目前主要与普通柴油混合使用（GB 25199—2017）。

三、喷气燃料

喷气燃料（又称航空煤油，简称航煤）是喷气式发动机的燃料，是军用和民用航空器械上广泛使用的燃料，尤其是随着航空工业的迅速发展，喷气燃料的消耗量也迅速增加，已经成为炼化企业的重要产品之一。

喷气发动机与活塞式发动机（汽油机和柴油机）不同，为了保证飞行器的运行安全和舒适性，喷气发动机的工作（燃烧）是连续的，要求空气和燃料连续不断地进入燃烧室，而尾气也需要连续不断地排出燃烧室，因此喷气燃料是在 $30\sim50m/s$ 的连续气流中燃烧的。这就要求喷气燃料的燃烧速度快，必须大于燃烧室内的气流速度，否则会造成火焰中断。

1. 喷气燃料的燃烧性能

喷气发动机长时间在高空低温和低气压环境中工作，要求燃料能够连续进行雾化、蒸发，并能迅速、平稳、完全地燃烧，积炭少，启动性能好。

1）热值和密度

热值是指单位质量或体积的燃料完全燃烧所放出的热量，分为质量热值（kJ/kg）和体积热值（kJ/m^3）两种。

喷气式飞机的速度快，发动机功率大，要求喷气燃料具有较大的质量热值，质量热值越高，发动机耗油率越小。同时，飞机的续航里程远，但油箱体积有限，因此也要求燃料具有较高的体积热值。

喷气燃料的热值与其化学组成和馏分组成有关。氢含量高的燃料质量热值高，而密度大的燃料体积热值较高。在各类烃中，质量热值的大小顺序如下：烷烃>环烷烃>芳烃。而密度和体积热值与上述顺序相反：芳烃>环烷烃>烷烃。此外，对于同一族烃，随着沸点的升高，密度增加，体积热值增加，但质量热值减少。因此，综合考虑质量热值和体积热值，喷气燃料的理想组分是煤油型的带有侧链的环烷烃和异构烷烃。

国产喷气燃料质量标准中规定喷气燃料的质量热值不小于 42.8MJ/kg，同时规定 20℃时的密度不小于 775kg/m³。

2）雾化和蒸发性能

喷气发动机中燃料的雾化状况对燃烧的完全程度有重要影响。与雾化性能直接有关的是燃料的黏度，黏度过大，喷入发动机的油滴大，喷射角小而射程远，雾化不良而导致油气混合不均匀，燃烧不完全、不平稳，使发动机功率下降；而黏度过小，喷油的角度大而射程近，燃料的火焰短而宽，易引起局部过热。因此，国家标准中对喷气燃料的黏度有一定的要求。

燃料的蒸发性能对燃料的启动性、燃烧的完全程度和蒸发损失影响很大。蒸发性能好的燃料，能与空气迅速形成均匀的混合气，燃烧完全，耗油低，容易启动。如果燃料过重，则蒸发性能差，未蒸发的燃料受热易分解形成积炭。组成喷气燃料的各类烃中，烷烃的燃烧完全程度最好，环烷烃次之，芳烃最差；环数越多，燃烧越不完全，因此要限制喷气燃料中芳烃尤其是双环芳烃的含量。煤油型的喷气燃料用馏程的 10% 馏出温度表示蒸发的难易程度，用 90% 馏出温度控制重组分含量。宽馏分型的喷气燃料同时还用饱和蒸气压来控制其蒸发性。

3）积炭性能

喷气燃料在燃烧过程中生成积炭会造成一系列的不良后果。例如，电火花点火器上的积炭会导致点不着火；燃烧室壁上的积炭会使传热恶化，引起局部过热，导致筒壁变形，甚至破裂等。因此，要求喷气燃料在正常燃烧时生成的积炭应尽量少。

燃料的积炭性能与其组成密切相关。各族烃中，芳烃特别是双环芳烃形成积炭的倾向最大，因此国产喷气燃料的质量标准中规定双环芳烃（萘系烃）含量不大于 3%（体积分数）。此外，燃料的馏分变重、不饱和烃含量增加、胶质含量高以及含硫化合物的存在，都会使生成积炭的倾向增大。

喷气燃料的积炭性能用烟点（无烟火焰高度）和辉光值表示。

烟点是指在规定条件下，油品在标准灯中燃烧不冒烟时火焰的最大高度，单位是毫米（mm）。烟点越高，燃料生成积炭的倾向越小。油品的烟点取决于组成，沸程和芳烃含量低的燃料烟点高，生成积炭可能性小。国家标准规定喷气燃料的烟点不得小于 25mm。

燃料的生炭性较强时，燃气流中的炭粒较多，炽热的炭粒可使火焰的亮度增加，热辐射加强。可用辉光值表示燃料燃烧时火焰的辐射强度。辉光值越高，火焰辐射强度越小，燃烧越完全，生炭倾向越小。各类烃辉光值的大小依次为烷烃/单环环烷烃>双环环烷烃>芳烃。国家标准规定喷气燃料的辉光值不得小于 45。

2. 喷气燃料的低温性能

良好的低温性能是指喷气燃料在低温下能够顺利泵送和过滤的性能。喷气飞机一般在 10000m 以上的高空中飞行，气温可低达-50℃，因此要求喷气燃料具有较低的结晶点（或冰点），否则，结晶的析出会堵塞滤清器和油路，影响正常供油，严重时中断供油，引起飞行事故。

燃料的低温性能或结晶点与其化学组成和水含量有关。各族烃中，平均分子量相近时，正构烷烃和芳烃的结晶点较高，环烷烃和烯烃的较低。而同族烃中，随平均分子量增加和沸点升高，结晶点升高。如果燃料中溶解水，低温时水结成冰晶，也会使燃料的低温性能变差。不同烃类与水的互溶度不同，芳烃特别是苯对水的溶解度最大，环烷烃次之，烷烃最小。因此，从降低结晶点的角度，也需要限制喷气燃料中芳烃的含量。国家标准中规定芳烃含量不能大于 20%(质量分数)。

改善喷气燃料低温性能的方法主要有利用热空气加热燃料和过滤器，或加入防冰添加剂等。

3. 喷气燃料的润滑性能

喷气发动机的高压燃料油泵是以燃料本身作为润滑剂的，同时，燃料还作为冷却剂带走摩擦产生的热量。因此，要求喷气燃料具有良好的润滑性能。

喷气燃料的润滑性能取决于其化学组成，各种化合物润滑性能的次序为非烃化合物>多环芳烃>单环芳烃>环烷烃>烷烃。喷气燃料中某些微量的极性非烃化合物(如环烷酸、酚类以及某些含硫化合物和含氧化合物等)具有较强的极性，容易吸附在金属表面上，降低了金属间的摩擦和磨损，具有良好的润滑性能。但这些非烃化合物同时也会影响喷气燃料的燃烧性和安定性等，因此需采用精制的方法将它们除去。综合考虑各方面因素，烃类中以单环环烷烃或多环环烷烃的润滑性能最好。

改善喷气燃料润滑性能的途径主要是加入少量抗磨添加剂或调入一定量的直馏喷气燃料组分等。

4. 喷气燃料的防静电性

喷气发动机的耗油量很大，每小时达几吨到几十吨。为节省时间，机场往往采用高速加油。在高速输油时，燃料与管壁、阀门等注油设备剧烈摩擦产生静电，电势可以达到几千伏甚至上万伏，一旦产生火花放电，引燃油气混合气，就会产生爆炸，酿成重大事故。因此，从安全角度考虑，喷气燃料应具有良好的防静电性，避免电荷的积累。

燃料具有一定的导电性，可以及时地把产生的电荷疏导到环境中。但燃料本身的导电率较低，常采用的提高喷气燃料导电性的方法是添加少量的防静电添加剂。

除此之外，还要求喷气燃料具有良好的安定性及洁净度、不腐蚀金属等。

5. 喷气燃料质量标准

由于喷气燃料使用环境的特殊性，对其有严格的质量要求。喷气燃料按照生产方法可分为直馏喷气燃料和二次加工喷气燃料两类；按照馏分的宽窄、轻重又可分为宽馏分型、煤油型及重煤油型。国产喷气燃料的现行质量标准见表 2-6。

表 2-6 喷气燃料主要质量指标

项目		2 号喷气燃料(GB 1788—1979)	3 号喷气燃料(GB 6537—2006)
密度(20℃)，kg/m³	不小于	775	775~830
馏程，℃			
初馏点		150	报告
10%馏出温度	不高于	165	205
20%馏出温度	不高于	—	报告
50%馏出温度	不高于	195	232
90%馏出温度	不高于	230	报告
98%馏出温度	不高于	250	报告
终馏点	不高于	—	300
残留量及损失量，%	不大于	2.0	1.5

续表

项目		2号喷气燃料(GB 1788—1979)	3号喷气燃料(GB 6537—2006)
闪点(闭口杯法),℃	不低于	28	28
运动黏度,mm²/s			
20℃	不大于	1.25	1.25
-40℃	不大于	8.0	8.0(-20℃)
结晶点,℃	不高于	-50	—
冰点,℃	不高于	—	-47
芳烃含量(质量分数),%	不大于	20	20
烯烃含量(体积分数),%	不大于	—	5.0
碘值,g I/100g	不大于	4.2	—
酸度,mg KOH/100mL	不大于	1.0	—
总酸值,mg KOH/g	不大于	—	0.015
硫含量(质量分数),%	不大于	0.20	0.20
硫醇性硫含量(质量分数),%	不大于	0.002	0.002
铜片腐蚀(100℃,2h),级	不大于	1	1
银片腐蚀(50℃,4h),级	不大于	1	1
净热值,MJ/kg	不小于	42.9	42.8
实际胶质,mg/100mL	不大于	5.0	7.0
灰分(质量分数),%	不大于	0.005	—
水溶性酸碱		无	—
机械杂质及水分		无	—
电导率(20℃),pS/m		—	50~450
燃烧性能(满足三项之一)			
无烟火焰高度,mm	不小于	25	25
萘系烃含量(体积分数),%	不大于	3	3
辉光值	不小于	45	45

注:3号喷气燃料应用较广,已经取代1号喷气燃料和2号喷气燃料。

四、燃料油

燃料油主要用作船舶锅炉、冶金炉、加热炉和其他工业炉的燃料,一般是由直馏渣油和二次加工残油等调和而成的。燃料油的组成特点是含有大量的非烃化合物,胶质、沥青质含量多,黏度大。

各种锅炉和工业炉的燃料系统工作过程大体相同,即由抽油、过滤、预热、喷入炉膛和燃烧等组成。对燃料油的质量要求不像对轻质油品那样严格,其主要质量要求有黏度、闪点、凝点和硫含量等。

黏度是燃料油最重要的质量指标，其直接影响油泵、喷油嘴的工作效率和燃料消耗量。黏度适宜，在一定的预热温度和合适的喷嘴条件下喷油状况好，雾化良好，燃烧完全，热效率高。不同类型的喷嘴使用不同黏度的燃料油。

闪点主要表征燃料油的防火安全性，避免燃料油在储存和使用过程中因温度高而发生意外的危险事故。

凝点和倾点用来评定燃料油的低温性能，保证燃料油在储运和使用中具有较好的流动性。对于黏度较大的燃料油，在使用时需预热。

燃料油中的含硫化合物在燃烧后会生成二氧化硫和三氧化硫，污染环境、危害人体健康，因此需限制燃料油中的硫含量，但目前对高黏度燃料油中的硫含量控制并不严格。

同时，燃料油要求不含无机酸和机械杂质，储存过程中要能保持均质且不分层。

按照标准 SH/T 0356—1996，国产燃料油分为 1 号、2 号、4 号轻、4 号、5 号轻、5 号重、6 号和 7 号共 8 个牌号。此外，石油产品国家标准 GB/T 17411—2015 中还制定了船用燃料油的详细质量指标要求。

国产燃料油的主要质量指标见表 2-7。船用馏分燃料油和船用残渣燃料油的质量要求分别见表 2-8 和表 2-9。

表 2-7　燃料油质量标准（SH/T 0356—1996）

项目		1 号	2 号	4 号轻	4 号	5 号轻	5 号重	6 号	7 号
闪点(闭口杯法)，℃	不低于	38	38	38	55	55	55	60	—
闪点(闭口杯法)，℃	不低于	—	—	—	—	—	—	—	130
水和沉淀物(体积分数)，%	不大于	0.05	0.05	0.50	0.50	1.00	1.00	2.00	3.00
馏程，℃	10%馏出温度 不高于	215	—	—	—	—	—	—	—
	90%馏出温度 不低于	—	282	—	—	—	—	—	—
	90%馏出温度 不高于	288	338	—	—	—	—	—	—
运动黏度 mm²/s	40℃ 不小于	1.3	1.9	1.9	5.5				
	40℃ 不大于	2.1	3.4	5.5	24.0				
	100℃ 不小于	—	—			5.0	9.0	15.0	
	100℃ 不大于					8.9	14.9	50.0	185
10%蒸余物残炭(质量分数)，% 不大于		0.15	0.35	—	—	—	—	—	—
灰分(质量分数)，%	不大于	—	—	0.05	0.10	0.15	0.15		
硫含量(质量分数)，%	不大于	0.50	0.50	—	—	—	—	—	—
铜片腐蚀(50℃，3h)，级	不大于	3	3						
密度(20℃)，kg/m³	不小于				872				
	不大于	846	872	—	—	—	—	—	—
倾点，℃	不高于	-18	-6	-6	-6				

表 2-8　船用馏分燃料油质量标准（GB/T 17411—2015）

项　目		指标				试验方法
		DMX	DMA	DMZ	DMB	
运动黏度（40℃），mm²/s　不大于		5.500	6.000	6.000	11.00	GB/T 265
不小于		1.400	2.000	3.000	2.000	
密度，kg/m³（满足下列要求之一）						GB/T 1884 和
15℃　不大于		—	890.0	890.0	890.0	GB/T 1885
20℃　不大于		—	886.5	886.5	886.5	
十六烷指数　不小于		45	40	40	35	SH/T 0694
硫含量（质量分数），%　不大于						
Ⅰ		1.00	1.00	1.00	1.50	GB/T 17040
Ⅱ		0.50	0.50	0.50	0.50	
Ⅲ		0.10	0.10	0.10	0.10	
闪点（闭口），℃　不低于		60.0	60.0	60.0	60.0	GB/T 261（步骤 A）
硫化氢，mg/g　不大于		2.00	2.00	2.00	2.00	IP 570（步骤 A）
酸值，mg KOH/g　不大于		0.5	0.5	0.5	0.5	GB/T 7304
总沉淀物（热过滤法）（质量分数），%　不大于		—	—	—	0.10	SH/T 0701
氧化安定性，mg/100mL　不大于		2.5	2.5	2.5	2.5	SH/T 0175
10%蒸余物残炭（质量分数），%　不大于		0.30	0.30	0.30	—	GB/T 17144
残炭（质量分数），%　不大于		—	—	—	0.30	
浊点，℃　不大于		−16				GB/T 6986
倾点，℃　不高于						GB/T 3535
冬季		—	−6	−6	0	
夏季		—	0	0	6	
外观		清澈透明		协商检测		目测
水分（体积分数），%　不大于		—	—	—	0.30	GB/T 260
灰分（质量分数），%　不大于		0.010	0.010	0.010	0.010	GB/T 508
润滑性						SH/T 0765
校正磨痕直径（WS1.4）（60℃），μm　不大于		520	520	520	520	

表2-9　船用残渣燃料油质量要求（GB/T 17411—2015）

项目		RMA 10	RMB 30	RMD 80	RME 180	RMG 180	RMG 380	RMG 500	RMG 700	RMK 380	RMK 500	RMK 700	试验方法
		指标											
运动粘度（50℃），mm²/s	不大于	10.00	30.00	80.00	180.0	180.0	380.0	500.0	700.0	380.0	500.0	700.0	GB/T 11137
密度，kg/m³（满足下列要求之一） 15℃	不大于	920.0	960.0	975.0	991.0	991.0	991.0	991.0	991.0	1010.0	1010.0	1010.0	GB/T 1884 和
20℃	不大于	916.5	956.6	971.6	987.6	987.6	987.6	987.6	987.6	1006.6	1006.6	1006.6	GB/T 1885
碳芳香度指数（CCAI）	不大于	850	860	860	860	870	870	870	870	870	870	870	
硫含量（质量分数），% I	不大于	3.50	3.50	3.50	3.50	3.50	3.50	3.50	3.50	3.50	3.50	3.50	GB/T 17040
II		0.50	0.50	0.50	0.50	0.50	0.50	0.50	0.50	0.50	0.50	0.50	
III		0.10	0.10	0.10	0.10	—	—	—	—	—	—	—	
闪点（闭口），℃	不低于	60.0	60.0	60.0	60.0	60.0	60.0	60.0	60.0	60.0	60.0	60.0	GB/T 261（步骤 B）
硫化氢，mg/kg	不大于	2.0	2.0	2.0	2.0	2.0	2.0	2.0	2.0	2.0	2.0	2.0	IP 570（步骤 A）
酸值，mg KOH/g	不大于	2.5	2.5	2.5	2.5	2.5	2.5	2.5	2.5	2.5	2.5	2.5	GB/T 7304
总沉淀物（老化法）（质量分数），%	不大于	0.10	0.10	0.10	0.10	0.10	0.10	0.10	0.10	0.10	0.10	0.10	SH/T 0702
残炭（质量分数），%	不大于	2.50	10.00	14.00	15.00	18.00	18.00	18.00	18.00	20.00	20.00	20.00	GB/T 17144
倾点，℃ 冬季	不高于	0	0	30	30	30	30	30	30	30	30	30	GB/T 3535
夏季		6	6	30	30	30	30	30	30	30	30	30	
水分（体积分数），%	不大于	0.30	0.50	0.50	0.50	0.50	0.50	0.50	0.50	0.50	0.50	0.50	GB/T 260
灰分（质量分数），%	不大于	0.040	0.070	0.070	0.070	0.100	0.100	0.100	0.100	0.150	0.150	0.150	GB/T 508
钒，mg/kg	不大于	50	150	150	150	350	350	350	350	450	450	450	IP 501
钠，mg/kg	不大于	50	100	100	50	100	100	100	100	100	100	100	IP 501
铝+硅，mg/kg	不大于	25	40	40	50	60	60	60	60	60	60	60	IP 501
净热值，MJ/kg	不小于	39.8	39.8	39.8	39.8	39.8	39.8	39.8	39.8	39.8	39.8	39.8	GB/T 384
使用过的润滑油（ULO），mg/kg 钙和锌 钙和磷		燃料油应不含 ULO，符合下列条件之一，认为燃料油含有 ULO：钙>30 且锌>15；钙>30 且磷>15											IP 501

第二节 润滑剂

润滑剂是指介入两运动物体的表面,达到提高效率,减少摩擦力及磨损的物质。同时,润滑剂还能对摩擦副起到冷却、清洗和防止污染等作用。用于机械设备润滑的材料多种多样,目前广泛应用的是以石油为原料制得的润滑油和润滑脂,其中以润滑油的用量为最大。

由于机械设备种类繁多,其结构和使用条件千差万别,对不同机械所用的润滑剂也就有不同的质量要求。GB/T 7631.1—2008 根据润滑剂的组成、性能、使用条件不同,将润滑剂分为18组(表2-10)。各类润滑油的性质各异,均有其特定的用途,切不可随意使用,否则会影响机器的正常运转,甚至导致机件的烧损。

表2-10 润滑剂、工业用油和有关产品的分类(GB/T 7631.1—2008)

组别	应用场合	国家标准编号	组别	应用场合	国家标准编号
A	全损耗系统	GB/T 7631.13	N	电器绝缘	GB/T 7631.15
B	脱模	—	P	气动工具	GB/T 7631.16
C	齿轮	GB/T 7631.7	Q	热传导液	GB/T 7631.12
D	压缩机(包括冷冻机和真空泵)	GB/T 7631.9	R	暂时保护防腐蚀	GB/T 7631.6
E	内燃机油	GB/T 7631.17	T	汽轮机	GB/T 7631.10
F	主轴、轴承和离合器	GB/T 7631.4	U	热处理	GB/T 7631.14
G	导轨	GB/T 7631.11	X	用润滑脂的场合	GB/T 7631.8
H	液压系统	GB/T 7631.2	Y	其他应用场合	—
M	金属加工	GB/T 7631.5	Z	蒸汽气缸	—

一、润滑油

润滑油的主要作用是减轻机械设备在运转时的摩擦。润滑油能够在两个相对运动的金属表面间形成油膜,隔开接触面,使摩擦力较大的固体直接摩擦(即干摩擦)变为摩擦力较小的润滑油分子间的摩擦,减轻摩擦表面的磨损,也降低了因摩擦而消耗的功率损失;其次,润滑油还可以带走摩擦所产生的热量,防止机件因摩擦温度升高而发生变形甚至烧坏;再次,润滑油能冲洗掉磨损的金属碎屑以及进入摩擦表面间的灰尘、砂粒等杂质和隔绝腐蚀性气体,有保护金属表面的密封作用和减震作用。因此,使用润滑油不仅可以保证机械设备在高负荷或高速度条件下运转,还可以延长设备的使用寿命。

为达到上述减小摩擦等性能的要求,需使润滑油在两个摩擦面间形成油膜,而油膜的形成又与摩擦表面的运动形式、负荷、相对运动速度以及润滑油的性质有关。因此,润滑油除应具有适当的黏度外,还应不易变质、无腐蚀作用、能安全使用等。

润滑油的产量不大,约占石油产品总量的2%,但品种达数百种之多。对于各种石油润滑油的生产,一般是根据市场需求,将一种或数种不同黏度的润滑油基础油进行调和,并加入用以改善各种使用性能的添加剂,制得符合各种规格的商品润滑油。

不同的润滑油应用于不同的场所。例如,对于工作负荷很重、运转速度较慢的机械,由于润滑油在两个摩擦面间不易形成油膜，因此应使用高黏度润滑油；反之，对于负荷很轻、转速快的机械，润滑油易于在两个摩擦面间形成油膜，因此就不必使用高黏度的润滑油，使用低黏度润滑油的分子间摩擦力小，易于流动，其减小摩擦的作用更好。

中国参照 ISO 3448—1992 标准制定了 GB/T 3141—1994，将工业液体润滑剂按其 40℃ 时的运动黏度划分为 20 个等级。此外，内燃机油和车辆齿轮油则按其 100℃ 时的运动黏度和低温下的黏度划分等级。

润滑油的品种繁多，对每种润滑油都根据其使用条件制定了相应的质量标准，以下就几种有代表性的润滑油和有关油品加以说明。

1. 内燃机润滑油

内燃机润滑油简称内燃机油，主要用于汽油机、柴油机、喷气发动机等内燃机中，起润滑、冷却、清洗、减震、密封和防锈等作用。由于工作条件苛刻，对内燃机油的质量要求比较高，一般是由减压馏分油经深度精制并加有多种添加剂后生产的优质润滑油，在润滑油中用量最大，占 50% 左右。

1）内燃机油的主要质量要求

（1）合适的黏度和良好的黏温性能。

合适的黏度是保证内燃机油润滑性能的重要指标，而油品的黏度会随着温度的变化而变化（黏温性能），因此，要求其具有合适的黏度和良好的黏温性能。内燃机的工作温度变化范围较大，如果低温时内燃机油的黏度过高，则发动机启动困难，部件磨损显著增加；而高温时黏度过低，在摩擦表面不易形成油膜，机件得不到充分润滑，磨损增大，而且密封效果变差。国家标准中规定内燃机油的黏温性能采用黏度指数或黏度比来表示，二者都表示润滑油黏度随温度而变化的特性。黏度比是指润滑油在 50℃ 与 100℃ 时的运动黏度之比；黏度指数是指在规定条件下测定出标准油样和所用润滑油的运动黏度，再通过计算得到的指标，为应用方便起见，可采用润滑油 50℃ 与 100℃ 时的运动黏度查有关图表得到近似值。

（2）良好的抗氧化安定性。

内燃机油是循环使用的，工作过程中不断与含氧气体接触，其工作环境温度很高。例如，汽油机活塞顶部的温度可达 250℃，柴油机活塞顶部的温度约为 300℃，曲轴箱的油温也在 100℃ 上下，且受到铁、有色金属及含氮化合物的催化作用，很容易氧化变质。因此，要求润滑油的抗氧化安定性良好，以延长使用寿命。提高润滑油的抗氧化安定性，除了采用精制手段除去非理想组分外，一般还需在油中加入抗氧抗腐添加剂。

（3）良好的清净分散性。

内燃机油的氧化是无法完全避免的。内燃机油本身的氧化和缩合反应产物，与燃料燃烧产物的相互作用，在内燃机中会产生各种沉积物，导致发动机部件的磨损和烧蚀、活塞密封不严、油路堵塞等。为此，要求润滑油具有良好的清净分散性，能及时将各类沉淀物从金属表面清洗下来，或者使它们分散悬浮在油品中，通过滤清器除掉。润滑油基础油本身不具备清净分散性，通常是靠加入清净分散添加剂来实现的。

（4）腐蚀性小。

润滑油的腐蚀主要是由油品中的酸性物质引起的。这些酸性物质有的来源于原料，有的是氧化过程的产物。内燃机油应对发动机的一般材料铁及易腐蚀的耐磨材料铜、铅、镉、银、锡等无腐蚀作用。通常用酸值、水溶性酸或碱等表示润滑油腐蚀性的大小。提高抗腐蚀性的方法是加入抗氧防腐添加剂。

（5）良好的抗磨性能。

由于工作条件苛刻，内燃机油在气缸壁上很难维持足够的油膜，同时主轴承和连杆轴承上的负荷也比较大，导致这些部位经常处于边界润滑或混合润滑状态。因此，要求内燃机润滑油具有良好的抗磨性能。组成内燃机油的各类烃的抗磨性能虽有差别，但都不能满足要求，需要加入具有抗磨作用的添加剂来改善内燃机油的抗磨性能。

除上述性能外，还要求发动机润滑油抗泡沫性能好、闪点较高、凝点低等。

2）内燃机油的分类

中国参照 API 1509 和 SAE J183 分类方法，以 S 代表汽油机油系列，分为 SE、SF、SG、SH、GF-1、SJ、GF-2、SL、GF-3、SM、GF-4、SN、GF-5 等质量等级，其质量水平顺序依次提高。柴油机油系列则以 C 代表，分为 CC、CD、CF、CF-2、CF-4、CG-4、CH-4、CI-4 和 CJ-4 等质量等级（GB/T 28772—2012），其质量水平也是顺序依次提高。

同时，中国还等效采用 SAE J300 标准，制定了内燃机油按照黏度分类的国家标准（GB/T 14906）。内燃机油按照黏度等级分为含字母 W 及不含字母 W 两个系列，其中含 W 的黏度等级对低温性能有特殊要求。不含 W 的黏度系列中的 20、30、40、50、60 各等级号是以其 100℃ 运动黏度来划分的；含 W 系列中的 0W、5W、10W、15W、20W 各等级号则是以其最大低温黏度、最高边界泵送温度及 100℃ 时最小运动黏度来划分的。

近年来，内燃机中越来越多地使用多级油，即 100℃ 黏度在某一非 W 黏度等级范围内，同时其低温黏度和边界泵送温度又能满足某一 W 黏度等级指标的内燃机油，可表示为 5W-30、10W-30 及 20W-40 等。多级油的黏温性质显著优于单级油，使用不受地区和季节的限制，冬、夏季和南、北地域通用，还可以节约燃料。多级油大多是由较低黏度的基础油添加黏度添加剂稠化后制得的，也称稠化机油。

内燃机油的种类繁多，质量要求各异，相关产品的质量要求和试验方法可参考 GB 11121—2006《汽油机油》和 GB 11122—2006《柴油机油》。

2. 机械润滑油

凡应用于机械润滑的油品统称为机械油。机械油分为两大类：一类是专用机械油，如仪表油、精密仪表油、专用锭子油、食品机械专用白油等；另一类是通用机械油（简称机械油），如 L-AN 全损耗系统用油（即通用机械油），主要用于机床和机械的润滑。专用机械油一般用于特定的需润滑的场所，种类繁多，对润滑油某些方面的性能有特殊要求，在此不做详细介绍，仅介绍通用机械油。

通用机械油一般由石油润滑油馏分经脱蜡及精制，再加入相应的添加剂调配而成。由于其使用条件比较缓和，使用温度低，一般不与水蒸气、热空气接触，多数为一次通过机件。因此，除要求有一定的黏度外，只要求不含机械杂质和水溶性酸或碱即可。

国产通用机械油依据 GB/T 3141，按照 40℃ 时的运动黏度值进行分类。按此方法，全损耗系统用油可以分为 10 个牌号（表 2-11），其中 5 号和 7 号为高速机械油，主要用于润滑纺织机械中的纱锭及高速负荷机械等，10 号至 150 号为一般通用机械油。

表2-11　全损耗系统用油质量指标（GB 443—1989）

项目		质量指标 L-AN										试验方法
品种		5	7	10	15	22	32	46	68	100	150	
黏度等级（按照 GB 3141）		5	7	10	15	22	32	46	68	100	150	—
运动黏度（40℃），mm²/s		4.14~5.06	6.12~7.48	9.00~11.00	13.5~16.5	19.8~24.2	28.8~35.2	41.4~50.6	61.2~74.8	90.0~110	135~165	GB/T 265
倾点，℃	不高于	-5										GB/T 3535
水溶性酸或碱		无										GB/T 259
中和值，mg KOH/g		报告										GB/T 4945
机械杂质（质量分数），%	不大于	无				0.005			0.007			GB/T 511
水分（质量分数），%	不大于	痕迹										GB/T 260
闪点（开口），℃	不大于	80	110	130		150			160	180		GB/T 3536
铜片腐蚀（100℃，3h），级	不大于	2				1						GB/T 5096
色度，号	不大于			2.5						报告		GB/T 6540

3. 齿轮油

齿轮油是专用于齿轮传动装置的润滑油。齿轮油一般分为工业齿轮油和车辆齿轮油，工业齿轮油按照使用场所不同又分为工业闭式齿轮油和工业开式齿轮油，车辆齿轮油按照使用条件的苛刻程度又分为普通车辆齿轮油(代号 CLC)、中负荷车辆齿轮油(代号 CLD)和重负荷车辆齿轮油(代号 CLE)三种。工业齿轮油主要用于各类工业机械(如轧钢机齿轮传动机)的润滑。车辆齿轮油主要用于汽车、拖拉机的变速器、转向器和后桥齿轮箱的润滑等。

齿轮之间的接触面积很小，基本处于线接触状态，承受的压力很大(一般齿轮的齿面压力高达 2000~2500MPa，双曲线齿轮的齿面压力高达 3000~4000MPa)，而且在运动过程中既有滚动摩擦，又有滑动摩擦。因此，齿轮油的工作条件与其他润滑油存在很大差别，要求齿轮油具有良好的润滑性能和抗磨性能，具有在高负荷下使齿面处于边界润滑和弹性流体动力润滑状态的性能，以便在齿轮表面上形成牢固的油膜，保证正常的润滑和减少磨损。此外，齿轮油还应具有较低的凝点，以保证机械设备在低温下运转，这对汽车、拖拉机等在低温下的启动尤为重要。

表 2-12 中列出了工业闭式齿轮油 L-CKB 品种和部分重负荷车辆齿轮油的主要质量指标。

表 2-12　部分齿轮油的主要质量指标(GB 5903—2011 和 GB 13895—1992)

项目		质量指标					
		工业闭式齿轮油 L-CKB 品种 (GB 5903—2011)				重负荷车辆齿轮油 (GB 13895—1992)	
黏度等级		100	150	220	320	80W-90	90
运动黏度，mm²/s 　40℃ 　100℃		90~110	135~165	198~242	288~352	13.5~<24.0	13.5~<24.0
黏度指数	不小于	90	90	90	90	报告	75
闪点(开口)，℃	不低于	180	200	200	200	165	180
倾点，℃	不高于	-8	-8	-8	-8	报告	报告
水分(质量分数)，%	不大于	痕迹	痕迹	痕迹	痕迹	痕迹	痕迹
机械杂质(质量分数)，%	不大于	0.01	0.01	0.01	0.01	0.05	0.05
铜片腐蚀，级	不大于	1(100℃，3h)				3(121℃，3h)	

4. 液压油和液力传动油

液压油主要用作传递静压能的介质，可用于操作各种机械。例如，机床给进机构的调速、主轴传动，汽车的制动、变速机构以及农用机械、矿山机械等都需使用液压油。此外液压油还应具有润滑、冷却和防锈等作用，因此，对液压油性能的基本要求如下：(1)黏度合适，黏温性能和润滑性能良好；(2)抗氧化安定性好，油品使用寿命长；(3)防腐蚀性好，抗乳化和泡沫性好；(4)抗燃性好等。液压油又分为抗磨液压油、低凝液压油及数控液压油等。

国产液压油分为 L-HL、L-HM、L-HV、L-HS 和 L-HG 五个品种(GB 11118.1—2011)，其中 L-HL 为抗氧防锈液压油，L-HM 为抗磨液压油(高压型、普通型)，L-HV 为低温液压油，L-HS 为超低温液压油，L-HG 为液压导轨油。每一种液压油又根据黏度等级分为数个不同的牌号。

液力传动油主要用于轿车和轻型卡车的自动变速系统的自动传动液，包括在扭矩转换器中作为流体动能的传动介质，在伺服机构和压力环路系统中作为静压能的传递介质，在离合器中作为滑动摩擦能的传递介质等。可使汽车自动适应行驶阻力的变化，做到启动无冲击、变速震动小、乘坐舒适等。也应用于大型装载车的变速传动箱、动力转向系统、农用机械的分动箱等。液力传动油同时还可以起润滑及冷却作用。

液力传动油是一类性能要求全面的油品，具有良好的扭矩转换性能、低温流动性能、抗烧结和抗磨损性能、抗氧化性能、清净分散性能、抗泡沫性能、防锈性能、与各种密封材料的适应性能以及适当的摩擦特性。液力传动油目前尚无国家标准，只有工业和信息化部的行业标准（JB/T 12194—2015）。

液压油和液力传动油可由矿物油或合成烃制成。部分液压油的产品质量指标见表 2-13。

表 2-13　部分液压油的主要产品质量指标（GB 11118.1—2011）

项目		质量指标					
		LHL 15	L-HM（高压）32	L-HM（普通）22	L-HV 10	L-HS 10	L-HG 32
黏度等级		15	32	22	10	10	32
密度（20℃），kg/m³		报告	报告	报告	报告	报告	报告
色度，号		报告	报告	报告	报告	报告	报告
外观		透明	透明	透明	透明	透明	透明
闪点（开口），℃	不低于	140	175	165	100（闭口）	100（闭口）	175
运动黏度，mm²/s 40℃ 0℃		13.5~16.5 140	28.8~35.2 —	19.8~24.2 300	9.0~11.0 —	9.0~11.0 —	28.8~35.2 —
黏度指数	不小于	80	95	85	130	130	90
倾点，℃	不高于	-12	-15	-15	-39	-45	-6
酸值，mg KOH/g		报告	报告	报告	报告	报告	报告
水分（质量分数），%	不大于	痕迹	痕迹	痕迹	痕迹	痕迹	痕迹
机械杂质（质量分数），%		无	无	无	无	无	无
清洁度		协商确定	协商确定	协商确定	协商确定	协商确定	协商确定
铜片腐蚀（100℃，3h），级	不大于	1	1	1	1	1	1

项目		质量指标					
		LHL 15	L-HM（高压）32	L-HM（普通）22	L-HV 10	L-HS 10	L-HG 32
液相腐蚀(24h)		无锈	无锈（B法）	无锈（A法）	无锈	无锈	无锈
泡沫性(泡沫倾向/泡沫稳定性)，mL/mL 　程序Ⅰ(24℃)　　　　　不大于 　程序Ⅱ(93.5℃)　　　　不大于 　程序Ⅲ(后24℃)　　　　不大于		150/0 75/0 150/0	150/0 75/0 150/0	150/0 75/0 150/0	150/0 75/0 150/0	150/0 75/0 150/0	150/0 75/0 150/0
空气释放值(50℃)，min　　　不大于		5	6	5	5	5	—
密封适应性指数　　　　　　不大于		14	12	13	报告	报告	报告
抗乳化性(乳化液到3mL的时间)，min 　54℃　　　　　　　　　不大于 　82℃　　　　　　　　　不大于		30 —	30 —	30 —	30 —	30 —	报告 —
氧化安定性 　1000h后总酸值，mg KOH/g　不大于 　1000h后油泥，mg		— —	— 报告	— 报告	— —	— —	2.0 报告
旋转氧弹(150℃)，min		报告	报告	报告	报告	报告	—
磨斑直径(192N，60min，75℃，1200r/min)，mm		报告	报告	报告	报告	报告	报告

5. 电器用油

电器用油主要包括变压器油、开关油、电容器油和电缆油等，其中变压器油占95%以上。变压器油用于变压器作为电绝缘和排热介质；电容器油用作电容器的浸渍剂；电缆油用作电缆绝缘层的绝缘剂等；开关油是用于浸渍开关而起到绝缘和灭弧作用的一种绝缘油。由于这类油均不起润滑作用，而是在电器中作为绝缘介质和导热介质，因此也称电器绝缘油。但因为其原料组成和生产工艺与润滑油相似，所以通常也把电器用油归入润滑油。

由于用途不同，对电器用油性能的要求与润滑油也有很大区别，电器用油的主要质量要求不是润滑性能，而是电气性能。例如，对电器用油的质量要求主要如下：(1)电气绝缘性好，评定的指标是绝缘击穿电压和介质损失角正切值，一方面要求其击穿电压要大于输电系统的电压，另一方面，介质在变压器运行中受到交流电场作用而引起的电能损失不能过大；(2)抗氧化安定性好，在电器工作温度及电场作用下，电器用油不能因与空气、铜和铁等金属接触而快速变质，使用时间要长；(3)低温流动性好，便于电器用油的循环和散热，要求电器用油在保证闪点不过低的情况下黏度要小，黏温性能好；(4)析气性能好，在高压电场作用下析出的氢气可及时被油品吸收，不会因为析出过多的气体而引发事故；(5)腐蚀性小。

电器用油的性能与其化学组成密切相关，电器用油的理想组分是环烷烃，其次是烷烃，同时还需要有适量的单环芳烃和双环芳烃，而多环芳烃、含氮化合物、酸性含氧化合物和胶质是非理想组分。

中国对由石油制备的电工流体、变压器和开关使用的矿物绝缘油制订了国家标准（GB 2536—2011），该标准对通用变压器油、特殊变压器油和低温开关油的技术要求和试验方法做出详细的规定。该标准规定的通用变压器油产品性能指标见表2-14。

表 2-14　通用变压器油性能指标（GB 2536—2011）

项目			质量指标					试验方法
最低冷态投运温度（LCSET）			0℃	-10℃	-20℃	-30℃	-40℃	
功能特性	倾点，℃	不高于	-10	-20	-30	-40	-50	GB/T 3535
	运动黏度，mm²/s	不大于						GB/T 265
	40℃		12	12	12	12	12	
	0℃		1800	—	—	—	—	
	-10℃		—	1800	—	—	—	
	-20℃		—	—	1800	—	—	
	-30℃		—	—	—	1800	—	
	-40℃		—	—	—	—	2500	NB/SH/T 0837
	水含量，mg/kg	不大于	30/40					GB/T 7600
	击穿电压（满足下列条件之一），kV							GB/T 507
	未处理油	不小于	30					
	经处理油	不小于	70					
	密度（20℃），kg/m³	不大于	895					GB/T 1884 和 GB/T 1885
	介质损耗因数（90℃）	不大于	0.005					GB/T 5654
精制/稳定特性	外观		清澈透明、无沉淀物和悬浮物					目测
	酸值，mg KOH/g	不大于	0.01					NB/SH/T 0836
	水溶性酸或碱		无					GB/T 259
	界面张力，mN/m	不小于	40					GB/T 6541
	总硫含量（质量分数），%		无通用要求					SH/T 0689
	腐蚀性硫		非腐蚀性					SH/T 0804
	抗氧化添加剂含量（质量分数），%							SH/T 0802
	不含抗氧化添加剂油（U）		检测不出					
	含微量抗氧化添加剂油（T）	不大于	0.08					
	含抗氧化添加剂油（I）		0.08～0.40					
	2-糠醛含量，mg/kg	不大于	0.1					NB/SH/T 0812

续表

项目		质量指标					试验方法
最低冷态投运温度（LCSET）		0℃	−10℃	−20℃	−30℃	−40℃	
运行特性	氧化安定性（120℃）						
	试验时间： （U）不含抗氧化添加剂油：164h （T）含微量抗氧化添加剂油：332h （I）含抗氧化添加剂油：500h	酸值，mg KOH/g 不大于	1.2					NB/SH/T 0811
		油泥（质量分数），% 不大于	0.8					
		介质损耗因数（90℃） 不大于	0.500					GB/T 5654
	析气性，mm³/min		无通用要求					NB/SH/T 0810
健康、安全和环保特性	闪点（闭口），℃ 不低于		135					GB/T 261
	稠环芳烃含量（质量分数），% 不大于		3					NB/SH/T 0838
	多氯联苯含量，mg/kg		检测不出					SH/T 0803

二、润滑脂

润滑脂俗称黄油，是另一类应用范围很广的润滑剂，在常温常压下一般呈半固态的油性软膏状，主要用于机械的摩擦部分起润滑和密封作用，也可用于金属表面起填充空隙和防锈作用。

润滑脂主要由矿物油（或合成润滑油）和稠化剂调制而成，是石油产品的一大类，其工作原理是稠化剂将油保持在需要润滑的位置上，有负载时，稠化剂将油释放出来，从而起到润滑作用。由于润滑脂与润滑油的组成、生产过程和性质不同，润滑脂具有润滑油所没有的很多特性，如：

（1）润滑脂的吸附能力强，不易从金属表面流失，不需要经常添加，在保证润滑性能的前提下可降低设备维护和润滑费用，且能有效地起到密封和防腐等作用。

（2）润滑脂对设备运转过程中产生的冲击力和振动可起到缓冲作用，减弱或消除设备振动，保护设备，减少噪声。

（3）润滑脂的使用温度范围较宽，能在苛刻的条件（如高温、高压、低转速和高负荷）下使用。

（4）润滑脂的使用过程中没有滴油和溅油现象，工作环境干净卫生。

由于润滑脂具有上述优点，因此具有广泛的用途，凡是润滑油不能使用或不能合理使用的情况下都可以使用润滑脂。然而，由于润滑脂没有流动性，导热系数很小，没有冷却和清洗作用，摩擦阻力较润滑油大，更换时比较麻烦，氧化安定性较差等，因此润滑脂不能完全取代液态的润滑油。

根据润滑脂的特性，其主要应用在以下几种情况：因结构和工作条件而不能使用润滑油的设备或部位，如润滑油难以保证必要润滑的大负荷、低转速和高温下工作的轴承；工作环境恶劣的场所，如潮湿、水和灰尘较多、有酸性或其他腐蚀性气体；经常开停工的间歇式工作或转速经常变化的机械，可使用黏温性能较好的润滑脂；长期运转，但又不便于添加或更换润滑油的部位，可以使用不易流失的润滑脂。

1. 润滑脂的分类

润滑脂品种复杂，牌号繁多，因此，对其进行合理的分类十分重要。过去，中国是按照润滑脂所用稠化剂的组成对润滑脂进行分类的，即分为皂基脂、烃基脂、无机脂与有机脂四类。目前该分类方法已不适应润滑脂发展及使用的要求，中国等效采用 ISO 的分类方法制定了国家标准(GB 7631.8—1990)，对润滑脂进行分类。

该分类标准适用于润滑各种设备、机械部件、车辆等的润滑脂，但不适用于特殊用途的润滑脂，也就是说，该方法只对起润滑作用的润滑脂适用，对起密封、防护等作用的专用脂均不适用。该标准是按操作条件对润滑脂进行分类的，一种润滑脂对应一个代号，代号是由除类别代号 L 以外的 5 个大写英文字母和表示稠度等级的数字组成，与该润滑脂在应用中最严格的操作条件(温度、水污染和负荷条件等)相对应。例如，某润滑脂的代号为

L–XBEGB 00

① ②③④⑤⑥ ⑦

① 为润滑剂和有关产品的类别代号。

② 为组别代号，X 为润滑脂。

③ 指最低操作温度，即设备启动或运转时，或者泵送润滑脂时所经历的最低温度，各字母的含义见表 2-15。B 指该代号润滑脂的最低操作温度为-20℃。

表 2-15　③代表的操作温度

③	A	B	C	D	E
最低操作温度,℃	0	-20	-30	-40	<-40

④ 指最高操作温度，即润滑脂使用时，被润滑部位的最高温度，各字母的含义见表 2-16。E 指该代号润滑脂的最高使用温度为 160℃。

表 2-16　④代表的操作温度

④	A	B	C	D	E	F	G
最高操作温度,℃	60	90	120	140	160	180	>180

⑤ 指润滑脂在水污染的操作条件下的抗水性能和防锈水平，各字母的含义见表 2-17。G 表示该润滑脂能经受水洗，不需要防锈。

表 2-17　⑤代表的含义

⑤	A	B	C	D	E	F	G	H	I
环境条件	L	L	L	M	M	H	H	H	H
防锈性	L	M	H	L	M	H	L	M	H

注：环境条件中，L 表示干燥环境，M 表示静态潮湿环境，H 表示水洗。

　　防锈性中，L 表示不防锈，M 表示淡水存在下的防锈性，H 表示盐水存在下的防锈性。

⑥ 指润滑脂在高负荷或低负荷场合下的润滑性能和极压性，A 表示非极压型脂，B 表示极压型脂。

⑦ 表示润滑脂的稠度号，可选用的稠度号有 000、00、0、1、2、3、4、5、6。

润滑脂还可以根据其主要使用性能分为减摩润滑脂、防护润滑脂、密封润滑脂和增摩润滑脂4类。

2. 润滑脂的组成

润滑脂由两个基本组分构成，一是基础油，二是稠化剂。除此以外，润滑脂还包括添加剂和填料等。在润滑脂组分中，基础油占75%~95%，稠化剂占10%~20%，添加剂及填料的含量在5%以下。润滑脂的润滑性能主要取决于基础油的特性，而润滑脂的结构及特性则取决于稠化剂的类型和分散程度。

1）基础油

基础油即液态润滑油，是润滑脂的主要组成部分。润滑脂中使用的基础油有矿物油（石油润滑油）和合成（润滑）油两大类。95%的润滑脂都使用来源多、成本低的石油润滑油作为基础油。合成油（如硅油、聚α-烯烃油、酯类油、聚苯醚等），能承受较苛刻的工作条件，多用于国防或特殊用途的润滑脂，但其成本很高。由石油润滑油制成的润滑脂除润滑性能优良外，其他性能均不如合成油制成的润滑脂。

基础油的性质直接影响润滑脂的润滑性能。例如，用于低温、轻负荷、高转速机械的润滑脂，应选用黏度较小、黏温性能好、凝点低的润滑油；用于中等温度、中等负荷和中速机械的润滑脂，可用不同牌号的机械油；对于高温、高负荷机械用脂，应用重质润滑油。润滑油的黏度对润滑脂的软硬程度（稠度）有较大影响，黏度过大，稠化剂在其中扩散慢，使润滑脂稠度变小，容易析出润滑油。

润滑油的性质还影响润滑脂的其他性能，如蒸发性、低温性、安定性等。因此，对基础油的主要性能要求是黏度、热氧化安定性、蒸发性和润滑性等。

2）稠化剂

稠化剂是润滑脂的重要组分，其作用是稠化润滑油，使其成为润滑脂。稠化剂分散在基础油中并形成润滑脂的结构骨架，使基础油被吸附和固定在结构骨架中。润滑脂的抗水性及耐热性主要由稠化剂决定。

稠化剂分为皂基稠化剂（即脂肪酸金属皂）和非皂基稠化剂（烃类、无机类、有机类）两大类。其中，90%的润滑脂是用皂基稠化剂制成的。

皂基稠化剂是由动植物脂肪（或脂肪酸）与碱金属或碱土金属的氢氧化物（如氢氧化钠、氢氧化钙、氢氧化锂等）进行皂化反应而制得的。由这些皂基稠化剂制成的润滑脂分别称为钠基润滑脂、钙基润滑脂和锂基润滑脂等。不同的皂基稠化剂对润滑脂的性质影响很大，例如，钠基润滑脂耐热但不耐水，钙基润滑脂耐水而不耐热，锂基润滑脂既耐水又耐热。

除了采用单一的皂基，在制备皂基润滑脂的过程中，也采用混合皂基或复合皂基，即采用两种或两种以上的单一金属皂同时作为稠化剂，如钙—钠皂，以改善稠化剂的性能，这种润滑脂被称为混合皂基润滑脂。或者由两种化合物的共结晶体形成的复合皂作为稠化剂，如复合钙皂，这种润滑脂被称为复合皂基润滑脂，一般具有较好的高温性能。

非皂基稠化剂中的烃基稠化剂主要是石蜡和地蜡，其本身的熔点很低，稠化得到的烃基润滑脂即常见的凡士林，多用作防护性润滑脂。有机稠化剂包括酞青铜颜料、有机脲、有机氟等，一般具有较高的耐热性和化学稳定性，多用于制备合成润滑脂。无机稠化剂包括活化膨润土、硅胶、石墨、云母等，具有较好的耐热性且价格低廉，是一种良好的耐热润滑脂稠化剂。

一般稠化剂含量多的润滑脂比较硬，稠化剂含量少的润滑脂较软。

3）添加剂与填料

添加剂能够改变润滑脂某些方面的性能，并能改进其结构，用量虽少，但对润滑脂的特性具有显著影响。一类添加剂是润滑脂所特有的，称为胶溶剂或稳定剂，可使润滑油和皂类结合更加稳定，常用的稳定剂有甘油、水等。例如，钙基润滑脂一旦失去水，结构就会完全被破坏，不能成脂；甘油在钠基润滑脂中可以调节脂的稠度。另一类添加剂与润滑油添加剂相似，如抗氧化、抗磨和防锈添加剂等，但用量一般较润滑油多。

为了提高润滑脂抵抗流失和增强润滑的能力，常在润滑脂中添加一些石墨、二硫化钼和炭黑等作为填料。

3. 润滑脂的主要理化性质和使用性能

润滑脂在储存和使用过程中，经常出现颜色变暗、流油、用后变稀、储存中分油、遇水乳化、腐蚀金属等现象，这些都与润滑脂的理化性质和使用性能有关。

1）外观性质

润滑脂的颜色、光亮、透明度、黏附性、均一性和纤维状况称为外观性质。根据外观可初步判断润滑脂对金属表面的黏附能力和使用性能。

2）机械安定性（剪切安定性）

润滑脂在使用过程中，因受机械运动的剪切作用，稠化剂的纤维结构不同程度地受到破坏，稠度有所下降，当超过剪切力极限时，润滑脂就成为流体形态，极易从工作面上流失，影响使用效果和寿命。润滑脂抗剪切作用的性能称为机械安定性，采用剪切前后针入度差值表示。耐剪切性能是润滑脂的首要性能。

3）耐热性

耐热性是润滑脂的重要使用性能，用滴点表示。润滑脂正常工作时的最高温度不能超过滴点，否则润滑脂易从工作表面流失，造成机械磨损。工作温度一般应比滴点低 15~20℃。

4）耐水性

润滑脂抗被水溶解和乳化的性能称为耐水性（抗水性）。润滑脂的耐水性主要取决于所用的稠化剂。抗水性差的润滑脂，遇水后稠度下降，甚至乳化而流失。在各类润滑脂中，烃基润滑脂的抗水性最好，钠基润滑脂的抗水性最差。对于在潮湿环境下工作的润滑脂，耐水性具有重要意义。

5）胶体安定性

胶体安定性是指润滑脂在一定的温度和压力下保持胶体结构稳定，防止润滑油从润滑脂中析出的性能，其实质是基础油和稠化剂结合的稳定性。胶体安定性是在规定的压力分油器中测定的，用分油量的质量分数表示。分油量越大，则胶体安定性越差。润滑脂的分油量要适中，少量的分油有助于润滑摩擦表面，但大量分油会造成基础油流失太快，储运不便，不能正常润滑，造成润滑事故等。在储存容器中已经大量分油的润滑脂应避免使用。

润滑脂的胶体安定性与其组成和储存条件有关。

6）流动性

采用针入度反映润滑脂受外力作用而产生流动的难易程度。针入度值越大，即稠度越小，脂越软，越易流动。相反，润滑脂越硬，越不易流动。

7）保护性能

在潮湿的工作环境中，润滑脂保护被润滑的金属表面免于锈蚀的能力称为保护性能。保护性能好的润滑脂，既保护金属不受外界环境的腐蚀，本身也无腐蚀性。烃基脂的保护性能比所有皂基润滑脂好。

表示保护性能的质量指标有腐蚀性、游离有机酸和游离碱。

8）安定性

安定性是指润滑脂在储存和使用过程中，基础油和稠化剂抵御氧化变质而引起金属腐蚀的性能。烃基润滑脂的抗氧化安定性比皂基润滑脂好，皂基润滑脂中的金属对氧化具有催化作用。润滑脂的安定性与其组成及温度、空气和金属等外界因素有关。

表征润滑脂的性能指标还有黏度、机械杂质、水分、极压性能、蒸发量等。

表 2-18 和表 2-19 中分别列举了各类润滑脂的特性和部分国产常用润滑脂的主要质量指标。

表 2-18　各类润滑脂的特性及应用

基础油	稠化剂	耐热性	机械安定性	抗水性	使用温度，℃	应用
石油润滑油	地蜡、石油脂	差	差	优	~50	机械、仪器的防护
	钙皂	差	好	优	~70	通用机械摩擦部件、轴承
	钠皂	一般	一般—好	差	~130	通用机械部件润滑
	钙—钠皂	一般	一般—好	一般	~100	通用机械轴承
	铝皂	差	差—良	好	~50	船用机械的防护
	锂皂	好	优	优	~130	各类机械、轴承、汽车轴承
	复合钙皂	好	优	优	~130	冶金设备轴承、重负荷机械摩擦部件
	复合铝皂	好	好	好	~130	重负荷机械、冶金设备自动给脂系统
	复合锂皂	好	优	优	~130	重载汽车轴承、重负荷机械、冶金设备轴承
	活化膨润土	好	良—好	一般	~130	冶金设备、重负荷机械
酯类油	锂皂	好	优	一般—好	-60~120	精密机械轴承、航空仪表轴承及摩擦部件
硅油	改质硅胶	好	一般	优	-40~200	旋塞密封、真空脂、阻尼系统
	锂皂	好	优	优	-60~150	轻负荷机械、轴承
	复合锂皂	好	优	优	-60~200	高温轴承、轻负荷机械摩擦部件
	酞青铜	优	良—优	优	-60~250	轻负荷摩擦部件、轴承
	酞钠	优	优	优	-60~200	轻负荷轴承、高温轴承
	聚脲	优	优	优	-60~200	轻负荷轴承及摩擦部件
含氟润滑油	聚四氟乙烯酞钠	好	一般	优	-40~150	轻负荷轴承、润滑与密封、耐特殊介质
	聚四氟乙烯	优	良	优	-40~300	轻负荷轴承、润滑与密封

表 2-19　中国部分润滑脂的主要质量指标

项目	钙基脂 1号 GB/T 491—2008	钠基脂 2号 GB 492—1989	钙钠基脂 2号 SH/T 0368—1992	汽车通用锂基脂 2号 GB/T 5671—2014	铝基脂 SH/T 0371—1992	复合钙基脂 1号 SH/T 0370—1995	钡基脂 SH/T 0379—1992	食品机械脂 GB 15179—1994
外观	淡黄色至暗褐色均匀油膏	从深黄色到暗褐色的均匀油膏	由红色至深棕色的均匀软膏		淡黄色到暗褐色的光滑透明油膏			白色光滑油膏，无异味
工作锥入度，1/10mm	310~340	265~295	250~290	265~295	230~280	310~340	200~260	265~295
滴点，℃　不低于	80	160	120	180	75	200	135	135
腐蚀（T₂铜片，100℃，24h）	铜片无绿色或黑色变化（室温）	铜片无绿色或黑色变化	合格	铜片无绿色或黑色变化		铜片无绿色或黑色变化	合格	铜片无绿色或黑色变化
水分（质量分数），%　不大于	1.5	0.4	0.7		无		痕迹	
灰分（质量分数），%　不大于	3.0	4.0						
钢网分油量（60℃，24h）（质量分数），%　不大于	—	—		5.0 （100℃，30h）		6		5.0 （100℃，24h）
水淋失量（79℃，1h），%　不大于	—	—		10.0		5		10（38℃，1h）
矿物油黏度（40℃），mm²/s	41.4~165	41.4~74.8	41.4~74.8				41.4~74.8	
游离碱含量（以折合的 NaOH 质量分数计），%　不大于			0.2	0.15				
游离有机酸			无					
有机杂质（酸分解法），%　不大于			无		无		0.2	

第三节 溶剂油和化工原料

溶剂油是对某些物质起溶解、稀释、洗涤和抽提作用的轻质石油产品，采用直馏馏分油、催化重整抽余油或其他馏分油为基础油精制而成。溶剂油一般不加任何添加剂。大部分溶剂油均为轻质石油产品，挥发性强，闪点和燃点低，属于易燃易爆物品，使用时应特别注意防火安全。同时，由于使用过程中溶剂油会与人体发生密切接触，还需控制溶剂油中非理想组分的含量，以避免对人体产生危害。

按照现行相关标准，溶剂油主要分为橡胶工业用溶剂油（SH 0004—1990）、油漆及清洗用溶剂油（GB 1922—2006）和植物油抽提溶剂（GB 16629—2008）三种。

石油炼制过程中得到的石油气体、芳烃以及其他副产品是石油化学工业的基础原料和中间体，具有重要的利用价值。

一、橡胶工业用溶剂油

橡胶工业用溶剂油主要用于橡胶工业中溶解胶料、配制胶浆等，也可作为特殊快干油漆和颜料的稀释剂、精密仪表仪器的清洗剂等。橡胶工业用溶剂油一般为馏程在 80~120℃ 的直馏汽油或催化重整抽余油，为保证人体健康，要求溶剂油中毒性较大的芳烃及硫含量较低，并对碘值进行规定，保证溶剂油中基本不含烯烃，使橡胶制品上无残留物。橡胶工业用溶剂油主要质量指标见表 2-20。

表 2-20 橡胶工业用溶剂油质量标准（SH 0004—1990）

项目		质量指标			试验方法
		优级品	一级品	合格品	
密度（20℃），kg/m³	不大于	700	730	—	GB/T 1884、GB/T 1885
馏程					
初馏点，℃	不低于	80	80	80	
110℃馏出量，%	不小于	98	93	—	GB/T 6536
120℃馏出量，%	不小于	—	98	98	
残留量，%	不大于	1.0	1.5		
溴值，g Br/100g	不大于	0.12	0.14	0.31	SH/T 0236
芳烃含量，%	不大于	1.5	3.0	3.0	SH/T 0166
硫含量，%	不大于	0.018	0.020	0.050	GB/T 380
博士试验		通过		—	SH/T 0174
水溶性酸或碱		无			GB/T 259
机械杂质及水分		无			
油渍试验		合格			

二、油漆及清洗用溶剂油

GB 1922—2006 将石油馏分组成的油漆及清洗用溶剂油按照沸程高低分成了 5 个牌号，

每个牌号又根据芳烃含量不同划分为低芳型、中芳型和普通型 3 种类型，各牌号溶剂油主要用作油漆溶剂(或稀释剂)、干洗溶剂及金属零件的清洗剂。其命名一般标识如下：牌号+类型+产品名称。例如，3 号普通型油漆及清洗用溶剂油。

1 号产品为中沸点馏分，主要用作快干型油漆溶剂(或稀释剂)，或毛纺羊毛脱脂剂及精密仪器洗涤剂。

2 号产品为高沸点、低干点馏分，主要用作油漆溶剂(或稀释剂)和干洗溶剂。

3 号产品为高沸点馏分，主要用作油漆溶剂(或稀释剂)和干洗剂，以及金属表面的清洗。

4 号产品为高沸点、高闪点馏分，主要用在工作环境温度较高的情况下。

5 号产品为煤油型馏分，主要用作金属表面除油污溶剂。

各牌号油漆及清洗用溶剂油的产品质量规格要求见表 2-21。

三、植物油抽提溶剂

植物油抽提溶剂(俗称 6 号抽提溶剂油)主要用作食用植物油浸出工艺的抽提溶剂。根据使用条件，要求其必须对人体无害，不含烯烃，芳烃含量很低，硫含量少，有很好的化学稳定性和热稳定性，绝对不含有剧毒的四乙基铅和有致癌作用的稠环化合物等，对大豆、花生油、菜籽油等植物油具有很强的溶解能力，能很好地溶解油脂且方便与抽提物分离。

植物油抽提溶剂的主要组分是对油脂溶解性很强的正己烷，馏程在 $61 \sim 76 ℃$，其主要产品规格见表 2-22。

四、化工原料

现代化工中的基本有机化工原料主要有"三烯""三苯"、甲醇、乙醇、甲醛、乙酸以及环氧化合物等。这些化合物主要是利用石油、煤和天然气等为原料经过各种化学过程制得的，一般不能直接用于人们的生活，而是生产三大合成材料(合成树脂、合成纤维及合成橡胶)的单体，以及合成洗涤剂、医药、染料、香精等精细化学品的重要原料或中间体，在现代有机化工中占有举足轻重的地位。

有机化工原料最早只是从天然物中提取，从 1920 年起，美国开始采用石油、天然气为原料制取基本有机化工产品，由于石油和天然气资源丰富，制取烯烃、芳烃等的方法简单、成本低，以石油和天然气为原料的基本有机合成工业得到了快速发展。到 20 世纪 60 年代末，基本有机化工原料已有 80% 以上来源于石油和天然气，而合成树脂、合成橡胶和合成纤维等材料几乎百分之百来源于石油基原料，大大促进了石油基基本有机化工原料的生产。

1. 低碳烯烃

1) 乙烯

乙烯的分子式是 C_2H_4，是一种无色、稍甜而微有芳香气味的气体。乙烯因分子中含有一个不饱和的双键，化学性质非常活泼，可与多种化学物质发生反应，用来生产大吨位的产品或中间体，如塑料、树脂、纤维、表面活性剂、涂料、溶剂、增塑剂、环氧乙烷、乙醛、醋酸乙烯酯、氯乙烷、乙醇等，是现代石油化工的重要基础原料。常用乙烯的产量和装置规模来衡量一个国家的石油化工发展水平。

表2-21　油漆及清洗用溶剂油质量标准（GB 1922—2006）

序号	项目	1号 中芳型	1号 低芳型	2号 普通型	2号 中芳型	2号 低芳型	3号 普通型	3号 中芳型	3号 低芳型	4号 普通型	4号 中芳型	4号 低芳型	5号 中芳型	5号 低芳型	试验方法
1	芳烃含量（体积分数），% 不低于	2~8	0~<2	8~22	2~8	0~<2	8~22	2~8	0~<2	8~22	2~8	0~<2	2~8	0~<2	GB/T 11132 SH/T 0166 SH/T 0245 SH/T 0411 SH/T 0693
2	外观	透明，无沉淀或悬浮物													目测
3	闪点（闭口），℃ 不低于	4	4	38	38	38	38	38	38	60	60	60	65	65	SH/T 0733 GB/T 261
4	颜色 不深于	赛波特色号+28 或铂—钴色号10	赛波特色号+28 或铂—钴色号10	赛波特色号+25 或铂—钴色号25	赛波特色号+25 或铂—钴色号25	赛波特色号+25 或铂—钴色号25	赛波特色号+25 或铂—钴色号25	赛波特色号+25 或铂—钴色号25	赛波特色号+25 或铂—钴色号25	赛波特色号+25 或铂—钴色号25	赛波特色号+25 或铂—钴色号25	赛波特色号+25 或铂—钴色号25	赛波特色号+25	赛波特色号+25	GB/T 3555 GB/T 3143
5	溴值，g Br/100g 不大于	—	—	5	5	5	5	5	5	5	5	5	—	—	GB/T 11135 SH/T 0236
6	博士试验	—	—	通过	通过	通过	通过	通过	通过	通过	通过	通过	—	—	SH/T 0174
7	馏程 初馏点，℃ 不低于	115	115	150	150	150	150	150	150	175	175	175	200	200	GB/T 6536
7	50%馏出温度，℃ 不高于	130	130	175	175	175	180	180	180	200	200	200	—	—	GB/T 6536
7	干点，℃ 不高于	155	155	185	185	185	215	215	215	215	215	215	300	300	GB/T 6536
7	残留量（体积分数），% 不大于	—	—	1.5	1.5	1.5	1.5	1.5	1.5	1.5	1.5	1.5	—	—	GB/T 6536
8	水溶性酸碱	—	—	无	无	无	无	无	无	无	无	无	—	—	GB/T 259
9	铜片腐蚀，级 不大于 100℃，3h	—	—	—	—	—	—	—	—	—	—	—	1	1	GB/T 5096
9	50℃，3h	1	1	1	1	1	1	1	1	1	1	1	—	—	GB/T 5096
10	密度(20℃)，kg/m³	报告													GB/T 1884 GB/T 1885

表 2-22 植物油抽提溶剂质量规格（GB 16629—2008）

项目		指标	试验方法
馏程			GB/T 6536
初馏点，℃	不低于	61	
干点，℃	不高于	76	
苯含量（质量分数），%	不大于	0.1	GB/T 17474
密度（20℃），kg/m³		655~680	GB/T 1884、GB/T 1885、SH/T 0604
溴指数	不大于	100	GB/T 11136
色度，号	不小于	+30	GB/T 3555
不挥发物，mg/100mL	不大于	1.0	GB/T 3209
硫含量（质量分数），%	不大于	0.0005	SH/T 0253、SH/T 0689
机械杂质及水分		无	目测
铜片腐蚀（50℃，3h），级	不大于	1	GB/T 5096

烃类高温蒸汽裂解是生产乙烯的重要方法，将石油馏分加热到 750℃ 甚至 1000℃ 以上，就会发生复杂的裂解反应，生产低碳烯烃、炔烃和芳烃等。裂解产物是甲烷、氢气、乙烯、丙烯、丁烯及其他烃类的复杂混合物，需经过分离以后才能得到单体的低碳烯烃。

乙烯最重要的用途是生产各种聚乙烯，需要采用纯度为 99.9% 以上的乙烯为原料，杂质的含量需低于百万分之几，甚至更少。不同工业用途对乙烯产品的纯度要求不同，通常可以利用裂解产物中各组分的沸点不同，采用低温蒸馏的方法分离得到不同的低碳烯烃。

2）丙烯

丙烯是乙烯的同系物，分子式为 C_3H_6，常温常压下是略带芳香气味的无色气体，加压下可液化。丙烯的用途很多，其中生产聚丙烯的消耗量最大，且由于聚丙烯产量的快速增长，丙烯产量的增长速度已超过乙烯的增长速度。此外，丙烯还可制丙烯腈、异丙醇、苯酚和丙酮、丁醇和辛醇、丙烯酸及其脂类以及制环氧丙烷和丙二醇、环氧氯丙烷和合成甘油等。

与其他基本有机化工原料不同，丙烯往往是其他生产过程的联产物或副产物，如石油或轻烃蒸汽裂解制乙烯的联产物或催化裂化的副产物等，丙烯也可由丙烷脱氢制取。

不同生产方法所得丙烯的纯度不同，工业用途也不同。烃类裂解所得丙烯的纯度较高，可用于合成丙烯腈、环氧丙烷、异丙醇、异丙苯等产品；而催化裂化等炼厂气回收的丙烯纯度较低，主要用来生产辛烷值较高的汽油调和组分。

不管是烃类裂解还是炼厂气回收，所得都是各种低碳烃的化合物，需对其进行分离才能得到丙烯单体。由于后续加工过程对丙烯的纯度及杂质要求越来越严格，且混合气体中丙烯和丙烷的沸点非常接近，分离起来非常困难，因此要用塔板数很多的丙烯精馏塔进行分离，还要用催化剂除去丙烯中的炔烃等杂质。一般要求丙烯精馏塔顶得到纯度大于 99.6% 的聚合级丙烯或纯度大于 95% 的化学级丙烯。

3）丁烯

丁烯的分子式为 C_4H_8，有 4 种异构体，即 1-丁烯（$CH_3CH_2CH{=\!=}CH_2$），2-丁烯

$(CH_3CH\!\!=\!\!CHCH_3$，又分为顺-2-丁烯和反-2-丁烯)和异丁烯$[CH_3C(CH_3)\!\!=\!\!CH_2]$。丁烯各异构体的理化性质基本相似，常态下为无色气体，不溶于水，溶于有机溶剂，易燃、易爆，正丁烯有微弱的芳香气味，异丁烯有不愉快臭味。

丁烯是重要的基础化工原料。1-丁烯是合成仲丁醇、制丁二烯的原料；顺-2-丁烯、反-2-丁烯可用于合成C_4、C_5衍生物及制取交联剂、叠合汽油等；异丁烯是制造丁基橡胶、聚异丁烯橡胶的原料，与甲醛反应生成异戊二烯，可制成不同分子量的聚异丁烯聚合物用作润滑油添加剂、树脂等。

工业上，丁烯主要由裂解产物的C_4馏分分离而得。例如，催化裂化和乙烯裂解的C_4馏分中均含有大量丁烯，但不同来源C_4馏分中的丁烯含量及其种类有所不同。此外，1-丁烯或2-丁烯也可以通过其他方法合成。例如，在钛酸酯(丁酯或芳酯)及三乙基铝存在的情况下，乙烯进行二聚反应，可获得1-丁烯；乙烯在镍催化剂作用下进行齐聚反应生成长链α-烯烃时，也会生成相当数量的1-丁烯；丙烯进行歧化反应时，可生成乙烯和2-丁烯等。

丁烯在一些化工过程(如水合制仲丁醇)中，3种异构体均可作为原料，而丁烷、异丁烷作为惰性物又不影响反应。因此，在这些场合下，不必进行丁烯间的分离，也不必进行丁烯、正丁烷和异丁烷的分离。

丁二烯具有两个双键，化学性质更活泼，为无色气体，有特殊气味，稍溶于水，溶于乙醇、甲醇，易溶于丙酮、乙醚、氯仿等，是制造合成橡胶、合成树脂、尼龙等的原料。制法主要有丁烷和丁烯脱氢，或由C_4馏分分离而得。

2. 芳烃

通常把分子中含有苯环的烃类称为芳烃。由于苯环具有较强的反应能力，因此利用芳烃可以生产一系列带有苯环的芳香族化合物，再进一步合成医药、农药、橡胶、树脂和纤维等众多的有机化工产品。芳香族化合物在工业上具有广泛的用途。

一般把含有一个苯环的化合物统称为苯系芳烃，如苯、甲苯和二甲苯等，是石油化工的重要基本原料，其产量和规模仅仅次于乙烯和丙烯。芳烃最早来自煤焦化过程的副产物煤焦油中，但随着对芳烃需求量的增加以及石油化工的发展，石油已成为生产芳烃的主要原料，产量约占全部芳烃的80%，石油基芳烃主要来源于重整生成油和乙烯裂解的副产裂解汽油。

苯及其同系物多数为液体，都具有特殊的香味，密度比相同碳数的烷烃、环烷烃和烯烃大，比水的密度小，均不溶于水，但溶于乙醚、四氯化碳和石油醚等有机溶剂，是许多有机化合物的良好溶剂。

芳烃的沸点随分子量的升高而增加；熔点与分子量和分子结构有关，一般对称性好的分子比非对称性分子的熔点高。

1) 苯

常温下苯为无色、略带甜味的液体，分子式为C_6H_6，沸点为80℃。苯具有较大的毒性，各国对空气中苯的允许浓度都做了相应规定，使用时必须注意安全。苯的不饱和程度较高，但与烯烃和炔烃不同，苯不易起加成反应。苯是芳烃的母体，主要用来合成乙苯、异丙苯和环己烷等，也可以在催化剂作用下用来生产苯胺、马来酐和氯苯等。

催化重整工艺是苯的重要来源，除此以外，裂解汽油和煤焦油中也含有一定量的苯。当甲苯产能过剩时，还可由甲苯脱甲基生产苯。

2）甲苯

甲苯是一种无色、带特殊芳香味的易挥发液体，能与乙醇、乙醚、丙酮、氯仿、二硫化碳和冰醋酸混溶，极微溶于水。甲苯的化学性质活泼，可进行氧化、磺化、硝化和歧化反应，以及侧链氯化等反应。

甲苯也是重要的有机化工原料，甲苯衍生的一系列中间体广泛用于染料、医药、农药、火药、助剂、香料等精细化学品的生产，也用于合成材料工业。与苯和二甲苯相比，甲苯的用途相对较少，因此，相当数量的甲苯用于脱烷基制苯或歧化制二甲苯。

甲苯也主要来源于催化重整汽油、裂解汽油和煤焦油等。

3）乙苯

乙苯是无色液体，有芳香气味，可与大多数有机溶剂互溶，与空气可形成爆炸性混合物。由于苯环上带有乙基，使苯环活化，乙苯比苯更容易发生化学反应，如乙苯可被硝化、磺化、与高锰酸钾反应生成苯甲酸等。

乙苯的主要用途是生产苯乙烯，进而生产聚苯乙烯塑料，还可用于生产苯乙酮、乙基蒽醌、对硝基苯乙酮、甲基苯基甲酮等中间体。乙苯除了部分来自催化重整和煤焦油等以外，工业上还可通过苯与乙烯乙基化反应制取，通过对多乙基苯的转移烃化等过程，乙苯的产率可以达到 98%；乙苯也可以苯与氯乙烷为原料直接制取。

4）二甲苯

二甲苯为无色透明液体，具有刺激性气味，易燃，与乙醇、氯仿或乙醚等能任意混合，在水中不溶。二甲苯有邻二甲苯、间二甲苯和对二甲苯 3 种同分异构体。

二甲苯是有机化工的重要原料，广泛用于有机化工中间体的合成，也可用于涂料、树脂、染料、油墨等行业的溶剂。

二甲苯同样来源于催化重整汽油、裂解汽油和煤焦油等，混合二甲苯还可以通过甲苯的歧化反应制取。工业上使用最多的是邻二甲苯和对二甲苯，炼化企业催化重整装置所得 C_8 芳烃的主要成分为间二甲苯，需要在催化剂的作用下通过异构化转化成邻二甲苯和对二甲苯。

对二甲苯通过氧化可生产对苯二甲酸，进而生产对苯二甲酸乙二醇酯、丁二醇酯等聚酯树脂。聚酯树脂是生产涤纶纤维、聚酯薄片、聚酯中空容器的原料。涤纶纤维是中国当下第一大合成纤维。

3. 合成气

合成气是一氧化碳和氢气的混合气，是重要的有机合成原料之一，也是氢气和一氧化碳的来源，在化学工业中具有重要作用。

合成气是 C_1 化工的重要原料，20 世纪 70 年代以来，以天然气、煤炭和重油/渣油为基础的合成气转化制备工艺的发展促进了 C_1 化工过程的工业化。以合成气为原料，可以合成众多的化工产品或化工中间体，如合成氨、甲醇、乙酸、低碳醇、醛以及其他羰基化合物，还可以合成乙烯等低碳烯烃，天然气、汽油和柴油等烃类产品。

合成气的生产原料主要有天然气、煤炭、重油/渣油，其他含碳的物质（如农林废料、城市垃圾等）也可以作为合成气的生产原料。合成气中 H_2 和 CO 的组成随原料和生产方法的不同而异，H_2/CO（物质的量比）一般在 1/2～3/1 之间，合成气中 H_2/CO 比可通过 CO 变换反应进行调整。

第四节　沥青、蜡和石油焦

一、沥青

沥青是重要的石油产品之一，呈黑色固态或半固态黏稠状，可由合适的原油经减压蒸馏直接制得，也可将减压渣油经浅度氧化或经其他工艺制得。沥青根据用途不同分为道路沥青（如普通道路沥青和重交通道路沥青）、建筑沥青（如防水防潮沥青、水工沥青等）、专用沥青（如绝缘沥青、油漆沥青、管道防腐沥青等）、乳化沥青（如阳离子乳化沥青和阴离子乳化沥青等）和改性沥青，其中道路沥青的需求和产量最大。

沥青是由饱和分、芳香分、胶质和沥青质形成的一个复杂的胶体分散体系，沥青的理化和使用性质在很大程度上取决于其胶体体系的组成和性质。同时，沥青中的蜡对沥青的性能也有很大影响。沥青在使用过程中由于温度、阳光和空气的作用，也会引起其组成和性质的不断改变。

沥青最主要的质量要求是软化点、针入度、延度和蜡含量。道路沥青和建筑沥青都以25℃时的针入度来划分商品牌号。

针入度反映了沥青的软硬程度。在特定的仪器中，在一定的温度和时间内，加有一定载荷的标准针刺入沥青的深度称为针入度，单位是1/10mm。针入度越大，表明沥青越软。沥青用途不同，对针入度的要求也不同。例如，道路沥青要求较高的针入度，以便与砂石黏结紧密；而防腐沥青需要较低的针入度，以免造成流失。

软化点表示沥青的耐热性能，用环球法测定。在规定的仪器和条件下加热固定在标准钢环中的沥青试样，放于试样上方的标准钢球在重力作用下使仪器钢环上的试样因受热而下坠25.4mm时的温度，称为沥青的软化点。软化点越高，沥青耐热性能越好，受热后不致迅速软化，路面不易因受热而变形。但软化点太高，则会因沥青不易熔化而造成施工困难。

延度表示沥青的伸展能力和黏弹性。在规定的仪器和温度下，以一定的拉伸速度将沥青试样拉至断裂时的长度称为沥青的延度，单位是cm。延度大，表明沥青的塑性变形性能好，不易出现裂纹，即使出现裂纹也容易自愈，因此道路沥青对延度的要求最高。

蜡含量是石油沥青的重要性能指标之一。蜡在高温下会使沥青的黏稠性降低，而在低温下会使沥青变得不易变形和流动。沥青中含蜡多时，针入度降低、软化点升高，低温延度大大降低，路面在冬季容易开裂，寿命短。中国重交通道路沥青标准中规定蜡含量不大于3.0%（质量分数）。

除此之外，沥青的质量指标还有抗老化性、针入度指数、脆点等。

国产石油沥青部分牌号产品的主要质量标准见表2-23至表2-25。

表 2-23　道路石油沥青质量标准（NB/SH/T 0522—2010）

项目	质量指标					试验方法
	60 号	100 号	140 号	180 号	200 号	
针入度（25℃，100g，5s），1/10mm	50~80	80~110	110~150	150~200	200~300	GB/T 4509
延度（25℃），cm　　　　不小于	70	90	100	100	20	GB/T 4508

项目		质量指标					试验方法
		60 号	100 号	140 号	180 号	200 号	
软化点,℃		45~58	42~55	38~51	35~48	30~48	GB/T 4507
溶解度,%	不小于	99.0					GB/T 11148
闪点(开口),℃	不低于	230			200	180	GB/T 267
密度(25℃),g/cm³		报告					GB/T 8928
蜡含量,%	不大于	4.5					SH/T 0425
薄膜烘箱试验(163℃,5h) 质量变化,%	不大于	1.0	1.2	1.3	1.3	1.3	GB/T 5304
针入度比,%		报告	报告	报告	报告	报告	GB/T 4509
延度(25℃),cm		报告	报告	报告	报告	报告	GB/T 4508

表 2-24　重交通道路石油沥青质量标准(GB/T 15180—2010)

项目		质量指标						试验方法
		AH-30	AH-50	AH-70	AH-90	AH-110	AH-130	
针入度(25℃,100g,5s),1/10mm		20~40	40~60	60~80	80~100	100~120	120~140	GB/T 4509
延度(25℃),cm	不小于	报告	80	100	100	100	100	GB/T 4508
软化点,℃		50~65	45~58	44~57	42~55	40~53	38~51	GB/T 4507
溶解度,%	不小于	99.0						GB/T 11148
闪点(开口),℃	不低于	260	230					GB/T 267
密度(25℃),g/cm³		报告						GB/T 8928
蜡含量,%	不大于	3.0						SH/T 0425
薄膜烘箱试验(163℃,5h) 质量变化,%	不大于	0.5	0.6	0.8	1.0	1.2	1.3	GB/T 5304
针入度比,%	不大于	60	58	55	50	48	45	GB/T 4509
延度(25℃),cm	不小于	报告	报告	30	40	50	100	GB/T 4508

表 2-25　几种其他国产沥青的主要质量指标
(SH/T 0624—1995、SH/T 0523—1992、SH 0098—1991)

项目		阳离子乳化沥青 G-1	阳离子乳化沥青 B-2	油漆石油沥青 1 号	管道防腐沥青 1 号
恩氏黏度(25℃),°E		3~15	3~40		
筛上剩余量,%	不大于	0.3	0.3		
附着度	不小于	2/3	—		
粗骨料拌合试验		—	—		
密骨料拌合试验		—	均匀		
水泥拌合性试验,%	不大于				

续表

项目		阳离子乳化沥青 G-1	阳离子乳化沥青 B-2	油漆石油沥青 1 号	管道防腐沥青 1 号
颗粒电荷		正	正		
蒸发残留物,%	不小于	60	57		
蒸发残留物性质 针入度(25℃，100g)，1/10mm 延度(25℃)，cm　　　　不小于 溶解度,%　　　　　　　不小于		80~200 40 98	40~300 40 97		
贮存稳定性(5d),%	不大于	5	5		
冷冻安定性		无粗粒、无结块			
外观				黑亮，无杂质	
延度(25℃)，cm	不小于				2
软化点(环球法)，℃				140~165	95~110
针入度(25℃，100g)，1/10mm	不大于			6	15
溶解度%	不小于			99.5	
闪点(开口)，℃	不低于			260	230
灰分,%	不大于			0.3	
油溶性(沥青：亚麻油)				完全(1:0.5)	

二、蜡

蜡是一类具有广泛用途的石油产品，在石油加工过程中得到的以大分子正构烷烃为主的烃类混合物称为蜡膏，蜡膏经进一步的脱油和精制，即得到成品蜡。按照来源、组成和性质不同，蜡又分为液蜡、石蜡和微晶蜡(地蜡)。

液体石蜡一般是指 C_9—C_{16} 的正构烷烃，在室温下呈液态，一般是由直馏石油馏分经尿素脱蜡或分子筛脱蜡而得，可用于生产合成洗涤剂、农药乳化剂、塑料增塑剂等化工产品。

石蜡是从减压馏分油中经脱蜡、精制和脱油而得到的固态烃类。组成以碳原子数为 17~35 的正构烷烃为主，此外，尚有少量的异构烷烃和极少量的芳烃，平均分子量为 300~450。其主要性能指标包括熔点、含油量和安定性等，各种石蜡按熔点划分为不同的牌号。

石蜡产品按精制深度及用途可分为粗石蜡、半精炼石蜡、全精炼石蜡、食品用石蜡等。粗石蜡适用于橡胶制品、火柴等工业原材料。半精炼石蜡适用于蜡烛、蜡笔、蜡纸、电信器材及轻工、化工的原材料。全精炼石蜡适用于高频瓷、复写纸、铁笔蜡纸、精密铸造、冷霜等产品的原材料。食品用蜡又分为食品石蜡和食品包装石蜡两种，前者用作食品、药物的组分，后者用于接触食品和药物的包装。

部分国产石蜡的主要产品质量要求见表 2-26。

表 2-26 部分国产石蜡的主要产品质量规格
（GB 7189—2010、GB/T 446—2010、GB/T 254—2010、GB/T 1202—1987）

项目		食品石蜡 58 号	食品包装石蜡 58 号	全精炼石蜡 58 号	半精炼石蜡 66 号	粗石蜡 50 号	液体石蜡
熔点,℃							
	不低于			58	66	50	
	低于			60	68	52	
含油量(质量分数),%	不大于			0.8	2.0	2.0	
颜色,赛波特颜色号	不小于	+28	+26	+27	+18	-10	
光安定性,号	不大于	4	5	4	7		
针入度(25℃,100g),1/10mm	不大于	18	20	19	23		
运动黏度(100℃),mm²/s		报告	报告	报告	报告		
嗅味,号	不大于	0	1	1	2	3	
水溶性酸或碱		无	无	无	无		
机械杂质及水		无	无	无	无	无	
易炭化物		通过	—				
稠环芳烃紫外吸光度,cm							
280~289nm	不大于	0.15	0.15				
290~299nm	不大于	0.12	0.12				
300~359nm	不大于	0.08	0.08				
360~400nm	不大于	0.02	0.02				

微晶蜡旧称地蜡，是从减压渣油中脱出的蜡，经脱油和精制而得，碳原子数为 30~60，平均分子量为 500~800，主要是由带有长的正构或异构烷基侧链的环状烃（尤其是环烷烃）组成，是具有较高熔点的细微针状结晶。微晶蜡具有较好的延性、韧性和黏附性，但安定性较差，一般用滴点或滴熔点表示微晶蜡的耐热性能，并以滴点作为其商品牌号。

微晶蜡具有广泛的用途，主要用途之一是用作润滑脂的稠化剂，其次还广泛用作制造高级蜡纸、绝缘材料、密封材料和高级凡士林等的原料。

部分国产微晶蜡的主要产品质量要求见表 2-27。

表 2-27 部分国产微晶蜡主要产品质量规格
（GB 22160—2008 和 SH/T 0013—2008）

项目		食品级微晶蜡 75 号	食品级微晶蜡 90 号	微晶蜡 70 号	微晶蜡 85 号
滴熔点,℃					
	不低于	72	87	67	82
	低于	77	92	71	87
含油量(质量分数),%	不大于	3.0	3.0	3.0	3.0
颜色,号	不小于	1.5	1.5	3.0	3.0
5%蒸馏点碳数	不小于	25	25		

续表

项目		食品级微晶蜡 75号	食品级微晶蜡 90号	微晶蜡 70号	微晶蜡 85号
针入度(25℃，100g)，1/10mm	不大于	35	15	30	18
运动黏度(100℃)，mm²/s	不小于	10	10	6.0	10
嗅味，号	不大于	1	1		
平均分子量	不小于	500	500		
灼烧残渣(质量分数)，%	不大于	0.1	0.1		
铅，mg/kg	不大于	3	3		
水溶性酸或碱				无	无
稠环芳烃紫外吸光度，cm					
280~289nm	不大于	0.15	0.15		
290~299nm	不大于	0.12	0.12		
300~359nm	不大于	0.08	0.08		
360~400nm	不大于	0.02	0.02		

三、石油焦

石油焦是炼化企业中焦化装置所特有的产物，一般为呈黑色或暗灰色、带有金属光泽、多孔性的无定形碳素材料，是由各种重质石油馏分在高温(490~550℃)下经分解、缩合、焦化后所得的产物，广泛用于冶金、化工等行业，作为制造石墨电极或生产化工产品的原料，也可以直接用作燃料。

石油焦主要由碳、氢两种元素组成，一般含碳90%~97%，含氢1.5%~8.0%。除此以外，还含有少量的硫、氮、氧及重金属元素。

石油焦按照加工方法不同，可分为生焦和熟焦。由延迟焦化装置焦炭塔直接得到的焦称为生焦，又称原焦，含有较多的挥发分，强度较差。生焦经过高温(1300℃)煅烧处理以除去水分和挥发分而得到的焦称为熟焦，或称作煅烧焦。

石油焦(生焦)分为普通石油焦和石油针状焦。普通石油焦按照硫含量大小及用途分为1号、2A、2B、3A、3B五个牌号。普通石油焦1号主要用于炼钢工业中制作普通功率的石墨电极，也适用于炼铝工业中制作铝用碳素；2A和2B主要适用于炼铝工业中制作铝用碳素；3A和3B主要适用于制作碳化物、碳素行业用原料等。

石油针状焦按照热膨胀系数和密度大小分为1号、2号和3号。1号针状焦主要用于超高、高功率石墨电极的原料；2号和3号石油针状焦主要用于高功率石墨电极的原料。

延迟焦化装置在一般条件下主要生产普通石油焦，但通过对原料油和工艺条件做适当调整可以生产出优质焦(即石油针状焦)。

石油焦的主要质量要求是硫含量、挥发分、灰分等。硫含量是对石油焦最关键的质量要求，其含量大小直接影响石油焦的质量。

部分国产石油焦的主要质量要求见表2-28。

表 2-28　国产石油焦主要产品质量指标(NB/SH/T 0527—2015)

项目		普通石油焦(生焦)					石油针状焦(生焦)		
		1 号	2A	2B	3A	3B	1 号	2 号	3 号
硫含量(质量分数),%	不大于	0.5	1.0	1.5	2.0	3.0	0.5	0.5	0.5
挥发分(质量分数),%	不大于	12.0	12.0	12.0	14.0	14.0	6.00	8.00	10.0
灰分(质量分数),%	不大于	0.3	0.4	0.5	0.6	0.6	0.3	0.3	0.3
总水分(质量分数),%		报告					8	8	8
真密度(煅烧 1300℃,5h),g/cm³	不小于	2.04	—	—	—	—	2.12	2.11	2.10
粉焦量(质量分数),%	不大于	35	报告	报告	—	—	35	报告	报告
微量元素,μg/g	不大于								
硅含量		300	报告	—		—	300	报告	报告
钒含量		150	报告	—		—	80	报告	报告
铁含量		250	报告	—		—	250	报告	报告
钙含量		200	报告	—		—	100	报告	报告
镍含量		150	报告	—		—	150	报告	报告
钠含量		100	报告	—		—	100	报告	报告
氮含量(质量分数),%	不大于	报告	—	—	—	—	0.5	报告	报告

第三章　炼油化工过程概述

石油炼制(简称炼油)是以原油为基本原料,通过一系列的物理和化学工艺过程(或加工过程,如常减压蒸馏、催化裂化、催化加氢、催化重整、延迟焦化、炼厂气加工及产品精制等),把原油加工成各种石油产品(如各种牌号的汽油、喷气燃料或航空煤油、柴油、润滑油、溶剂油、重油、蜡、沥青和石油焦等),以及生产各种石油化工基本原料的过程。石油化工是指以石油及其产品为原料,生产各种基本有机化工原料和化学品的工业过程。

通常,原油进入炼化企业后首先经过常减压蒸馏分割成汽油、煤油、(轻)柴油等轻质馏分油和减压蜡油以及减压渣油等重质馏分油,以便为后续加工工艺提供合适的原料,因此常减压蒸馏又称为炼化企业的龙头。常减压蒸馏得到的渣油外的其余馏分又称为直馏馏分。中国主要油田原油的轻质馏分油含量在 20%~30%,直馏馏分油含量在 40%~60%,个别原油的直馏馏分油可达 80%~90%。

从原油中得到的轻质馏分油数量有限,远远满足不了对轻质油品数量的需求,而且质量也很难完全满足要求,即直馏馏分从数量和质量方面都满足不了国民经济对轻质油品的需求。因此,必须将从原油中得到的重质馏分油和渣油进一步轻质化,以得到更多的轻质油品,同时,还需将各种加工工艺得到的轻质馏分油进行改质,以满足产品质量要求。通常,将常减压蒸馏称为原油的一次加工过程,也称为物理加工过程;而将以轻质馏分油改质与重质馏分油和渣油的轻质化为主的加工过程称为二次加工过程,也称为化学加工过程。

原油的二次加工过程根据生产目的的不同分为多种,例如,以重质馏分油和渣油为原料生产轻质油品的催化裂化和加氢裂化,以汽油馏分为主要原料生产高辛烷值汽油组分或轻质芳烃(苯、甲苯、二甲苯等)的催化重整,以渣油为原料生产轻质油品和石油焦的焦化过程等。

原油经过一系列加工过程可以生产出各种石油产品,但不同来源的原油所生产的同一种石油产品的数量和质量以及工艺复杂程度是不同的,因此不同的原油适合生产不同的石油产品,即不同的原油应选择不同的加工方案。原油加工方案除取决于原油的组成和性质之外,还取决于市场需求等因素。一般情况下,组成和性质相同的原油,其加工方案和加工中所遇到的问题也很相似。

由于地质构造、原油产生的条件和年代不同,世界各地所产原油的化学组成和物理性质,有的相差很大,有的却很相似。即使同一地区所产原油,有的在组成和性质上也不相同。因此,为了选择合理的原油加工方案,预测产品的种类、产率和质量,有必要对各种原油进行评价和分类。

第一节　原油分类

原油的组成复杂,性质各异,且不同行业对原油的分类目的和要求不同,对原油的确切分类十分困难，至今还没有一种公认的标准分类方法。通常可以从工业、地质、物理和化学等不同角度对原油进行分类，但应用较广泛的是工业分类法和化学分类法。

一、工业分类法

工业分类法又叫商品分类法，按照原油的密度、硫含量、氮含量、蜡含量和胶质含量等进行分类。

国际原油市场上常用的计价标准是按照比重指数 API 度（或密度）和硫含量分类的，其分类标准分别见表 3-1 和表 3-2。

表 3-1　原油按照 API 度分类标准

类别	API 度	密度，g/cm³	
		15℃	20℃
轻质原油	>34	<0.855	<0.851
中质原油	34~20	0.855~0.934	0.851~0.930
重质原油	20~10	0.934~0.999	0.931~0.996
特稠原油	<10	>0.999	>0.996

表 3-2　原油按照硫含量分类标准

分类标准，%	<0.5	0.5~2.0	>2.0
原油类别	低硫	含硫	高硫

原油按照蜡含量和胶质含量进行分类的标准见表 3-3 和表 3-4。

表 3-3　原油按照蜡含量分类标准

分类标准，%	0.5~2.5	2.5~10.0	>10.0
原油类别	低含蜡	含蜡	高含蜡

表 3-4　原油按照胶质含量分类标准

分类标准，%	<5	5~15	>15
原油类别	低含胶	含胶	多胶

二、化学分类法

化学分类以石油的化学组成为分类基础，但由于原油的化学组成十分复杂，迄今为止还无法知道原油的准确化学组成，因此通常采用某几个与化学组成密切相关的物理性质作为分类依据。原油的性质与其化学组成有关，因此化学分类法对于了解原油化学组成、指导原油加工方案的制订具有重要意义。

常用的化学分类法主要有特性因数分类法和关键馏分特性分类法两种。

1. 特性因数分类法

该方法是在 20 世纪 30 年代提出来的，以原油特性因数的大小为分类标准。具体分类标准见表 3-5。

表 3-5 特性因数分类法分类标准

原油基属	石蜡基原油	中间基原油	环烷基原油
特性因数	$K>12.1$	$11.5 \leqslant K \leqslant 12.1$	$10.5<K<11.5$

按此分类方法，所得同一类属的原油在化学组成上具有相似性。例如，石蜡基原油的特点如下：烷烃含量一般在50%以上，密度较小，蜡含量较高，凝点高，硫含量、氮含量、胶质含量较低。中国大庆原油和南阳原油是典型的石蜡基原油。环烷基原油的特点如下：环烷烃和芳烃的含量较高，密度较大，凝点较低，一般硫含量、胶质含量、沥青质含量较高。孤岛原油和单家寺(胜利油区)原油等都属于环烷基原油。中间基原油的组成和性质介于上述两者之间。

2. 关键馏分特性分类法

原油的特性因数很难准确确定，且特性因数分类法不能反映原油轻、重馏分化学组成特性的差异，因此，美国矿务局于1935年提出了"关键馏分特性分类法"。该方法是把原油放在特定的简易蒸馏设备中，按照规定的条件进行蒸馏，切取常压250~275℃和395~425℃的两个馏分分别作为第一关键馏分和第二关键馏分，根据密度对这两个馏分进行分类，最终确定原油的类别。该方法采用的密度测定方法简单且准确，能同时反映原油中轻、重馏分的特性，是目前应用较多的原油分类方法。

关键馏分特性分类法的具体分类标准及原油分类结果分别见表3-6和表3-7。

表 3-6 关键馏分分类标准

关键馏分	石蜡基	中间基	环烷基
第一关键馏分	$d_4^{20}<0.8210$ API 度>40	$d_4^{20}=0.8210\sim0.8562$ API 度 = 33~40	$d_4^{20}>0.8562$ API 度<33
第二关键馏分	$d_4^{20}<0.8723$ API 度>30	$d_4^{20}=0.8723\sim0.9305$ API 度 = 20~30	$d_4^{20}>0.9305$ API 度<20

表 3-7 关键馏分特性分类

序号	第一关键馏分基属	第二关键馏分基属	原油类别
1	石蜡基	石蜡基	石蜡基
2	石蜡基	中间基	石蜡—中间基
3	中间基	石蜡基	中间—石蜡基
4	中间基	中间基	中间基
5	中间基	环烷基	中间—环烷基
6	环烷基	中间基	环烷—中间基
7	环烷基	环烷基	环烷基

为了能够全面地反映原油的性质，中国采用关键馏分特性分类与硫含量分类相结合的分类方法，后者作为对前者的补充。根据这种分类方法，几种主要国产原油的类别见表3-8。

表 3-8　几种主要国产原油的分类

原油名称	硫含量(质量分数)%	第一关键馏分 d_4^{20}	第二关键馏分 d_4^{20}	原油的关键馏分特性分类	建议原油分类命名
大庆混合	0.11	0.814	0.850	石蜡基	低硫石蜡基
克拉玛依	0.04	0.828	0.895	中间基	低硫中间基
胜利混合	0.88	0.832	0.881	中间基	含硫中间基
大港混合	0.14	0.860	0.887	环烷中间基	低硫环烷中间基
孤岛	2.06	0.891	0.936	环烷基	高硫环烷基

通过原油分类，可以大致判定原油的属性，对原油有一个粗浅的认识，要想确切地判断一种原油适合或不适合生产某类石油产品，或者确定原油的加工方案，还需要对原油进行详细的评价。

所谓"原油评价"，是指在实验室中对原油样品进行一系列的实验分析，以确定原油的类别和特点，进而为原油加工方案的制订及炼油厂设计提供基础数据。一般根据评价目的不同，原油评价可分为四类，即原油性质分析、简单评价、常规评价和综合评价。内容根据评价的目的不同而异，一般包括一般性质分析、实沸点蒸馏数据、窄馏分性质测定、直馏产品性质测定和馏分的族组成测定等，对于某些复杂炼油厂的设计，还可增加某些馏分的化学组成、某些重馏分或渣油的二次加工性能等的评价。

第二节　原油加工方案

原油加工方案是指利用某一种原油来生产什么石油产品及使用什么样的加工过程来生产这些产品。原油加工方案与原油的特性及国民经济对石油产品的需求密切相关，尤其是前者对制订合理的原油加工方案起决定性的作用。例如，对于属于石蜡基的大庆原油，其减压馏分油是催化裂化的优质原料，更是生产润滑油的优质原料，用其生产的润滑油质量好，收率高，同时得到的石蜡质量也很好。但是，由于大庆原油含胶质和沥青质较少，用其减压渣油很难制得高质量的沥青产品。因此，在确定大庆原油的加工方案时，应首先考虑生产润滑油和石蜡，同时生产一部分轻质燃料。与此相反，用属于环烷基的孤岛原油生产的润滑油，不仅质量差，而且加工过程十分复杂，但是利用孤岛原油的减压渣油可以得到高质量的沥青产品。因此，在考虑孤岛原油的加工方案时，一般不考虑生产润滑油。

一、原油加工方案的基本类型

根据生产目的不同，原油加工方案有不同的类型。

1. 燃料型加工方案

该类加工方案的主要产品是燃料，如汽油、喷气燃料、柴油和燃料油等，还可生产燃料气、芳烃和石油焦等。

典型的燃料型加工方案的原则流程如图 3-1 所示。

燃料型加工方案的特点是通过一次加工(即常减压蒸馏)尽可能将原油中的轻质馏分(如

汽油、煤油和柴油)蒸出,并利用催化裂化和焦化等二次加工工艺,将重质馏分转化为轻质油。随着对石油综合利用要求的提高及石油化工的发展,该类炼油厂已经非常少。

2. 燃料—化工型加工方案

这种加工方案以生产燃料和化工产品或化工原料为主,具有燃料型炼厂的各种工艺及装置,同时还包括一些化工装置。原油经过一次加工分出其中的轻质馏分,重质馏分再进一步通过二次加工转化为轻质油。轻质馏分一部分用作燃料;另一部分通过催化重整、裂解工艺制取芳烃和烯烃,作为有机合成的原料,用于生产各种化工产品(如合成橡胶、合成纤维、塑料以及醇、酮、酸等)。

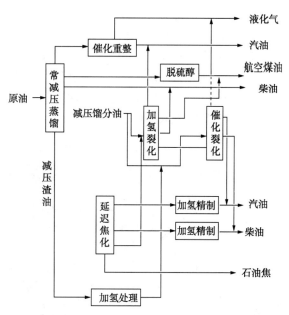

图 3-1 燃料型加工方案

目前,随着炼油向化工转型的需求不断增强,此种类型的加工方案在炼化企业中所占比例越来越大。

典型的燃料—化工型加工方案的原则流程如图 3-2 所示。

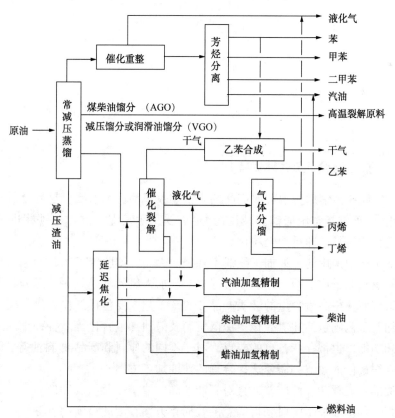

图 3-2 燃料—化工型加工方案

3. 燃料—润滑油型加工方案

这种加工方案在生产各种燃料的同时，还生产各种润滑油。

原油通过一次加工将其中的轻质馏分分出，重质馏分经过溶剂脱沥青、溶剂精制、溶剂脱蜡、白土精制或加氢精制等工艺过程生产各种润滑油基础油。将基础油及添加剂按照一定要求进行调和，即可制得各种润滑油。

典型的燃料—润滑油型加工方案的原则流程如图3-3所示。

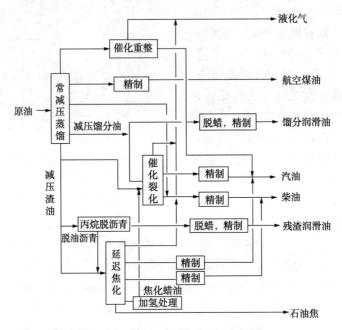

图3-3 燃料—润滑油型加工方案

4. 燃料—润滑油—化工型加工方案

这种加工方案除生产各种燃料和润滑油外，同时还生产一些石油化工产品或者为石油化工提供原料，是燃料—润滑油型加工方案向化工方向发展的结果。实际上是以上3种方案的组合。

二、重油加工组合工艺技术简介

原油经过常减压蒸馏后所得轻质产品的质量和收率都远远不能满足社会需求，所剩重质馏分油以及重油(通常指常压渣油和减压渣油)需要采用某些二次加工工艺进一步加工，以便获得更多的轻质油品，即重油轻质化。

当前炼油工业中采用的重油加工路线不外乎两大类，即脱碳工艺和加氢工艺。因为重油与轻质油品的氢碳原子比不同，在加工过程中必须加入氢元素或脱除一部分碳元素，促使碳氢原子重新组合而获得高氢含量的轻质产品。脱碳工艺主要包括催化裂化、延迟焦化和溶剂脱沥青等；加氢工艺则包括加氢裂化、加氢精制及渣油加氢转化等。各种重油加工工艺有着不同的特点和功能，也都存在各自的弱点。对于不同的原料和产品要求，应采用不同的加工工艺。为了获得最佳的效益，需要选择合理的重油加工方案。

由于重油的组成复杂、性质差，且对石油产品的清洁性及组成和性质要求日益严格，很难通过采用某一种重油加工手段获得满意的轻质化方案，因此目前的重油轻质化过程都采用组合工艺。所谓组合工艺，就是将几种功能不同的工艺组合在一起联合应用，相互取长补短，一种工艺的产品作为另一种工艺的原料。

国内目前应用较多的重油加工组合工艺主要如下：

（1）减压深拔—延迟焦化—催化裂化组合工艺。

当加工低硫、低氮的石蜡基原油时，优先选择的重质油加工方案是常压渣油催化裂化，炼厂的装置构成和加工流程较为简单，经济效益好。但此方案的不足是产品品种单一、质量不高，生产灵活性受到一定限制。尤其是当加工一些劣质原油时，采用减压深拔—延迟焦化—催化裂化组合工艺可大大改善炼厂的生产灵活性。此方案是将常压渣油进行减压深拔得到减压渣油和减压蜡油，减压蜡油在进行蜡油催化裂化前进行蜡油加氢；减压渣油进行延迟焦化，得到轻质油品、石油焦和焦化蜡油，焦化蜡油与减压蜡油混合加工，石油焦制合成气和焦炭产品。

该组合工艺是国内重油轻质化的重要手段之一，此方案适应性强，对原料的要求低，可以对质量较差的劣质渣油进行加工，而且生产投资小，可提高炼化企业的经济效益，其不足之处是轻油收率较低。

（2）延迟焦化—加氢精制—催化裂化组合工艺。

中国多数渣油的氮含量很高，经延迟焦化后的焦化蜡油硫含量、氮含量（尤其是碱氮含量）很高，直接进入催化裂化装置会使催化剂活性降低，严重影响催化裂化转化率、产品的分布和产品质量。因此，增加重油延迟焦化装置的处理量可多产汽油和柴油，增加产品的灵活性和市场适应性，尤其是焦化干气的产量大，干气中的 CH_4、C_2H_6 含量高，可提供丰富的廉价制氢原料，以获得充足的氢源，发展加氢精制以提高焦化汽油和焦化柴油的品质，来满足市场竞争的要求。焦化蜡油与焦化汽油、焦化柴油或催化柴油混掺进行加氢裂化，不但可得到优质汽油和柴油，且尾油是优良的催化裂化原料，此外，该过程氢耗量小于单独的重油加氢裂化。加氢精制的石脑油是优良的催化重整原料，可增加高辛烷值汽油产量，并且所得苯、甲苯、二甲苯是用途广泛的化工原料，自产氢气可平衡炼厂系统的氢气。

（3）溶剂油脱沥青—延迟焦化—催化裂化组合工艺。

催化裂化是重要的重油轻质化工艺，在炼油厂的总经济效益中占有很大比重。为了获得较高的轻质油收率和良好的产物分布，催化裂化过程需控制转化深度，因此催化裂化反应油气中含有一部分"未转化原料"，部分未转化原料以油浆（澄清油）的形式排出装置。澄清油的密度大，芳烃和胶质含量高，残炭值高，较难加工和利用。在溶剂油脱沥青—延迟焦化—催化裂化组合工艺中，将催化裂化澄清油与减压渣油混合，通过溶剂脱沥青回收澄清油中可裂化的组分进入脱沥青油，然后再返回到重油催化裂化装置中，为催化裂化装置提供大量的原料。脱沥青油既可作为催化裂化进料，又可作为加氢裂化的原料；脱油沥青可作为延迟焦化进料或用作锅炉燃料。使用脱油沥青作为焦化原料的缺点是随着沥青掺入量的增加，焦炭产量增加，焦炭的质量也越来越差，此外易使加热炉管结焦倾向增大，因此应设法改善渣油与沥青的互溶性，以增强沥青质在渣油体系中的稳定性。

（4）渣油加氢—重油催化裂化双向组合工艺。

渣油加氢—重油催化裂化双向组合工艺是渣油深加工的重要技术路线，具有石油资源利用率高、轻油收率高、产品质量好等特点，越来越受到企业的重视。该技术将催化裂化装置的重循环油掺入渣油加氢原料中，作为渣油加氢原料的稀释油，与渣油一起加氢后作为催化裂化原料，对渣油加氢和催化裂化两套装置均有改善效果。对渣油加氢装置，高芳香性的重循环油促进了渣油加氢反应；对催化裂化装置，因重循环油加氢后再返回到催化裂化装置进行转化，轻油收率和质量提高、焦炭收率明显下降，改善了炼化企业的产品结构和经济效益。

此外，还有减黏裂化—延迟焦化、溶剂脱沥青—催化裂化、溶剂脱沥青—加氢处理—催化裂化、高苛刻度热裂化—溶剂脱沥青、循环油溶剂抽提脱芳—催化裂化等组合工艺。这些工艺对于提高重油加工深度，改善产品分布和质量都有一定的作用。

三、石油化工产品生产方案

石油化工生产是指以石油为原料生产化学品的领域，广义上也包括天然气化工。20 世纪中叶，随着大量廉价石油的开采和石油炼制工业的发展，石油化工得以高速发展，大量化学品的生产从传统的以煤及农林产品为原料，转移到以石油及天然气为原料的基础上来，石油化工成为化学工业中的基干工业，在国民经济中占有重要地位。

石油化工的原料主要为由石油炼制过程得到的各种石油馏分和炼厂气，以及油田气、天然气等。从石油和天然气出发，可以生产出一系列化工中间体。例如，石油馏分(主要是轻质油)通过烃类裂解、裂解气分离等可制取乙烯、丙烯、丁二烯等低碳烯烃和苯、甲苯、二甲苯等轻芳烃，芳烃也可来自石油轻馏分的催化重整等工艺。石油轻馏分和天然气经蒸汽转化、重油经部分氧化可制取合成气，进而生产合成氨、合成甲醇等。

以低碳烯烃、轻芳烃和合成气等为原料，可以得到塑料、合成纤维、合成橡胶、合成洗涤剂、溶剂、涂料、农药、染料、医药等与国计民生密切相关的重要产品。石油化工产品的生产一般与石油炼制或天然气加工结合，相互提供原料、副产品或半成品，以提高经济效益。石油化工产品生产工艺如图 3-4 所示。

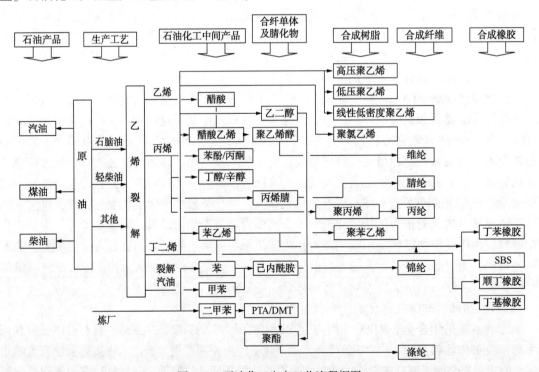

图 3-4　石油化工生产工艺流程框图

第三节　炼油化工设备

炼油化工生产所使用的装置称为炼油化工(工艺)装置。炼油化工装置是由一系列的设备，按照一定的工艺要求组合而成的。不同的工艺过程所使用的设备存在很大的区别。根据作用不同，可将炼油化工设备大致分为6种类型，即流体输送设备、加热设备、换热设备、传质设备、反应设备和容器等。

一、流体输送设备

流体输送设备主要用于输送各种液体(如原油、汽油、柴油、水等)和气体(油气、空气、水蒸气等)，可以使这些物料从一个设备转移到另一个设备，或者使其压力发生改变，以满足炼油化工工艺的要求。

在炼油化工厂用以输送液体的机械主要是各种泵，常用的有离心泵、往复泵、旋涡泵等。输送气体的机械主要有压缩机、鼓风机、真空泵等。除此之外，流体输送设备还包括各类管线和阀门等。

在炼油化工装置中，各类机泵、管线和阀门的用量非常大。例如，在常减压蒸馏装置中，泵的投资约占总投资的5%；催化裂化装置中仅主风机和气体压缩机就占总投资的6%左右；加氢裂化装置压缩机的动力消耗相当于整个装置的60%。一个炼油化工工艺装置所需的阀门更是数以千计，管线总长可达万米以上。因此，常把流体输送设备比作炼油化工厂的"动脉"。

二、加热设备

为了把物料加热到一定的温度，使物料汽化或为反应提供足够的热量和反应空间，通常需采用加热设备，炼化企业最常用的加热设备是管式加热炉。

1. 管式加热炉的结构和作用

管式炉主要由辐射室与对流室、炉管、燃烧器等组成。

1) 辐射室与对流室

管式炉周围有炉墙(由耐火层、保温层和保护层等组成)，里面排有炉管，原料油或油品从对流室的炉管(对流管)进入，经辐射室的炉管(辐射管)加热到要求的温度后离开炉子。燃料油和(或)燃料气在炉膛里燃烧，以辐射方式直接加热炉管及其内部的原料油。燃烧产生的高温烟气进入对流室，以对流方式把热量传给原料，最后从烟囱中排出。加热炉70%~80%的加热任务是在辐射室里完成的。对流室除了用于加热油品外，有时还可以用来生产过热蒸汽供装置内用。

2) 炉管

加热炉的炉管材料一般为优质碳钢(如10#优质钢、20#优质钢等)；处理高温或有腐蚀性的原料油则采用合金钢(如Cr5Mo和1Cr18Ni9Ti等)。尤其是辐射管，由于外壁受火焰直接辐射及管内物料高温、高压和腐蚀的联合作用，选材应考虑耐热性、耐高温强度和耐腐蚀性，以便达到长周期安全运转的要求。为了增加传热面积，强化传热过程，对流室管外表面可以采用异形管。

炉管对炉子的操作费用和基建投资有很大影响，例如，炉管的金属耗量占炉子总钢耗量的40%~50%，投资占炉子投资的60%以上。

3）燃烧器

燃烧器是加热炉的重要部件之一，燃料在燃烧器内燃烧放出加热炉所需要的热量，一般包括燃料喷嘴、配风器和燃烧道三部分。燃烧器的主要作用是喷散燃料并与空气混合，以使燃料完全燃烧。加热炉所用的燃料有两种，一种是重质油品，即燃料油；另一种是燃料气。燃烧燃料油时，一般采用蒸汽与燃料油混合，经油嘴高速喷出，使油雾化，空气则从风门中进入，二者混合进行燃烧。目前常用的燃烧器是同时使用燃料油和燃料气的油气联合燃烧器。

2. 几种常见的管式炉结构

目前炼油厂中应用较广泛的管式炉有圆筒炉、立式炉和无焰炉等。

1）圆筒炉

炉膛为直立圆筒形，辐射管在炉膛周围垂直排成一圈，炉底装有一圈燃烧器，即辐射室内燃烧器和炉管排成同心圆布置。辐射管距火焰的位置相对匀称，炉管径向的辐射热量均匀，且便于布置成多程并联（即一个以上的进出口）。圆筒炉的结构紧凑，材料用量、投资和占地面积均小于立式炉。但这种炉型由于受辐射管高度与炉管节圆直径（即以辐射管中心连线所形成圆的直径）之比（在2.5左右）的限制，因此沿管长受热不均匀，辐射管的平均热流密度也较低。为了弥补大型圆筒炉炉膛热流密度低的缺点，有的圆筒炉除沿炉膛周边排炉管外，又在炉膛中间布置了炉管，除了能充分利用炉膛空间外，由于中间设置的炉管承受双面辐射，还可提高辐射管的平均热流密度，从而节省材料用量。

圆筒炉的方形对流室在辐射室上部，对流管一般均为横排。图3-5为圆筒炉结构示意图。

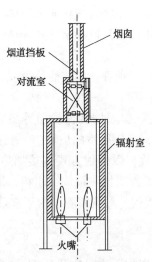

图3-5　圆筒炉结构示意图

2）立式炉

炉膛为长方形，辐射管水平排列在两侧，因此又叫卧管立式炉。炉底部设有两排火嘴，炉中间砌一堵花墙，喷火嘴在花墙两边燃烧。这种炉型的高宽比小，且燃烧器沿管长布置，因此辐射管受热均匀，平均热流密度较高。由于在两排燃烧器之间有一火墙，辐射管沿两面侧墙排列，因此适用于布置双程并联。

立式炉炉管沿管长方向受热虽较均匀，但沿辐射室高度方向因受燃烧器型式和焰形的制约，各部位的炉管沿炉膛高度热流密度仍有差异。为改善这种状态，可选用较合适的燃烧器或在炉管的排列上做适当调整。一般在热负荷较大时使用立式炉。图3-6为立式炉结构示意图。

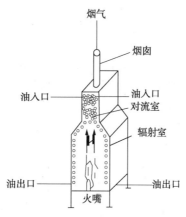

图3-6　立式炉结构示意图

3）无焰炉

无焰炉为立式炉的一种，炉体也是长方形，辐射室炉管排在中间，燃烧器排在两侧炉墙上，形成无焰燃烧，炉管两面受热，因此受热均匀，允许热强度大，金属耗量小，炉墙散热少，热效率高。

无焰炉的特点是采用了无焰燃烧器。燃料气以高速（300~400m/s）通过喷嘴把空气由风门带入，在混合管中混合，通过分布室分布到燃烧孔道中，以极高的速度在孔道中完成全部燃烧过程，因此看不到火焰。孔道温度很高，把炉墙烧至高温，形成一面温度均匀的辐射墙，由炉墙把热量传给炉管，因此炉管受热比较均匀。

由于无焰炉只能使用燃料气，且燃烧器较多，炉墙和燃烧器结构复杂，造价高，操作麻烦，因此只有在炉管受热均匀程度要求较高的情况下才使用这种炉型，如焦化装置中常用无焰炉。

3. 管式炉的主要工艺指标

管式炉除了保证将原料油加热到要求的温度外，还应具有节省燃料、低金属耗量、长周期运转、结构简单紧凑、便于安装检修、噪声小等特点。这些特点是相互联系和制约的。

1）热负荷

燃料在加热炉内燃烧所产生的热量并非全为原料油所吸收。原料油在炉内所吸收的热量称为炉子的热负荷，单位是kJ/h。对于现代炼油厂使用的大功率加热炉，热负荷单位经常使用兆瓦（MW）。例如，近年新建常减压装置的处理量大多数在（800~1500）×10^4t/a，其常压炉的热负荷一般在75~120MW。当炉子尺寸相同时，能承担的热负荷越大，表明炉子的热效率越高，性能越好。

2）热效率

热负荷与燃料燃烧放出的总热量之比称为炉子的热效率，以百分数表示。管式炉的热效率一般为65%~85%，先进管式炉的热效率可达85%~90%，甚至更高。热效率越高，对相同的热负荷而言，所消耗的燃料量就越小。

燃料燃烧时所放出的热量，除被物料吸收以外，其余的热量部分被烟气带走，部分通过炉体散热损失掉。因此，要提高炉子的热效率，除应使燃料燃烧完全外，还应尽量减少这两部分热量的损失，主要途径有以下几个方面。

（1）采用新型燃烧器，使燃料燃烧完全。燃烧器在燃料燃烧过程中所起的作用，一是借助喷嘴将预热的燃料油进行雾化；二是通过调风口使空气进入火道和炉膛形成旋流式空气动力场，与雾化的燃料油充分混合，促使燃料燃烧完全。雾化越细，混合越充分，燃烧效率越高。因此，燃烧器的结构是影响燃料燃烧效率的重要因素之一。燃烧器的型号很多，不同型号燃烧器的结构、效率不同，甚至所适用的燃料也不同。

（2）控制过剩空气系数。要保证燃料完全燃烧，入炉的空气量必须大于理论所需空气量。实际进入炉膛的空气量与理论空气量之比称为过剩空气系数。烧油时，过剩空气系数一般为1.2~1.3；烧气时，过剩空气系数一般为1.1。过剩空气系数过小，燃烧不完全；过大则表明入炉空气太多，烟气带走的热量多，降低了炉子的热效率。因此，要控制加热炉的过剩空气系数在合适的范围内。

（3）在经济合理的前提下，充分回收烟气余热。利用烟气余热发生蒸汽和预热空气，不仅可以扩大蒸汽来源，而且热空气能提高燃料的燃烧速率，提高燃料的燃烧效率。

（4）采取一定措施加强炉体密封以减少炉子漏气，减少炉体的散热损失。

3）炉管表面热强度

每平方米炉管表面积每小时所传递的热量称为炉管表面热强度，单位为$kJ/(m^2 \cdot h)$。炉管表面热强度越高，则炉管用量越少。在管式炉的总投资中，炉管系统所占的比例很大。因此，提高炉管表面热强度，不仅可以降低炉子的金属耗量，还可以缩小炉膛尺寸。但是炉管表面热强度不能无限提高，一方面随着炉管表面热强度的增加，管壁温度升高，易引起原料油分解结焦，缩短炉管使用时效，严重时可能引起炉管烧穿，影响炉子的运转周期和安全操作，增加设备的维修费用。另一方面，由于各个炉管之间及同一根炉管的各个部位距火焰、炉墙的位置不同，受热不均匀，因此炉子不同部位的炉管的表面热强度有一定差别。为了使最大热强度不超过允许值，平均热强度就不能太高。对原油常减压装置而言，一般常压炉辐射炉管的允许平均表面热强度为$90850 \sim 136070kJ/(m^2 \cdot h)$（圆筒炉）或$90850 \sim 164540kJ/(m^2 \cdot h)$（立式炉）；减压炉为$90850 \sim 113460kJ/(m^2 \cdot h)$（圆筒炉）或$90850 \sim 181700kJ/(m^2 \cdot h)$（立式炉）。由于无焰炉炉管受热较均匀，因此允许的炉管表面热强度可高达$209340 \sim 251200kJ/(m^2 \cdot h)$。

加热炉在炼油厂建设和生产中占有重要地位。一般用作炼厂加热炉的自用燃料占全厂原油加工量的3%~8%。在炼油装置中，加热炉占总建设费用的15%左右，总设备制造费用的30%以上。

三、换热设备

把热量从高温流体传递给低温流体的设备称为热交换器或换热器。炼化企业有大量的高温物流，使用换热器的目的是利用高温物流加热原料，并使高温物流冷却到安全温度，达到从高温物流中回收热量、节约燃料的目的。换热设备也称冷换设备。

在炼油装置中，为了节能降耗，通常需要大量换热设备对冷热物流进行热交换。一般各种换热器的钢材耗量占炼油厂工艺设备总重量的 40% 以上；建设投资在原油蒸馏装置中约占 20%，在催化重整和加氢脱硫装置中约占 15%。

根据使用目的的不同，可将换热设备分为换热器、冷凝器、冷却器、再沸器等。用于回收高温物流热量的叫换热器；用水或空气作冷却介质冷却其他物流的叫冷却器；将介质从蒸汽状态冷凝为液体状态的叫冷凝器；再沸器是一种特殊型式的换热器，安装在精馏塔底部，用以加热塔底液体使之部分汽化。

换热器的类型很多，在炼油工艺装置中应用较多的是管壳式换热器和空气冷却器，个别装置还使用套管式换热器、浸渍式换热器和喷淋式换热器等。

1. 几种换热器的结构和作用

1）管壳式换热器

管壳式换热器的外形是卧式圆筒体，筒体内按照不同方式排列许多小管子。冷热两种流体分别在管内外流动，在管内流动的叫管程流体，在管外流动的叫壳程流体。热流通过管壁把热量传给冷流。

管壳式换热器主要由管束、壳体、管板和封头等部分组成。图 3-7 为浮头式换热器结构示意图。

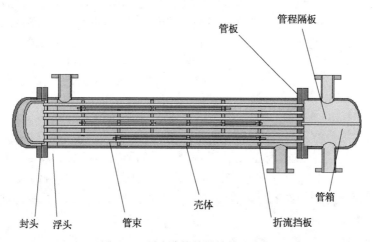

图 3-7 浮头式换热器结构示意图

管束由许多根管子组成，以一定的方式固定在管板上。管子一般采用 10# 碳钢或不锈钢无缝钢管，常用的排列方式是正方形斜转 45° 或正三角形。

管箱置于管束之前，管程流体先进入管箱，再到管束中去。管箱的作用是分配流体及配置管程数。管程数是指管程流体从管束一端流至另一端，往返流动的次数。流动次数为 1 次的叫单管程，2 次的叫双管程，依此类推，有四管程、六管程、八管程等。管箱内的隔板起配置管程数的作用。管程数越多，管内流体的流速越大，对流传热系数也越大，但是流动阻力也越大，冷热流的平均温差降低。因此，最常用的是二管程、四管程和六管程。

为了提高壳程流体的流速和减少流动死角，在壳体内一般安装有若干折流板（个数不等）。折流板有多种型式，常用的是弓形（圆缺式）折流板。在对着壳程入口的管束上安装有防冲板，防止流体进入时冲刷管束。

管板的作用是固定和分配管束中的换热管，管束一端的管板通常固定在管箱(或壳体)上，而根据所采取的温差补偿措施不同，另一端与壳体的连接方式有三种。因此，管壳式换热器的型式也分为三种。

(1) 固定管板式换热器。

换热器两端的管板与壳体固定连接，管束与壳体不能相对运动。这种换热器的结构简单，制造成本低。但当管内与壳体温度相差较大时，由于膨胀程度不同，会产生较大的热应力；因此，壳程无法进行机械清洗，因此一般适用于壳体和管束温差小，壳程物料比较清洁、不易结垢的情况。

当壳体和管内温差较大(大于50℃)时，需考虑壳体和管程热膨胀所产生应力的影响，如果壳体承受压力不太高，此时仍可采用固定管板式换热器，但必须在壳体上加装热补偿结构以消除过大的热应力。图3-8显示了壳体上有补偿圈(或称膨胀节)的固定管板式换热器。

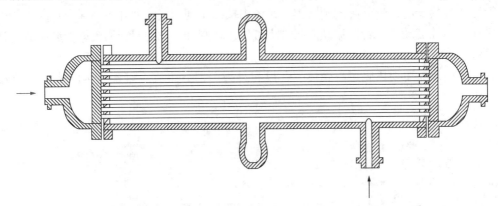

图3-8　具有补偿圈的固定管板式换热器结构示意图

(2) 浮头式换热器。

换热器两端的管板有一端(称活动管板)不与壳体相连，可以沿管长方向在壳体内自由伸缩(此端称为浮头)，检修时管束还可以拉出来清洗(图3-7)。这种型式的换热器适用于壳体与管束间温差比较大，管子内外需要经常清洗的场合。浮头式换热器的缺点是结构比较复杂，金属耗量多，制造成本高。

(3) U形管式换热器。

图3-9为U形管式换热器结构示意图。从图中可以看出，换热器只有一块管板，每根管子都弯成U形，管子的两端分别安装在管板的两侧，并用隔板将封头隔成两室。管束利用本身的U形弯头来解决热胀冷缩问题。U形管式换热器的缺点是管内清洗比较困难。该换热器适用于温差大、管内流体清洁的场合。

以上三种管壳式换热器，尤以浮头式换热器使用最为广泛，因为其具有对换热介质的流量、温度适应性强，又不受冷热介质温差限制的特点。固定管板式换热器和U形管式换热器使用较少。

2) 空气冷却器

空气冷却器利用空气作为冷却剂来冷却热量利用价值低的低温物流。它的优点是大量节约用水，干净不结垢，操作费用和基建费用低，在水源不足或水质不好的地区使用更为有

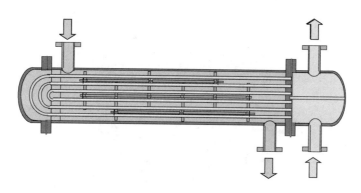

图 3-9　U 形管式换热器结构示意图

利。此外，使用空气冷却器可减少对环境的污染。

空气冷却器的结构如图 3-10 所示，其主要由翅片管束、管箱、构架、风机和百叶窗（只在特定地区使用）等部分组成。热流在翅片管束内流动，风机将空气送经管束外，与管内流体换热。百叶窗置于管之上，开度可调节，用以调节风量和遮挡阳光等。

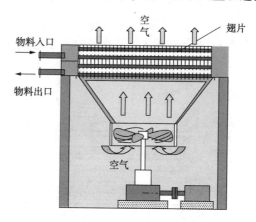

图 3-10　空气冷却器结构示意图

3）套管式换热器

套管式换热器的结构如图 3-11 所示。将两种直径大小不同的直管装成同心套管，并可用 U 形肘管把管段串联起来，冷热流体分别在内管、外管中流过，通过内管壁的表面进行热量交换。这种换热器的构造比较简单，加工方便，可根据实际需要确定排数和程数。适当选择内管和外管直径，可使两种流体都达到较高的流速，从而提高传热系数，而且两股流体始终以逆流方向流动，平均温差较大。其缺点是接头多而易漏，单位传热面消耗的金属量大。因此，套管式换热器适用于流量不大、所需传热面积不大的场合。

4）浸渍式（或水箱式）换热器

浸渍式换热器多以金属管子绕成各种不同的形状沉浸在容器中的液体内。其优点是在停水后仍可操作一段时间，清扫方便，结构简单，耐压高，便于防腐。不足是金属耗量大，管外流体传热系数较小，传热面积有限。因此，该换热器只用在个别流量较小、油品冷却的场合。

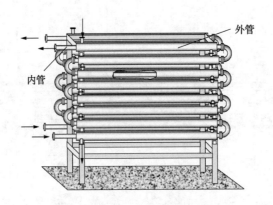

图 3-11　套管式换热器结构示意图

5）喷淋式换热器

喷淋式换热器通常用于冷却或冷凝管内的流体，其结构如图 3-12 所示。被冷却的流体在管内流动，冷却水由管上方的水槽经分布装置均匀淋下，管子之间装有齿形檐板，使自上流下的冷却水不断重新分布，再沿横管周围逐管下降，最后落入水池中。喷淋式换热器除了具有浸渍式换热器的结构简单、造价便宜、可用各种材料制造等优点外，其比浸渍式换热器更便于检修和清洗，传热系数也较大。喷淋式换热器的缺点是耗水量较大，喷淋不易均匀，同时其只能安装在室外，需要定期清除管外积垢。

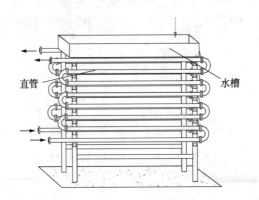

图 3-12　喷淋式换热器结构示意图

2. 换热器的主要工艺指标

衡量换热器性能的工艺指标主要有热负荷、传热系数、平均温差等。

1）热负荷

换热器每小时传递的热量称为换热器的热负荷，单位是 kJ/h。换热器的热负荷等于热流体放出的热量，也等于冷流体得到的热量加上散热损失（一般占总热负荷的 3%～7%）。对于一定结构尺寸的换热器，提高热负荷可减少所用换热器的台数。

2）传热系数

传热系数是衡量两种流体在换热器内传热速度的指标，综合反映了传热设备性能、流动状况和流体物性对传热的影响，其定义式为

$$K = \frac{Q}{A \cdot \Delta t} \tag{3-1}$$

式中　Q——换热器的热负荷，kJ/h；

　　　A——换热器的传热面积，m^2；

　　　Δt——换热器的平均温差，℃；

　　　K——换热器的传热系数，kJ/（$m^2 \cdot h \cdot$ ℃）。

由此可以看出，在相同的传热温差条件下，完成相同的换热任务，传热系数越大，所需传热面积越小。

影响传热系数的因素较多，包括换热器的结构、流体的种类和流速、结垢速度、过程中有无相变等。

对一定结构的任何换热器，提高传热系数的途径主要是合理地安排管程和壳程的流体，提高流速和减少结垢。为了提高流速，可增加管程数，缩短折流板间距，采用双壳程，增加流体扰动等。但流速的提高必然增加流动阻力，消耗较多的动力。通过换热器的流体，液体流速一般为 0.5~3m/s（管程）和 0.2~1.5m/s（壳程），气体流速为 5~30m/s（管程）和 3~15m/s（壳程）。

为了减少换热器结垢，要加强油品的脱盐脱水，改善水质，同时还可以加入抗结垢剂等。

3）平均温差

两种流体之所以能进行热交换是因为存在温差，温差是传热的推动力。温差越大，传热越快，传递相同的热量所需的换热面积越小；反之，温差越小，所需换热面积越大。由于冷热流体的温度在换热中不断变化，因此其温差是指平均值，计算中使用最多的是对数平均温差。

四、传质设备

传质设备用于精馏、吸收、解吸、抽提等过程，在这些过程中，物料在相间发生了质量传递。传质设备的主要作用是为物料间的传质提供充分的相接触面积，以增加传质速率，常用的传质设备有各种塔器，如精馏塔、吸收塔、解吸塔和抽提塔等。

各种塔器的主要组成部分是塔体和塔板或填料。塔板或填料的主要作用是提供气—液或液—液进行质量交换和（或）热量交换的相接触面积。不同的传质设备所采用的塔板或填料形式也有所区别。

在此仅着重介绍原油常减压蒸馏装置中的蒸馏塔，其他如吸收塔、解吸塔和抽提塔等将在后面有关章节中做简单介绍。

1. 塔和塔板的结构及作用

塔是直立的圆筒体，其高度为直径的十几倍甚至 20 多倍。典型常压蒸馏塔的结构如图 3-13 所示。

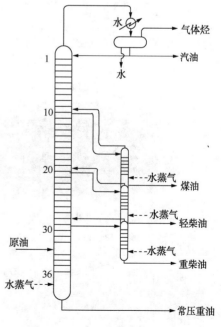

图 3-13　常压蒸馏塔结构示意图

塔板和填料是塔的主要构件,对蒸馏效果和塔的操作影响很大。在石油蒸馏中应用较多的塔板有浮阀塔板、舌形塔板、筛孔塔板和泡帽塔板等多种型式。

1) 浮阀塔板

浮阀塔板是在塔板上开许多孔,每一个孔上装有一个可根据气体流量调节开度的阀片。进行蒸馏时,液体从上一层塔板的降液管流下,水平流过塔板,再从此块塔板的降液管流到下层塔板去,塔板出口处安装有堰板以使塔板上保持一定的液层高度。气体通过阀孔将阀片向上顶起,沿水平方向喷出,穿过液层,气液两相在塔板上形成泡沫状态进行传质。

浮阀塔板的阀片开度可随气量(或气速)变化,当气量小时,阀片在重力作用下下降或关闭,减少了泄漏;当气量大时,阀片被高速流过的气体顶起,开度增大,使气速不致过高,减少塔板压降。因此,浮阀塔板具有效率高、操作弹性大的优点,在炼化企业应用非常广泛。

浮阀塔板的优越性使其得到了快速发展和广泛应用,目前工业上开发的浮阀种类繁多。图3-14显示了几种常见的浮阀。

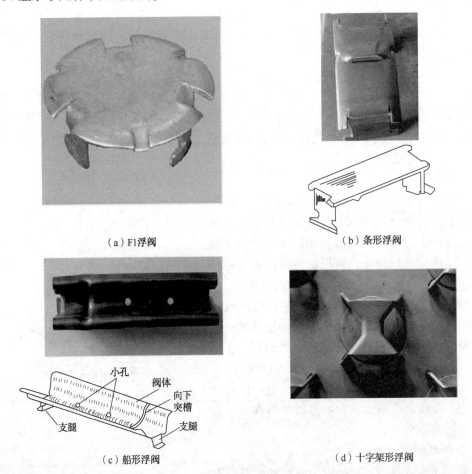

（a）F1浮阀   （b）条形浮阀

（c）船形浮阀   （d）十字架形浮阀

图3-14　常见浮阀示意图

2）舌形塔板

舌形塔板是一种喷射型塔板，塔板的舌孔一般开 20°左右的张角。工作时，气体以接近于水平方向由舌孔喷出，产生的液滴几乎不具有向上的初速度，因此雾沫夹带量较少。舌形塔板的优点是塔板压降较小，塔的生产能力较大；不足是塔板漏液较严重，操作弹性小，液体在板上的停留时间太短、液层太薄，板效率低。

舌形塔板又分为浮舌塔板和固舌塔板两种。浮舌塔板的舌片可以浮动，以调节阀孔开度，因此操作弹性较高。固舌塔板的舌片和开度是固定的，阀孔开度不可调，操作弹性较小，但特别适合于液体物料含有较多固体粉尘的情况。例如，催化裂化和延迟焦化分馏塔底部塔板上的液体中含有较多催化剂或焦粉，采用固舌塔板时不易造成阀孔堵塞或阀片粘连。

图 3-15 为舌形塔板示意图。

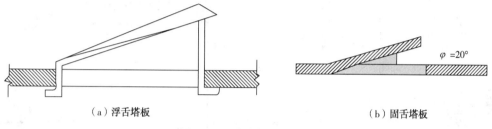

（a）浮舌塔板　　　　　　　　　　（b）固舌塔板

图 3-15　舌形塔板示意图

3）筛孔塔板

筛孔塔板是出现最早，也是最简单的一种塔板。筛孔塔板的造价几乎是塔板中最低的一种，结构简单，操作容易，压降低，通量大，安装检修容易。其不足是容易泄漏，操作弹性小。但随着对筛孔塔板研究的深入，其设计方法逐渐成熟，筛孔塔板已具有足够的操作弹性，尤其是新开发的一系列改良型的筛孔塔板，如导向筛板、锥形筛板等，目前已经成为一种广泛应用的塔板型式。图 3-16 为筛孔塔板示意图。

图 3-16　筛孔塔板示意图

4）泡帽塔板

泡帽塔板是最早的塔板型式之一。泡帽塔板在塔板上开有许多小孔，每孔焊上一根圆形短管，称为升气管；升气管上方再罩一个帽子，称为泡帽。泡帽下沿有一圈矩形或齿形开口，称为气缝（图3-17）。工作时，气体从升气管上升，向下通过管与帽的环形空间，从气缝中喷散出去。气体鼓泡通过液层，形成激烈的搅拌，进行传质传热（图3-18）。

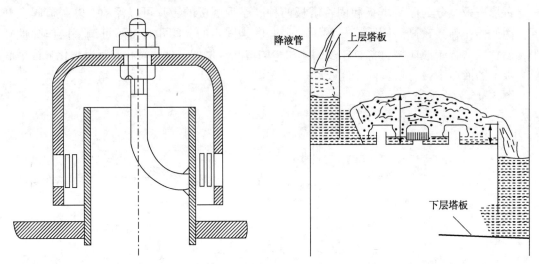

图3-17　泡帽示意图　　　　　　　图3-18　泡帽塔板示意图

由于升气管的存在，泡帽塔板即使在气体负荷很低的情况下也不会发生严重泄漏，具有很大的操作弹性。但由于其结构复杂，制造成本高，且由于气体通道曲折多变，塔板压降大、液泛气速低，目前应用已较少。

以上各种塔板中，泡帽塔板的效率较高，操作弹性大，操作稳定；但由于其结构比较复杂、制造成本高、塔板压降大等，已逐渐被其他型式的塔板所取代。浮阀塔板是目前原油常压蒸馏塔中常用的一种塔板。固舌塔板主要用于催化裂化和焦化分馏塔的底部塔板上。这些塔板各有优点和缺点（表3-9）。

表3-9　塔板的性能比较情况

项目	圆泡帽	伞形泡帽	浮阀	条形浮阀	船形浮阀	网孔	浮动舌形
分离效率[①]	良好	良好	良好	良好	良好	较好	良好
操作弹性	良好	良好	良好	良好	良好	尚可	良好
低气相负荷	良好	较好	良好	良好	良好	尚可	较好
低液相负荷	良好	较好	良好	良好	良好	尚可	尚可
塔板压降	大	较大	较大	较大	较大	小	较小
设备结构	复杂	较复杂	简单	简单	简单	较简单	较简单
制造费用	大	较大	较小	较小	小	较小	较小
安装维修	复杂	较复杂	尚可	较简单	较简单	简单	较简单

①在泛点80%附近操作时。

5）填料

填料塔也是一种应用广泛的气液传质设备。填料作为塔内件，由于其结构简单、压降低、易用耐腐蚀材料制造、用于传质传热表现出良好的性能等优点而得到了广泛的应用。例如，常减压蒸馏过程中的减压塔多采用填料塔。

炼化企业所用填料塔的填料包括散装填料和规整填料两大类。散装填料如拉西环、金属矩鞍环(英特洛克斯)、阶梯环(格里奇)等；规整填料如格栅型、金属孔板波纹型等。图3-19中显示了常见填料。

（a）拉西环

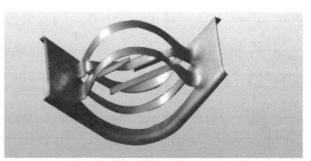
（b）金属矩鞍环（英特洛克斯）

（c）阶梯环（格里奇）

（d）格栅填料

（e）孔板波纹填料

图3-19　常见填料图

矩鞍环兼有环形和鞍形的优点，接触面积大，气液分布好，可采用较小的液体喷淋密度，因此矩鞍环型填料是目前炼化企业应用最广泛的填料。格栅填料是高空隙率填料，特别适用于负荷大、压降小、介质较重、有固体颗粒的场合。金属孔板波纹填料具有阻力小、气液分布均匀、效率高、通量大、操作弹性大、滞液量少、几乎没有放大效应等优点，适用于蒸馏、吸收等过程。几种金属填料的性能见表3-10。

表 3-10　几种金属填料性能

项目	矩鞍环填料	阶梯环填料	格栅填料
规格, mm×mm×mm	腰径×高×壁厚	外径×高×壁厚	宽×高×板厚
	50×40×1	50×25×1	67×60×2
比表面积 α, m^2/m^3	74.9	109.2	44.7
空隙率 ε, m^3/m^3	0.96	0.95	0.96
堆积密度, kg/m^3	291	400	318
干填料因子 α/ε^3, m^{-1}	84.7	127.4	50.7
等板高度, mm	560~740	350~800	—
最小喷淋密度, $m^3/(m^3 \cdot h)$	1.2	1.2	1.2
相对压力降	130	210	100

由于具有良好的性能,填料在燃料型减压蒸馏塔中已得到广泛的应用;在润滑油型减压蒸馏塔中可与塔板同时使用。

要发挥好填料的作用,以保证气相和液相间充分的传热与传质,一是要保证填料上有一定的液体喷淋密度;二是要保证液体在填料中均匀分配。因此,填料塔的内部构件,尤其是液体分布器和再分布器,对传质也具有重要影响。常采用的液体分布器有旋芯式、筛孔盘式、排管式和槽式等。除此之外,填料塔内还有填料支承板、除沫器等部件。

2. 蒸馏塔的工艺指标

为了达到产品质量要求,需要合理地控制蒸馏塔(或精馏塔、分馏塔)的工艺指标。蒸馏塔的主要工艺指标有分馏精确度,气、液相负荷分布,操作弹性等。

1) 分馏精确度(或分离精确度)

与二元和多元精馏塔不同,石油精馏塔通常用相邻两个馏分的馏程或蒸馏(一般为恩式蒸馏)曲线的相互关系来表示分馏精确度。如果较重馏分的初馏点(或5%点)高于较轻馏分的终馏点(或95%点),则称这两个馏分之间有间隙(或脱空);反之,如果较重馏分的初馏点(或5%点)低于较轻馏分的终馏点(或95%点),则称这两个馏分之间有重叠。间隙越大或重叠越小,表明精馏塔的分离效果好,分馏精确度高;相反,重叠越大,表明分馏精确度越差。精馏塔的分馏精确度与分离体系中组分之间分离的难易程度、回流比和塔板数等有关。在体系一定的情况下,回流比越大,塔板数越多,则分馏精确度越高。

2) 汽、液相负荷分布

汽、液相负荷表示塔的处理能力。汽、液相负荷越高,表示塔的处理能力越大。汽、液相负荷是确定塔径和塔板结构尺寸的关键。

与基于恒摩尔流假定的二元和多元精馏塔不同,石油精馏塔处理的物料非常复杂,各组分间的性质差别很大,因此其气、液相负荷沿塔高会有明显的变化,塔内的气、液相负荷分布规律对塔的操作及产品性质有明显影响。

3) 操作弹性

塔板在一定的精馏效率下能适应处理量变化的范围称为塔板操作弹性。塔板操作弹性大,在生产中的灵活性会更大,适应塔的处理量变化范围越大。

3. 塔板结构对操作过程的影响

影响塔板的分离效果、处理能力和操作弹性的因素较多，其中塔板结构是重要的影响因素之一。

在蒸馏过程中，当从上层塔板降液管流下来的液体流经塔板时，必然会在塔板上形成一个坡度，称为液面落差，即液层在入口处厚，在出口处薄。由于液层薄的地方阻力小，从那里通过的气体就比液层厚的地方多。直径越大的塔，液面落差越大，导致气体分布很不均匀，因而会大大降低分离效率。

为了减少液面落差，对于直径较大的塔，采取把液体分成两路或若干路流过塔板的方式，以缩短液体流过塔板的距离，称为双溢流或多溢流塔板，而常规液体按一路流动的方式叫单溢流。一般直径在 2.2~2.4m 以下的塔可采用单溢流；直径在 2.4m 以上的塔采用双溢流或多溢流。

对于某一固定的塔，随着处理量的增大，塔内油气流速提高。当油气速度增大到一定程度后，上升的气体会把塔板上的部分液滴带到上层塔板，这种现象称为雾沫夹带。雾沫夹带还会将不易挥发的杂质带到上层塔板甚至塔顶，造成产品污染。为了防止过量雾沫夹带，塔板之间要保持一定的距离，称为板间距。石油蒸馏塔板间距一般在 450~900mm。

对于没有升气管的塔板，如浮阀塔、舌型塔等，当油气流量（或流速）很低时，液体会从气体上升的通道漏到下层塔板，这种现象称为泄漏。泄漏也会导致不同塔板上的物料的混合，降低分离效率。

因此，对一定的蒸馏塔而言，每种塔板只是在一定范围的处理量下才具有较高的精馏效果，处理量过大，塔内气速大，会出现雾沫夹带现象；处理量过小，塔内气速低，又会出现泄漏。同样，塔内的液相负荷过大或过小也会引起不良现象。这些现象都会使塔板效率下降，对精馏都是不利的。

在石油炼制工业中，各种塔器占有重要地位，除完成各种工艺过程中分离混合物所必不可少的设备以外，其投资占工艺设备总投资的 20%~25%，钢材消耗量的 20%~30%。

五、反应设备

反应设备为炼油工艺中进行的各类化学反应提供场所。工艺装置不同，采用的反应器结构和类型也有很大差别。例如，催化裂化采用提升管反应器，催化加氢采用固定床、沸腾床或悬浮床反应器，烷基化采用阶梯式反应器等。各工艺装置的反应器将在后续有关章节中介绍。

六、容器

容器主要适用于储存各种油品、石油气或其他物料，其中储油罐的用量最大。炼油装置中的容器（罐）有些是用于气和液、油和水的分离以及用作某些物流的缓冲罐。根据物料量和用途不同，容器的大小可以从小于 1 立方米到几万立方米甚至十几万立方米。由于炼油工艺过程的复杂性，炼化企业容器的使用条件相差巨大。例如，有些容器需耐高温高压，还有些容器在真空下或极低的温度下操作。

以上各种设备中，一般将用于进行传热传质、反应和分离过程的设备称为工艺设备，如加热炉、塔、换热器等；在不同炼油化工生产过程中都普遍存在的设备称为通用设备，如用于流体输送的泵、压缩机等。

第二篇
石油产品生产过程

石油是由各种烃类和非烃类组成的复杂混合物，天然石油并不能直接利用，要把石油分离成各种单体化合物也是不可能的。石油炼制过程通常是先将原油按照沸点不同切割成不同沸点范围的石油馏分，然后再根据产品质量要求，经过进一步加工，除去馏分中的非理想组分或将非理想组分转化成所需的组分，从而获得合格的石油产品。

石油在进入炼化企业加工之前，首先进行预处理，以满足后续加工过程对原料组成的要求。预处理后的原油进入原油蒸馏装置，根据加工方案将其分馏成汽油馏分、煤柴油馏分、减压蜡油馏分和减压渣油，此即原油的一次加工。原油的一次加工是一个物理过程，所得轻质油品的数量有限，远远满足不了社会经济发展的需求；同时，一次加工所得油品的质量也远远达不到石油产品的质量要求。因此，一次加工所得的石油馏分还要进行二次加工。

根据在炼化企业中的地位和作用不同，油品的二次加工工艺可以分为提高轻质油品产量和提高油品质量两大类。提高轻质油品产量主要是将重质油转化成轻质油品，将大分子分解为小分子，从低氢碳原子比组成的原料转化成高氢碳原子比组成的馏分油，从而提高轻质油品产率，满足国民经济对轻质油品数量的需求，此类过程主要包括催化裂化、焦化和加氢裂化等工艺；提高油品质量主要是将油品中的非理想组分通过化学反应进行脱除或转化成理想组分，或者合成某些高性能的轻质油品调和组分，从而改善油品的组成和质量，此类工艺主要包括各种加氢、催化重整、异构化、烷基化、醚化等工艺。

二次加工工艺都是伴随有化学反应的工艺，而且绝大多数工艺过程的化学反应都是在有催化剂存在的条件下进行的，工艺过程复杂，影响因素众多，是目前炼化企业生产油品的主要工艺。

炼化企业很难从某一个加工工艺中直接得到完全满足产品质量标准的石油产品，大多数油品都是由不同工艺生产所得的馏分调和而成的调和油品，油品的调和是炼化企业生产油品的最后一道工序。除此以外，在油品的生产过程中，为了满足或提高油品某些方面的性能，还会在油品中广泛添加各类添加剂。

第四章　原油蒸馏

石油中各种化合物的性质不同，对石油产品的性能影响也不同。而对石油产品有着严格的性质要求，每一种石油产品都有其特定的馏程范围和组成要求。石油加工的基本过程，就是首先将原油切割为不同沸程的馏分，再根据石油产品的使用性能要求，除去馏分中的非理想组分，或者将某些需求量较少的馏分转化成其他需求量较大的馏分，进而获得满足产品质量要求和社会需求量的各种石油产品。因此，石油加工首先要解决将原油切割成各种馏分的过程。

原油蒸馏(又称为常减压蒸馏)是原油加工的第一道工序，通过蒸馏可将原油切割成汽油、煤油、柴油和润滑油等各种油品或后续加工过程的原料。因此，原油蒸馏装置在炼化企业中占有重要的地位，被称为炼化企业的"龙头"。

除此以外，蒸馏也是炼化企业中其他二次加工装置的重要组成部分，广泛用于各种加工过程的原料提纯、中间产物和最终产物的分离等。因此，蒸馏是炼化企业中一种最基本的分离方法，对全厂或某一装置的处理量、产品收率和物料平衡、能耗及经济效益等都有直接影响。

由于原油中含有水分、盐类和泥沙等杂质，在蒸馏前需要对原油进行预处理。

第一节　原油脱盐脱水

从地下开采出来的原油含有数量不等的水分、盐类和泥沙等，一般在油田经过初步脱除后外输至炼油厂。但由于油田现场脱盐、脱水不彻底，因此，原油在进行蒸馏前，还需要进一步脱盐、脱水，以达到炼化装置对原料含盐含水的要求。表4-1中列出了中国几种主要原油进厂时的含盐含水情况。

表4-1　中国几种主要原油进厂时含盐含水情况

原油种类	含盐量, mg/L	含水量(质量分数),%
大庆原油	3~13	0.15~1.0
胜利原油	33~45	0.1~0.8
中原原油	≤200	≤1.0
华北原油	3~18	0.08~0.2
辽河原油	6~26	0.3~1.0
新疆原油(外输)	33~49	0.3~1.8

一、原油含盐含水的影响

在油田经过脱水后的原油，仍然含有一定量的盐和水。所含盐类，除一小部分以结晶状态悬浮于油中，绝大部分溶解于以微滴状态分散在油中的水里面，并形成较稳定的油包水型乳状液。

原油含水和盐，除给运输、贮存增加负担外，也给加工过程带来不利的影响。由于水的汽化潜热很大，原油含水会增加燃料的消耗和蒸馏塔顶冷凝冷却设备的负荷。例如，一套加工能力为 $250 \times 10^4 t/a$ 的常减压蒸馏装置，原油含水量每增加1%，蒸馏过程的能耗就会增加约 $7 \times 10^6 kJ/h$。其次，由于水的分子量比油品的平均分子量小很多，原油中少量水分汽化后，会使塔内气相负荷急剧增加，导致蒸馏过程波动，系统压力降增大，动力消耗增加，影响正常操作，严重时会引起蒸馏塔超压或出现冲塔事故。

原油中所含的无机盐主要有氯化钠、氯化钙、氯化镁等，其中以氯化钠的含量最多，占75%左右。这些物质受热后易水解，生成盐酸，腐蚀设备；其次，在换热器和加热炉中，随着水分的蒸发，盐类沉积在管壁上形成盐垢，降低传热效率，增大流动阻力，严重时甚至会烧穿炉管或堵塞管路；再次，由于原油中的盐类大多集中在重馏分油和渣油中，因此，盐类还会影响重油的二次加工过程及其产品质量，引起二次加工过程催化剂的中毒失活。

由于上述原因，为了实现炼油装置安全、稳定和长周期运转，原油进行加工前必须先脱盐脱水，使含盐量降到3mg/L以下，含水量降到 $0.1\% \sim 0.2\%$。

二、原油脱盐脱水概论

原油中的盐大部分溶于水中，因此脱水的同时盐也会被脱除。常用的脱盐脱水过程是向原油中注入部分新鲜水，以溶解原油中的结晶盐，然后在一定的温度、压力和破乳剂的作用下，使微小的水滴聚集成较大水滴，因密度差别并借助于高压电场而使水滴从油中沉降、分离出来，达到脱盐脱水的目的。这一过程称为电化学脱盐脱水，简称电脱盐。

1. 原油脱盐脱水的基本原理

因为原油中含有环烷酸、胶质和沥青质等天然"乳化剂"，原油中的油和水是以油包水型乳状液的形式存在的；而且，随着三次采油技术的广泛应用，大量助采剂也会进入原油中起到表面活性物质的作用。在油中，这些物质向水界面移动，分散在水滴的表面，引起油相表面张力降低，使水滴稳定地分散在油中，从而阻止了水滴的聚集。因此，脱水的关键是破坏乳化剂的作用，使油水不能形成稳定的乳状液，细小的水滴可以相互聚集成大的水滴，进而沉降，最终达到油水分离的目的。

破乳的方法是加入适当的破乳剂。破乳剂本身也是表面活性物质，但是它的性质与乳化剂相反，是水包油型的表面活性剂。破乳剂的破乳作用是在油水界面进行的，它能迅速浓集于界面，并与乳化剂竞争，最终占据界面的位置，使原来比较稳定的乳状液被破坏，小水滴也就比较容易聚集，进而沉降分离出来。工业上所用破乳剂的种类很多，包括离子型和非离子型两大类，近年来所用破乳剂大都是一些大分子的表面活性剂，加入量为 $10 \sim 20\mu g/g$。不同原油所适用的破乳剂及其加入量是不同的，需要通过试验进行选择。

由于水在原油中以极细小的水滴形式存在，即使加入破乳剂，单靠重力沉降，往往需要较长的时间才能把水脱除，且脱水效果不理想，因此现代炼油厂还借助于高压电场的作用，使油中水滴的两端带上不同极性的电荷，产生诱导偶极。由于水滴两端受到方向相反、大小相等的两个吸引力的作用，水滴被拉长成椭圆形［图4-1(a)］。带有正负电荷的多个水滴在做定向位移时，因相互碰撞而合并成大水滴，同时多个水滴在电场中定向排列成行［图4-1(b)］。两个相邻水滴间因相邻端电荷极性相反，具有相互吸引作用而产生偶极聚结力，使小水滴聚结成较大水滴，然后依靠重力沉降，达到加速破乳、脱盐脱水的目的，此即电脱盐脱水。

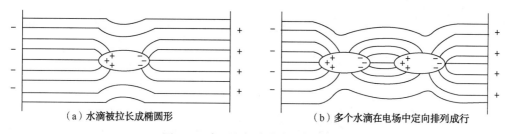

（a）水滴被拉长成椭圆形 　　　　　（b）多个水滴在电场中定向排列成行

图 4-1　高压电场中水滴的偶极聚结

2. 电脱盐的工艺流程

图 4-2 是原油二级电脱盐原理流程图。原油通过原料油泵从油罐抽出，与破乳剂按比例混合，经换热器与装置中的热物流换热达到一定的温度，注入去离子水，再经过一个混合阀（或混合器）将原油、破乳剂和水充分混合后，送入一级电脱盐罐进行第一次脱盐、脱水。电脱盐罐内，在破乳剂和高压电场（强电场梯度为 500～1000V/cm，弱电场梯度为 150～300V/cm）的共同作用下，乳状液被破坏，小水滴聚结成大水滴，通过沉降分离，罐底排出污水（主要是水及溶解在其中的盐，还有少量的油）。一级电脱盐的脱盐率约为 90%。一级电脱盐罐顶原油再与破乳剂及去离子水混合后送入二级电脱盐罐进行第二次脱盐、脱水。通常二级电脱盐罐排出的水含盐量不高，可将它回注到一级混合阀前，这样既节省了去离子水，又减少了含盐污水的排出量。

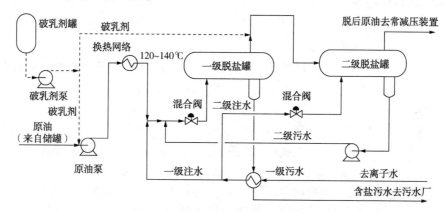

图 4-2　原油二级电脱盐原理流程图

原油进入一级脱盐罐和二级脱盐罐前均需注去离子水，目的是溶解原油中的结晶盐类和增大原油中的含水量，以增加水滴的偶极聚结力。注水量通常一级为原油质量的 5%～6%，二级为 2%～3%。

电脱盐罐的温度高，对破乳和水滴沉降有利，但温度过高则耗能多，且会导致油品和水分汽化。应根据原油性质确定最佳操作温度，一般为 120～140℃。为防止原油汽化影响脱盐效果，通常规定操作压力比操作温度下的原油饱和蒸气压略高（1.5～2.0）×10^5 Pa。

原油经过二级电脱盐，其含盐量和含水量一般都能达到规定指标，即可送往后续的蒸馏装置。

3. 电脱盐的主要设备

原油电脱盐的主要设备是电脱盐罐，此外还有变压器、混合设施等。

（1）电脱盐罐。

电脱盐罐有卧式、立式和球形等几种型式，国内外炼油厂一般都采用卧式罐，其结构如图 4-3 所示。

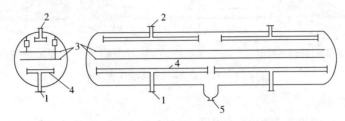

图 4-3　卧式电脱盐罐结构示意图
1—原油入口；2—原油出口；3—电极板；4—原油分配器；5—含盐废水出口

卧式电脱盐罐主要由外壳、电极板、原油分配器及界面控制系统等组成。罐体尺寸大小主要取决于原油在强电场中的上升速度和原油的处理量。原油上升速度一般取经验值 10～15cm/min。卧式电脱盐罐的直径 D 可由式(4-1)确定：

$$D = \frac{G}{60lW_s} \tag{4-1}$$

式中　D——电脱盐罐直径，m；

　　　G——原油处理量，m^3/h；

　　　l——电极板长度，m；

　　　W_s——原油上升速度，m/min。

目前，电脱盐罐的规格尺寸已经系列化，由式(4-1)计算所得结果圆整为标准化的尺寸即可。大直径的电脱盐罐对干扰的敏感性小，操作较稳定，有利于脱盐脱水。例如，高速电脱盐罐体的尺寸已达到 $\phi5.0m \times 38m$，单系列处理原油能力可达 15Mt/a。

电脱盐罐内的高压电场由电极板提供。电极板一般是格栅状的，有水平和垂直两类结构，一般多采用水平结构。水平电极板可由两层、三层或多层极板组成，在两层电极板之间形成一个强电场区，这是脱盐脱水的关键区。电极板的层数在很大程度上决定了强电场的体积，减少电极板层数将减少原油在强电场中的停留时间，降低单位电耗。下层电极板与其下水面之间又形成一个弱电场区，促使下沉水滴进一步聚结，加速沉降分离，提高脱盐脱水效率。

原油分配器的作用是使原油从罐底进入后能均匀地垂直向上流动，从而提高脱盐脱水效果。分配器的类型有两种，一种是带小孔的分配管，另一种是低速倒槽型分配器。

油水界面的控制是电脱盐操作好坏的关键因素之一。一般采用防爆内浮筒界面控制器，利用油与水的密度差和界面变化，通过界面变送器产生电信号，调节排水阀进行油水界面控制。油水界面控制稳定，才能保证电场强度稳定，保证脱盐脱水效果，同时保证了脱盐水在罐内的停留时间，保证排放水中含油量符合规定要求。

（2）变压器。

变压器是电脱盐设施中最关键的设备，与电脱盐装置的正常操作和保证脱盐效果有直接关系。根据电脱盐的特点，采用防爆高阻抗变压器，可实现电脱盐罐的限流式供电。例如，国产防爆充油型 100%电抗变压器具有耗电少、操作灵活、安全可靠的特点，在国内使用较普遍。

（3）混合设备。

原油、水和破乳剂在进脱盐罐前需借助混合设施充分混合，使水和破乳剂在原油中尽量分散得细且均匀，脱盐率才高。但水分散过细，会促使形成稳定的乳状液，脱盐率反而下降，增加能耗，因此混合强度要适度。目前，多采用可调压差混合阀与静态混合器串联使用，效果较好。

第二节　原油常减压蒸馏

中国主要油田的原油中汽油、煤油、柴油等轻质油品的含量一般为 20%～30%，国外某些原油的轻组分含量虽然略多，但一般也不会超过 50%。为了蒸出更多的馏分油作为二次加工的原料，原油的常压蒸馏和减压蒸馏通常是共同进行的，一起构成常减压蒸馏。

一、原油蒸馏的基本原理及特点

1. 蒸馏与精馏

将液体混合物加热使之部分汽化，则气相中轻组分的浓度大于液相中轻组分浓度，然后再将蒸气冷凝和冷却，使原液体混合物达到一定程度的分离，这个过程称为蒸馏。蒸馏的依据是混合物中各组分的沸点（挥发度）不同。

蒸馏有多种形式，可归纳为闪蒸（平衡汽化或一次汽化）、简单蒸馏（渐次汽化）和精馏三种。其中，简单蒸馏常用于实验室或小型工业装置上，如恩氏蒸馏；闪蒸和精馏是工业上常用的两种蒸馏方式，前者如闪蒸塔、蒸发塔或精馏塔的汽化段等，后者如精馏塔（蒸馏塔）。

精馏是工业上最常用的一种连续大批量分离液相混合物的有效方法，是在多次部分汽化和部分冷凝过程的基础上发展起来的一种蒸馏方式，炼油厂中大部分的石油精馏塔，如原油蒸馏塔、催化裂化和焦化产品的分馏塔、催化重整原料的预分馏塔以及一些工艺过程中的溶剂回收塔等，都是通过精馏这种蒸馏方式进行操作的。

2. 常压蒸馏塔及其特点

原油的常压蒸馏，即原油在常压（或稍高于常压）下蒸馏以切割出小于 350℃ 馏分的过程，所用的设备称为原油常压蒸馏塔（简称常压塔）。由于常压塔的原料和产品不同于一般精馏塔，因此它具有以下工艺特点（其他石油蒸馏塔也常常具有相似的工艺特点）：

（1）常压塔的原料和产品都是组成复杂的混合物。

常压塔的原料及产物（汽油、煤油、柴油和常压重油）都是复杂的混合物，不能像二元或多元精馏塔一样得到较纯的化合物。因此，不能采用单组分含量来表示进料组成和控制产品质量，而是借助于一些物理性质进行控制，如控制汽油的干点不高于 205℃，柴油的 95% 馏出温度不高于 365℃ 等，因此对各产品的分馏精确度要求不是很高，即不要求把原油这一复杂的混合物精确分开，但产品都满足一定的质量指标。

（2）常压塔是一个复合塔并设有汽提段（塔）。

一般的精馏塔，通常只能得到塔顶和塔底两个产品。汽化段（即进料段）以上为精馏段，塔顶产品冷凝冷却后部分作为塔顶产品，部分返回塔顶作为液相回流；进料段以下为提馏段，塔底物料部分作为塔底产品，部分经再沸器加热汽化后返回塔底作为气相回流。因此，

要将原料分离成 n 个产品，必须有 $(n-1)$ 个精馏塔。石油蒸馏塔的处理量一般都比较大，而产品之间的分馏精确度要求不是很高，两种产品间分离所需要的塔板数并不多。如果按照常规方式安排，则需要多个矮而粗的精馏塔，这种方案的投资、占地面积、能耗都很高，在大规模生产中尤为突出。因此，石油蒸馏过程中常将几个简单精馏塔的精馏段重叠起来组成一个塔的精馏段，通过在塔的旁边开若干侧线的方式以得到多个产品，这种塔称为复合塔或复杂塔。

原油常压塔的汽化段以上也是精馏段，塔顶汽油馏分经冷凝冷却后，一部分返回塔顶作为液相回流。从汽化段上升的气相与向下流动的液相回流，在精馏段各层塔板或填料上多次接触，进行传质、传热，通过多次的部分汽化和部分冷凝，最终达到轻、重组分或各馏分间的分离。

原油蒸馏塔的塔底温度较高，如常压塔底温度一般在 350℃ 左右，在这样的高温下，很难找到合适的再沸器热源。因此，常压塔底通常不用再沸器产生气相回流，而是在塔底注入过热水蒸气，以降低油气分压，使塔底重油中的轻组分汽化后返回塔内，这种方法称为汽提。汽提与典型精馏塔的提馏段在本质上有所不同，因此常压塔的下部通常不叫提馏段而称为汽提段。汽提段的分离效果一般不如精馏塔的提馏段。

侧线产品是从原油蒸馏塔中部以液相状态抽出的，相当于未经提馏的液体产品，因此其中必然含有相当数量的低沸点组分，为了控制和调节侧线产品质量（如闪点等）、改善产品间的分离效果、提高轻组分收率，通常在常压塔的旁边设置若干个侧线汽提塔，将常压塔侧线抽出的产品送入汽提塔上部，塔下部注入过热水蒸气进行汽提，以驱除其中的轻组分。汽提出的低沸点组分同水蒸气一起从汽提塔顶部引出并返回主塔，侧线产品由汽提塔底部送出装置。因此，侧线汽提塔相当于一般精馏塔的提馏段，塔内通常设置 3~4 层塔板或一定高度的填料。

汽提所用的水蒸气通常是 400~450℃、约 3 个大气压的过热水蒸气，以确保其在精馏塔中始终为气相。常压塔底汽提所用过热水蒸气量一般为进料的 2%~4%（质量分数），侧线汽提过热水蒸气量通常为侧线产品的 2%~3%（质量分数）。

（3）回流比由全塔热平衡决定。

常压塔底不设再沸器，且塔底水蒸气带入的热量非常有限，因此常压塔的热量来源几乎完全取决于进料带入的热量。在进料状态一定的情况下，回流所取走的热量受进塔热量限制，不能任意改变，回流比是由全塔热平衡决定的，变化余地很小，而不像二元精馏塔一样根据分离精确度来确定回流比，通过调节再沸器复合实现全塔热平衡。

常压塔的产品分离精确度要求不高，塔板数选择适当，并通过全塔热平衡确定的回流比，一般均能满足分离的要求。

常压塔的操作过程中，在进塔热量未发生变化的情况下，如果塔顶回流比过大，过量的液相回流使塔内各部位的蒸气过多冷凝，引起塔内温度普遍下降，塔原有的热平衡状态发生变化，破坏了塔的稳定操作，各侧线产品收率下降，总拔出率减少，塔底重油中的轻组分含量增加，塔顶、侧线产品的组成变轻，闪点下降，甚至导致产品不合格。反之，如果回流比太小，则无法满足蒸馏预定的热平衡要求，塔内各点温度上升，产品组分变重，导致产品不合格。

（4）恒摩尔流假定不成立。

在二元或多元精馏塔中，对性质和沸点相近的组分所组成的混合体系，近似认为各组分的相变热是相等的，因此塔内气、液相的摩尔流量不随塔高而变化，即气、液相负荷满足恒摩尔流假定。但这个假定对石油蒸馏塔来说是完全不适用的，因为石油是复杂的混合物，各组分间的分子大小和性质相差很大，其摩尔汽化潜热相差很远，沸点间可相差数百摄氏度，如常压塔塔顶和塔底之间的温差可达250℃左右。因此，根据二元或多元精馏塔中上、下部温差不大，塔内各组分的摩尔汽化潜热相近似为基础所做出的恒摩尔流假定对常压塔不适用。事实上，常压塔内气、液相负荷的摩尔流量从汽化段向上沿塔高逐渐增大，且变化幅度非常大。

（5）进料有适量的过汽化度。

由于常压塔没有其他热量来源，常压塔进料的汽化率至少应等于塔顶产品和侧线产品的产率之和，否则无法保证所要求的拔出率（轻油收率）。实际生产中，为使常压塔精馏段最低侧线以下、汽化段以上的几层塔板上有一定液相回流，以保证最低侧线产品质量，进料的汽化率应比进料段以上所有产品的总收率略高，高出的部分称为过汽化度。

常压塔的过汽化度一般为进料量的2%~4%（质量分数）。实际生产中，在保证侧线产品质量的前提下，过汽化度低些为好，这样可以减轻常压炉的热负荷，并降低了炉出口温度，从而减少原油的裂化。

（6）常压塔需设置中段循环回流。

在原油蒸馏塔中，除了采用塔顶回流外，通常还设置1~2个中段循环回流，即从精馏段的某块塔板引出部分高温物流（或是部分侧线产品），经与其他冷流换热或冷却后再返回塔内，通常返回口比抽出口高2~3层塔板（图4-4）。

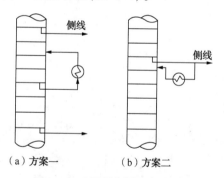

（a）方案一 　　（b）方案二

图4-4　中段循环回流示意图

中段循环回流的作用是在保证分离效果的前提下，取走精馏塔中多余的热量。采用中段循环回流的好处是使塔内气、液相负荷分布均匀，在相同的处理量下可缩小塔径，或者在相同的塔径下可提高塔的处理能力，同时可回收利用这部分高温热量。不足是需要增加换热塔板，工艺流程复杂，增加了投资，而且由于回流段上部液相负荷减小，塔板效率降低。

3. 减压蒸馏塔及其特点

原油经过常压蒸馏，只能得到沸点小于350℃的轻质馏分，而各种高沸点馏分（如裂化原料和润滑油馏分等）都存在于常压塔底的重油中。要想从重油中得到这些馏分，在常压条件下必须将重油加热到500℃以上的高温。这必将导致常压重油发生严重的分解缩合反应，生成较多的烯烃，不但严重影响产品质量，而且会加剧设备结焦而缩短装置生产周期，影响正常生产。

由于物质的沸点随外压的减小而降低，在较低的压力下加热常压重油，高沸点组分就会在较低的温度下汽化，从而避免了高沸点馏分的裂解。因此通过减压蒸馏塔可在较低温度下得到这些高沸点馏分，塔底得到沸点在500℃以上的减压渣油。减压塔的操作压力一般在8kPa左右或者更低。

减压蒸馏所依据的原理与常压蒸馏相同，主要区别是减压塔顶采用了抽真空设备，使塔在高真空度的负压下操作。减压塔的抽真空设备常用蒸汽喷射器（也称蒸汽喷射泵）或机械真空泵。目前广泛应用的是蒸汽喷射器，而机械真空泵只在一些干式减压蒸馏塔和小型减压塔中使用。

抽真空设备的作用是将塔内产生的不凝气（主要是裂解气和漏入的空气）和吹入的水蒸气连续地抽走以保证减压塔的真空度要求。蒸汽喷射器的基本工作原理是利用高压（一般为0.8~1.0MPa）水蒸气在喷管内膨胀（减压），使压力能转化为动能从而达到高速流动，在喷管出口处形成真空，将塔中的气体抽出。为了提高抽真空效果，减压塔一般采用二级抽真空系统。

图4-5显示了减压塔顶二级蒸汽喷射器抽真空系统的原理流程。从图中可以看出，减压塔抽真空系统由管壳式冷凝器、蒸汽喷射器、水封罐等组成。减压塔顶出来的不凝气、水蒸气和少量油气首先进入冷凝器，其中的水蒸气和油气被冷凝后排入水封罐，不凝气则由一级喷射器抽出从而在冷凝器中形成真空。由一级喷射器出来的不凝气和工作蒸汽进入一个中间冷凝器，将水蒸气冷凝，不凝气再由二级喷射器抽走并排入大气，或者再设置一个后冷器，将水蒸气冷凝，不凝气排入大气。如果在减压塔顶出来的气体进入第一个冷凝器之前再安装一个蒸汽喷射器（即所谓的增压喷射器），则塔的真空度进一步提高。

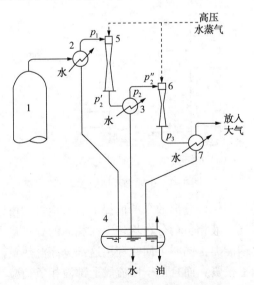

图4-5　减压塔抽真空系统原理流程图

1—减压塔；2—冷凝器；3—中间冷凝器；4—水封罐；5——级喷射器；6—二级喷射器；7—后冷器

除塔顶设有抽真空系统以外，与一般精馏塔及常压蒸馏塔相比，减压蒸馏塔具有如下几个特点：

（1）减压塔的塔径大，塔板数少。

对于减压塔最基本的要求是在尽量减少油料发生分解反应的条件下尽可能多地拔出馏分油。因此，要求尽可能提高塔顶的真空度，降低塔的压降，进而提高汽化段的真空度。为此，减压塔顶一般不出产品，塔顶管线只作为抽真空系统抽出不凝气之用，以减少塔顶馏出物管线的气体流量和流动压降；同时，减压塔的塔板数较少，且多采用低压降的塔板或填料，以减少汽化段到塔顶的压降，从而提高进料段的真空度。

塔内的压力低，一方面使气体体积增大，塔径变大；另一方面由于低压下各组分之间的相对挥发度变大，易于分离，因此减压塔的塔板数也有所减少。

（2）塔内线速高。

为了降低塔底及汽化段的油气分压，提高轻组分的拔出率，减压塔底汽提蒸汽用量一般比常压塔大，再加上因减压操作而导致气体的比热容大，所以减压塔的空塔线速高且气相负荷变化幅度大。为了使气相负荷均匀以减小塔径，减压塔一般在两个侧线之间都设中段循环回流。而且，由于减压塔处理的物料密度大、黏度高、含有大分子表面活性物质，高气速易使塔板上产生大量泡沫。为了减少泡沫携带，减压塔的塔板间距一般比常压塔大，且在塔内设有破沫空间和破沫网。

（3）塔底标高较高。

减压塔的操作压力低，为满足塔底热油泵灌注头的要求，减压塔底座高度必须满足塔底液面与热油泵入口之间的高度差大于10m，为此，减压塔一般是架空的。

（4）塔底采用缩径以减少渣油在塔内的停留时间。

减压塔底的温度一般在390℃左右，减压渣油在这样高的温度下如果停留时间过长，分解和缩合反应会显著增加，导致不凝气增加，使塔的真空度下降，塔底部结焦严重，影响塔的正常操作。为此，减压塔底常采用减小塔径（即缩径）的方法，在保证液封的情况下，缩短渣油在塔底的停留时间。此外，在减压蒸馏条件下，各馏分之间比较容易分离，加之塔顶一般不出产品，因此中段循环回流取热量较多，减压塔的上部气相负荷较小，通常也采用缩径的办法，使减压塔成为一个中间粗、两头细的蒸馏塔。

（5）减压塔分燃料型和润滑油型两种。

根据减压塔生产目的不同，可将减压塔分为燃料型和润滑油型两类。二者除具有上述减压塔共同的特征以外，还有其各自的特点。

燃料型减压塔主要生产二次加工装置（如催化裂化、加氢裂化等）的原料，其对分离精确度要求不高，希望在控制馏出油杂质含量（如残炭值低、重金属含量少等）的前提下，尽可能提高馏分油拔出率。因此，采取大幅度减少塔板数、汽化段上方设洗涤段、不设侧线汽提塔、采用塔顶循环回流和多个中段循环回流以大大减少内回流量（某些塔板上的内回流甚至可以为0）等方式。对燃料型减压塔，近年来倾向采用干式减压蒸馏技术，以提高拔出率。

润滑油原料的要求是色度好、黏度合适、馏程较窄、残炭值低、安定性好。因此，润滑油型减压塔对分离精确度要求较高，与常压塔类似，侧线数量较多，一般为4~5个，且均设汽提塔，工艺条件也与常压塔类似。只是减压下馏分之间的相对挥发度增大，因此减压塔内板间距较大，两个相邻馏分间塔板数比常压塔少，一般为3~5块。

近年来，随着延迟焦化技术和重质蜡油加氢处理技术的进步，大大促进了减压深拔技术的发展，使减压塔的切割温度可以达到 560℃(终馏点)，甚至在 590℃ 以上，同时减压渣油中 538℃ 以下的轻组分含量不超过 5%。减压深拔技术的特点是高真空度、高炉温操作，技术难点是在高操作温度下如何避免油品过度裂解而产生结焦，以确保装置长周期平稳运行。减压深拔技术主要包括深拔条件下的减压炉技术、转油线技术、减压塔技术及减压塔顶抽真空技术等。

二、原油蒸馏装置的工艺流程

为了完成一定的生产任务，将各种工艺设备(包括加热炉、塔、反应器、机泵及自动检测和控制仪表等)按照一定的工艺技术要求和原料的加工流向用管线连接起来，组成一个有机整体，就构成了一个炼油生产装置的工艺流程。

按照原料在工艺流程中汽化的次数，炼化企业最常采用的原油蒸馏流程是两段汽化流程和三段汽化流程。除原油的预处理部分外，两段汽化流程包括常压蒸馏和减压蒸馏两部分，三段汽化流程包括原油初馏(闪蒸)、常压蒸馏和减压蒸馏三部分。目前，大型炼化企业的原油蒸馏装置多采用三段汽化流程。

燃料型三段汽化常减压蒸馏工艺流程如图 4-6 所示，其工艺特点主要包括以下几个方面：

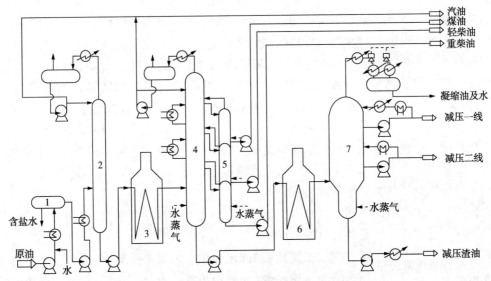

图 4-6 燃料型三段汽化常减压蒸馏工艺流程图
1—电脱盐罐；2—初馏塔；3—常压炉；
4—常压塔；5—汽提塔；6—减压炉；7—减压塔

(1) 初馏(闪蒸)塔的主要作用是拔出原油中的轻汽油馏分。从罐区来的原油先经过换热(热源一般是本装置内的高温产品)，温度达到 120~140℃ 进入电脱盐罐进行脱盐、脱水。脱后原油再经过换热，温度达到 200~250℃，此时较轻的组分已经汽化，气液混合物一起进入初馏(闪蒸)塔，塔顶出轻汽油馏分(初顶油)，可作为催化重整或乙烯裂解原料，塔底为拔头原油。

（2）常压塔的主要作用是分出原油中沸点低于350℃的轻质馏分油。拔头原油经换热、常压炉加热至360~370℃，形成的气液混合物进入设有3~4个侧线的蒸馏塔，此塔在接近于常压下操作（塔顶压力一般为130~170kPa），因此称为常压塔。塔顶出汽油（常顶油），经冷凝冷却至40℃左右，一部分作为塔顶回流返回常压塔顶，一部分作为汽油馏分。各侧线的煤油、轻柴油、重柴油等馏分经汽提塔汽提、换热、冷却后作为产品出装置。塔底产物是沸点高于350℃的常压重油。常压塔一般设2~3个中段循环回流。

（3）减压塔的作用是从常压重油中分出高沸点馏分。为了得到润滑油馏分或催化裂化原料，需从常压重油中分离出沸点高于350℃的馏分油。350℃左右的常压重油（也叫常压渣油）用热油泵从常压塔底部抽出并送到减压炉加热至390~420℃，进入减压蒸馏塔。减压塔顶的操作压力一般为2~8kPa，为了减小管线压力降和提高减压塔顶的真空度，减压塔顶一般不出产品，而是直接与抽真空设备连接，且一般采用顶循环回流方式取走塔顶热量。各侧线得到小于550℃（某些装置甚至高达590℃）的馏分油，经换热、冷却后出装置，作为二次加工的原料。塔底减压渣油经换热、冷却后出装置，也可经换热或直接送至其他加工装置（如焦化、溶剂脱沥青等）作为热进料。各侧线之间一般也设1~2个中段循环回流。

由上述流程可以看出，在原油蒸馏工艺流程的初馏、常压蒸馏和减压蒸馏三部分中，油料在每一部分都经历了一次加热—汽化—冷凝过程，因此称为三段汽化流程，通常也称为三塔流程。同理，在两段汽化流程中，没有初馏部分，脱水脱盐后的原油经换热直接进常压炉，其后与三段汽化相同，即油料在经过常压蒸馏和减压蒸馏时，经历了两次加热—汽化—冷凝过程，因此称为两段汽化流程，习惯上也称为两塔流程。

根据原料性质和产品用途不同，与炼化企业的生产方案相对应，原油蒸馏工艺流程又大致可以分为燃料型、燃料—润滑油型和燃料—化工型三种类型，中国原油蒸馏工艺流程一般采用前两种类型。

（1）燃料型。

这种类型炼化企业的主要生产任务是各类燃料，主要目的是尽量提高轻质燃料的收率，其常减压蒸馏装置的工艺流程如图4-6所示。

燃料型三段汽化原油蒸馏工艺流程的特点如下：

① 初馏塔顶的产品轻汽油是良好的催化重整原料，其砷含量低，且不含烯烃。大庆原油（砷含量较高）生产重整原料时均需设初馏塔；相反，加工大庆原油不要求生产重整原料，或加工的原油砷含量较低时，则可采用闪蒸塔（闪蒸塔与初馏塔的区别在于前者不出塔顶产品，塔顶蒸气进入常压塔中上部，无冷凝和回流设施；而后者出塔顶产品，因而有冷凝和回流设施），以节省设备和操作费用。如果所加工的原油含轻馏分很少，也可不设初馏塔或闪蒸塔，即采用两段汽化流程。

② 常压塔一般设3~4个侧线，生产溶剂油、煤油（或喷气燃料）、轻柴油、重柴油等馏分。

③ 减压塔侧线出催化裂化或加氢裂化原料，产品较简单，分馏精度要求不高，因此只设2~3个侧线，不设汽提塔。例如，对最下面一个侧线产品的残炭值和重金属含量有较高要求，需在汽化段与最下一个侧线抽出口之间设洗涤段。由于分馏精确度要求不高，燃料型减压塔的塔板数少，中段循环回流取热比例较大，以减小塔中的内回流。但由于塔板压降较

大，为保证一定的拔出率，必须依靠往系统中注入过热水蒸气来降低油气分压。

④ 减压蒸馏可以采用干式减压蒸馏工艺。所谓干式减压蒸馏，即不依靠注入水蒸气来降低油气分压，以提高拔出率的减压蒸馏。干式减压蒸馏一般采用填料而不是塔板，其特点是填料压降小，塔内真空度提高，加热炉出口温度降低使不凝气减少，大大降低了塔顶冷凝冷却器负荷，减少冷却水用量，降低了能耗等。因此，干式减压蒸馏被广泛应用于燃料型原油蒸馏装置中。

（2）燃料—润滑油型。

在这种类型的原油常减压蒸馏工艺中，减压馏分油和减压渣油除用于生产燃料外，部分或绝大部分被用于生产各种润滑油产品，流程如图 4-7 所示，其常压系统与燃料型基本相同，主要区别在于减压系统。

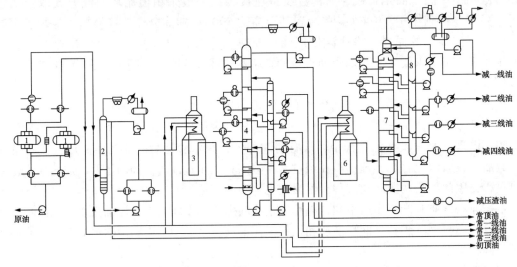

图 4-7　燃料—润滑油型原油常减压蒸馏工艺流程图
1—电脱盐罐；2—初馏塔；3—常压加热炉；4—常压塔；5—常压汽提塔；
6—减压加热炉；7—减压塔；8—减压汽提塔

① 燃料—润滑油型原油常减压蒸馏的减压系统流程较燃料型复杂。减压塔要出各种润滑油馏分，分馏效果的优劣直接影响后续的加工过程和润滑油产品的质量，因此各侧线馏分的馏程要窄，塔的分馏精度要求较高。为此，减压塔一般采用板式塔或塔板—填料混合式减压塔，塔板数较燃料型多，侧线一般有 4~5 个，而且设侧线汽提塔以满足对润滑油馏分闪点的要求，并改善各馏分的馏程范围。

② 控制减压炉出口最高温度不大于 395℃，以免油料因局部过热而裂解，影响润滑油质量。

③ 一般在减压炉管和减压塔底均需注入水蒸气。注入水蒸气的目的是改善炉管内油料的流动状况，避免油料因局部过热裂解；降低减压塔内油气分压，提高减压馏分油的拔出率。

（3）燃料—化工型。

采用该种加工方案的炼化企业，除了生产燃料外，还生产化工原料及化工产品，体现了充分合理利用石油资源的要求，是石油加工发展的方向。由于该类炼化企业的产品种类多，产品质量要求高，因此其总的工艺流程最为复杂，但该类炼化企业的原油蒸馏工艺流程却是最简单的(图4-8)。

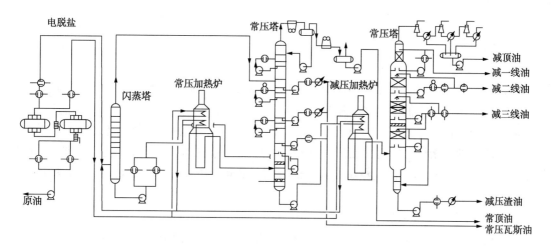

图4-8 燃料—化工型原油常减压蒸馏工艺流程图

燃料—化工型原油常减压蒸馏工艺的特点如下：

① 常压蒸馏系统一般不设初馏塔而设闪蒸塔，闪蒸塔顶油气引入常压塔中上部。

② 常压塔仅设2~3个侧线，产品用作裂解原料，分离精度要求低，塔板数减少，不设汽提塔。

③ 减压系统与燃料型基本相同。

两段汽化的原油蒸馏工艺流程在设备上与三段汽化最大的不同是不设前面的初馏塔或闪蒸塔，其余基本相同。在实际生产中，个别炼油厂采用四段汽化的原油蒸馏工艺流程，即原油初馏—常压蒸馏——一级减压蒸馏—二级减压蒸馏，这种流程只有在需要从原油中生产高黏度润滑油时采用，以便从减压渣油中拔出更多的重质馏分作润滑油原料。

三、原油蒸馏的换热流程

常减压蒸馏过程中，需要首先将原油加热到部分汽化，才能进入常压塔进行蒸馏，以得到汽油、煤油、轻柴油和重柴油等石油馏分，所得石油馏分需要冷凝冷却到安全温度(一般是40℃)才能出装置进入罐区。不管是加热原料还是冷却产品，都需要消耗大量的能量。因此，在常减压蒸馏工艺流程中，必须充分利用高温产物的热量来预热原料，以降低能耗。即便如此，常减压装置仍是炼油厂能耗最大的装置。例如，原油常减压蒸馏装置的能耗占全厂总用能的25%~30%，所消耗的燃料量是原油加工量的2%左右。

以年处理量为250×10⁴t大庆原油常减压蒸馏装置为例，其所需的总热量达37365×10⁴kJ/h(表4-2)。而原油进初馏塔的温度只有235℃，所需热量完全可以通过与离塔产品和中段循环回流换热得到，从而其全部所需热量中的约48%可由回收热量获得。某些常减压装置，原油换热后的最终温度可达300℃，热量回收率在60%以上。

表 4-2　年处理量 250×10^4 t 大庆原油常减压蒸馏装置所需热量

项　目	初馏塔	常压塔	减压塔	合计
拔出率(质量分数),%	7.94[①]	26.7	23.7	58.34
进塔温度,℃	235	365	400	
所需热量,10^4kJ/h	18042	14110	5213	37365

①包括侧线 3.84%。

通过原料与高温产物换热,不仅节约了加热炉燃料,且由于产品温度降低,还减小了冷凝冷却设备的负荷,降低了冷却水用量,减少了冷却水循环系统的负荷,节约了电能。

原油常减压蒸馏工艺中,换热流程占了非常大的比例,各种冷、热物流的换热,增加了装置工艺流程的复杂性。同时,装置中冷却、换热设备的钢材占全装置工艺设备钢材总用量的 20%~30%。因此,优化换热流程对降低蒸馏装置能耗、减少投资和操作费用具有重要意义。

1. 选择换热方案的原则

一个完善的换热流程,应该充分利用各种余热,使原油的预热温度较高而且合理;产品换热后温度低,热回收率高;换热器的换热强度较大,使用较小换热面积就能达到换热要求,原油流动压力降较小;同时,应综合考虑设备投资费用和操作费用等因素,使综合效益达到最佳。

基于以上原则,在安排换热流程或炼油装置的工艺流程时,一方面,要合理地安排全装置的工艺流程和操作条件,尽量增加高温位热源的热量,尤其是在安排中段循环回流的取热比例分配时,在满足分离精确度和气、液相负荷分布的前提下,尽量增加中下部回流的取热量;另一方面,换热时,尽量选择温度高、热量大的物流作为高温热源;再次,注意分析各物流,尤其是侧线产品的换热价值,不仅要利用高温物流的热量,还要充分利用中低温物流的热量;最后,应尽量选择新型换热器,以增加换热过程中的传热效果,提高热量利用率。

2. 换热流程的安排

由于常减压蒸馏的冷、热物流多,涉及的变量多,因此换热流程的安排是一个非常复杂的问题,从理论上来说,可能的换热方案有无限多个,如何选择最佳的换热流程,尚没有很成熟和完善的方法可以实现。目前主要是在人工分析的基础上,借助于计算机模拟来确定较优的换热方案。

在安排换热流程时,主要考虑以下几个问题:

(1) 确定合理的原油预热温度。

提高热回收率,可以充分利用各种余热,减小产品冷却器的热负荷,热回收率还受到总投资和操作费用的制约,必须综合考虑。国内常减压装置的热回收率一般在 50%~60%,最高可到 80%左右。但热回收率还与其他方式的回收热量有关。例如,热回收率与原油换热后的温度直接有关,热回收率高时,一般原油预热温度也高,此时常压加热炉进料温度高,常压炉负荷减小,但加热炉的效率也随之降低,这是因为加热炉的烟气排出温度与原油进炉温度成正比。但随着烟气余热利用率的增加,情况有所变化,因此,应当尽量提高原油预热温度,以提高热回收率,同时,还可以降低制冷剂的用量。目前很多常减压装置的原油预热温度在 300℃以上。

（2）合理匹配冷、热物流。

常减压蒸馏装置中的冷流主要是原油，而热流是蒸馏塔的产物和回流。因热流的种类多，温位和热容差别大，如何合理地安排换热顺序，以获得较大的传热温差和较好的传热效果，尽量利用各种热源的热量，是换热流程优化的主要问题。

常减压换热流程的目的是将原油加热到较高的温度，高温位和大热容有利于原油的加热。一般来说，安排换热流程时，原油先和低温位的热源换热，再和高温位的热源换热，可使总传热温差较大。但对于某些高温位、低热容的热源，由于在换热过程中温度下降很快，因此也应安排在换热流程的前端。

（3）充分利用高温位物流的热量。

高温位热源的温度高、热容大，是利用价值高的热源，因此，在换热流程中应该充分利用高温位热源进行传热。高温位热源一般用在换热流程的末端，以便将已经加热到较高温度原油的换热终温进一步提高。但由于此时原油的温度已经较高，传热温差较小，高温位热源的温降有限，热量的利用率也有限，不利于热量的充分回收和利用。因此，对于热容大而又温位高的热源（如减压渣油），在换热流程中应考虑多次换热，即经过一次换热，温度有一定程度的降低后，绕过一个或数个热源，再重新与低温冷流换热，以充分利用热量并保证最大温差。甚至某些高温位热源在换热流程中可以在不同的系列中进行多次换热。

（4）合理利用低温位热源。

炼化企业中一般将温度低于130℃的热源称为低温位热源，这类热源的数量众多，如常压塔顶油气、常一线产品以及高温位热源经换热以后的低温物流等。如果需要进一步降温，以往多采用水或空气对这些物流进行冷却，不仅降低了热能的回收率，还增加了冷却过程的负荷。因此，解决好低温位热源的回收利用是炼化企业节能降耗的一个重要问题。

对于低温位热源的利用，首先应考虑的是与低温原油换热，以降低加热炉的燃料消耗。其次，可以考虑利用低温位热源加热各种工艺用水、生活用水、供暖用水和发电等。

（5）提高体系的传热系数。

传热系数的大小反映了一个设备和系统传热性能的好坏。传热系数除了与所选择的换热器型式有关外，还与换热体系的流动状态及流体物性有关。通过合理地安排换热器的结构、流体的程数等都可以提高传热系数。

（6）减小体系物流的流动压力降。

常减压装置换热体系的流程长且复杂，原油流过换热体系的压力降较大，动力损耗也较大。因此，在设计换热体系时，应使原油在流动压力降尽可能小的情况下获得最大的传热系数，即换热体系首先要求的是动力损耗尽可能小，而非传热效果最佳。

流体的黏度和流速对压力降有重要影响。黏度越小，流体流动的压力降越小。但油品的黏度随温度变化非常明显，不同油品的黏度差别也较大，设计换热系统时需要考虑黏度的影响，尤其是在原油温度较低时。

流体流速越大，压力降越大，但流速增加有利于传热系数的增加。因此，选择合理的流速应综合考虑其对压力降和传热系数的影响。换热过程中流速一般取决于换热器的型式、流体走管程还是壳程、流体的路数等。

3. 换热流程的优化

炼油装置中换热流程的设计所涉及的物流较多，不仅有本装置内部物流的换热，还可能有装置间物流的换热，再加上冷、热流的变量多，问题比较复杂，常减压装置的换热流程是炼化企业所有装置中最复杂的。从理论上来说，可能的换热方案有无限多个，因此，在选择和确定换热方案时，必须通过最优化方法，在人工分析和指导下，通过计算机模拟计算有限的几个换热流程方案，进行分析比较后确定最优方案。

换热流程优化的目的是使整个流程的投资少、操作费用低，而回收热量的价值高，取得最好的经济效益。一方面，要寻找最优的外形结构，即物流的分股，冷、热物流的匹配以及物流进出换热器的次数；另一方面，要对给定的外形结构进行结构和操作变量的优化，包括设备的选型，冷、热物流在换热器内管壳程的分配及流向，冷、热物流出系统的温度，系统的压降等。

这些变量多以复杂的非线性关系存在，而对于这种大规模的非线性问题的规划，到目前为止还没有一次全面解决的方法。目前主要是通过系统分解、变量松弛或人工干预等策略进行简单化处理。在这些处理方法中，最基本的原则都是基于解决以下三个方面的问题：

（1）冷、热物流的合理匹配和换热顺序的合理安排，使整个换热系统的平均传热温差最大。

（2）冷、热物流的终端换热温度合理，既可以最大限度地回收热能，又能使换热器有尽可能高的热强度和传热效率。

（3）选择合适的换热器，并确定合理的冷、热物流的流体力学状态，在整个换热系统的动力消耗尽可能小的基础上，使总的传热系数达到最大。

第五章　催化裂化

原油经过一次加工(即原油蒸馏)所能得到的轻质油品只占原油的 10%~40%(其余为重质馏分和残渣油),且所得某些轻质油品的质量也不高,如直馏汽油的辛烷值只有 40~60。而随着国民经济的发展,对轻质油品的需求量不断增加,对油品质量要求也日趋严格。因此,不论从数量上还是从质量上,常减压蒸馏所得油品都远远满足不了社会需求,这种矛盾促进了炼油工艺,尤其是二次加工工艺的发展。油品二次加工工艺的目的,一是提高原油加工深度,得到更多数量的轻质油产品;二是提高产品品质,以满足发动机及环保等对产品质量的要求。

催化裂化是常用的重油轻质化工艺过程,也是炼油工业中最重要的二次加工工艺之一,在炼油工业生产中占有十分重要的地位。催化裂化过程的特点是投资较少、操作费用较低、原料适应性强,轻质油品收率高,技术成熟。

自 1936 年第一套固定床催化裂化装置工业化以来,催化裂化又经历了移动床和流化床阶段,直至 1956 年提升管反应器发明后,催化裂化才进入了快速发展阶段。目前,全球催化裂化装置加工能力在 $800×10^6t/a$ 以上,单套装置的实际加工能力可达 $1000×10^4t/a$。从经济效益方面而言,中国汽油产量的 70%、柴油产量的 20% 以上来自催化裂化。因此,催化裂化工艺成为当今石油炼制的核心工艺之一,并将继续在重油轻质化过程中发挥主力作用。

第一节　催化裂化工艺概述

一、催化裂化的原料和产品

催化裂化是常见的重油轻质化工艺之一,在汽油和柴油的生产中占有重要地位。催化裂化一般是指在 460~530℃ 和 2~4atm❶ 的条件下,使原料在催化剂存在的条件下发生化学反应,生成气体、汽油、柴油、重质油及焦炭的过程。

催化裂化的原料是各种重质油品,包括减压蜡油和焦化蜡油等重质馏分油、常压重油、减压渣油(需与馏分油掺炼)、脱沥青油、加氢处理重油等。传统的催化裂化以加工重质馏分油为主,但现代催化裂化几乎都在原料中掺炼部分渣油,即所谓的重油催化裂化。据统计,中国 90% 以上催化裂化装置都掺炼渣油。

掺炼渣油后,原料中的残炭和重金属含量大幅度提高,会引起催化裂化催化剂失活或中毒,因此,重油催化裂化原料一般需控制残炭值不大于 6%(最高不能超过 8%),重金属镍和钒的含量之和不大于 $20\mu g/g$。随着催化裂化技术和催化剂的不断发展,进一步扩大催化裂化原料范围是催化裂化的发展趋势之一。

---

❶1atm = 101.325kPa。

催化裂化过程的主要目的是生产汽油，其产物分布与原料性质、操作条件和催化剂性能密切相关。常规工业条件下，催化裂化装置的气体产率一般为 10%~20%，组成主要以 C_3、C_4为主，且烯烃含量可达 50%，是炼化企业廉价低碳烯烃的重要来源；汽油产率在 30%~60%，研究法辛烷值（RON）一般在 88~92，但因烯烃含量高而导致安定性稍差；柴油产率在 0~40%，由于芳烃含量高，其十六烷值较低而密度较大，安定性也较差，一般需加氢精制后才能作为柴油调和组分；焦炭产率一般在 5%~10%，因沉积于催化剂表面而不能作为产品分离出来，只能用空气烧掉以利用其热量。

由此可见，催化裂化装置可以得到大量的轻质油品和低碳烯烃等化工原料，在国民经济中占有重要的地位。

二、催化裂化的工艺流程

催化裂化装置通常由四大部分组成，即反应—再生系统、分馏系统、吸收稳定系统和烟气能量回收利用系统，有的装置还有产品精制系统。其中，反应—再生系统是全装置的核心部分，不同类型装置（如高低并列式、同高并列式以及同轴式等）的反应—再生系统的工艺流程会略有差别，但基本原理一致。本节以高低并列式提升管催化裂化装置为例，对几大系统进行了分述。

1. 反应—再生系统

图 5-1 显示了高低并列式提升管催化裂化装置反应—再生系统和分馏系统的工艺流程。

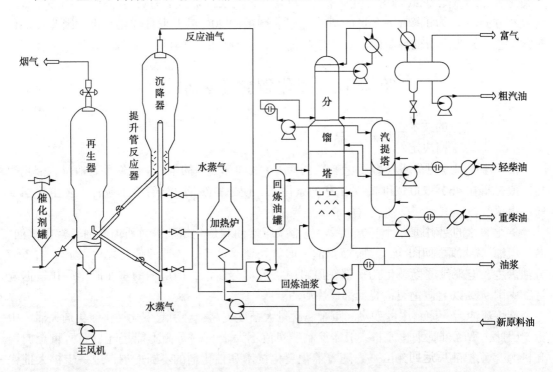

图 5-1　高低并列式提升管催化裂化装置反应—再生系统和分馏系统工艺流程图

新鲜原料(减压馏分油或重油)经过一系列换热后与回炼油混合，进入加热炉预热到200~360℃(温度过高会发生热裂解，也不利于提高剂油比；绝大多数情况下仅凭换热即可达到预热温度，加热炉正常运转情况下一般不用)，由原料油喷嘴以极细的雾滴喷入提升管反应器下部，与来自再生器的高温(650~750℃)催化剂接触并立即汽化，油气与预提升蒸汽等一起携带催化剂以4~8m/s的线速度向上流动，边流动边进行化学反应，在470~530℃的温度下停留1~4s，然后以8~18m/s的线速度通过提升管出口，经快速分离器将绝大部分催化剂分离出来并落入沉降器下部，油气再经旋风分离器分出夹带的少量催化剂后，经沉降器顶部的集气室进入分馏系统。

沉积有焦炭的待生催化剂由沉降器进入其下面的汽提段，用过热水蒸气进行汽提以脱除吸附在催化剂表面上的少量油气后，经待生斜管、待生单动滑阀进入再生器，与来自再生器底部的空气(由主风机提供)接触形成流化床层，进行再生(烧焦)反应，同时放出大量燃烧热，以维持再生器足够高的床层温度(密相床层温度为650~780℃)。再生器维持0.15~0.25MPa(表压)的顶部压力，床层线速度为0.7~1.0m/s。再生后催化剂的含炭量小于0.1%(质量分数)，甚至降至0.05%(质量分数)以下。再生剂经淹流管、再生斜管及再生单动滑阀返回提升管反应器底部循环使用。

烧焦产生的再生烟气经再生器稀相段进入两级旋风分离器分出携带的大部分催化剂，烟气经集气室和双动滑阀排入烟囱(或去能量回收系统)。回收的催化剂经旋风分离器料腿返回再生器下部床层。

生产过程中，少量催化剂细粉会随烟气排入大气或进入分馏系统随油浆排出装置，造成催化剂的损耗。为了维持反应—再生系统的催化剂藏量，需定期向系统内补充新鲜催化剂。即使是催化剂损失很少的装置，由于催化剂老化减活或受重金属污染，也需要定期卸出一部分催化剂，补充一些新鲜催化剂以维持系统内催化剂的活性。为此，装置内通常设有两个催化剂储罐，并配备加料和卸料系统。

保证催化剂在两器(沉降器和再生器)间按正常流向循环以及再生器有良好的流化状况是催化裂化装置的技术关键，除精确设计外，正确的操作也非常重要。催化剂在两器间循环是由两器压力平衡决定的，通常情况下，根据两器压差(0.02~0.04MPa)，由双动滑阀控制再生器顶部压力；根据提升管反应器出口温度控制再生滑阀开度以调节催化剂循环量；根据系统压力平衡要求由待生滑阀控制汽提段料位高度。

2. 分馏系统

分馏系统的作用是将反应—再生系统的产物进行初步分离，得到部分产品和半成品。分馏系统的原理流程如图5-1所示。

由反应—再生系统来的高温油气进入催化分馏塔下部，经装有挡板的脱过热段脱过热后进入分馏段，经分离后得到富气、粗汽油、轻柴油、重柴油、回炼油和油浆(即塔底抽出的带有催化剂细粉的渣油)。富气和粗汽油去吸收稳定系统；轻、重柴油经汽提、换热或冷却后出装置；回炼油返回反应—再生系统进行回炼；油浆的一部分返回反应—再生系统回炼，另一部分经换热后返回分馏塔脱过热段上方作为塔底循环油浆(也可将其中一部分冷却后送出装置)。轻柴油的一部分经冷却后送至再吸收塔作为吸收剂(贫吸收油)，吸收了C_3、C_4组分的轻柴油(富吸收油)再返回分馏塔。

与一般石油分馏塔相比，催化分馏塔有以下3个特征：

（1）进料为460~510℃并夹带有催化剂粉尘的过热油气。为了满足分馏条件，必须先把过热油气冷却至饱和状态并洗去夹带的催化剂细粉，以免在分馏时堵塞塔盘。为此，在分馏塔下部设有脱过热段，其中装有8块左右的人字挡板，由塔底抽出的油浆部分经换热、冷却后返回挡板上方，与上升的油气逆流接触换热，达到冲洗粉尘和脱过热的目的。

（2）全塔剩余热量多（由高温油气带入），而催化裂化产品的分馏精确度要求不高。为了取走分馏塔的过剩热量以使塔内气、液负荷分布均匀，在塔的不同位置一般设有4个循环回流，即塔顶循环回流、一中段回流、二中段回流和油浆循环回流。

（3）塔顶采用循环回流，而不用冷回流，或者冷回流只是作为备用的调节塔顶温度的手段。一方面原因为进入分馏塔的油气中含有大量惰性气和不凝气，若采用冷回流会影响传热效果或加大塔顶冷凝器的负荷；另一方面，采用循环回流可减少塔顶馏出的油气量，从而降低分馏塔顶至气压机入口的压力降，使气压机入口压力提高，降低了气压机的动力消耗；再者，采用塔顶循环回流可回收一部分热量。

3. 吸收—稳定系统

如前文所述，催化裂化过程的主要产品是气体、汽油和柴油，其中气体产品包括干气和液化气。受分馏塔顶油气分离罐相平衡的限制，粗汽油中包括部分 C_3、C_4 组分，而气体产物中也包括少量汽油组分。所谓吸收稳定，就是将来自分馏部分的催化富气分成干气（$\leqslant C_2$）与液化气（C_3、C_4），同时将混入汽油中的少量气体烃分出，以降低汽油的蒸气压，生产蒸气压合格的稳定汽油。

吸收—稳定系统包括吸收塔、解吸塔、再吸收塔、稳定塔以及相应的冷换设备等。

典型的催化裂化吸收—稳定系统的原则工艺流程如图5-2所示。

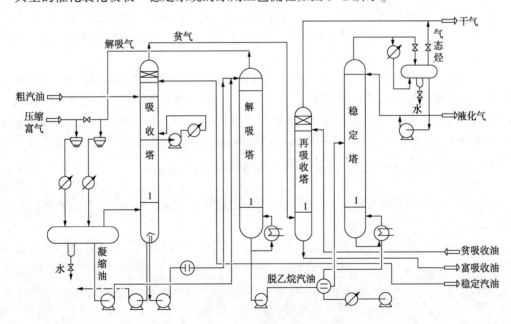

图5-2　吸收—稳定系统原则工艺流程图

由分馏塔顶油气分离罐出来的富气经富气压缩机升压后，冷却并分出凝缩油，压缩富气进入吸收塔底部，粗汽油和稳定汽油作为吸收剂由塔顶进入，吸收了 C_3、C_4 以及少部分 C_2

的富吸收油由吸收塔底抽出送至解吸塔顶部。吸收是放热过程,吸收塔设有一个中段回流以维持塔内较低的温度。吸收塔顶出来的贫气中尚夹带少量汽油,经再吸收塔用来自于分馏塔的轻柴油回收其中的汽油组分后成为干气送入燃料气管网,吸收了汽油的轻柴油由再吸收塔底抽出后返回分馏塔。解吸塔的作用是通过加热将富吸收油中的 C_2 组分解吸出来,由塔顶引出并进入中间平衡罐,塔底的脱乙烷汽油被送至稳定塔。稳定塔是一个典型的精馏塔,目的是将汽油中 C_4 以下的轻烃分离出来,塔顶得到液化气,塔底得到蒸气压合格的稳定汽油。

4. 烟气能量回收利用系统

催化裂化再生部分产生烟气的温度可达650℃,如果直接排放到环境中,带走的热量非常可观。因此,除上述三大系统外,现代催化裂化装置(尤其是大型装置)大都设有烟气能量回收利用系统,目的是最大限度地回收能量,降低能耗。常用的手段包括利用烟气轮机将烟气的压力能转化为机械能,利用 CO 锅炉(对非完全再生装置)使烟气中的 CO 燃烧回收其化学能,利用余热锅炉(对完全再生装置)回收烟气的显热,用以产生蒸汽。采用这些措施后,全装置的能耗可大大降低。

用于烟气能量回收利用的设备主要包括轴流风机(主风机)、烟气轮机、汽轮机(蒸汽轮机)、电动机/发电机,即通常所说的"四机组",将这四台机器通过轴承和变速箱连在一起称为同轴四机组(图5-3)。正常生产时,由再生器出来的烟气进一步脱除催化剂细颗粒后进入烟气轮机膨胀做功,驱动主风机为再生器提供主风,如功率不足则由汽轮机补充,多余功率可用于发电。烟气经过烟气轮机后,仍含有大量的显热或化学能(不完全再生),进入废热锅炉回收能量,产生的蒸汽可供汽轮机或其他设备使用。当烟气轮机和汽轮机出现故障时,则由电动机驱动主风机。"四机组"的安全运转至关重要,尤其是主风机作为整个装置的最关键设备之一,一旦停转则会导致全装置瘫痪。因此,催化裂化装置采用"四机组",用多种动力确保主风机正常运转。

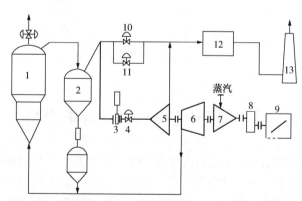

图5-3　催化裂化烟气能量回收系统示意图

1—再生器;2—三级旋风分离器;3—闸板阀;4—调节蝶阀;5—烟气轮机;6—轴流风机;
7—汽轮机;8—变速箱;9—电动机/发电机;10—主旁路阀;11—小旁路阀;12—废热锅炉;13—烟囱

三、催化裂化的发展趋势

催化裂化工艺已发展成为一个相当成熟的重油轻质化过程,但石油资源的日益紧张要求提高重油的加工深度,日益严格的环保法规要求生产烯烃含量和硫含量低的清洁汽油,以及对廉价低碳烯烃的渴求，都促使催化裂化工艺朝着优化操作、灵活调整和多效耦合的方向发展。

近年来，针对提高轻质油收率、生产清洁燃料、调整炼油产品结构以多产低碳烯烃等方面，催化裂化技术呈现快速多态的发展趋势。总而言之，从近十几年来的发展情况来看，在目前和今后一段时期内，催化裂化技术将会围绕以下几个主要方面继续发展：

（1）加工重质原料。传统的催化裂化原料主要是减压馏分油，但由于对轻质燃料需求的不断增长、原油性质的变差及其价格的提高，利用催化裂化技术加工重质原料油（如常压重油、脱沥青油等）以获得较大的经济效益，已成为催化裂化的重要任务。如何解决在加工重质原料油时焦炭产率高、重金属污染催化剂严重等问题，是催化裂化催化剂和工艺技术发展中的一个重要方向。

（2）劣质原料预处理。随着原油的重质化和劣质化，劣质重油在催化裂化原料中的比例逐渐增加。由于其残炭值和重金属含量高，硫、氮等杂原子含量高，因此不能直接作为重油催化裂化的原料。采取合适的预处理技术使劣质重油达到催化裂化的进料要求将成为关键问题。

（3）节能降耗。催化裂化装置的能耗大，降低能耗的潜力也较大。降低能耗的主要方向是降低焦炭产率、充分利用再生烟气中 CO 的燃烧热以及发展再生烟气能量利用技术等。

（4）减少污染物排放。催化裂化装置排放的主要污染物是再生烟气中的粉尘、CO、SO_x 和 NO_x 等，随着环境保护立法日趋严格，减少污染物的排放问题也显得日益重要。

（5）适应多种生产需要的催化剂和工艺。结合国情，开发灵活多变的催化裂化技术，以适应社会不同时期对产品需求的变化，如开发多产汽油或柴油，又多产丙烯、丁烯，甚至多产乙烯的新型催化剂和工艺技术。

（6）过程模拟和系统集成优化。由于催化裂化过程的复杂性，仅仅依靠某一局部单项技术的开发和实施是不能从根本上解决问题的，必须针对重要科学问题和关键技术问题，对催化裂化过程进行模拟和系统集成优化，开发新型工艺技术及配套专用装备，从根本上优化催化裂化装置的操作。正确的设计、预测及优化控制都需要建立精确的催化裂化过程数学模型。

第二节　催化裂化过程的化学反应

催化裂化是在固体催化剂表面进行的复杂化学反应，其化学反应特点：一方面表现在催化裂化原料是由各种烃类组成的复杂混合物，各种单体烃分别进行多种化学反应，并且互相影响；另一方面表现在烃类在固体催化剂上的反应不仅与化学过程有关，还与原料分子在催化剂表面的吸附、扩散等物理过程有关，同时还伴随催化剂的快速失活，以及热反应的发生。因此，催化裂化反应是一个复杂的物理、化学过程。

一、催化裂化的化学原理

1. 单体烃的化学反应

催化裂化原料是由各种烃类组成的复杂混合物，根据烃类性质的不同，每一种烃都可能有数个不同的反应方向。

1）裂化（分解）反应

（1）烷烃裂化为较小分子的烯烃和烷烃。例如：

$$C_nH_{2n+2} \longrightarrow C_mH_{2m} + C_pH_{2p+2} \qquad n = m+p$$

（2）烯烃裂化为两个较小分子的烯烃。例如：

$$C_nH_{2n} \longrightarrow C_mH_{2m} + C_pH_{2p} \qquad n = m+p$$

（3）烷基芳烃脱烷基反应。例如：

$$ArC_nH_{2n+1} \longrightarrow ArH + C_nH_{2n}$$

（4）烷基芳烃侧链断裂。例如：

$$ArC_nH_{2n+1} \longrightarrow ArC_mH_{2m-1} + C_pH_{2p+2} \qquad n = m+p$$

（5）环烷烃裂化为烯烃。例如：

$$C_nH_{2n} \longrightarrow C_mH_{2m} + C_pH_{2p} \qquad n = m+p$$

假如环烷烃中仅有单环，则环一般不打开。例如：

$$C_nH_{2n} \longrightarrow C_6H_{12} + C_mH_{2m} \qquad n = m+6$$

2）氢转移反应

氢转移反应是指某烃分子上的氢原子脱下来后，立即加到另一烯烃分子上使之饱和的反应，是烃类分子中活泼氢原子的转移反应。催化裂化过程中最常见的氢转移反应是环烷烃脱除活泼氢变成环烯烃，并进一步脱氢生产芳烃。另外，两个烯烃分子间也可以发生氢转移反应。例如：

$$环烷烃 + 烯烃 \longrightarrow 芳烃 + 烷烃$$
$$烯烃 + 烯烃 \longrightarrow 烷烃 + 二烯烃$$

氢转移反应是催化裂化的特征反应之一，是造成催化裂化油品饱和度较高的主要原因。

3）异构化反应

催化裂化过程采用的是酸性催化剂，既是裂化过程的催化剂，又是异构化过程的催化剂。因此，催化裂化过程中有大量的异构化反应。例如：

$$烷烃 \longrightarrow 异构烷烃$$
$$烯烃 \longrightarrow 异构烯烃$$

其中，烯烃的异构化又包括骨架结构改变、双键位置改变和空间结构改变。

4）环化反应和芳构化反应

催化裂化反应条件下，烯烃可以环化生成环烷烃并进一步脱氢生成芳烃。例如：

5）缩合反应

单环芳烃可缩合成稠环芳烃，直至进一步缩合生成焦炭，同时并放出氢气，使烯烃饱和。烯烃也可以发生缩合反应。例如：

$$\text{⬡—CH==CH}_2 + R_1\text{CH==CH}_2 \longrightarrow \text{⬡⬡}\overset{R_1}{\underset{R_2}{}} + 2H_2$$

由此可见，各种烃在催化裂化反应条件下的化学反应包括分解反应、氢转移反应、异构化反应、芳构化反应和缩合反应等。分解反应使大分子的烃类分解为小分子的烃类，是催化裂化工艺成为重油轻质化手段的根本依据，是催化裂化最主要的反应，催化裂化也是因此而得名。

目前公认的可以较好地解释催化裂化反应的机理是正碳离子学说。催化裂化条件下，主反应——裂化反应的平衡常数很大，可视为不可逆反应，不受化学平衡的限制，而且是一个强吸热反应。其他反应中，有的虽属放热反应，但不是主要反应，或者热效应较小。因此，整个催化裂化过程是强吸热过程，要使反应在一定条件下进行下去，必须不断向反应系统提供足够的热量。

2. 石油馏分的催化裂化

石油馏分的催化裂化反应并非各族烃类单独反应的综合结果，而是各反应之间相互影响的综合体现。与单体烃的催化裂化反应相比，石油馏分的催化裂化反应有两个特点。

1）各种烃类的竞争吸附及其对反应的阻滞作用

石油馏分的催化裂化反应是在固体催化剂表面上进行的，反应过程与烃类分子在催化剂表面上的吸附和脱附性能有关，烃类分子必须被吸附到催化剂表面的活性位上才能进行反应。如果某一类烃本身的反应速率很快，但吸附速率很慢，那么该类烃的最终反应速率也不会很快，换言之，某种烃类催化裂化反应的最终速率是由吸附速率和反应速率共同决定的。大量研究证明，不同烃类分子在催化剂表面上的吸附能力不同，其顺序如下：稠环芳烃>稠环环烷烃>烯烃>单烷基单环芳烃>单环环烷烃>烷烃。同类分子中，分子量越大越容易被吸附。

不同烃类分子催化裂化反应的速率排序大致如下：烯烃>大分子单烷基侧链的单环芳烃>异构烷烃和环烷烃>小分子单烷基侧链的单环芳烃>正构烷烃>稠环芳烃。

由此可见，石油馏分中芳烃的吸附能力虽强，但反应能力弱，吸附在催化剂表面上占据了相当大的表面，阻碍了其他烃类的进一步吸附和反应，使整个石油馏分的反应速率变慢，并且芳烃会长时间停留在催化剂上，进而缩合生焦，不再脱附，使催化剂活性降低。对于烷烃，虽然反应速率快，但吸附能力弱，不能及时占据催化剂的活性位进行反应，从而对反应的总效应不利。而环烷烃既有一定的吸附能力，又具有适宜反应速率，可以认为富含环烷烃的石油馏分是催化裂化的理想原料，但实际生产中，这类原料并不多见。

2）石油馏分的催化裂化反应是一个复杂的平行—顺序反应

催化裂化反应过程中，石油馏分中的烃类可同时向几个不同的方向进行反应，中间产物又可继续反应，从反应工程观点来看，这属于平行—顺序反应，即原料油可直接裂化为中间馏分、汽油或气体，称为一次反应；一次反应所得中间馏分和汽油又可进一步裂化生成更轻的组分，即二次反应(图5-4)。

平行—顺序反应的一个重要特点是反应深度对产品分布有重要影响(图5-5)。随着反应时间的增长(提升管高度增加)，转化率提高，最终产物气体和焦炭的产率一直增加，而中间产物汽油和柴油的产率一开始增加，经过一最高点后又下降。这是因为反应进行到一定深度后，汽油和柴油分解为更轻组分的速率超过了其生成速率，即二次反应速率超过了一次反应速率。催化裂化的二次反应是多种多样的，有些二次反应是有利的，有些则不利。例如，烯烃和环烷烃通过氢转移反应生成稳定的烷烃和芳烃是所希望的反应，而中间馏分缩合生成焦炭则是不希望的反应。因此，在催化裂化装置中，对二次反应进行有效的控制是必要的。通常，需根据原料的特点和产品方案选择合适的转化率，这一转化率应选择在汽油产率或汽油、柴油产率之和的最高点附近。如果希望有更多的原料转化成产品，则应将反应产物中沸程与原料油沸程相似的馏分与新鲜原料混合，重新送回反应器进行反应。所谓的沸点范围与原料油相当的一部分馏分，即工业上称为回炼油或循环油的部分。

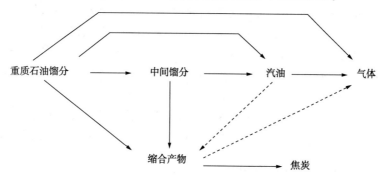

图 5-4　石油馏分的平行—顺序反应 (虚线表示不重要的反应)

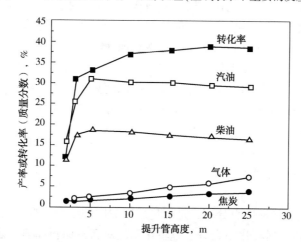

图 5-5　反应深度对催化裂化产品分布的影响

3. 渣油催化裂化

随着原油的变重、变劣及对轻质油品需求量的增多，掺炼渣油已经成为扩大催化裂化原料范围的必然选择。与馏分油催化裂化相比，渣油催化裂化有其自身的特点。

1）原料组成复杂，裂化性能变差

渣油是整个原油中最重的部分，含有较多的多环芳烃、稠环芳烃、胶质和沥青质以及各种杂原子，裂化反应性能较差，作为催化裂化原料会导致较高的焦炭产率和相对较低的轻质油收率。渣油中的饱和分、芳香分及轻胶质具有较好的裂化性能，但重胶质和沥青质具有非常大的生焦倾向。生成的焦炭沉积在催化剂表面，引起催化剂失活，使催化裂化的反应速率降低，产品分布变差。

同时，渣油中含有大量硫、氮、重金属等杂原子。催化裂化反应过程中，硫、氮一方面部分转移到轻质油品中，影响产品质量；另一方面，部分随焦炭沉积到催化剂表面，影响催化剂的活性。渣油中的绝大部分重金属也会沉积到催化剂表面，引起催化剂失活甚至中毒。

2）原料馏程升高，汽化性能变差

渣油中包括了原油中沸点最高的组分，部分组分的沸点可达上千摄氏度。在催化裂化反应条件下，有相当一部分组分不能汽化，而是以液相形式存在，是一个气—液—固三相催化反应过程。其中，没有汽化的液相主要以非催化的热反应为主，生成的较小分子裂化产物汽化，而残留物则继续进行液相反应，直至缩合生成焦炭。因此，原料的汽化率及汽化速率对渣油催化裂化反应的结果有重要的影响，提高原料在进料段的汽化率有利于降低反应的生焦率。原料的汽化率及汽化速率与进料段的温度条件及原料的雾化程度有关。

3）原料分子增大，扩散性能变差

渣油中部分大分子的直径（如渣油中沥青质的等效球体直径可达 3.5～4.0nm）远远超过常用作裂化催化剂的 Y 型分子筛的孔径（一般为 0.99～1.30nm），反应过程中存在扩散位阻，难以直接进入分子筛的微孔中进行反应。因此，在渣油催化裂化时，大分子先在具有较大孔径的催化剂基质上进行预反应，生成较小分子的反应产物再扩散至分子筛微孔内进一步反应。

二、催化裂化反应的主要影响因素

催化裂化的原料组成复杂，包含的反应类型众多，既有吸热的分解、脱氢等反应，也有放热的氢转移、异构化和缩合等反应。一般情况下，分解反应是催化裂化中最重要的反应，而且它的热效应比较大，因此催化裂化反应宏观表现为吸热反应。

研究表明，在催化裂化操作条件下，烃类分解反应的平衡常数非常大，可以认为是一个不可逆反应，不存在化学平衡限制的问题，其反应深度只取决于反应速率和时间。因此，一般不研究催化裂化过程的化学平衡问题，而是着重研究其动力学问题。

催化裂化是一个复杂的平行—顺序反应，除了影响反应深度外，各反应的反应速率还对产品分布和产品质量有重要影响。

1. 催化裂化常用动力学概念

1）转化率

转化率是原料转化为产品的百分率，是衡量反应深度的综合指标。对催化裂化过程来说，转化率又有总转化率和单程转化率之分。总转化率是对新鲜原料而言，定义式为

$$总转化率 = \frac{气体 + 汽油 + 焦炭}{新鲜原料油} \times 100\% \qquad (5-1)$$

单程转化率是对提升管反应器总进料量而言，定义式为

$$单程转化率 = \frac{气体 + 汽油 + 焦炭}{总进料量} = \frac{气体 + 汽油 + 焦炭}{新鲜进料量 + 回炼油量 + 回炼油浆量} \qquad (5-2)$$

需要说明的是，式（5-1）和式（5-2）中产品只列出了气体、汽油和焦炭，这是因为早期催化裂化是以柴油作为原料，当时的定义沿袭至今已成为习惯。然而，由于催化裂化原料早已不再是柴油，而是蜡油和重油，因此，这样表示的转化率已经名不副实，只是代表原料反应深度的大小。目前在评价催化裂化装置时，也可以在转化率的计算中加上柴油，但需要特殊说明。

总转化率主要用来评价催化裂化装置性能的好坏，总转化率高，说明新鲜原料最终反应深度大。单程转化率是反应速率和反应时间的直接反映，因此，在考查动力学问题时总是使用单程转化率。

2）回炼操作和回炼比

催化裂化过程是一个复杂的平行—顺序反应，为了降低焦炭和干气的产率，需合理控制反应深度，抑制某些不利的二次反应。因此，新鲜原料经过一次反应后不能全部变成要求的产品，还有一部分和原料油馏程相近的重馏分。把这部分馏分送回反应器重新进行反应称为回炼操作，这部分回炼的重馏分油称为回炼油（或循环油）。如果这部分循环油不进行回炼而作为产品送出装置，则称为单程裂化。此外，为了提高轻质油收率，有时也会把部分油浆打回反应器中进行回炼，这部分油浆即为回炼油浆。

回炼油（包括回炼油浆）与新鲜原料的质量比称为回炼比，即：

$$回炼比 = \frac{回炼油 + 回炼油浆}{新鲜原料} \qquad (5-3)$$

回炼比是催化裂化反应过程中的重要操作参数，其与总转化率及单程转化率有如下关系：

$$单程转化率 = \frac{气体 + 汽油 + 焦炭}{总进料} \times 100\% = \frac{气体 + 汽油 + 焦炭}{新鲜原料 + 循环油} \times 100\% = \frac{总转化率}{1 + 回炼比} \qquad (5-4)$$

由此可见，在总转化率一定的情况下，反应条件越缓和，单程转化率越低，回炼比越大，也可使新鲜原料达到较高苛刻度时相同的转化率。由于反应条件缓和，汽油和柴油的二次裂化少，轻质油收率高，产品分布好。但是，回炼操作的装置处理能力降低，能耗增加，而且由于回炼油是已经裂化过的馏分，化学组成和新鲜原料有区别，芳烃含量多，较难裂化。

回炼比的大小由原料性质和生产方案决定。通常，多产汽油方案采用小回炼比，多产柴油方案采用大回炼比。

3）空速和反应时间

在床层流化催化裂化中，常用空速表示原料油与催化剂的接触时间。空速的定义是每小时进入反应器的原料油量与反应器内催化剂藏量之比，即：

$$空速 = \frac{总进料量(t/h)}{反应器内催化剂藏量(t)} \qquad (5-5)$$

空速的单位为 h^{-1}，空速越高，表明原料与催化剂接触时间越短，装置处理能力越大。空速只是在一定程度上反映了反应时间的长短，人们常用空速的倒数相对地表示反应时间，称为假反应时间，即：

$$假反应时间 = \frac{1}{空速} \qquad (5-6)$$

在提升管反应器内，催化剂的密度很小，催化剂本身所占空间有限，因此，在计算反应时间时常按油气通过空的提升管反应器来计算。考虑到油气的体积流量随反应的进行不断变化，计算时采用提升管入口和出口处的体积流量的对数平均值。计算方法如下：

$$\theta = \frac{V_R}{V_I}$$

$$V_I = \frac{V_{out} - V_{in}}{\ln(V_{out}/V_{in})}$$

(5-7)

式中　θ——停留时间；

　　　V_R——提升管反应器体积；

　　　V_I——提升管入口和出口两处油气的体积流量对数平均值；

　　　V_{out}，V_{in}——分别为提升管出口和入口处的油气体积流量。

提升管催化裂化采用高活性的分子筛催化剂，需要的反应时间很短，油气在提升管内的停留时间一般为1~4s。

4）剂油比

催化剂循环量与总进料量之比称为剂油比，用C/O表示，即：

$$C/O = \frac{催化剂循环量(t/h)}{总进料量(t/h)}$$

(5-8)

在相同条件下，剂油比大，表明原料油能与更多的催化剂接触，单位催化剂上反应的原料和积炭少，催化剂失活程度小，转化率提高。剂油比太小，热裂化反应的比例增加，产品质量变差。高剂油比操作对改善产品分布和提高产品质量都有利，实际生产中剂油比一般为5~10，大剂油比操作是催化裂化发展的趋势之一。

2. 催化裂化反应的影响因素

催化裂化是气—固非均相催化反应（渣油催化裂化时还有液相），反应过程包括以下7个步骤：

（1）反应物从气流主体扩散到催化剂表面；

（2）反应物沿催化剂微孔向催化剂内部扩散；

（3）反应物被催化剂表面吸附；

（4）被吸附的反应物在催化剂表面上进行化学反应；

（5）反应产物自催化剂表面脱附；

（6）反应产物沿催化剂微孔向外扩散；

（7）反应产物扩散到气流主体中。

催化裂化反应的速率取决于这7个步骤进行的速率，速率最慢的步骤对整个反应速率起决定性的作用而成为控制因素。如果催化剂的微孔很小或很长，油气很难深入扩散到催化剂的内表面，则内部扩散就可能成为控制因素，称为内部扩散控制。如果扩散的阻力很小，整个反应的速率主要取决于反应物在催化剂表面上的化学反应速率，则称为表面化学反应控制。研究表明，在一般工业条件下，催化裂化反应通常表现为化学反应控制。影响其反应速率的因素主要包括以下4个方面：

（1）原料性质。

前面已经讨论过，催化裂化原料是各种烃类和非烃类组成的复杂混合物，各种组分的竞争吸附对反应产生阻滞作用，因此，合适的原料组成对催化裂化反应具有重要影响。对于催化裂化原料，在族组成相似时，沸点范围越高则越容易裂化，但对分子筛催化剂来说，沸程的影响并不重要。当沸点范围相似时，原料的裂化性能与其烃类组成相关。环烷烃含量多的原料，裂化反应速率比较快，气体、汽油产率比较高，焦炭产率比较低；富含芳烃的原料，裂化反应速率慢，焦炭产率较高。因此，原料的裂化性能可用特性因数 K 进行分类。

工业装置常采用回炼操作以提高轻质油的收率，但回炼油含芳烃多，较难裂化，需要较苛刻的反应条件。回炼比要根据原料的性质和产品方案来确定，当采用气体和汽油方案时，可采用较苛刻的反应条件和较低的回炼比，当考虑多产柴油方案时（目前应用较少），可采用较缓和的反应条件和较高的回炼比。工业装置的回炼比一般介于 $0~1$。

裂化原料中的含硫化合物对催化裂化反应速率影响不大。研究表明，在分子筛催化剂上进行反应时，原料中的硫含量在 $0.3\%~1.6\%$（质量分数）范围内变化，裂化反应速率没有明显的变化。

催化裂化催化剂是酸性催化剂，原料中的碱性氮化物会引起催化剂中毒而使其活性下降。例如，某直馏瓦斯油加入 0.1%（质量分数）的喹啉后，瓦斯油的裂化反应速率几乎下降了 50%。催化裂化原料直接掺炼焦化蜡油后也会产生同样的问题。

催化裂化反应过程中，原料中的重金属会在催化剂上沉积，造成催化剂污染，一方面使催化剂的活性降低，另一方面使催化剂的选择性变差，影响产品分布，氢气和干气（即 C_1 和 C_2）产率增加。

（2）催化剂活性。

提高催化剂的活性有利于提高反应速率，在其他条件相同时，可以得到较高的转化率，从而提高了反应器的处理能力。提高催化剂的活性还有利于促进氢转移和异构化反应，使产品的饱和度和异构烃含量提高，轻质油品质量得到改善。当然，过高的催化剂活性也会导致较高的焦炭产率。

催化剂的活性决定于它的组成和结构，例如，分子筛催化剂的活性比无定型硅酸铝催化剂的活性高得多；又如同一类型的催化剂，比表面积较大时常表现出较高的活性。

催化裂化反应过程中，催化剂表面上的积炭会逐渐增多，催化剂的活性也随之下降。研究表明，单位催化剂上的焦炭沉积量主要与催化剂在反应器内的停留时间有关，也与剂油比有关。剂油比反映了单位催化剂上有多少原料进行反应并在其上沉积焦炭，剂油比大时，单位催化剂上的积炭量少，催化剂活性下降的程度相应地要少一些。此外，剂油比大时原料与催化剂的接触更充分。这些都有利于提高反应速率。

（3）反应温度。

对床层反应，反应温度是指反应器床层的温度；在提升管反应器中，使用提升管出口温度来表示反应温度。

石油馏分的催化裂化反应总体上表现为强吸热反应，高温有利于反应的进行。工业提升管反应器中，由于反应过程吸热和器壁散热，反应器进口和出口的温度是不相同的，二者相差 $20~30℃$。根据加工原料和生产方案的不同，催化裂化的反应温度一般在 $460~530℃$。通常，较重原料应采用较高的反应温度，处理轻质原料时则采用较低的反应温度；以多产柴油为目的时应采用较低的反应温度（$480~500℃$），以生产汽油和液化气为主要目的时则应采用较高的反应温度（$500~530℃$）。

催化裂化的各类反应在常规操作条件下基本上都可看作不可逆反应，转化速率主要取决于化学反应速率和反应时间，而反应速率又主要取决于反应温度。随着反应温度的升高，烃类各种反应的速率都相应提高。但由于各种反应的热效应及反应速率的温度常数不一样，反应温度对催化裂化反应结果的影响是非常复杂的，催化裂化的产品分布和产品质量受反应温度的影响都很大。

催化裂化是一个复杂的平行—顺序反应，随着反应温度的升高，一方面，汽油生成气体的反应速率增加最快，而生成焦炭的反应速率增加较少，在转化率不变的情况下，汽油产率降低，气体产率增加，焦炭产率降低；另一方面，分解反应和芳构化反应的速率增加比氢转移反应速率快，于是汽油中烯烃和芳烃含量增加，汽油的辛烷值提高。同时，由于热裂化反应的活化能远远大于催化裂化反应的活化能，随着反应温度的升高，热裂化反应速率提高的程度较催化裂化反应速率提高的程度大，因此气体中 C_1 和 C_2 收率增多，产品的不饱和度也增大。

（4）反应时间。

延长反应时间有利于增加反应深度，提高转化率。对于提升管反应器，反应时间是指油气在提升管中的停留时间。

沿提升管高度由下向上，催化裂化的反应深度逐渐增加，气体、汽油、柴油和焦炭产率升高，而催化剂活性逐渐下降。当上升到一定高度后，转化率的增加逐渐缓慢。沿着提升管继续上升，会引起过多的二次反应，使汽油和柴油的产率开始下降，气体中丙烯和丁烯的含量下降。

为了得到最优的产品分布和最高的轻质油收率，催化裂化过程需根据原料油性质、催化剂性能和产品方案控制合理的反应时间。一般按照汽油方案操作时，采用较高的反应温度和较短的反应时间（2~3s），可以得到高的汽油收率、较高的汽油辛烷值和较低的焦炭产率；按照柴油方案生产时，则以较低的反应温度和较长的反应时间（3~4s）为宜；重油催化裂化的反应时间一般控制在 2s 左右。

反应温度、反应时间和剂油比是催化裂化过程中最重要的三个操作参数（或称操作变量），无论改变其中哪一个参数，都能对装置的转化率和产品分布产生明显的影响，根据这三个参数各自对反应过程的影响规律，优化三者的匹配可以获得较理想的产物分布和产品性能。

（5）反应压力。

反应压力对反应速率的影响实际上指的是提升管反应器内的油气分压对催化裂化反应的影响。提高反应压力，油气分压升高，体积空速降低，反应时间增加，从而使转化率提高。但提高反应压力更有利于缩合反应，使焦炭产率明显增加，而工业装置的处理能力常常是由再生系统的烧焦能力决定的，因此在工业上一般不采用太高的反应压力。

反应压力的确定，要结合原料油的生焦趋势和烟气能量回收系统的经济效益综合考虑。通常提升管催化裂化装置采用的反应压力为 0.20~0.40MPa。对于有烟气能量回收设施的装置，可将反应压力提高到 0.35~0.40MPa；对于没有烟气能量回收设施的装置，多采用较低的反应压力，一般在 0.30MPa 以下。

催化裂化装置的反应压力受再生器烧焦能力和两器压力平衡的限制，在设计中就被确定了，一般在操作过程中是固定的，不作为调节操作的变量。

催化裂化的原料组成及反应过程十分复杂，影响反应过程的因素众多。除了以上影响因素外，催化剂的失活过程、油气与固体催化剂的流动状态、原料的雾化及汽化状况、传热传质状况等因素也会对催化裂化的反应产生影响。通过建立合理的动力学模型，可以定量地、综合地描述诸多因素对反应结果的影响，较准确地预测反应结果，并对优化设计、优化生产操作有重要的作用。目前使用的催化裂化反应动力学模型主要有关联模型和集总动力学模型两种。

第三节 催化裂化催化剂

催化裂化技术的发展密切依赖于催化剂的发展，催化裂化技术的进步总是伴随着催化剂技术的重大革新。例如，有了微球催化剂，催化裂化反应器才由固定床发展成为移动床和流化床；分子筛催化剂的诞生，促进了提升管催化裂化装置的出现；抗重金属污染催化剂使用后，渣油催化裂化技术的发展才有了可靠的基础。因此，催化剂在催化裂化过程中扮演着不可替代的角色。

一、催化剂及催化作用概述

催化剂是一种能够改变化学反应速率，但不改变反应总标准吉布斯自由能的物质。催化剂在化学反应中引起的作用叫催化作用。催化剂可以加快某些反应进行的速率，也可以抑制某些反应的进行。加快反应速率称为正催化作用，减慢反应速率称为负催化作用。不同的催化剂对化学反应的作用不同。

催化剂的催化作用具有以下5个方面的特征：

（1）催化剂参与化学反应，改变了化学反应速率（加快或减慢），但其自身的组成、化学性质和质量在反应前后并不发生变化。

（2）催化剂能提高反应速率，主要是改变了化学反应历程，降低了反应的活化能。

（3）催化剂只能促进那些从热力学角度判断可能进行的反应，对那些从热力学角度判断不可能进行的反应不起促进作用。催化剂只能改变反应速率，不能改变化学反应平衡，对于可逆反应，既为正反应的促进剂，同时也是逆反应的催化剂。

（4）催化剂对反应体系具有高度的选择性（或专一性），一种催化剂并非对所有的化学反应都有催化作用，而一个化学反应也并不只有一种催化剂。例如，催化裂化历史上使用过的催化剂包括天然活性白土、合成无定型硅酸铝和分子筛等，但不同的催化剂促进反应进行的能力和对反应结果的影响是不同的。

（5）催化剂能有选择性地加速某些化学反应，从而改变产品的分布和质量。例如，催化裂化催化剂不仅提高了分解、芳构化等反应的速率，还提高了异构化、氢转移等反应的速率，从而使催化裂化装置的生产能力得到大幅度提高，而且所得汽油的辛烷值高、安定性好。

因此，催化剂的作用是促进化学反应，从而提高反应器的处理能力。同时，催化剂能有选择性地促进某些反应，改变化学反应的产品分布及产品质量。因此，选用适宜的催化剂对于提高催化裂化过程的产品产率、产品质量以及经济效益具有重要影响。

二、催化裂化催化剂的种类

催化剂对催化裂化技术的发展起关键作用，新的催化剂和催化材料的出现，带动了催化裂化技术和工艺的迅速发展。催化裂化的发展史，就是一部催化剂的发展史。例如，催化裂化最早使用的是催化剂机械强度差、活性和选择性低的天然活性白土，因此只能使用固定床反应器；而后随着人工合成较高稳定性、活性和机械强度的小球硅酸铝催化剂出现，催化裂化反应器进入移动床和流化床时代；到了20世纪60年代，高活性微球分子筛催化剂出现，提升管反应器也应运而生。

工业上广泛使用的催化裂化催化剂分为两大类：无定型硅酸铝催化剂和结晶型硅酸铝催化剂。前者通常称为普通硅酸铝催化剂（简称硅酸铝催化剂），后者称为沸石催化剂（通常叫分子筛催化剂）。

1. 硅酸铝催化剂

工业催化裂化装置最初使用的催化剂是经处理的天然活性白土，主要活性组分是硅酸铝。其后不久，天然白土就被人工合成硅酸铝所取代。硅酸铝催化剂的主要成分是氧化硅（SiO_2）和氧化铝（Al_2O_3）。按照 Al_2O_3 含量的多少又分为低铝催化剂和高铝催化剂，低铝催化剂的 Al_2O_3 含量在 12%~13%；Al_2O_3 含量超过 25% 的硅酸铝催化剂称为高铝催化剂，高铝催化剂活性较高。这类催化剂多使用合成的硅酸铝。

硅酸铝催化剂是一种多孔性物质，内部具有大小不一、平均孔径在 4~7nm 的大量微孔，具有很大的表面积，每克新鲜催化剂的表面积（称比表面积）可达 500~700m²。催化剂表面具有酸性，并形成许多酸性中心，是进行化学反应的场所，催化剂的活性即来源于这些酸性中心。

硅酸铝催化剂主要应用于早期的移动床和流化床催化裂化装置，在现代催化裂化装置中广泛用作分子筛催化剂的担体。

2. 分子筛催化剂

分子筛（沸石）催化剂是一种新型的高活性催化剂，是一种具有结晶结构的硅铝酸盐。与无定型硅酸铝催化剂相似，分子筛催化剂也是一种多孔性物质，具有很大的比表面积（可达 600~800m²/g）。所不同的是，分子筛催化剂是一种具有规则晶体结构的硅铝酸盐，晶格结构中排列着整齐均匀、孔径大小一定的微孔，只有直径小于孔径的分子才能进入其中，而直径大于孔径的分子则无法进入。由于它能像筛子一样将不同直径的分子分开，因而形象地称其为分子筛。

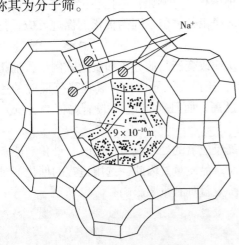

图 5-6　Y 型分子筛的单元晶胞结构

按照组成及晶体结构的差异，分子筛催化剂可分为 A 型、X 型、Y 型和丝光沸石等几种类型。目前工业裂化催化剂中常采用的是 X 型分子筛和 Y 型分子筛，使用最多的是 Y 型分子筛。X 型分子筛和 Y 型分子筛的晶体结构相同，主要差别是硅铝比不同。

Y 型分子筛由多个单元晶胞组成，图 5-6 显示了 Y 型分子筛的单元晶胞结构。每个单元晶胞由八个削角八面体组成，削角八面体的每个顶端是 Si 或 Al 原子，其间由氧原子相连接。由八个削角八面体围成的空洞称为"八面沸石笼"，是催化反应的主要场所。进入八面沸石笼的通道由十二元环组成，平均直径为 0.8~0.9nm。

人工合成的 X 型分子筛和 Y 型分子筛含有 Na^+，并不具备多少催化活性，必须用阳离子特别是多价阳离子置换出 Na^+ 后才具有很高的活性。根据置换 Na^+ 所采用的阳离子不同，目前催化裂化常用的催化剂包括 HY 型、REY 型和 REHY 型（分别用 H^+、稀土金属离子和二者兼用置换得到）以及超稳 Y 型（USY）分子筛（由 HY 型分子筛经脱铝得到）。目前工业上常用的几种类型的分子筛各有特点和用途。

（1）REY 型分子筛催化剂。具有裂化活性高、水热稳定性好、汽油收率高的特点，但其焦炭和干气的产率也高，汽油的辛烷值低，主要原因在于其酸性中心多、氢转移反应能力强。该催化剂一般适宜用于直馏瓦斯油为原料，采用的反应条件比较缓和。在 20 世纪七八十年代，是裂化催化剂的主要品种。

（2）USY 型分子筛催化剂。USY 型分子筛催化剂的活性组分是经脱铝稳定化处理的 Y 型分子筛。这种分子筛骨架有较高的硅铝比、较小的晶胞常数，其结构稳定性提高、耐热和抗化学稳定性增强。而且由于脱除了骨架中的部分铝，酸性中心数目减少，降低了氢转移反应活性，其产物中的烯烃含量增加、汽油的辛烷值提高、焦炭产率减少。选择性上有明显的提高是 USY 型分子筛催化剂的优势，但在使用时应注意，由于酸性中心数目减少，需要提高剂油比来达到原料分子的有效裂化，而且再生剂的含炭量须降至 0.05% 以下。

（3）REHY 型分子筛催化剂。该催化剂是在 REY 型催化剂的基础上降低了分子筛中 RE^{3+} 的交换量，而以部分 H^+ 代替，使之兼顾了 REY 型分子筛和 HY 型分子筛的优点。REHY 型分子筛的活性和稳定性低于 REY 型分子筛，但通过改性可以大大提高其晶体结构的稳定性。因此，REHY 型分子筛催化剂在保持 REY 型分子筛较高的活性及稳定性的同时，也改善了反应的选择性。REHY 型分子筛中的稀土元素和氢元素的比例可以根据需要进行调节，从而制成具有不同活性和选择性的催化剂以适应不同的要求。

工业过程中，需根据原料的组成特点和产品方案，通过实验室评价和工业试用选择合适的催化剂。但一般来说，可以参考以下几条原则进行预选：

（1）在掺炼渣油的比例较大时，要选用 REHY 型乃至 USY 型分子筛催化剂。若原料油的重金属含量高，则宜选用具有小表面积基质的 USY 型分子筛催化剂。

（2）当要求的产品方案从最大轻质油收率向最大汽油辛烷值方向变化时，催化剂的选择也相应地从 REY 型向 REHY 型以至 USY 型分子筛催化剂方向变化。

（3）根据现有装置的具体条件尤其是制约条件来选用催化剂。例如，当再生器负荷较紧张时，应选用焦炭选择性好的 REHY 型或 USY 型分子筛催化剂；当催化剂循环量受到制约（即剂油比受到制约）时，宜选用活性高的 REHY 型乃至 REY 型分子筛催化剂。

分子筛催化剂表面也具有酸性，阳离子置换后的分子筛单位表面上的酸性活性中心数目约为硅酸铝催化剂的 100 倍，其活性也相应高出 100 倍左右。如此高的活性，在目前的生产工艺中还难以应用，因此，工业上所用的分子筛催化剂实际上仅含 10%~35% 的分子筛，其余是起稀释作用的载体（或称为担体，一般是低铝或高铝硅酸铝）。

除稀释作用外，载体在分子筛催化剂中起着多方面的其他作用。

（1）在离子交换时，分子筛中的钠不可能完全被置换掉，而钠的存在会影响分子筛的稳定性，载体可以容纳分子筛中未除去的钠，从而提高分子筛的稳定性。

（2）适宜的载体可增强催化剂的机械强度。

（3）在再生和反应时，载体作为一个宏大的热载体，起到储存和传递热量的作用。

（4）分子筛的价格较高，使用载体可降低催化剂的生产成本。

（5）在重油催化裂化中，载体可以起到预裂化的作用。重油催化裂化进料中的部分大分子难以直接进入分子筛的微孔中，如果载体具有适度的催化活性，可以使这些大分子先在载体的表面上进行适度的裂化，生成的较小的分子再进入分子筛的微孔中进一步反应。此外，载体还能容纳进料中易生焦的物质(如沥青质、重胶质等)，对分子筛起到一定的保护作用。因此，对于重油催化裂化催化剂，载体的活性、表面结构等物理化学性质对反应过程具有更重要的影响。

与无定型硅酸铝催化剂相比，分子筛催化剂可大幅度提高装置的轻油收率和处理能力。

三、裂化催化剂的使用性能

催化裂化工艺对所用催化剂有诸多的使用要求，活性、选择性、稳定性、密度、抗重金属污染性能、流化性能和抗磨性能是评定催化剂性能的重要指标。

1. 活性

活性是指催化剂加大化学反应速率的能力，主要与催化剂的结构和组成有关。对不同类型的催化剂，实验室评定和表示方法有所不同。对目前工业上广泛使用的分子筛催化剂，在实验室中通常使用微反活性法(MAT)进行活性测定。在微型固定床反应器中放置 5.0g 待测催化剂，采用标准原料(一般使用某种轻柴油，在中国规定使用大港原油 235~337℃ 的轻柴油馏分)，在反应温度为 460℃、质量空速为 $16h^{-1}$、剂油比为 3.2 的条件下反应 70s，所得产物中的汽油(<204℃)、气体及焦炭的质量占总进料的百分数即为该催化剂的微反活性(MAT)。

新鲜催化剂在开始投用的一段时间内，活性会急剧下降，降到一定程度后则缓慢下降。此外，由于生产过程中催化剂不可避免地损失一部分，需要定期补充相应数量的新鲜催化剂以维持催化剂藏量。因此，在实际生产过程中，反应器内的催化剂活性可保持在一个相对稳定的水平上，此时催化剂的活性称为平衡活性。显然，平衡活性低于新鲜催化剂的活性。平衡活性的高低取决于催化剂的稳定性和新鲜剂的补充量，分子筛催化剂的平衡活性为 60~75 (微活性)。

2. 选择性

催化裂化过程的反应众多，对产品分布和质量的影响各异。因此，人们总是希望催化剂能有效地促进那些能增加目的产物收率或改善产品质量的反应，而对其他不利的反应不起或少起促进作用。将原料转化为目的产品的能力称为选择性，一般采用目的产物收率与转化率之比，或以目的产物与非目的产物产率之比来表示。例如，对于以生产汽油为主要目的的裂化催化剂，常常用"汽油产率/焦炭产率"或"汽油产率/转化率"表示其选择性。

活性高的催化剂选择性不一定好，选择性好的催化剂可使原料生成较多的轻质油，而少生成气体和焦炭。催化裂化反应过程中，原料中的重金属沉积到催化剂上，会引起催化剂选择性变差。

分子筛催化剂的选择性优于无定型硅酸铝催化剂，当焦炭产率相同时，使用分子筛催化剂可使汽油产率提高 15%~20%。

3. 稳定性

随着使用时间的延长，由于晶体结构被破坏和金属沉积等的影响，催化剂的活性和选择性会逐渐下降。催化剂在使用过程中保持其活性和选择性的性能称为稳定性。

实验室中一般采用水热老化方法评价催化剂的稳定性。在中国，一般是在 800℃和常压条件下，采用 100%的水蒸气处理催化剂 4h 或 17h，对比水热处理前后催化剂活性的变化。稳定性高表示催化剂经高温和水蒸气作用后活性下降少，催化剂使用寿命长。

4. 密度

裂化催化剂是多孔性物质，其密度有几种不同的表示方法。

(1) 真实密度。催化剂颗粒骨架本身所具有的密度，即颗粒的质量与骨架实体所占体积之比，又称骨架密度，其值一般为 2~2.2g/cm³。

(2) 颗粒密度。把微孔体积计算在内的单个颗粒的密度，一般为 0.9~1.2g/cm³。

(3) 堆积密度。催化剂堆积时包括微孔体积和颗粒间的孔隙体积的密度，一般为 0.5~0.8g/cm³。对于微球(粒径为 20~100μm)分子筛催化剂，堆积密度又可分为松动状态、沉降状态和密实状态三种不同状态下的堆积密度。

颗粒密度对催化剂的流化性能有重要影响，而堆积密度主要用于催化剂质量和体积的换算。

5. 抗重金属污染性能

原料中的镍(Ni)、钒(V)、铁(Fe)、铜(Cu)等金属盐类沉积或吸附在催化剂表面，大大降低催化剂的活性和选择性，称为催化剂"中毒"或"污染"，可使汽油产率大幅度下降，气体和焦炭产率上升。

分子筛催化剂比硅酸铝催化剂具有更强的抗重金属污染能力。

为防止重金属污染，一方面应控制原料油中的重金属含量，另一方面应提高催化剂的抗重金属污染能力或使用金属钝化剂以抑制污染金属的活性。

6. 流化性能和抗磨性能

为保证催化剂在反应—再生系统中有良好的流化状态，要求催化剂有适宜的粒径分布，即较好的筛分组成。工业用微球催化剂的颗粒直径一般为 20~100μm。粒度分布大致如下：0~40μm 颗粒占 10%~15%，大于 80μm 的颗粒占 15%~20%，其余是 40~80μm 的筛分。适当的细粉含量可改善流化质量。由于催化剂颗粒之间及催化剂与器壁之间的激烈碰撞，使大颗粒粉碎以及细颗粒不易被旋风分离器回收等，在平衡催化剂中大于 80μm 的大颗粒和小于 20μm 的细颗粒的含量会下降。

为避免在生产运转过程中催化剂过度破碎，以保证流化质量和减少催化剂损耗，要求催化剂具有较高的机械强度。通常采用"磨损指数"来评价催化剂的机械强度，测定方法是将一定量的催化剂放在特定的仪器中，用高速气流冲击 4h 后，所生成的小于 15μm 细粉的质量占试样中大于 15μm 催化剂质量的百分数即为磨损指数。通常要求微球催化剂的磨损指数不大于 2。

四、裂化催化剂的助剂

随着裂化催化剂的迅速发展，多种起辅助作用的助催化剂(简称助剂)也得到了快速发展和应用。通常来说，将少量助剂(一般小于5%)添加到裂化催化剂中，即可以达到促进或提高裂化催化剂某种性能的作用，以补充裂化催化剂在某些性能方面的不足。助剂的使用灵活，可以根据具体情况随时启用、停用，或调整用量，无须为了改变操作方式而更换全部催化剂，且使用效果较为显著。

1. 辛烷值助剂

辛烷值助剂的作用是提高裂化汽油的辛烷值。它的主要活性组分是一种中孔择形分子筛，最常用的是ZSM-5分子筛。ZSM-5可以把一些裂化生成的、辛烷值很低的正构 C_7—C_{13} 烷烃或带一个甲基侧链的烷烃和烯烃进行选择性裂化，生成辛烷值较高的 C_3—C_5 烯烃，而且所生成的 C_4、C_5 异构物比例大，从而提高了汽油的辛烷值。尤其是对石蜡基原料油，裂化汽油辛烷值的提高更明显。使用辛烷值助剂后，原裂化汽油中的部分烷烃转化为液化气，汽油产率下降、液化气产率增大。但如果把所增加液化气中的烯烃转化为烷基化油计算在内，则总汽油收率反而会增加。

辛烷值助剂的加入量为系统催化剂藏量的10%~20%，补充量为0.1~0.4kg/t原料油。使用助剂后，一般情况下轻质油收率降低1.5%~2.5%，液化气收率约增加50%，汽油马达法辛烷值提高1.5~2个单位，研究法辛烷值提高2~3个单位。此外，提高裂化反应温度也可以提高裂化汽油的辛烷值，这两种方法的效果有叠加关系。

2. 金属钝化剂

裂化原料中的重金属会对催化剂起毒害作用。例如，镍会使催化剂的选择性变差，导致轻质油产率下降、焦炭产率增大、氢气产率增大等；钒在高温下会使催化剂的活性下降等。尤其是在掺炼渣油时，由于原料含重金属较多，对催化剂的毒害更为严重。

钝化剂的作用是使催化剂上的有害金属减活，从而减少其毒害作用。工业上使用的钝化剂主要有锑型、铋型和锡型三类，前两类主要是钝镍，而锡型则主要是钝钒。目前最广泛使用的是锑型钝化剂。金属钝化剂都是液体，可直接注入装置中，钝化剂的注入量一般以催化剂上的锑镍比为0.3~1.0为宜。对不同的原料或催化剂，加入钝化剂的效果会有所不同。一般来说，当金属污染较重时，加钝化剂后氢气产率相对减少35%~50%、焦炭产率相对减少10%~15%，而汽油产率相对增加2%~5%。

3. 降硫助剂

随着环保法规的日益严格，降低催化裂化汽油硫含量成了炼油行业迫切需要解决的难题。降硫剂的原理是让汽油中的噻吩类化合物在催化裂化提升管反应器的气氛下发生氢转移反应，进而裂解，硫转化为 H_2S 进入干气，达到降低催化裂化汽油硫含量的目的，是一种既简便又经济的降硫方法。

目前，工业上使用的降硫剂中，效果最好的可降低催化裂化汽油硫含量的50%(质量分数)左右。

4. 多产低碳烯烃助剂

多产低碳烯烃助剂的作用是增加催化裂化过程中的低碳烯烃(特别是丙烯)的收率。最常用的活性组分主要也是ZSM-5分子筛。通过选择性裂化汽油中的低辛烷值组分，在维持较高渣油转化率的同时，可大幅度提高丙烯产率。

5. 汽油降烯烃助剂

降烯烃助剂的活性组分是一种改性的择形分子筛，具有一定的芳构化、氢转移和裂化活性，可以降低催化裂化汽油中的烯烃含量。加入量一般不超过主催化剂量的 10%，通常为 5%~8%。

6. CO 助燃剂

CO 助燃剂的作用是促进 CO 氧化成 CO_2，减少烟气中的 CO 排放量，以减少污染、回收烧焦时产生的大量热量，可使再生温度有所提高，从而提高了烧焦速率并使再生剂的含炭量降低，提高了再生剂的活性和选择性，有利于提高轻质油收率。同时，由于再生器的温度提高，催化剂循环量可以有所降低。

目前广泛使用的 CO 助燃剂是将铂、钯等贵金属活性组分担载在 Al_2O_3 或 $SiO_2-Al_2O_3$ 担体上制成的，铂含量一般为 0.01%~0.05%。助燃剂的用量很小，当系统中催化剂上的铂含量保持在 $2\mu g/g$ 左右时就能达到稳定操作。

7. 硫转移剂

硫转移剂实际上是一种固体吸附脱硫助剂。该助剂在再生器内的富氧气氛下选择性地将烟气中的 SO_2 催化氧化成 SO_3，并与助剂上的碱性金属形成金属硫酸盐；负载 SO_3 的助剂随再生剂一起进入还原氛围的提升管反应器，金属硫酸盐被还原生成 H_2S，进入催化裂化的气体产物中，最后由硫黄回收装置回收，避免硫排入大气。此时，助剂被还原再生，随结焦失活的待生剂循环进入再生器重新吸附 SO_2。

目前采用的硫转移剂一般是 Al_2O_3、MgO、铝酸镁尖晶石或 La_2O_3 等金属氧化物。

除上述助剂外，还有多产液化气助剂、钒捕集剂（固钒剂）、降低烟气 NO_x 助剂、多产柴油助剂、油浆阻垢剂等。

五、催化剂的失活与再生

1. 催化剂的失活

催化裂化反应过程中，由于各种因素的影响，催化剂的活性会不断下降甚至丧失，称为催化剂的失活。

石油馏分的催化裂化过程中，由于缩合反应和氢转移反应，会产生部分高度缩合的产物——焦炭。焦炭沉积在催化剂表面上，覆盖活性中心使催化剂的活性及选择性降低，通常称为"结焦失活"。结焦引起的失活最严重，失活速率也最快，一般在 1s 内就能使催化剂活性丧失大半，不过此种失活属于"暂时性失活"，再生后即可恢复。

在高温和水蒸气的反复作用下，催化剂的表面结构发生变化，比表面积和孔体积减小，分子筛的晶体结构遭到破坏，引起催化剂的活性及选择性下降，称为"水热失活"。水热失活是不可逆转的，一般随着温度的升高而加剧，尤其是再生器的操作条件对催化剂的水热失活速率的影响是决定性的，通常只能控制操作条件以尽量减缓水热失活，如避免催化剂在超高温下与水蒸气反复接触等。

催化裂化的原料（特别是渣油）中，通常含有铁、镍、铜、钒、钠、钙等重金属，在催化裂化反应条件下，这些金属会沉积到催化剂上，引起催化剂中毒或污染，导致催化剂的活性和选择性下降，称为"中毒失活"。此外，某些原料中碱性氮化物含量过高也能使催化剂中毒失活。

2. 催化剂再生

各种失活现象产生的原因、对反应结果及催化剂性能的影响是不一样的，因此其处理方式也是不同的。通常，中毒失活和水热失活是不可恢复的，只能通过更换或部分置换来恢复或维持催化剂的活性。而结焦引起的失活可通过再生来恢复催化剂活性。

在高温下利用空气烧掉催化剂表面沉积的焦炭，恢复催化剂的活性并重复使用的过程，称为催化剂再生。在实际生产中，离开反应器的催化剂含炭量约为1%（质量分数），称为待生催化剂（简称待生剂）；再生后的催化剂称为再生催化剂（简称再生剂）。对分子筛催化剂，要求再生剂的含炭量达到0.2%（质量分数）以下，而对超稳Y型分子筛催化剂则要求降至0.05%（质量分数）以下。催化剂的再生过程决定着整个装置的热平衡和生产能力，是催化裂化工艺的重要组成部分。

焦炭的主要成分是碳和氢，原料中含有的硫、氮等也会存于焦炭中。催化剂的再生反应就是利用空气中的氧烧去焦炭，产物是CO、CO_2和H_2O（还有少量的SO_x、NO_x等）。再生反应是强放热反应，例如，一套处理能力为$120×10^4 t/a$的催化裂化装置，若焦炭产率为5.5%（质量分数），则每小时烧焦可产生$250×10^6 kJ$的热量，足以提供本装置热平衡所需的热量。在有些情况（如CO完全燃烧、焦炭产率高等）下，还可以提供相当大的剩余热量用以发电、产生水蒸气等。

影响再生（或烧焦）反应速率的主要因素有再生温度、再生压力、再生器催化剂藏量、催化剂的含炭量，以及再生器的结构型式等。

第四节　催化裂化装置的主要设备

催化裂化装置的设备较多，其中有很多是化工通用设备，本节主要介绍催化裂化所特有的设备及其技术。

一、提升管反应器

提升管反应器是进行催化裂化反应的场所，是装置的关键设备之一。常见的提升管反应器主要有直管式和折叠式两种。

（1）直管式提升管反应器。该反应器为一根长径比很大的直管，多用于高低并列式提升管催化裂化装置。图5-7是直管式提升管反应器及沉降器结构示意图，图5-8为提升管下部预提升段结构示意图。

（2）折叠式提升管反应器。多用于同轴式和由床层反应器改造的提升管催化裂化装置，由于提升管位于沉降器的一侧，油气需通过提升管上部的水平段进入沉降器。

提升管反应器的直径根据装置处理量决定，工业上一般采用的线速度：入口处为4~7m/s，出口处为12~18m/s。提升管长度一般为20~35m，通常以油气在提升管内的平均停留时间为1~4s来确定。由于裂化反应的结果，提升管内自下而上油气线速度不断增大，为了不使提升管上部气速过高，提升管可做成上部扩径的上下异径型式。

现代提升管反应器的侧面至少开有上、下两组进料口，其作用是根据生产工艺要求，使新鲜原料、回炼油和回炼油浆从不同位置进入提升管，进行选择性裂化。此外，为了抑制过度的二次反应，很多提升管反应器在中上部还开有终止剂注入口。

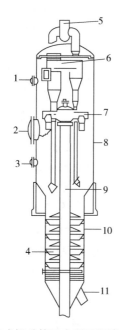

图 5-7　直管式提升管反应器及沉降器结构示意图

1，3—人孔；2—装卸孔；4—环形挡板；

5—外集气管；6—旋风分离器；7—快速分离器；

8—沉降器；9—提升管反应器；

10—汽提段；11—待生斜管

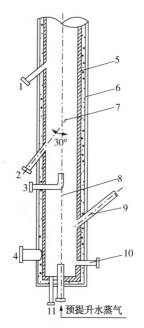

图 5-8　提升管下部预提升段结构示意图

1—上进料口；2—下进料口；3—事故水蒸气入口；

4—人孔；5—衬里；6—保温层；

7—提升管；8—预提升段；9—再生斜管；

10—卸料口；11—排污口

提升管最低进料口以下的一段称为预提升段(图 5-8)，主要作用是通过提升管底部吹入水蒸气(预提升蒸汽)，使再生斜管来的再生催化剂向上加速，以保证催化剂与原料油相遇时接触均匀，创造一个良好的反应环境，这种作用称为预提升。为避免出现噎塞现象，预提升段内的气速应不低于 1.5m/s，对于直径较大的提升管反应器，预提升段可以采用缩径设计。

原料油通过预提升段上方的进料口由喷嘴(图 5-9)进入提升管反应器，为了避免油气和催化剂偏流，通常采用多喷嘴进料设计，即多个喷嘴沿提升管圆周同一水平面均匀对称布置。由于回炼油和回炼油浆的裂化性能与新鲜原料不同，为了避免竞争吸附、实现选择性裂化，通常在提升管的不同高度设有两处进料口，一般下进料口进新鲜原料油，上进料口进回炼油和回炼油浆。

为使油气在离开提升管后立即终止反应，避免过度的二次裂化，提升管出口均设有快速分离装置以使油气与大部分催化剂迅速分开。在工业上使用过的快速分离器有多种类型，如伞帽形快速分离器、倒 L 形快速分离器、T 形快速分离器、粗旋风分离器、弹射快速分离器和垂直齿缝式快速分离器等(图 5-10)。目前，绝大多数装置采用粗旋风分离器。

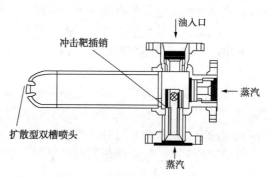

图 5-9　某进料雾化喷嘴结构示意图

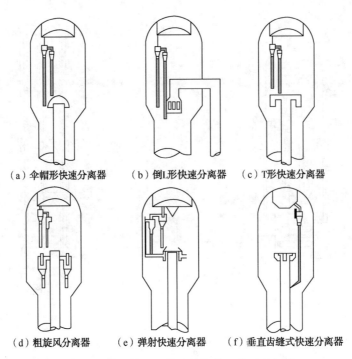

（a）伞帽形快速分离器　　（b）倒L形快速分离器　　（c）T形快速分离器

（d）粗旋风分离器　　（e）弹射快速分离器　　（f）垂直齿缝式快速分离器

图 5-10　提升管出口快速分离装置类型示意图

　　为进行参数测量和取样，沿提升管高度还装有热电偶管、测压管、采样口等。除此之外，提升管反应器的设计还要考虑耐热、耐磨以及热膨胀等问题。

　　随着重油被广泛用作催化裂化的原料，特别是为了提高轻质油收率并直接生产清洁油品，提升管反应器仍有不少值得研究和改进之处。近年来出现了具有不同反应器型式的重油催化裂化工艺技术，如中国石油大学（华东）开发的两段提升管催化裂化系列技术、石油化工科学研究院开发的多产异构烷烃催化裂化技术（MIP）等。

二、沉降器

　　沉降器的作用是对来自提升管反应器的油气和催化剂进行分离和进一步处理，使油气和催化剂满足离开反应系统的条件。沉降器是用碳钢焊制成的圆筒形设备，上段为沉降段，下段是汽提段。沉降段内装有数组旋风分离器，将油气所夹带的催化剂分出后经集气室去分馏系统；由提升管快速分离器及旋风分离器出来的催化剂依靠重力在沉降器中向下沉降，落入汽提段。汽提段内设有数层人字挡板和蒸汽吹入口，在下部通入过热水蒸气将催化剂夹带的油气吹出（汽提），并返回沉降段，以便减少油气损失和再生器烧焦负荷。图 5-11 为沉降器示意图。

　　沉降段多采用直筒形，直径大小根据气体（油气、水蒸气）流率及线速度决定，沉降段线速度一般不超过 0.5~0.6m/s。沉降段的高度由旋风分离器料腿压力平衡所需长度及所需沉降高度确定，通常为 9~12m。

　　汽提段的尺寸一般由催化剂循环量以及催化剂在汽提段内的停留时间决定，停留时间一般是 1.5~3min。汽提段的效率与水蒸气用量、催化剂停留时间、汽提段的温度和压力以及催化剂的表面结构有关。工业装置的水蒸气用量一般为 2~3kg/1000kg 催化剂，对于重油催化裂化装置，水蒸气用量则为 4~5kg/1000kg 催化剂。

旋风分离器的性能优劣不仅对反应—再生系统的正常运转和催化剂跑损有直接关系，而且对分馏塔底油浆的固含量有直接影响。

三、再生器

再生器是催化裂化装置的重要设备，其作用是烧掉来自沉降器底部汽提段的待生剂表面沉积的焦炭，为催化剂再生提供场所和条件。再生器的结构型式和操作状况直接影响烧焦能力和催化剂损耗，是决定整个装置处理能力的关键设备。再生器由筒体和内部构件组成，其结构如图 5-12 所示。

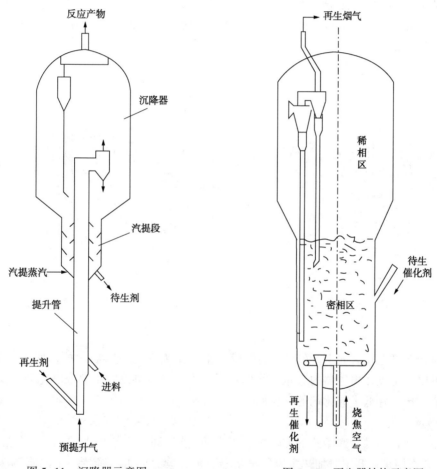

图 5-11 沉降器示意图   图 5-12 再生器结构示意图

1. 筒体

再生器筒体一般由碳钢焊接而成，由于经常处于高温状态和受催化剂颗粒冲刷，筒体内壁需敷设一层隔热、耐磨衬里以保护设备材质。筒体上部为稀相段，下部为密相段，中间变径处通常称为过渡段。

密相段是催化剂进行流化和再生反应的主要场所。在空气的作用下，催化剂在这里形成密相流化床层，密相床层气体线速度一般为 0.6~1.0m/s，采用较低气速时称为低速床，采用较高气速时称为高速床。密相段直径大小通常由烧焦所能产生的湿烟气量和气体线速度确定，密相段高度一般由催化剂藏量和密相段催化剂密度确定，一般为6~7m。

稀相段实际上是催化剂的沉降段。为使催化剂易于沉降，稀相段气体线速度不能太高，要求不大于0.6~0.7m/s，因此稀相段直径通常大于密相段直径。稀相段高度应由沉降要求和旋风分离器料腿长度要求确定，并且从密相区向上到一级旋风分离器入口之间的稀相空间高度应大于输送分离高度，适宜的稀相段高度是9~11m。稀相空间仍有一定的催化剂浓度，为了减少催化剂损耗，再生器内装有两级串联的旋风分离器，烟气经旋风分离器后通过集气室导出再生器。

2. 主风分布管

为了提高烧焦效果，使烧焦空气(工厂里多称为主风)进入床层时能沿整个床截面分布均匀，防止气流趋向中心部位，以形成良好的流化状态，保证气固均匀接触，强化再生反应，在再生器下部都装有空气分布器，最常用的是主风分布管(图5-13)。

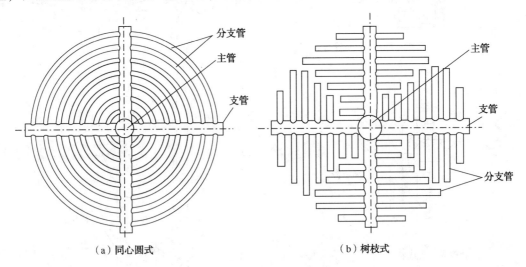

（a）同心圆式　　　　　　　　　　（b）树枝式

图5-13　主风分布管结构示意图

在主风分布管上设有向下倾斜45°的喷嘴，空气由喷嘴向下喷出，再返回上面的床层，一方面，可以使主风在再生器内分布更均匀；另一方面，也可以防止部分催化剂沉积在再生器底部形成死床，降低了催化剂的利用率。

3. 辅助燃料室

辅助燃料室是一种特殊型式的加热炉，设在再生器下面(可与再生器连为一体，也可分开设置)，其作用是在开工时加热主风使再生器升温，紧急停工时维持一定的降温速度。正常生产时辅助燃烧室只作为主风的通道，其结构型式有立式和卧式两种。图5-14是立式辅助燃烧室结构简图。

辅助燃烧室的大小由所需热负荷和规定的炉膛体积热强度决定，内燃室的高径比一般为2~3。辅助燃烧室的燃料可以是柴油，也可以是液化气。

4. 溢流管或淹流管

溢流管(淹流管)的作用是将再生过的催化剂引出再生器。溢流管上口与密相床面齐平，淹流管的上口则低于密相床面。溢流管是一个漏斗形立管，靠近顶部开有长方形槽口(图 5-15)。淹流管也是一漏斗形立管，但上部不必开溢流槽口，管顶面积一般按最大速度不超过 0.24m/s 的要求确定。操作时再生催化剂落入溢流管，因催化剂常常带有较多的烟气，要求催化剂在管内向下流动时应保证有一部分烟气脱出返回床层，以保证催化剂输送管内有较高的密度。

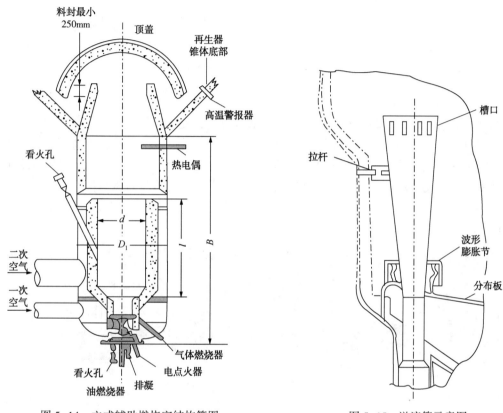

图 5-14　立式辅助燃烧室结构简图　　　　　图 5-15　溢流管示意图

由于淹流管具有蓄压较好、催化剂输送推动力大、不易发生倒流、携带烟气较少等优点，目前在再生器内采用较多。

为了提高催化剂的再生效果，工业上开发了多种型式的再生器，主要分为单段再生、两段再生、快速床再生三种。

四、特殊阀门

催化裂化装置中有多种特殊阀门，如滑阀、塞阀、蝶阀、风动闸阀和阻尼单向阀等，其中滑阀是使用最多的特殊阀门。滑阀分为单动滑阀的和双动滑阀两种，是保证反应器和再生器催化剂正常循环和安全生产的关键设备。

1. 单动滑阀

在并列式提升管催化裂化装置中，单动滑阀安装在输送催化剂的斜管上，用来调节催化剂在两器间的循环量，以控制反应温度，出现重大事故时用以切断再生器与反应沉降器之间的联系，以防造成更大事故。正常操作时，滑阀的开度为 40% ~ 60%。单动滑阀的结构如图 5-16 所示。

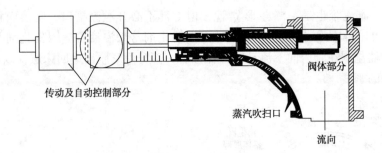

图 5-16　单动滑阀结构示意图

2. 双动滑阀

双动滑阀是一种两块阀板双向动作的超灵敏调节阀，安装在再生器出口和烟囱之间的管线上，用以调节再生器的压力，使再生器与反应沉降器保持一定的压差，维持两器压力平衡和正常的催化剂循环量。实际操作时，双动滑阀的开度是根据两器差压变化信号，由两个风动发动机分别带动两块阀板动作进行调节的，而不是单纯根据再生器压力信号调节。设计滑阀时，两块阀板都留一缺口，即使滑阀全关时，中心仍有一定大小的通道，以避免再生器超压。图 5-17 是双动滑阀结构示意图。

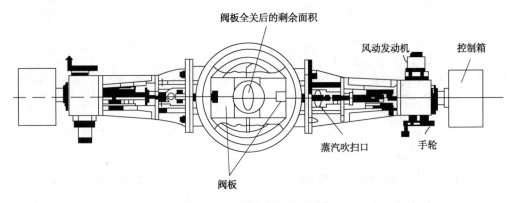

图 5-17　双动滑阀结构示意图

3. 塞阀

在同轴式催化裂化装置中，催化剂的循环利用塞阀调节。塞阀有空心塞阀和实心塞阀两种，一般安装在待生立管的底部，具有结构简单、体积较小、磨损均匀、高温下承受强烈磨损的部件少、操作维修方便等特点。

五、旋风分离器

在沉降器和再生器的顶部都安装有数组旋风分离器，作用是对气体和固体进行分离并回收催化剂，它的操作状况好坏直接影响催化剂损耗量的大小，是催化裂化装置中非常关键的设备。图 5-18 是旋风分离器示意图。

旋风分离器的作用原理是让携带催化剂颗粒的气流以很高的速度(15~25m/s)从切线方向进入旋风分离器，并沿内外圆柱筒间的环形通道做旋转运动，使固体颗粒产生离心力，形成气固分离的条件，颗粒沿锥体下转进入灰斗，气体从内圆柱筒排出。

旋风分离器由内圆柱筒(升气管)、外圆柱筒、圆锥筒以及灰斗组成。灰斗下端与料腿相连，料腿出口装有翼阀。

圆锥筒是气固分离的主要场所。由于圆锥筒的直径逐渐缩小，固体颗粒的旋转速度不断增加，离心力增大，使固体与气体依靠产生的离心力达到分离的作用。

灰斗的作用是脱气。快速旋转流动的催化剂从圆锥筒流出后进入灰斗，旋转速度降低，夹带的大部分气体分出，重新返回锥体，防止气体被催化剂带入料腿而影响排料。灰斗的长度应超过锥体延线交点，并留有适当余量。

料腿和翼阀的作用是将回收的催化剂顺利输送回床层。由于气体通过旋风分离器时产生压降，灰斗处的压力低于再生器中压力。要使催化剂从料腿排出，则必须在料腿内保持一定的料柱高度，即料腿长度

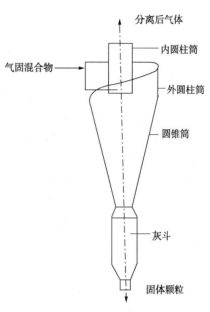

图 5-18　旋风分离器示意图

必须满足旋风分离器系统压力平衡要求。因此，料腿必须采用翼阀密封，翼阀的密封作用是依靠翼板本身的重量实现的。当料腿内的催化剂积累到一定高度后，翼板内侧压力大于外侧，翼板打开，卸出催化剂后依靠自身的重力重新关上。翼阀分为全覆盖型和半覆盖型两种。翼阀的结构如图 5-19 所示。

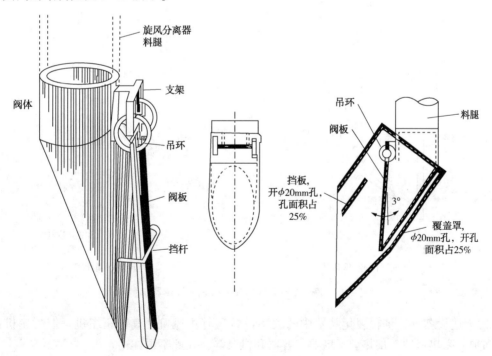

图 5-19　翼阀结构图

六、取热器

为保证催化裂化装置的正常运转，维持反应—再生系统的热量平衡是至关重要的。通常，以馏分油为原料时，反应—再生系统基本能维持自身热量平衡；但加工重质原料(掺渣油原料)时，由于生焦率升高，会使再生器烧焦放出的热量超过两器热平衡的需要，因此必须设法取出过剩热量，避免再生器床层超温，破坏正常的操作条件。

再生器的取热方式有内取热和外取热两种，各有特点，其基本原理都是利用高温催化剂与水换热产生蒸汽达到取热的目的。

内取热是直接在再生器内加设取热管，这种方式的投资少、操作简便、传热系数高。但发生故障时只能停工检修，且取热量可调范围小，因此目前工业上采用较少。

外取热是将高温催化剂引出再生器，在单独的取热器内装取热水套管，然后再将降温后的催化剂送回再生器，以达到取热目的。外取热器具有热量可调范围大、操作灵活和维修方便等优点，因此在工业上得到了广泛的应用。外取热器又分上行式和下行式两种(图5-20)，所谓上和下，是指取热器内的催化剂是自下而上还是自上而下返回再生器。下行式外取热器的催化剂从再生器流入取热器，沿取热器向下流动进行换热，然后从取热器底部返回再生器；上行式外取热器的情况正好相反。

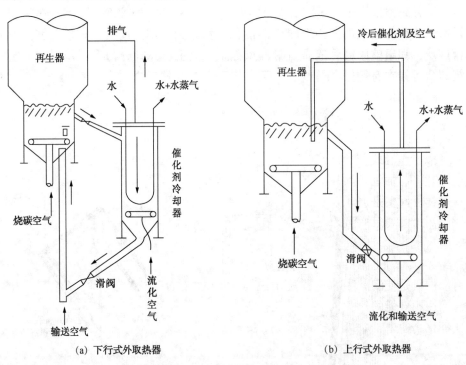

(a) 下行式外取热器　　　　　　　　(b) 上行式外取热器

图5-20　下行式外取热器和上行式外取热器示意图

除上述设备外，催化裂化装置中的大型设备还有主风机、气体压缩机、烟气轮机以及CO锅炉、废热锅炉、加热炉、塔器、容器和机泵等，在此不再详述。

第六章　加氢过程

加氢过程是油品在临氢条件下进行加工的所有工艺的统称，由于这类工艺都需要催化剂的参与，因此又称为催化加氢过程。

20 世纪 90 年代以来，世界炼油工业加工的原油明显变重、变劣，原油中的硫和重金属含量明显上升，而各国的环保法规日趋严格，要求炼油企业采用清洁生产工艺来生产清洁燃料的呼声越来越迫切。加氢过程对于提高原油加工深度、合理利用石油资源、改善产品分布、提高轻质油收率和质量等都具有非常重要的意义。尤其是随着石油资源的日益变重、变劣，以及对轻质馏分油需求量的增加，催化加氢已经成为石油加工过程中的重要手段，是目前炼化企业中最重要的油品二次加工过程之一。

加氢过程有多种不同的工艺类型，按照生产目的不同，可以分为加氢精制、加氢裂化、加氢处理、临氢降凝和润滑油加氢等工艺。

加氢精制是目前工业上采用最多的工艺类型，主要用于油品精制，目的是除去油品中的硫、氮、氧和金属等杂原子，并使部分烯烃和芳烃饱和，改善油品的使用性能。加氢精制的原料非常广泛，如重整原料、汽油、煤油、柴油、重油甚至渣油等。

加氢裂化是指在有氢气存在的条件下，使至少 50% 的反应物分子变小的转化过程，实质上是催化加氢和催化裂化两种工艺的综合。在化学原理上与催化裂化有许多共同之处，主要目的是生产优质轻质油品。

加氢处理通常是指较重的原料油在较苛刻的条件下，发生一定转化反应的加氢工艺过程，包括渣油加氢脱硫、重馏分油加氢脱硫、催化裂化原料和循环油加氢预处理以及中间馏分油加氢处理等。加氢处理与加氢精制和加氢裂化之间既有相似之处，也有各自的特点。深度加氢精制过程大多是加氢处理过程，而加氢裂化和加氢处理相比，前者属于转化率高、以生产轻质油品为主要目的的加氢过程。

临氢降凝又称临氢选择催化脱蜡，是 20 世纪 70 年代发展起来的炼油技术，主要用于生产低凝点柴油，有时也用于降低喷气燃料及润滑油馏分的冰点或凝点。

润滑油加氢是使润滑油中的非理想组分发生加氢精制和加氢裂化，以达到脱除杂原子和改善润滑油使用性能的目的。

现代炼化企业中，应用最多的加氢过程是加氢精制、加氢裂化和加氢处理。

第一节　加氢精制

加氢精制工艺是在一定的温度和压力、有催化剂和氢气存在的条件下，使油品中的各类非烃化合物发生氢解反应，使烯烃、芳烃加氢饱和并脱除金属和沥青质等杂质，以达到精制油品的目的，具有处理原料范围广、液体产品收率高、产品质量好等优点。加氢精制是目前炼化企业中最主要的油品精制方法，也是许多油品二次加工工艺中必不可少的步骤。

加氢精制的主要目的是通过精制来改善油品的使用性能。加氢精制处理的油品范围很广，如一次或二次加工过程得到的汽油、喷气燃料、柴油等，也可处理催化重整原料、催化裂化原料、重油或渣油等，已成为炼化企业中广泛采用的油品精制方法。此外，由于重整工艺的发展，炼化企业可以获取大量廉价的副产氢气，也为加氢精制工艺的发展创造了有利条件。

目前，中国加氢精制技术主要用于二次加工汽油和柴油的精制。例如，用于改善焦化柴油的颜色和安定性；提高渣油催化裂化柴油的安定性和十六烷值；从焦化汽油制取乙烯原料或催化重整原料等。也用于某些原油直馏产品的改质和劣质渣油的预处理。例如，直馏喷气燃料通过加氢精制提高烟点；减压渣油经加氢预处理，脱除大部分的沥青质和金属，可直接作为催化裂化原料等。

一、加氢精制的主要化学反应

加氢精制过程中发生的主要化学反应包括加氢脱硫、加氢脱氮、加氢脱氧、烯烃和芳烃的加氢饱和以及加氢脱金属等。

1. 加氢脱硫(HDS)反应

在加氢精制反应条件下，石油馏分中的含硫化合物进行氢解反应转化成相应的烃和 H_2S，从而脱除杂原子硫。如：

$$RSH + H_2 \longrightarrow RH + H_2S$$

$$\text{[噻吩]} + 2H_2 \longrightarrow \text{[四氢噻吩]} \xrightarrow{H_2} C_4H_9SH \longrightarrow C_4H_8 + H_2S$$
$$\xrightarrow{H_2} C_4H_{10}$$

2. 加氢脱氮(HDN)反应

中国原油一般氮含量较高，因此加氢脱氮往往受到更多的关注。在加氢精制反应条件下，石油馏分中的含氮化合物进行氢解反应，转化成相应的烃和 NH_3。如：

$$R-NH_2 \xrightarrow{H_2} RH + NH_3$$

$$\text{[吡咯]} \xrightarrow{2H_2} \text{[吡咯烷]} \xrightarrow{H_2} C_4H_9NH_2 \xrightarrow{H_2} C_4H_{10} + NH_3$$

$$\text{[吡啶]} \xrightarrow{3H_2} \text{[哌啶]} \xrightarrow{H_2} C_5H_{11}NH_2 \xrightarrow{H_2} C_5H_{12} + NH_3$$

3. 加氢脱氧(HDO)反应

加氢精制反应条件下，石油馏分中的含氧化合物进行氢解反应转化成相应的烃和 H_2O。如：

$$\text{[环烷羧酸-COOH]} \xrightarrow{H_2} \text{[环烷-CH}_3\text{]} + 2H_2O$$

$$\text{[呋喃]} \xrightarrow{H_2} C_4H_{10} + H_2O$$

加氢脱硫、加氢脱氮和加氢脱氧反应生成的 H_2S、NH_3 和 H_2O 在加氢精制反应条件下呈气态，很容易从油品中除去。这些氢解反应都是放热反应，但这几种非烃化合物的氢解反应能力是不同的，当化学结构和分子量大小相近时，含氧化合物的氢解速率处于反应能力较高的硫化物和有一定稳定性的氮化物之间，即三种非烃化合物的加氢反应速率大小依次为含硫化合物>含氧化合物>含氮化合物。例如，在一定的反应条件下，对焦化柴油进行加氢精制，脱硫率可达90%，而脱氮率仅为40%。

在各类烃中，烷烃和环烷烃很少发生反应；大部分的烯烃与氢反应生成烷烃；单环芳烃很少发生加氢反应，多环芳烃可部分加氢饱和。

几乎所有的金属有机化合物在加氢精制反应条件下都可以发生氢解反应，生成的金属沉积在催化剂表面上，堵塞催化剂微孔和床层空隙，造成催化剂的活性下降，并导致床层压降升高。金属沉积会随运转周期的延长而向床层深处移动，因此加氢精制催化剂要周期性地进行更换。

由此可见，加氢精制过程主要是脱除油品中的非理想组分，很少发生裂化反应。因此，产品的安定性好、无腐蚀性，液体收率高。

二、加氢精制催化剂

加氢精制反应过程中，主要发生碳—硫键、碳—氮键、碳—氧键和金属—杂原子键的断裂，而碳—碳键的断裂一般控制在10%以下。因此，加氢精制催化剂主要起加氢作用，载体的酸性非常弱，基本不起裂化作用。

加氢精制催化剂由载体浸渍活性金属组分而制得，常用的活性组分一般是过渡金属元素及其化合物，如钼（Mo）、钨（W）、镍（Ni）、钴（Co）、铂（Pt）和钯（Pd）等。这些元素的共同特点是它们都具有立方晶格或六角晶格结构，因此具有良好的吸附特性，便于反应物分子在催化剂表面吸附后进行反应。

目前使用最多的加氢精制催化剂载体是活性氧化铝，多为 $\gamma-Al_2O_3$，也可用活性炭、硅藻土、硅酸铝、硅酸镁、活性白土、分子筛等中性或弱酸性多孔物质作为加氢精制催化剂的载体。

加氢精制催化剂的种类很多，目前广泛采用的有以氧化铝为载体的钼酸钴（Co-Mo/$\gamma-Al_2O_3$），氧化铝为载体的钼酸镍（Ni-Mo/$\gamma-Al_2O_3$），氧化铝为载体的钴钼镍（Mo-Co-Ni/$\gamma-Al_2O_3$），氧化铝二氧化硅为载体的钼酸镍（Ni-Mo/$\gamma-Al_2O_3-SiO_2$）等。

不同的加氢精制催化剂对各种化学反应有不同的催化活性，适用于不同原料的精制。Co-Mo 系列催化剂的加氢脱硫活性较高，对烯烃饱和及加氢脱氮也有一定的活性，而对裂化反应活性很低，并且稳定性好，寿命长，因此这一系列的催化剂在油品脱硫精制时得到了广泛的应用。Ni-Mo 系列催化剂的加氢脱氮活性高于 Co-Mo 系列，近年来，由于对重油深度加工要求的不断提高，加氢精制的原料逐渐变重，加氢脱氮变得十分重要，因此目前在许多油品的加氢精制过程中，出现了以 Ni-Mo 系列催化剂取代 Co-Mo 系列催化剂的趋势。

研究结果和生产实践还表明，各种加氢精制催化剂，除主金属或金属活性组分对催化剂的使用性能有影响外，在催化剂中加入助剂或改变载体都会改善催化剂的使用性能。例如，在 Ni-Mo 系列催化剂中加入助剂磷，可以提高催化剂的加氢脱氮活性；在加氢精制催化剂的载体中加入一定量的二氧化硅（含量在 5%～15%），可提高催化剂的活性和稳定性；在载体中加入分子筛后，催化剂的活性和抗毒能力提高，可使加氢精制过程采用较低的反应温度和反应压力；在 Al_2O_3 中引入 TiO_2，可使载体与 MoO_3 间的相互作用大大减弱，使分散态的 MoO_3 易于还原和硫化。

加氢催化剂的 W、Mo、Ni、Co 等金属活性组分在使用前都是以金属氧化态形式分散在担体表面上的，但催化剂的活性组分只有呈硫化物形态时，才具有较高的活性。在加氢装置的运转过程中，虽然由于原料含硫可使金属组分有一部分转化成硫化态，但往往由于原料硫含量低而使催化剂的活性达不到正常水平，因此加氢催化剂在使用前，多采用一定的方式进行预硫化，将金属氧化物在进油前转化为硫化态。

加氢精制装置在运转过程中，由于原料要部分发生裂解和缩合反应，催化剂表面会逐渐被积炭所覆盖，活性降低。当催化剂的活性降低到一定程度之后，就需要对催化剂进行再生。催化剂的再生就是把沉积在催化剂表面上的积炭用含氧气体烧掉，再生后催化剂的活性基本可以恢复到原来的水平。

三、加氢精制工艺流程

加氢精制过程的工艺多种多样，按加工原料和目的产品不同，可分为汽油、煤油、柴油和润滑油等馏分油的加氢精制，其中包括直馏馏分和二次加工产物的精制，此外，还有渣油的加氢脱硫等。

加氢精制的工艺流程因原料和加工目的不同而有所区别，但由于其化学反应的基本原理相同，因此各种石油馏分加氢精制的工艺流程原则上没有明显的区别，除少部分渣油加氢装置外，一般都采用固定床反应器。加氢精制的工艺流程一般包括反应系统，生成油换热、冷却、分离系统和循环氢系统三部分。图 6-1 显示了加氢精制的典型工艺流程。

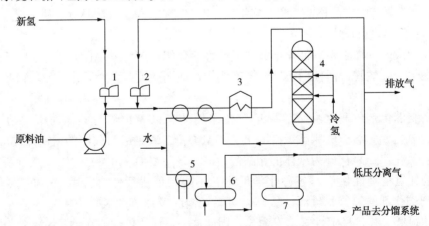

图 6-1　典型加氢精制工艺流程图

1—新氢压缩机；2—循环氢压缩机；3—加热炉；4—反应器；5—冷却器；6—高压分离器；7—低压分离器

1. 反应系统

原料油与新氢、循环氢混合并与反应产物换热后，以气液混相状态进入加热炉(称为炉前混氢，也有在加热炉后混氢的，称为炉后混氢)，加热至反应温度后从反应器顶部进入反应器。反应器进料可以是气相(精制汽油时)，也可以是气液混相(柴油或比柴油更重的油品精制时)。反应器内的催化剂一般是分层填装，以利于层间注冷氢来控制反应温度(加氢精制是放热反应)。循环氢与油料混合物依次由上往下通过每段催化剂床层进行加氢反应。

加氢精制反应器可以是一个，也可以是两个。前者叫一段加氢法，后者叫两段加氢法。两段加氢法适用于某些直馏煤油(如孤岛油)的精制，以生产高密度喷气燃料。此时第一段主要是加氢精制，第二段是芳烃加氢饱和。

2. 生成油换热、冷却、分离系统

反应产物从反应器的底部出来，经过换热、冷却后，进入高压分离器，进行油气分离。分出的气体是循环氢，其中除了主要成分氢气外，还有少量的气态烃(不凝气)和未溶于水的硫化氢；分出的液体产物是加氢生成油，其中也溶解有少量的气态烃和硫化氢，生成油经过减压后再进入低压分离器进一步分离出气态烃等组分，产品去分馏系统分离成合格产品。为了防止反应生成的硫化氢和氨气在低温下生成结晶而堵塞管线和换热器管束，在冷却器前要向产物中注入高压洗涤水，以溶解反应生成的硫化氢和氨气，随后在高压分离器中分出。

3. 循环氢系统

进入加氢装置的氢气量远远大于其化学反应的计量数，未消耗的氢气经分离后需循环使用，称为循环氢。从高压分离器分出的循环氢经储罐及循环氢压缩机后，小部分(约30%)直接进入反应器作为冷氢，其余大部分送去与原料油混合，在装置中循环使用。

氢气的纯度越高，对加氢反应越有利，同时可减少催化剂上的积炭，延长催化剂的使用期限。但氢气中常含有少量的杂质气体，如硫化氢、氧、氮、一氧化碳、二氧化碳以及甲烷等，它们对加氢精制反应和催化剂是不利的，必须限制其含量，如一般要求循环氢的纯度不小于65%(体积分数)，新氢的纯度不小于70%(体积分数)。为了保证循环氢的纯度，避免硫化氢在系统中积累，常常设硫化氢回收系统。一般用乙醇胺吸收以除去硫化氢，净化后的氢气循环使用，富液(吸收液)解吸再生后循环使用，解吸出来的硫化氢送到硫黄装置回收硫黄。图 6-2 为循环氢脱 H_2S 工艺流程图。

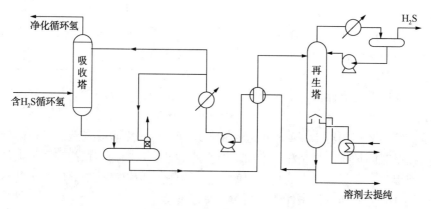

图 6-2　循环氢脱 H_2S 工艺流程图

为了保证循环氢中氢的浓度并补充氢气的消耗，需用新氢压缩机不断往系统内补充新鲜氢气。新鲜氢气通常采用重整副产氢气或者来自制氢装置的氢气。

四、加氢精制过程的影响因素

加氢精制过程中所发生的各种氢解反应都是放热反应，大部分反应的平衡常数较大，但也有少数反应存在热力学平衡问题。因此，操作参数的选择必须根据原料和产物的性质而定，一般来讲，直馏馏分油加氢精制操作条件比较缓和，重馏分油和二次加工油品（如焦化柴油等）则要求比较苛刻的操作条件。当原料性质、催化剂和氢气来源确定后，加氢精制过程的主要影响因素包括反应压力、反应温度、空速和氢油比等。

1. 反应压力

反应压力是加氢精制过程的重要操作参数，主要是通过氢分压来体现。对于轻质油品的气相反应，压力增加，催化剂表面反应物和氢的浓度均增加，反应速率随之增加。对于重质油的加氢精制，压力增加，一方面有利于提高反应速率；另一方面由于混合物中液相比例的增加，相应增加了催化剂表面液膜的厚度及对反应物的扩散阻力，降低了反应速率。因此，最终影响需根据表面反应与扩散的相对速率而定。对于重质馏分油的加氢精制，压力的选择不仅要考虑反应速率的需要，更应考虑对催化剂表面积炭的影响，需选择合理的压力以保证催化剂的使用寿命。

反应压力对各类反应的影响也不相同。含硫化合物的加氢脱硫和烯烃的饱和反应速率很快，在反应压力不太高时就有较高的转化率，受反应压力的影响较小；因脱氮反应速率较低，脱氮率随反应压力的提高显著提高；稠环芳烃加氢时，转化深度受化学平衡的限制，在一定的温度范围内，压力增加有利于提高反应速率和平衡转化率。

对于不同的原料，采用的反应压力也不同，汽油馏分加氢精制的反应压力一般在 3～4MPa，柴油馏分加氢精制的反应压力为 4～5MPa，重馏分油加氢精制的反应压力一般不超过 7～8MPa。

2. 反应温度

温度对加氢精制反应的影响比较复杂。对于不受热力学平衡限制的含硫化合物、含氮化合物的氢解反应，反应速率随温度的升高而增加；但是，对于受热力学平衡限制的硫、氮杂环化合物及芳烃的加氢饱和反应，当超过一定温度后，脱硫率、脱氮率及芳烃的平衡转化率反而随温度的提高而下降。对于柴油和减压馏分油的加氢精制，由于气、液、固三相同时存在于系统中，提高温度，液相比例相对减少，扩散速率加快，有利于提高反应速率。此外，当反应温度过高时，缩合反应加剧，催化剂表面积炭速率会显著加快。因此，加氢精制一般控制在较低的反应温度下操作，不应超过 420℃。

3. 空速

空速是控制加氢精制转化深度和反应装置处理能力的一个重要参数。空速降低，反应物与催化剂的接触时间加长，精制深度增加，但空速过低，反应器容积的利用率太低，装置处理量小。空速提高，要保持一定的精制深度，就必须相应地提高反应温度。因此，空速的大小需根据原料性质、其他操作条件和精制深度等因素确定。

不同馏分中，含硫化合物、含氮化合物和烯烃的加氢反应速率差别很大。对于汽油馏分，即使在 3MPa 的压力下，加氢脱硫、加氢脱氮及烯烃饱和等反应也可以采用较高的空速，一般可达 2.0～4.0h^{-1}；而对于柴油馏分的精制，压力提高到 4～8MPa，一般空速也只能在 1.0～2.0h^{-1}。

加氢精制过程中的脱金属、脱硫反应进行得最快，多环芳烃加氢反应次之，而脱氮反应和单环芳烃加氢反应的速率最慢。因此，对于含氮量高的重质油加氢精制，考虑对加氢脱氮反应深度的要求，即使在高压下，一般空速也只能控制在 1.0h^{-1} 左右。

4. 氢油比

在压力和空速一定时,氢油比的大小直接影响反应物与生成物的汽化率、氢分压以及反应物与催化剂的接触时间,其中每一项又与转化率有关。一方面氢油比增加,反应物的汽化率与氢分压增加,二者都能加快反应速率;但当反应物完全汽化后,如果继续增加氢油比,则会降低反应物的分压(浓度),最终使转化率降低。另一方面,增加氢油比,有利于减缓催化剂表面的积炭速率,延长催化剂使用寿命;但是,增加氢油比,循环氢量增加,氢耗与能耗增加。

因此,需要综合分析才能确定合适的氢油比,一般汽油馏分加氢精制的氢油比为 50 ~ 150(体积比),柴油馏分的为 150 ~ 600(体积比),减压馏分的则为 800 ~ 1000(体积比)。

第二节 加氢裂化

重油轻质化的基本原理是改变油品的平均分子量和氢碳比,且二者往往是同时进行的。改变油品的氢碳比有两条途径,一是脱碳,二是加氢。热加工过程(如热裂化、焦化和催化裂化等)都属于脱碳过程,它们的共同特点是要生成一部分氢碳比较大的轻质油品,就不可避免地产生并脱除一部分氢碳比较小的缩合产物——焦炭和渣油,因而脱碳过程的轻质油收率不会太高。

加氢裂化属于石油加工过程中的加氢路线,在催化剂存在的条件下从外界补入氢气以提高油品的氢碳比。加氢裂化实质上是加氢精制和催化裂化过程的有机结合,一方面能使重质油品通过裂化反应转化为汽油、煤油和柴油等轻质油品,且高的氢分压可防止像催化裂化那样生成大量焦炭;另一方面还可将原料和产物中的硫、氮、氧等杂原子通过加氢除去,使烯烃饱和。

加氢裂化工艺特点如下:

(1)原料范围广。加氢裂化对原料的适应性强,可处理的原料范围很广,包括直馏柴油、焦化蜡油、催化循环油、脱沥青油,以至常压重油和减压渣油等。对于高含硫和难裂化的原料油,也可进行加工,生成高质量的轻质油品,是重质油轻质化的重要手段。

(2)产品方案灵活。加氢裂化产品方案可根据需要进行调整,既能以生产汽油为主(汽油产率最高可达75%);也能以生产低冰点、高烟点的喷气燃料为主(冰点低于-60℃时,喷气燃料产率最高可达85%);也可以生产低凝点柴油为主(凝点低于-45℃时,柴油产率最高可达85%);还可根据需要生产液态烃、化工原料以及润滑油等。总之,根据需要,改变催化剂和调整操作条件,即可按不同生产方案操作得到所需要的产品。

(3)产品质量好、收率高。加氢裂化产品的主要特点是不饱和烃和非烃类含量少,因此油品的安定性好,无腐蚀,环烷烃含量高。石脑油可以直接作为汽油组分或溶剂油等石油产品,也可提供重整原料;中间馏分油如喷气燃料和柴油等,具有良好的燃烧性能和安定性。油品中含有较多的异构烃和少量芳烃,因此,喷气燃料的结晶点(冰点)低,烟点高;柴油的十六烷值高(>60),着火性能好,硫含量低、凝点低,可为喷气发动机和高速柴油机提供优质的燃料。

但加氢裂化也有某些不足,例如,过程要求在较高的压力和温度下进行,设备投资费用大,过程中要消耗氢使得操作费用较高等,这些都阻碍了加氢裂化工艺的广泛应用和快速发展。

尽管如此，随着原油深度加工和资源合理利用要求提高、轻质油品需求量增大和质量要求提高等，都将促使加氢裂化工艺在炼油工业中发挥更重要的作用。

一、加氢裂化的主要化学反应

1. 正碳离子反应

与催化裂化相似，加氢裂化使用的催化剂也具有酸性，因此，在催化裂化过程中由酸性催化剂所引发的化学反应，绝大多数也能在加氢裂化条件下发生。不管是烷烃还是烯烃，在加氢裂化过程中都可以发生断裂反应，生成小分子的烃类；带有较长烷基侧链的环烷烃和芳烃的烷基侧链也会发生断裂脱除反应；此外，单环环烷环本身也会发生开环反应，生成相应的烯烃，双环环烷烃和多环环烷烃的环也会依次发生异构开环断裂反应。

除裂化反应以外，烷烃、烯烃和环烷烃都可以发生异构化反应，由于裂化产物烯烃首先进行异构化反应，然后再加氢，因此，加氢裂化产物的异构烃含量较高，部分加氢裂化产物的异构烃含量甚至会超过化学平衡浓度。

由于氢气和加氢催化剂的存在，脱氢及缩合反应被大幅度地抑制，但加氢裂化过程中仍有少部分环烷烃和芳烃会发生脱氢及缩合反应。

2. 烃类加氢反应

烯烃主要来源于裂化反应的产物，在加氢裂化反应条件下，烯烃加氢转换为饱和烃，且反应速率非常快，但也有非常少量的烯烃会发生聚合及环化反应。

芳环本身断环的可能性很小，部分芳烃可以加氢饱和生成环烷烃，再按环烷烃的反应规律继续反应。双环芳烃、多环芳烃和稠环芳烃的加氢裂化是依次进行的，通常一个芳环首先加氢变为环烷—芳烃，然后环烷环开环断裂，直至变成单环芳烃。

双环芳烃和多环芳烃以及环烷—芳烃大部分存在于重质油中，如减压馏分油、渣油和催化裂化循环油等。加氢裂化过程中，由于氢气的存在使稠环芳烃的缩合反应得到抑制，因此不会像催化裂化那样产生大量的焦炭。

3. 杂原子脱除反应

非烃类化合物是指原料油及反应产物中的含硫化合物、含氮化合物和含氧化合物，在加氢裂化条件下，含硫化合物加氢生成相应的烃类及硫化氢；含氧化合物加氢生成相应的烃类和水；含氮化合物加氢生成相应的烃类及氨。硫化氢、水和氨易除去。因此，加氢裂化产品无须另行精制。

对于加氢裂化过程中的反应可以概括为以下几点：

（1）稠环芳烃通过逐环加氢裂化，生成较小分子的芳烃及芳烃—环烷烃。

（2）双环以上环烷烃在加氢裂化条件下，发生异构、断环反应，生成较小分子的环烷烃，随着转化深度增加，最终生成单环环烷烃。

（3）单环芳烃和环烷烃的环比较稳定，不易裂开，主要是侧链断裂或生成异构体。

（4）烷烃异构化与裂化同时进行，反应产物中异构烃含量一般超过其热力学平衡值。

（5）烷烃裂化很少生成 C_3 以下的小分子烃类。

（6）非烃类基本上完全转化，烯烃也基本上全部饱和。

上述反应中，加氢反应是强放热反应，而裂化反应则是吸热反应，二者部分抵消，最终结果表现为放热过程。

二、加氢裂化催化剂

1. 加氢裂化催化剂的组成

加氢裂化催化剂是一种双功能催化剂，即由具有加氢功能的金属组分和具有裂化功能的酸性载体两部分组成。根据不同的原料和产品要求，对这两种组分的功能进行适当的选择和匹配。

加氢裂化催化剂中，加氢组分的作用主要是使原料中的芳烃(尤其是多环芳烃)和烯烃加氢饱和，同时脱除油品中的硫、氮、氧和金属等杂原子，常用的活性组分有铂、钯、钨、钼、镍和钴等金属元素。裂化活性组分的作用是促进碳—碳键的断裂和异构化反应，常用的裂化组分是无定型硅酸铝和沸石，通称固体酸载体。

工业上使用的加氢裂化催化剂按化学组成不同，大体可分为以下三种：

（1）以无定型硅酸铝为载体，以非贵金属镍、钨、钼为加氢活性组分的催化剂。

（2）以硅酸铝为载体，以贵金属铂、钯为加氢活性组分的催化剂。

（3）以沸石和硅酸铝为载体，以镍、钨、钼、钴、铂或钯等为加氢活性组分的催化剂，特别是沸石，是目前加氢裂化催化剂最主要的载体。铂和钯的活性虽然高，但对硫等杂质的敏感性很强，这种催化剂只在两段加氢裂化过程的第二段中使用。

2. 加氢裂化催化剂的使用要求

加氢裂化催化剂的使用性能主要有四项指标，分别是活性、选择性、稳定性和机械强度。

（1）活性是指催化剂促进化学反应的能力，通常用在一定条件下原料达到的转化率或产品收率来表示。

$$转化率(\%) = \frac{原料油量 - 生成油中沸点高于原料油初馏点的馏分量}{原料油量} \times 100\% \qquad (6-1)$$

$$收率(\%) = \frac{目的产物产量(t/h)}{原料油量(t/h)} \times 100\% \qquad (6-2)$$

提高催化剂的活性，在维持一定转化率的前提下，可采用较缓和的加氢裂化操作条件。随着使用时间的延长，催化剂活性会逐渐降低，一般可用提高反应温度的办法来维持一定的转化率。因此，也可用初期的反应温度来表示催化剂的活性。

（2）选择性可用加氢裂化过程中目的产品产率和非目的产品产率之比来表示。提高选择性可获得更多的目的产品。

（3）稳定性是表示催化剂运转周期和使用期限的指标。通常以在规定时间内维持催化剂活性和选择性所必须升高的反应温度表示。

（4）加氢裂化催化剂必须具有一定的机械强度，以避免在装卸和使用过程中粉碎引起管线堵塞、床层压降增加而造成事故。

3. 加氢裂化催化剂的预硫化与再生

同加氢精制催化剂一样，加氢裂化催化剂也必须进行预硫化和再生。

（1）预硫化。加氢催化剂的钨、钼、镍、钴等金属活性组分，使用前都是以氧化物形态存在的，加氢活性很低，只有呈硫化物形态时才具有较高的活性。因此，加氢裂化催化剂在使用之前必须进行预硫化。所谓预硫化，就是在含硫化氢的氢气流中使金属氧化物转化为硫化物。

（2）再生。加氢裂化反应过程中，随着反应时间的增长，焦炭和原料中的重金属等逐渐在催化剂表面沉积，使催化剂的活性逐渐衰退。为了恢复因结焦而引起的失活，可用烧焦的方法进行催化剂再生，再生后催化剂的活性基本上可以恢复到原来的水平。

加氢催化剂的再生，可以直接在反应器内进行，也可以采用器外再生。但无论哪一种方法，都是采用在惰性气体中加入适量空气逐步烧焦，以控制再生温度，避免高温对催化剂造成破坏。惰性气体一般使用氮气或水蒸气，同时还可以起到热载体的作用。

三、加氢裂化工艺流程

目前已工业化的加氢裂化工艺都采用固定床反应器。根据原料性质、目的产品、处理量大小及催化剂性能等不同，加氢裂化工业装置一般分为一段流程和两段流程两大类。

1. 一段加氢裂化工艺流程

一段加氢裂化工艺流程中只有一个反应器，原料油的加氢精制和加氢裂化在同一个反应器中进行。反应器上部为精制段，内装加氢活性高的催化剂（如金属含量较高的硅酸铝载体催化剂）进行原料预处理；下部为裂化段，装入裂化活性较高的催化剂（如金属含量较低的硅酸铝载体催化剂）进行裂化和异构化反应，最大限度生产汽油和中间馏分。这种流程主要用于由粗汽油生产液化气，由减压蜡油或脱沥青油生产喷气燃料或柴油等，有时在生产燃料的同时也生产部分润滑油料。一段流程中还包括一种由两个反应器串联在一起的串联法加氢裂化流程。

图6-3为某减压馏分油一段加氢裂化工艺流程图。原料油经泵升压至16MPa后与新氢及循环氢混合，再与420℃左右的加氢生成油换热至320~360℃进入加热炉，反应器进料温度为370~450℃。原料在反应温度为380~440℃、空速为$1.0h^{-1}$、氢油比（体积比）约2500的条件下进行反应。为了控制反应温度，需向反应器分层注入冷氢。反应产物经与原料油换热后降温至200℃，再进一步冷却，温度降到30~40℃之后进入高压分离器。反应产物在进入空气冷却器之前需注入软化水，溶解其中的NH_3、H_2S等，以防止水合物析出而堵塞管道。自高压分离器顶分出的循环氢，经循环氢压缩机升压至反应器入口压力后，返回反应系统循环使用。自高压分离器底分出的加氢生成油，经减压系统减压至0.5MPa，进入低压分离器，在此将水脱出，并释放出溶解气体，作为富气送出装置，可作燃料气使用。生成油经加热后送入稳定塔，在1.0~2.0MPa下分出液化气，塔底液体经加热炉加热送至分馏塔，最后分离出汽油、喷气燃料、低凝柴油和塔底尾油。尾油可部分或全部作为循环油，与原料油混合后返回反应系统，或送出装置作为燃料油。

一段加氢裂化工艺流程根据尾油的处理方式不同，可有三种操作方案，即原料一次通过、尾油部分循环和尾油全部循环。

一段加氢裂化工艺流程中还有一种串联法加氢裂化工艺流程（图6-4），系统中有两个反应器串联，在反应器中分别装入不同的催化剂：第一个反应器中装入脱硫、脱氮活性好的加氢催化剂，第二个反应器中装入抗氨、抗硫化氢的分子筛加氢裂化催化剂。除此之外，其他部分均与一段加氢裂化工艺流程相同。

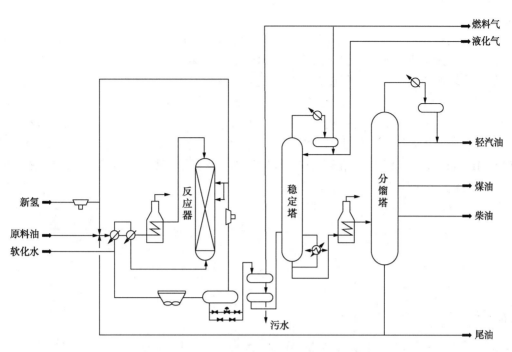

图 6-3 某减压馏分油一段加氢裂化工艺流程图

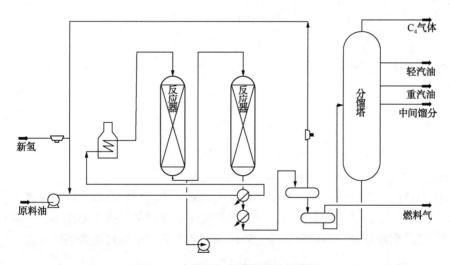

图 6-4 串联法加氢裂化工艺流程图

与普通一段加氢裂化工艺流程相比,串联法加氢裂化工艺流程的优点在于只要通过改变操作条件,就可以最大限度地生产航空煤油和柴油。例如,多生产航空煤油和柴油时,只要降低第二反应器的操作温度即可;而要多生产汽油,只需提高第二反应器的操作温度即可。

2. 两段加氢裂化工艺流程

两段加氢裂化工艺中有两个反应器,并且分别装有不同性能的催化剂,第一个反应器中主要进行加氢精制反应,第二个反应器中主要进行加氢裂化反应,形成独立的两段流程体系。两段加氢裂化工艺对原料的适应性强,改变第一段催化剂可以处理多种不同的原料,如高氮、高芳烃的重质原料油等;操作灵活性大,采用不同的操作条件可改变生成油的产品分布。

图6-5为两段加氢裂化工艺原则流程图。原料油经高压泵升压并与循环氢和新氢混合后，先与第一段生成油换热，再在加热炉中加热至反应温度，进入第一段加氢精制反应器，在加氢活性较高的催化剂上进行脱硫、脱氮反应，微量重金属同时被脱除。反应生成物经换热、冷却后进入高压分离器，分离出循环氢。生成油进入脱氨(硫)塔，用氢气吹掉溶解气、氨和硫化氢，脱去所含的氨气和硫化氢后，作为第二段加氢裂化反应器的进料。一段生成物与循环氢混合后进入第二段加热炉，加热至反应温度，在装有高酸性催化剂的第二段加氢裂化反应器内进行加氢、裂化和异构化等反应。反应生成物经换热、冷却、分离，分出溶解气和循环氢后送至稳定分馏系统。

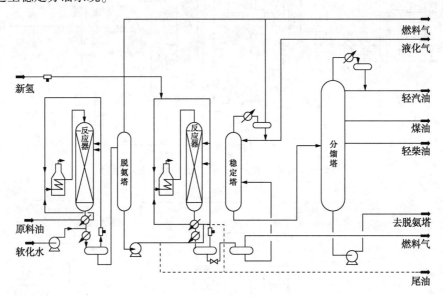

图6-5　两段加氢裂化工艺原则流程图

两段加氢裂化有两种操作方案：(1)第一段加氢精制，第二段加氢裂化；(2)第一段除进行精制外，还进行部分裂化，第二段进行加氢裂化。

目前世界各国生产的原油中，重质含硫原油越来越多，从提高原油加工深度、多产优质轻质油品、减少环境污染等方面来看，今后加氢裂化仍将继续发挥重要作用，且以具有产品分布灵活、产品质量好、产品收率高等优势在炼厂加工装置中保持优势地位。

四、加氢裂化反应的主要影响因素

除原料油组成和催化剂性质以外，加氢裂化反应的主要影响因素有反应压力、反应温度、空速和氢油比。

1. 反应压力

反应压力对加氢裂化的影响主要表现在对氢分压和氢油比的影响上，氢分压又决定于操作压力、循环氢的浓度和原料的汽化率。对于气相加氢裂化反应，压力高则氢分压也高，反应速率提高；此外，压力提高使单位反应器体积内的原料浓度增加，延长了实际反应时间，因而转化率增加。对于气液混相反应，显然压力升高会使原料汽化率下降，催化剂上液膜厚度增加，氢气向催化剂表面的扩散阻力增加，但压力升高的同时也会使扩散的推动力增加，总的转化率是提高的。

　　一般来说，原料油越重，多环芳烃含量越高，所需的反应压力越高；反之，原料越轻，则反应压力越低。含氮化合物含量高的原料，需要采用较高的反应压力。例如，当原料中氮含量为0.01%（质量分数）时，为了保证催化剂的稳定性，反应压力必须维持在15.0MPa以上。提高反应压力，对加氢裂化产品的产率和质量都有好的作用，生成油中的硫、氮含量明显降低，催化剂的寿命可以延长。

　　在工业加氢过程中，反应压力不仅是一个操作因素，还关系到整个装置的设备投资和能量消耗。因此，必须综合考虑反应压力对产品和成本的影响。

　　2. 反应温度

　　反应温度是加氢裂化过程必须严格控制的操作参数之一。提高温度会加快裂化反应速率，但温度过高，加氢平衡转化率下降，生焦速率加快。因此，为了充分发挥催化剂的效能和维持适当的反应速率，加氢裂化需要保持一定的反应温度。

　　加氢裂化反应温度是根据原料性质、产品要求和催化剂性能来确定的。原料中氮含量高则需要较高的反应温度，而提高反应温度会使产物中低沸点组分含量增加，异构烷烃/正构烷烃的比值下降。加氢裂化过程是放热反应，温度提高，反应速率加快，反应释放的热量增加，如果不及时地将反应热从系统中导出，就会引起床层温度骤升、催化剂超温、活性降低、寿命缩短等。因此，在实际生产中需采用注冷氢的方法控制反应器内床层的温升不要太大，一般控制每段床层的温升不大于10~20℃。另一方面，由于积炭会使催化剂的活性逐渐降低，为了维持一定的反应速率，必须采用逐步提温的方法来弥补催化剂活性的下降。

　　一般重馏分油的加氢裂化反应温度控制在370~440℃，运转初期取较低值，随催化剂活性的降低而逐步提高反应温度。

　　3. 空速和氢油比

　　工业上希望采用较高的空速，因为空速反映了装置的处理能力。但是空速的提高受到反应速率和催化剂活性的制约。提高空速，一次转化深度降低，轻质油品收率下降；降低空速，加氢裂化深度提高，烯烃饱和率、脱硫率和脱氮率都会提高。因此，在实际生产中，改变空速和改变反应温度一样，也是调节原料转化率和产品分布的一种手段。一般来讲，原料中稠环芳烃含量是影响空速选择的主要因素，加氢裂化常用的空速范围是1.0~2.0h^{-1}。

　　如前所述，加氢裂化过程中需要维持较高的氢分压，因为高的氢分压对加氢反应，特别是对稠环芳烃的加氢饱和有利，提高氢分压还可抑制积炭的生成。维持较高的氢分压是通过大量的氢气循环来实现的，提高氢油比可提高氢分压，在许多方面对反应都是有利的，但也增大了动力消耗，使操作费用增加，因此要根据具体情况来选择氢油比。同时，大量的循环氢还可以提高反应系统的热容量，减小反应温度的波动幅度。加氢裂化反应的热效应大、耗氢量大、气体生成量也较大，为了保证系统内有足够的氢分压，需采用较大的氢油比，一般是(1000~2000)∶1（体积比）。

第三节　重油加氢转化

　　随着石油工业的发展和对石油的不断开采，石油资源日益匮乏，开采原油的总趋势为不断变重，含硫和高硫原油、含酸和高酸原油的数量逐渐增加，原油重质化与产品需求轻质化之间的矛盾日益加剧，特别是随着重质和超重质原油开采和加工技术的发展与成熟，这种趋势将更加明显，重油加氢技术的发展势在必行。重油加氢的目的，一是经脱硫后直接制得低硫燃料油；二是经预处理后为后续的催化裂化和加氢裂化等工艺提供原料油。

重油一般是指常规原油的常压渣油、减压渣油及其溶剂脱沥青油、减黏渣油、重质及超重质原油、油砂沥青以及煤焦油等。

重油加氢转化分为加氢裂化和加氢处理两大类。加氢裂化一般是指在氢气存在下至少有50%的反应物分子变小的过程，是一个提高轻质油收率的过程，否则称之为加氢处理。不论是加氢裂化还是加氢处理，基本上可以按反应器型式的不同划分成四种工艺技术，即固定床加氢工艺、沸腾床(膨胀床)加氢工艺、移动床加氢工艺及悬浮床加氢工艺。关于重油加氢的化学反应、催化剂及影响因素等，与前述加氢精制和加氢裂化有诸多相似之处，在此主要描述四种重油加氢工艺的特点。

一、固定床加氢工艺

固定床渣油加氢工艺是20世纪50年代发展起来的一种渣油加氢工艺，催化剂装填在固定的床层中，适宜于加工硫含量较高、金属及沥青质含量不高的原料，可以生产低硫燃料油或其他进一步深加工装置的原料油。固定床渣油加氢工艺的精制深度较高，脱硫率一般可达90%以上。由于装置工艺和设备结构简单等特点而得到了广泛的应用，也是目前世界上应用最多的渣油加氢工艺，其加工量占渣油加氢处理量的3/4以上。

目前世界上从事该领域技术研究的公司主要有雪佛龙公司和UOP公司，IFP、埃克森美孚和壳牌等公司也都有自己的固定床渣油加氢专利技术。但工业应用最多的是雪佛龙公司的技术，加工能力约占世界渣油加氢处理能力的一半。

无论哪一种固定床渣油加氢工艺，其基本的原则流程近于一致。图6-6为固定床渣油加氢工艺原则流程图。

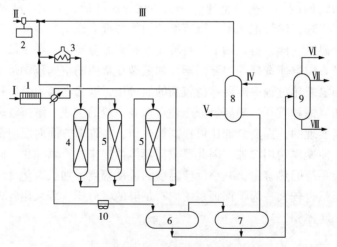

图6-6 固定床渣油加氢工艺原则流程图

1—过滤器；2—压缩机；3—管式炉；4—脱金属反应器；5—脱硫反应器；6—高压分离器；7—低压分离器；8—吸收塔；9—分馏塔；10—空气冷却器；Ⅰ—新鲜原料；Ⅱ—新鲜氢；Ⅲ—循环氢；Ⅳ—再生胺溶液；Ⅴ—饱和胺溶液；Ⅵ—燃料气与宽馏分汽油；Ⅶ—中间馏分油；Ⅷ—宽馏分渣油

原料进入装置后首先在过滤器中除去固体杂质，与反应器来的高温产物进行换热，然后进入加热炉加热到反应温度。一般原料在进入加热炉前还需要与循环氢和新鲜氢混合。原料从加热炉出来后进入串联的装有催化剂的固定床反应器进行反应。反应产物先与低温原料换热冷却，再经冷却器进一步冷却后进入高压分离器、低压分离器，分离出溶解在液相产物中的气体，分离出的气体脱除其中的大部分硫化氢后可循环使用。液体产物经蒸馏可得到汽油、柴油、催化裂化原料及残油等。

固定床加氢反应器一般有数个床层，将不同性能和结构的催化剂按反应要求分级装填，一般按从前往后的顺序依次装填保护剂、脱金属催化剂、脱硫剂和脱氮剂。催化剂床层之间设置分配器，用来将部分循环氢或液态原料送入床层，以降低因反应放热而引起的温升。通过控制冷却剂流量，可使各床层催化剂处于近似等温下运转。固定床渣油加氢反应器中催化剂床层的数目取决于反应放热量、反应速率和床层温升限制等。

根据原料性质以及对最终产品的要求不同，固定床渣油加氢过程的流程可以是一段式、二段式或多段式。可以不循环操作，也可以令部分加氢尾油与新鲜原料混合，实行部分循环操作，以提高加氢精制深度。

固定床渣油加氢过程在工艺和设备结构上比较简单，但它的应用有一定的局限性。由于没有催化剂在线置换和更新系统，在处理高金属和高沥青质、高胶质含量的原料时，催化剂减活和结焦较快，床层也易被焦炭和金属有机物堵塞，因此，固定床渣油加氢装置一般需加设保护反应器，从而延长运转周期。

由于渣油的平均分子量大、结构组成复杂，加氢难度较大，因此采用的工艺条件比较苛刻。固定床渣油加氢工艺的氢分压较高，一般为 13～20MPa；空速较低，一般为 0.2～0.5h^{-1}；反应温度适中，一般为 360～430℃；氢油体积比为（500～1000）∶1。

固定床渣油加氢处理催化剂一般使用氧化铝基质，基质上浸渍具有加氢反应活性的金属，渣油加氢处理常用的活性金属有钴、钼、镍等，新鲜催化剂上的金属多以金属氧化物的形态存在，不具有加氢活性，新鲜催化剂在使用前必须先进行预硫化，将氧化态的金属转化成具有加氢活性的金属硫化物。由于渣油加氢处理反应受扩散控制，高比表面积/体积比有利于大分子渣油的扩散和具有较好的反应性能，同时为了保持合理的反应器床层压降，常将催化剂做成不同几何外形的异形催化剂。与馏分油加氢处理相比，渣油加氢需要使用具有很大孔隙直径的催化剂，以利于大分子进入催化剂内部进行反应。

随着固定床渣油加氢装置运转时间的延长，焦炭和重金属会逐渐在催化剂上沉积而引起催化剂失活，为了维持一定的反应速率和转化率，必须依靠提高反应温度来弥补催化剂活性的降低。固定床渣油加氢催化剂上的沉积物达到催化剂质量的 65% 时，催化剂仍有明显的活性。但因催化剂上沉积的重金属无法脱除，催化剂的再生非常困难，因此当反应温度达到预定水平，或沉积物量达到极限水平时，则停止装置运转，更换催化剂，一个运转周期结束。废催化剂可以卖给金属回收商，回收金属活性组分及沉积的金属。

二、沸腾床加氢工艺

固定床渣油加氢工艺的脱硫效率高，操作简单，氢耗少，但在加工高金属、高沥青质含量原料时会引起催化剂中毒和失活，造成催化剂床层堵塞。20 世纪 50 年代开始，国外一些公司开发了适用于加工高含硫劣质渣油的沸腾床（或膨胀床）加氢工艺。开发沸腾床的初衷是劣质渣油或减压渣油的脱硫和加氢裂化以生产轻质馏分油，因此其技术难度远远大于固定床渣油加氢。

沸腾床反应器是一种气（氢气）、液（渣油）、固（催化剂）三相全混流化床加氢反应器，依靠气、液两相物流的流动带动催化剂颗粒悬浮于反应器内做不规则运动，可用于处理高金属、高沥青质含量的渣油，并可使重油深度转化，其基本原理完全不同于固定床。由于沸腾床内气、液两相对固体的搅拌而使液、固两相呈全返混状态，因此床层是等温的，且有利于传质和传热，不易造成床层过热或生焦结垢，可以采用较高的反应温度，一般在 400~470℃ 范围内。但由于返混造成床层出、入口组成相差不大，出口液体产物中有一部分未转化的新鲜进料，难以达到深度精制。

沸腾床渣油加氢工艺可以在装置的运转过程中排出部分失活的催化剂，加进新鲜催化剂，有利于保持催化剂活性的稳定，可用于处理高硫和高金属含量的劣质渣油。但与固定床渣油加氢工艺相比，沸腾床反应器中的催化剂藏量少（约固定床的 60%）、耗量大，且排出的催化剂中含有一定数量仍具有活性的催化剂，催化剂的损失较严重，其脱硫、脱氮、脱残炭的能力不及固定床，因此该工艺的重油转化深度不能太高（但也高于固定床渣油加氢工艺），一般在 40%~80%。

目前工业应用的沸腾床加氢工艺主要有烃研究公司的 H-Oil 工艺和 Lummus 公司的 LC-Fining 工艺。为了满足对产品数量和质量的要求，最近几年还开发了多种不同型式的工艺以适应不同的需求，如原料一次通过流程、反应器串联流程、重瓦斯油循环流程、减压渣油循环流程、附有馏分油加氢处理的一次通过流程等。但是，由于不同来源渣油的性质差别较大，到目前为止，并不是所有的工业装置都能按照设计运转并得到合格产品。因此，沸腾床渣油加氢技术的完善和提高工作还在进行之中。

沸腾床加氢工艺的操作氢分压一般需在 15MPa 以上，空速在 $0.2~1.0h^{-1}$。

沸腾床渣油加氢工艺流程与其他加氢工艺的流程没有原则性区别，其关键区别在于反应器的结构和型式。

三、移动床加氢工艺

移动床加氢工艺是在固定床基础上改进、发展而成的渣油加氢工艺，是一种介于固定床和沸腾床之间的渣油加氢处理工艺。在正常操作条件下，它可以连续或间歇地加入和取出催化剂，从而使反应器内催化剂维持一定的活性水平。移动床反应器结合了固定床反应器活塞流的优点和沸腾床、悬浮床反应器易于更换催化剂的优点。

移动床渣油加氢工艺中，新鲜催化剂和原料油、氢气由反应器顶部进入，沉积了金属和焦炭的催化剂从底部排出，二者在近似于活塞流的条件下反应，催化剂活性利用得好。但移动床反应器需设有一系列的阀门和容器以便能够在高温和高压下加入、取出催化剂，反应器内装有特殊的锥形板以保持反应器内呈活塞流和加快催化剂的装卸速度，因此其结构较复杂。

目前的移动床渣油加氢工艺主要采用移动床和固定床相结合的形式，即在固定床反应器前面增设一个或几个移动床反应器。图 6-7 为荷兰壳牌 Pernis 炼油厂的移动床渣油加氢工艺流程示意图。实际上，移动床反应器相当于后续固定床加氢反应器的原料预处理系统，主要目的是脱除原料中的重金属和残炭，以提高全装置加工劣质渣油的能力，如荷兰壳牌、美国雪佛龙公司、法国 IFP 等的工艺，通过在固定床反应器前增设移动床反应器，可使加工渣油的金属含量达到 400μg/g、残炭含量达到 20% 甚至更高。

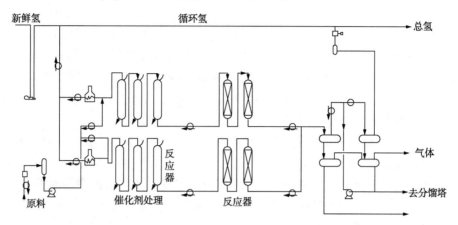

图 6-7　Pernis 炼油厂移动床渣油加氢工艺流程示意图

虽然移动床渣油加氢技术已经工业化，但至今建成的工业装置还很少，主要是由于工艺上还有许多需要改进的技术。

四、悬浮床（浆液床）加氢工艺

悬浮床渣油加氢技术是对煤高压悬浮床加氢液化技术的延伸和发展。目前已报道的这类技术主要有德国 Veba 石油公司的 VCC 工艺、加拿大石油公司的 Canmet 工艺、日本的 HFC 工艺以及委内瑞拉的 HDH 工艺等，其基本工艺原理大同小异。图 6-8 为 VCC 悬浮床渣油加氢工艺流程图。渣油转化率高是悬浮床加氢工艺的一大特点。

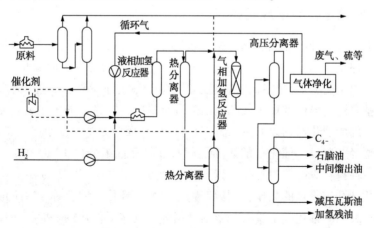

图 6-8　VCC 悬浮床渣油加氢工艺流程图

悬浮床渣油加氢工艺采用非负载型催化剂处理劣质（高金属、高残炭、高黏度、高杂质含量）渣油。悬浮床加氢工艺大多采用空桶反应器，将分散得很细的催化剂或添加物与原料油及氢气一起通过反应器，在高温、高压或中压下进行加氢转化。悬浮床渣油加氢以热反应为主，催化剂和氢气的存在主要是抑制大分子化合物的缩合生焦反应，同时在一定程度上促进加氢脱杂原子反应。悬浮床加氢反应过程中催化剂的存在还会成为焦炭沉积的载体，以减少反应器内结焦。由于催化剂以细粉的形式分散在渣油中，避免了负载型催化剂因金属沉积和结焦而引起的失活快、寿命短等问题。悬浮床加氢使用的催化剂一般是廉价易得的一次性催化剂，无须考虑催化剂的失活，因此可加工劣质渣油。

悬浮床渣油加氢的工艺比较简单，可用于加工重金属含量和残炭值很高的劣质重油，反应温度在 420～480℃，反应压力为 10～20MPa。悬浮床加氢的裂化转化率可达 70%～90%（甚至 95% 以上），产物以中间馏分为主。但由于催化剂活性低，加氢产物的硫、氮脱除率及芳烃加氢深度较低，还需进一步精制或作为其他轻质化工艺的原料。此外，悬浮床加氢的残渣油中混有固体颗粒，需要进一步的处理。

目前为止，悬浮床渣油加氢技术还没有得到必要的大型工业装置的技术经济验证，原因与原油价格、轻重油品差价、氢气消耗、装置投资、工业放大的技术风险、经济效益等因素有关。但从目前重油轻质化装置的局限性、世界石油市场对清洁石油产品的需求变化趋势、世界原油市场所供应原油比重的变化以及已工业化的渣油加氢技术的不足来看，悬浮床渣油加氢技术具有一定的发展前景。

第四节　临氢降凝

临氢降凝又称临氢选择催化脱蜡，是 20 世纪 70 年代发展起来的炼油技术，主要用于降低喷气燃料、柴油以及润滑油馏分的冰点或凝点。

中国原油多数为石蜡基或含蜡中间基原油，馏分油含蜡量较多，凝点较高。因此，直馏柴油增产受凝点限制，收率较低。应用临氢异构脱蜡/临氢降凝技术，可以生产宽馏分柴油，是增产低凝点柴油的有效途径。

一、临氢降凝过程的反应与特点

临氢降凝的反应机理与催化裂化有相同之处，是一种典型的择形催化裂化反应，仍遵循正碳离子机理，即反应同样是在酸性中心上进行的。不同的是临氢降凝催化剂以 ZSM 择形分子筛为主体，由于受分子筛特殊孔道直径的限制，只允许高凝点、直径小于 0.55nm 的直链烷烃或带甲基侧链的异构烷烃进入孔道内部进行反应。因为柴油中主要包括 C_{10}—C_{20} 的正构烷烃，所以最终的裂化产物以 C_5—C_{10} 的直链烷烃和烯烃为主，最小分子的产物为 C_3—C_4 的气体烷烃和烯烃。此外，催化剂的表面还载有加氢活性组分（如 NiO 等），但其加氢和脱氢的活性较弱，使得临氢降凝过程具有以下几个特点：

（1）受催化剂孔道直径的限制，裂解产物不再发生环化、缩合等二次反应，防止了积炭前身物的生成；又因为催化剂上具有加氢活性组分，延缓了催化剂表面积炭反应的发生，可使酸性中心的活性保持长期稳定，所以临氢降凝催化剂具有稳定的催化活性。

（2）含硫化合物、含氮化合物等非烃化合物及芳烃被拒于孔道之外，既不参与反应，也不对活性中心产生阻抑作用。

（3）由于分子筛的酸性较强，同时镍的加氢/脱氢作用使部分烷烃在进入孔道前先转化为烯烃，提高了正碳离子的生成速率，使正构烷烃在较低温度下就能进行裂化反应，排除了热裂化反应，C_1—C_2 气体烃的产率很低。

（4）催化剂的加氢活性较弱，产品中保留了一定的烯烃含量，产物汽油的辛烷值较高，过程的氢耗也很低。

由此可见，临氢降凝过程主要发生直链烷烃的选择性裂解，实际上是正构烷烃与其他烃类的竞争反应，由于正构烷烃进入催化剂内部的位阻较小，因此其反应速率最大，使产物中正构烷烃的含量大大减少，进而降低了产物的凝点。

二、临氢降凝的工艺流程

临氢降凝过程的工艺流程与馏分油加氢精制基本相同。但是，由于整个过程是吸热反应，氢油比较低，所以反应器内无须设冷氢盘管，而且尾气中无 H_2S 积累，因此工艺流程比加氢精制简单。柴油临氢降凝的原则流程如图 6-9 所示。

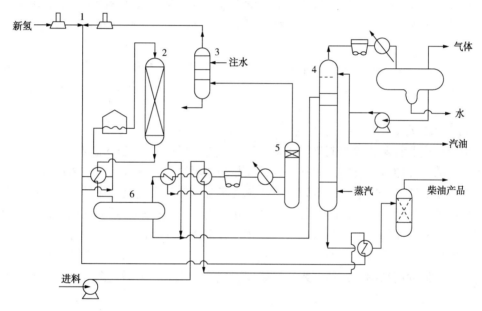

图 6-9　柴油临氢降凝原则流程图

1—新氢和循环氢压缩机；2—反应器；3—胺洗塔；4—产品汽提塔；5—冷高压分离器；6—热高压分离器

三、临氢降凝工艺操作

临氢降凝工艺条件的选择主要取决于原料油的蜡含量和产品凝点要求。临氢降凝过程一般是在氢分压 2.8~5.5MPa，循环氢 260~440m³/m³ 原料的较宽范围内操作，操作温度一般在 400℃ 左右。

临氢降凝装置催化剂的初期活性很高，且失活速率很快，因此，装置的操作分钝化期和稳定期两个过程。在钝化期需不断地提高反应温度来弥补催化剂活性的衰减，温升速度为 3~5℃/d，通常需要 10~20d。钝化期过后，进入稳定期，此时催化剂的活性下降很慢，装置的温升速度控制在 0.1~0.2℃/d，当反应温度升高到预定温度时，停止进料，利用热氢循环的氢活化方法使大部分催化剂的活性恢复，然后继续进料运转。一般每经过 1~2 次氢活化后，再用烧焦的方法使催化剂再生以恢复活性。

采用胜利原油直馏220~440℃馏分为原料，经临氢降凝后，-10号柴油收率可达71%，十六烷值为62；汽油收率为21%，马达法辛烷值为82。因此，临氢降凝有良好的产物分布和产品性质。

除此以外，还可采用临氢降凝技术以高凝点润滑油料生产优质润滑油基础油。

第五节　加氢过程的主要设备

一、加氢反应器

反应器是加氢装置的关键设备，由于其操作条件苛刻（高温、高压、耐腐蚀），反应过程中要求气、液两相分布均匀且与催化剂接触充分，能及时排除过程的反应热，反应器的容积利用率高。因而反应器结构复杂，对材质要求高，制造困难，价格昂贵，占整个装置的投资比例大。

加氢反应器根据气体、液体及催化剂在床层内的流动及接触形式不同，可以分为固定床、沸腾床（膨胀床）、移动床及悬浮床（浆液床）四种类型，反应器均由筒体和内部构件两部分组成。

1. 固定床反应器

固定床反应器将颗粒状的催化剂放置在反应器内，形成静态的催化剂床层，是目前工业上使用最多的一种加氢反应器，尤其是轻质油品的加氢过程，都采用固定床反应器。

固定床反应器是多层绝热、中间氢冷、挥发组分携热和大量氢气循环的三相反应器。要求反应器内液、固两相有良好的接触，保持催化剂内、外表面具有足够的润湿效率，以使催化剂活性得到充分发挥；尽量降低床层温升幅度并保持反应器内径向床层温度均匀，以减少不利的二次反应；反应器内部的压力降不致过大，以减少循环压缩机的负荷。为此，反应器内部设置有不同的内部构件，包括入口扩散器、气液分配盘、去垢篮筐、催化剂支持盘、急冷氢箱及再分配盘、出口集合器等（图6-10）。

（1）反应器筒体。

根据介质是否直接接触金属器壁，可分为冷壁反应器和热壁反应器两种类型（图6-11）。两种反应器都由上盖头、筒体和下封头组成。

冷壁反应器具有隔热衬里，因此筒体工作条件缓和，设计制造简单，价格较低，早期使用较多。但由于内衬里大大降低了反应器容积的利用率，单位催化剂容积用钢较高；同时，尽管筒体外壁涂有示温漆监视，但因衬里损坏而影响生产的事故还是时有发生。随着冶金技术和焊接技术的发展，冷壁反应器已逐渐被热壁反应器所取代。

热壁反应器没有隔热衬里，而是采用双层堆焊衬里。与冷壁反应器相比，热壁反应器不易产生局部过热现象，安全性高；由于没有衬里，反应器的容积利用率高；施工周期短，维护方便。因此，热壁反应器得到了广泛的应用。

（2）入口扩散器。

入口扩散器位于反应器的顶部，开有两个长口，进料在两个长口及水平缓冲板孔的两个环形空间中进行分配，使物料沿床层径向进行预分配，同时也可以防止物流直接冲击气液分配盘的液面。

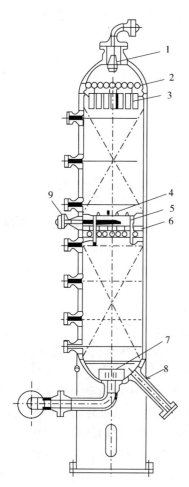

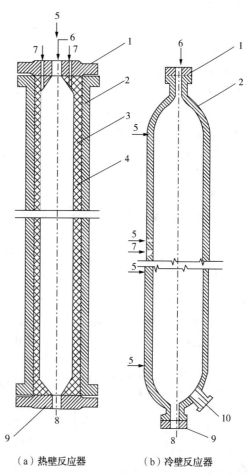

图 6-10 固定床加氢反应器结构示意图
1—入口扩散器；2—气液分配盘；3—去垢篮筐；
4—催化剂支持盘；5—催化剂连通管；
6—急冷氢箱及再分配盘；7—出口收集器；
8—卸催化剂口；9—急冷氢管

图 6-11 冷壁反应器和热壁反应器结构示意图
1—上端盖；2—筒体；3—内保温层；4—内筒；
5—测温热电偶；6—反应物料入口；
7—冷氢管入口；8—反应产物出口；
9—下端盖；10—催化剂卸料口

（3）气液分配盘。

气液分配盘的作用是使气、液两相在反应器内沿径向均匀分配，以利于气、液两相与催化剂的接触及反应。气液分配盘一般有两种结构，即溢流管分配盘和泡帽分配盘，一般采用较多的是泡帽分配盘。

泡帽齿缝的高度和宽度对液体分布程度至关重要。液体被气流携带通过泡帽时，控制适当的气、液流速，可使泡帽降液管的出口气、液相处于喷射流型，使整个床层液相分布均匀。泡帽分配盘会自动调节液面，气、液相负荷变化时不会出现断流、液泛等不正常操作现象，且可以保持床层截面温差不大于 3℃。

（4）去垢篮筐。

去垢篮筐是由金属网编制而成的，用铁链固定在分配盘梁上，周围均匀填装了颗粒上大下小的瓷球。作用是将反应物料携带的少量固体杂质过滤沉积，以减少床层压降。由于篮筐的表面积和陶瓷球的空隙率较大，即使部分被沉积物堵塞，气、液流仍可以较好地通过并被分配。

（5）催化剂支撑盘。

支撑盘的主要作用是支撑上层的催化剂床层，主要由倒 T 形横梁、格栅、金属网及瓷球组成。设计时要尽量减少流体流动压力降，同时，倒 T 形横梁等要有足够的强度以承载催化剂、流体、构件的质量以及流体流动等产生的阻力降。

（6）冷氢箱与再分配盘。

冷氢箱与再分配盘置于两个固定床层之间。

冷氢箱的主要作用是通过急冷氢取走加氢反应所放出的热量，控制床层温度不超过规定值。氢气由冷氢管喷出后与上层来的反应物初步混合后进入冷氢箱，在此进行均匀混合。冷氢箱底部是具有均匀开孔的喷淋塔盘，可使气、液两相均匀喷射到下面的再分配盘上。

再分配盘的结构与反应器顶的分配盘一样，使流入下一个催化剂床层的流体均匀地分配到床层截面上。

2. 沸腾床（膨胀床）反应器

沸腾床反应器（图 6-12）是工业上除固定床以外使用最多的加氢反应器，主要用于劣质渣油的加氢过程，比固定床有更长的运转周期。

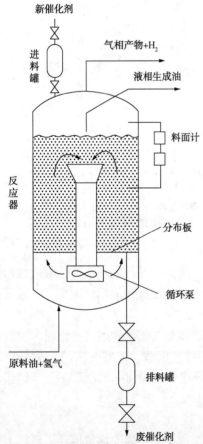

沸腾床反应器借助于流体自下而上的流动，带动具有一定颗粒度的催化剂运动，形成气、液、固三相床层，从而使氢气、原料油和催化剂充分接触完成加氢反应过程。为了维持足够的流体流动状态，沸腾床反应器底部设有循环泵，控制流体流速，维持催化剂床层膨胀到一定高度，使液体与催化剂呈返混状态。反应器上部设有气、液、固三相分离设备，使反应产物与气体从反应器顶部排出。装置运转期间，根据情况从反应器顶部补充新鲜催化剂，下部定期排出部分减活的催化剂，以维持较好的活性，使装置可以长周期运转。

3. 移动床反应器

移动床反应器是在固定床反应器的基础上开发的一种渣油加氢反应器。移动床反应器使用的是固体小球催化剂，正常生产过程中，催化剂与氢气及原料油并流向下移动，下部中毒或失活的催化剂可以按顺序连续排出反应器，并由床层顶部补充新鲜催化剂，以维持反应器内较高的催化剂活性。

第一套移动床渣油加氢装置于 1989 年在荷兰壳牌的 Pernis 炼油厂建成，采用了料斗式反应器技术。图 6-13 为移动床反应器及其底部内构件示意图。

图 6-12　沸腾床加氢反应器结构示意图

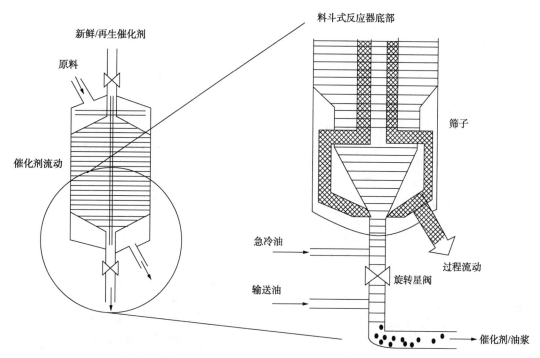

图6-13　移动床反应器及其底部内构件示意图

4. 悬浮床(浆液床)反应器

悬浮床工艺是为了适应劣质原料的加工而由煤高压悬浮床加氢液化技术发展出来的一种加氢技术。其基本原理与沸腾床相似，只是催化剂以极细小的颗粒悬浮于液相中，形成气、液、固三相的浆液反应体进行加氢反应。

悬浮床反应器中催化剂的加入量非常少，一般为原料油质量的0.05%~5%，反应后催化剂随反应产物一起从反应器顶部流出。为使催化剂颗粒均匀地分散于油相中，并能够随着反应产物离开反应器而不沉积于反应器中，悬浮床反应器要保持合适的流体流速。因此，悬浮床反应器最早采用的是管式反应器，但该类型反应器不适于工业装置的大型化。因此，最近开发了多种采用适宜表观气速来控制反应器内流型的一次通过式或全返混式反应器，从而实现既可以维持小颗粒的悬浮与外排，又适用于较大规模工业化装置的大直径反应器。这些反应器大部分是空桶结构或空桶内加有少量增加流动、延缓结焦的部件。

图6-14为最简单的悬浮床空桶加氢反应器示意图，图6-15为LC-Fining悬浮床加氢反应器结构示意图，图6-16为H-Oil悬浮床加氢反应器结构示意图。

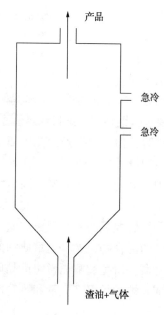

图6-14　悬浮床空桶加氢反应示意图

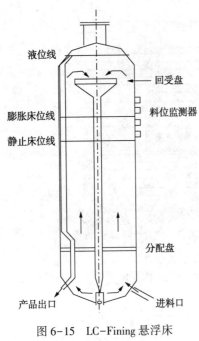

图 6-15　LC-Fining 悬浮床
加氢反应器结构示意图

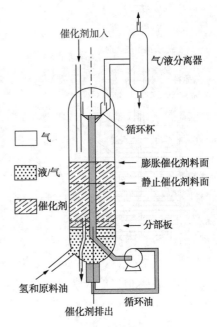

图 6-16　H-Oil 悬浮床加氢
反应器结构示意图

二、加氢加热炉

　　加热炉是为加氢装置进料提供热源的关键设备。除此以外，某些加氢装置的分馏塔进料也需要加热炉，但这些加热炉与常规加热炉无异。此处主要介绍原料加热炉。

　　加热炉都采用管式加热炉，由于炉管内加热的是易燃易爆的氢气或油品，危险性大、使用条件苛刻，因此对加热炉的要求更高。加氢加热炉按操作压力不同，可以分为高压加氢炉和中、低压加氢炉两类，操作压力在 10MPa 以上的称为高压加氢炉，一般用于重质油品的加氢过程；操作压力在 10MPa 以下的称为中、低压加氢炉，多用于汽油、柴油等轻质油品的加氢过程。

　　加氢炉包括圆筒、阶梯炉和箱式炉，使用较多的是箱式炉。与一般加热炉一样，加氢炉也主要包括钢结构、炉衬和盘管系统，钢结构和炉衬与一般加热炉没有区别。但当采用双面辐射炉时，由于辐射室两侧炉墙承受火焰的直接冲刷，炉衬材料的理化指标比普通加热炉高，结构设计也更讲究。与普通加热炉最大的区别是加氢炉的盘管系统，尤其是炉前混氢的加氢炉，盘管均处于高温、高压和临氢状态，因此盘管系统的工艺设计和结构设计要求非常严格。

　　除炉后混氢的中、低压加氢炉和纯氢气加热炉外，其他加氢炉炉管内的加热介质都是氢气和油的混合物，尤其是重质油的加氢过程，为了避免结焦，延长操作周期，提高合金炉管使用寿命，避免裂解而影响产品质量，要求炉子内的加热过程要十分均匀。

　　加氢炉的炉管有立管和卧管两种排列方式。对于加热氢气和原料油混相的加氢炉，多采用卧管排列方式。这是因为当采用足够的管内流速时，卧管内不会发生气、液相分层流动现象，且卧管排列不会使每根炉管通过高温区，避免每根炉管都经过高温区而引起的局部过热和结焦现象，可以区别对待。

在选择加氢炉炉型时还应注意，由于炉管内介质含有氢气及较高浓度的硫或硫化氢，会对炉管产生多种腐蚀，因此炉管往往选用比较昂贵的高合金炉管。为了更充分地利用高合金炉管的表面积，应优选双面辐射炉型，既节约了昂贵的高合金钢，又可以使炉管受热均匀。图 6-17 为单排卧管双面辐射炉示意图。

三、高压换热器

加氢过程有许多高压物流的换热，需要使用耐高压换热器。高压换热器的选材原则与加氢反应器相同，但由于高压换热器管程和壳程流过的是温度和压力各异的两种油或气，且存在氢和硫化氢的腐蚀问题，因此应根据管程和壳程的氢分压及操作温度分别选用不同的基体材质。壳体选用 $2\frac{1}{4}$Cr-Mo 钢逐级降至碳钢，管材选用 18-8Ti、0Cr3、碳钢等材质。高温与氢气接触的部位还应在母材上堆焊奥氏体不锈钢；低温管程选用铁素体不锈钢和碳钢，而不能选用奥氏体不锈钢，并且采用较大的腐蚀裕度。

加氢过程使用较多的是螺纹环锁紧式换热器和密封盖板封焊式换热器，尤以前者使用较多。加氢过程使用的高压螺纹环锁紧式换热器的管束多采用 U 形管式，这种换热器的管箱与壳体锻成或焊成一体，密封性能可靠；螺栓很小，容易操作，拆装方便，且拆装管束时不需要移动壳体，省时省力；金属用量少，结构紧凑，占地面积小。

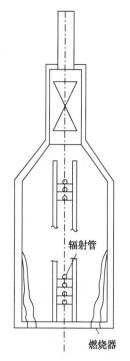

图 6-17　单排卧管双面
辐射炉示意图

工业上也有使用密封盖板封焊式换热器的，其特点是管箱部分的密封是依靠在盖板外圆周上实施密封焊来实现的，具有螺纹环锁紧式换热器的大多数优点。主要缺点是当需要对管束进行检查或清洗时，需用砂轮将密封盖板外圆周上的封焊打磨掉，才能打开盖子，重装时再进行封焊，这对高温高压设备来说是非常不理想的。

四、冷却器

加氢反应产物与反应进料、氢气及分馏塔进料经多次换热，冷却到 120~200℃后，需进一步冷却到 37~66℃，才能进入高压分离器进行气、液分离。为了节省用水、减少对环境的污染，冷却过程一般采用空气冷却器，但空气冷却器的传热系数较低。

高压空气冷却器在正常操作下的温度低于 200℃，氢气对碳钢已无明显的腐蚀作用，因此大部分高压空气冷却器的管束可选用碳钢，极少数中温操作的空气冷却器会选用能抵抗氢腐蚀的 Cr-Mo 钢来制作管箱和基管。加氢反应产物除了包含烃类和氢气外，还有硫化氢、氨和水等，在空气冷却器的回弯头和管子入口处等改变流动方向和流体搅动剧烈的部位容易发生冲刷腐蚀。

加氢装置在紧急放空时会有大量未经充分换热的高温气体（大于 200℃）在短时间内通过空气冷却器，因此要求空气冷却器的翅片管要有良好的抗冲击性能。

空气冷却器要求热流的入口温度不超过 250℃，否则会使翅片受热膨胀而加大翅片与换热管间的间隙，影响传热效果。

五、高压分离器

高压分离器是加氢装置中的重要设备，主要是将冷却后的反应油气分离为气体、液相生成油和水。根据工艺要求不同，加氢装置中可以同时有热高压分离器和冷高压分离器，也可以只有冷高压分离器。

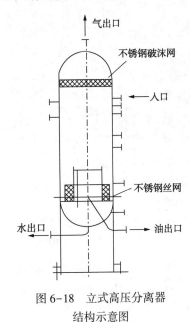

图 6-18　立式高压分离器
结构示意图

高压分离器分为卧式和立式两种，加氢过程中常用立式高压分离器(图 6-18)，立式分离器占地面积少，金属耗量低。反应混合物由高压分离器中上部进入，气体在上部空间内分离后经破沫网出高压分离器，液体经聚凝器将油和水分离后分别出高压分离器。

热高压分离器的操作温度一般高于 300℃，在紧急泄压时器内介质温度短时间内可达 420℃。高温含氢和硫化氢介质会对器壁产生氢腐蚀和硫化氢腐蚀，因此热高压分离器对材质的要求非常高，选材原则与加氢反应器相同。

冷高压分离器的操作温度一般低于 120℃，主要应考虑 H_2S 溶于凝结水而形成的湿 H_2S 腐蚀。低温湿 H_2S 对器壁的腐蚀包含均匀腐蚀和局部应力腐蚀两种，操作介质 H_2S 含量越多，湿 H_2S 浓度越大，对器壁的腐蚀越严重。

湿 H_2S 对基层材料的腐蚀，除均匀腐蚀以外，还有应力腐蚀、氢诱导裂纹和氢鼓泡等。一般 H_2S 含量小于 $50\mu g/g$ 时，可以不用考虑湿 H_2S 腐蚀，器壁选材原则上以强度低的一般碳钢为宜；但当操作压力较高时，采用一般碳钢的器壁就会非常厚，此时就应考虑选用强度较高的低合金钢，同时要求设备制造完成后进行消除应力的热处理。对于 H_2S 含量较高时的湿 H_2S 腐蚀，需要采用特殊的抗湿 H_2S 腐蚀用钢，近年来，国内外在抗湿 H_2S 腐蚀钢材研究方面取得了较大的进展。

为了抵抗均匀腐蚀，并进一步考虑到防止产生氢致裂纹，高压分离器通常选用以下 5 种材料：采用强度等级低的普通碳钢，加大腐蚀裕量，并视情况进行消除应力热处理；采用强度等级低的低合金钢，加大腐蚀裕量，并进行消除应力热处理；采用抗氢诱导裂纹专用钢材，同时加大腐蚀裕量，并进行消除应力热处理；采用不锈钢复合钢板，将腐蚀介质与基层钢材隔开；采用不锈钢堆焊层，将腐蚀介质与基层钢材隔开。具体选用哪种材料，视介质中的 H_2S 含量、酸性程度和基层钢材的厚度等因素来确定。

冷高压分离器的壁厚随着操作压力和设备直径的不同而异。有的壁厚小于 100mm，而有的则大于 200mm。一般壁厚小于 100mm 的冷高压分离器可以采用钢板卷板来制造，而壁厚大于 100mm 的采用锻钢来制造。

六、氢气压缩机

加氢装置的反应压力较高，要使氢气顺利进入反应器，必须给氢气提供一定的压力能，即利用氢气压缩机将氢气压缩到一定的压力。

加氢装置中使用的压缩机主要有两种：一种是将新鲜氢气加压输送到反应系统中，用以补充反应所消耗的氢气，称为补充氢压缩机，这种压缩机的进、出口压差比较大，流量相对较小，一般使用往复式压缩机。另一种是将循环氢气压缩、冷却后再送回反应系统中，以维持反应器的氢分压，称为循环氢压缩机，这种压缩机在系统中循环做功，相对来说流量较大，压差较小，一般使用离心式压缩机，只有在处理量较小的加氢装置中才使用往复式压缩机作为循环氢压缩机。加氢装置一般不采用轴流式压缩机或回转式压缩机。

1. 往复式压缩机

往复式压缩机适用于吸气能力小于 $450m^3/min$ 的场合，适用于低排量、高压力的工况。往复式压缩机的压缩比通常控制在 2∶1 至 3.5∶1，更高的压缩比会使压缩机的容积效率和机械效率下降，排气温度过高。过高的排气温度会降低润滑油的黏度，使气缸中的润滑状态恶化，而且，高温下氢气与润滑油的混合物如遇空气容易引起爆炸事故。因此，美国石油协会 API 618 标准规定，输送富氢的往复式压缩机的排气温度不大于 135℃。

往复式压缩机的运动部件除曲轴以外都做往复运动，输出气流是带脉动性质的，容易造成气阀弹簧、阀片、压力填料和活塞环等运动部件的损坏。因此，往复式压缩机不能长周期运行，一般需要备用压缩机，即一台工作、一台备用，或两台工作、一台备用。

补充氢压缩机均采用往复式压缩机，一般每级压缩比控制在 2.5 以下比较合适，因此加氢装置中根据工况不同，补充氢采用二级或三级压缩。对于小处理量的加氢装置，当循环氢采用往复式压缩机时，一般压差小的采用一级压缩，压差大的采用二级压缩。

往复式压缩机的布置要求采用对称平衡型。对于一级压缩的氢气压缩机，有采用两个气缸对称布置的；也有的一侧为气缸，另一侧为虚拟缸。对于三级压缩的氢气压缩机，有采用四个气缸对称布置的，其中两个气缸为同一级（一般为第一级或第三级）并列压缩或一个为虚拟缸；也有采用一侧布置第一级气缸，另一侧布置第二级和第三级气缸的对称布置。只要设计合理，必要时再在曲轴上加平衡块，往复式压缩机的不平衡力可以控制在设计范围内。

往复式压缩机的活塞平均线速度最好控制在 4m/s 以内，大型的压缩机可适当控制低一些，小型的可略高一些。对于大型压缩机，电动机的转速一般采用 333r/min 或 375r/min，小型压缩机可采用 500r/min 甚至 600r/min 的转速。

对于某些小处理量的加氢装置，也可以将补充氢气缸和循环氢气缸放在同一台压缩机组中，共用一台电动机，可以节约投资。

2. 离心式压缩机

离心式压缩机适用于吸气能力在 $25\sim30000m^3/min$ 的场合，其吸气能力的变化范围远远大于往复式压缩机。与往复式压缩机不同，离心式压缩机除轴承和轴端密封外，几乎没有相互接触的摩擦副，即使轴承与密封等摩擦副也是用油膜隔开的，因此可长周期无故障地工作。此外，现代离心式压缩机具有完善的监测和控制系统，因此不需要备机。但从价格方面来说，离心式压缩机比往复式压缩机高得多。

离心式压缩机一般用作流量在 $50000m^3/h$ 以上的循环氢压缩机，由于氢气的分子量较小，单级叶轮的能量头小，因此循环氢压缩机要求转速高（10000r/min 以上），级数多（6~8 级）。而且，当氢分压超过 1.38MPa（表压）时，机壳必须采用钢质径向剖分结构，即圆筒形结构。因此，加氢装置中的循环氢压缩机都是圆筒形结构。

压缩机转子叶轮尖的圆周速度最好控制在 250m/s 以下，过高的速度会导致离心力增加，影响叶轮所受的应力。

第七章　催化重整

催化重整是石油加工过程中重要的二次加工工艺，主要目的是生产高辛烷值汽油组分或化工原料轻芳烃(苯、甲苯和二甲苯等)，同时可副产大量的氢气。发达国家车用汽油中重整汽油约占30%，而世界所需BTX有70%以上来自催化重整。

"重整"是指烃类在保持分子量大小不变的情况下，对分子结构进行重新排列，使之变为另外一种分子结构的烃类的过程。一般是原料油中的正构烷烃和环烷烃在催化剂存在的条件下，经重整转化为异构烷烃和芳烃，从而提高汽油的辛烷值或增产轻芳烃。催化重整即在有催化剂存在的条件下进行的重整反应，采用铂金属催化剂时称铂重整，采用铂—铼双金属催化剂时称铂—铼重整，采用多金属催化剂时则称多金属重整。

第一节　催化重整工艺概述

重整装置一直是炼化企业生产高辛烷值汽油组分和芳烃的重要装置。即使在目前对汽油产品清洁化要求不断升高的发展趋势下，重整生成油仍不失为优质的汽油调和组分之一。自从1949年第一套催化重整装置工业化以来，催化重整技术一直朝着降低操作压力，提高催化剂活性、选择性和稳定性，改善重整油组成，提高氢气收率，延长装置操作周期等方向不断改进。由早期的单金属催化剂发展到双/多金属催化剂；由半再生、循环再生、批处理连续再生工艺发展到完全连续再生工艺；由轴向反应器、球形反应器发展到径向反应器等。

一、催化重整的原料

催化重整通常以直馏汽油(也称石脑油)馏分为原料。除此以外，二次加工所得的汽油馏分，如加氢裂化汽油、焦化汽油、催化裂化石脑油、乙烯裂解抽余油等，经加氢精制脱除其中的烯烃及硫、氮等非烃化合物后，也可以掺入直馏汽油馏分作为催化重整原料。根据生产目的不同，对原料油的馏程有一定的要求，同时，为了维持催化剂的活性，对原料的杂质含量有严格的限制。

1. 原料油的馏程

馏程是催化重整原料非常重要的性质，与催化重整原料的化学组成有关，是炼化企业对原料进行控制的一个重要参数，适宜的馏程和组成可以增加目的产品的收率。按照一般炼化企业的加工流程，催化重整原料的终馏点由上游装置的蒸馏塔控制，而初馏点由原料预分馏塔控制。

不同生产目的对原料馏程的要求也不同。当以生产高辛烷值汽油为目的时，原料油的初馏点不宜过低，因为小于C_6的馏分本身辛烷值就比较高，如沸点为71.8℃的甲基环戊烷的辛烷值为107，将其转化为苯后，辛烷值反而下降；原料的干点也不能过高，如果干点过高，则重组分含量高，会使催化剂表面上的积炭速率加快，从而使催化剂活性迅速下降；此外，原料经重整反应后，重整生成油的干点提高15~20℃，因此必须控制原料的终馏点，以确保汽油干点满足产品规格要求(车用汽油终馏点不大于205℃)。因此，当以生产高辛烷值汽油为目的时，适宜的原料馏程是80~180℃。当以生产轻芳烃为目的时，应根据芳烃产品的品种来确定原料的沸点范围。例如，C_6烷烃及环烷烃的沸点在60.27~80.74℃；C_7烷烃和环烷烃的沸点在90.05~103.4℃；而C_8烷烃和环烷烃的沸点在99.24~131.78℃。因此，生产苯时，一般采用沸点为60~85℃的馏分；生产甲苯时，采用沸点为85~110℃的馏分；生产二甲苯时，采用沸点为100~145℃的馏分；生产混合轻芳烃时，采用沸点为60~145℃的馏分；而同时生产轻芳烃和汽油时，则采用沸点为60~180℃的馏分。

2. 原料油的杂质含量

催化重整原料除要有适宜的馏程之外，对原料中杂质含量也有严格的要求，这是因为重整催化剂对某些杂质十分敏感，极易被砷、铅、铜、氮、氯、硫、水等杂质毒害而降低或失去活性。其中，砷、铅、铜等重金属会使催化剂永久中毒而不能恢复活性，尤其是砷与铂可形成合金，使催化剂活性丧失。原料油中的含硫化合物、含氮化合物在重整条件下，分别生成硫化氢和氨，如含量过高，会降低催化剂的性能。催化重整过程中的水分也会引起催化剂上酸性物质的流失，影响催化剂活性。因此，为了保证重整催化剂能长期使用，必须严格控制原料油中杂质的含量。表7-1中列出了催化重整原料油杂质含量的要求。

表7-1　催化重整原料杂质含量要求

杂质名称	含量限制，μg/kg	杂质名称	含量限制，μg/g
砷	<1	硫、氮	<0.5
铅	<20	氯	<1
铜	<10	水	<5

从表中可以看出，重整原料对杂质的含量要求极为苛刻，大部分重整原料都不符合要求，不能直接进重整反应器，必须在进反应器之前进行原料预处理以脱除杂质。

催化重整原料以直馏汽油为主，而直馏汽油原料的短缺制约了催化重整工艺的发展。中国原油以中质原油为主，直馏汽油收率较低。例如，大庆原油的直馏汽油收率仅为8%左右，胜利原油的汽油收率不足6%，其他原油的石脑油收率也不高。此外，乙烯裂解原料也以石脑油为主，两种重要工艺争夺原料现象突出。因此，发展催化重整工艺首要的问题是扩大原料来源。

为拓宽催化重整原料范围，应灵活考虑催化重整原料的来源和综合利用问题，尽可能把芳烃潜含量高的轻质石脑油用作催化重整原料油，如裂解汽油的苯余油、柴油加氢处理的汽油、加氢裂化汽油等。因此，各种加氢过程生产的石脑油以及加氢后的焦化石脑油都可用作催化重整原料。但二次加工汽油作为重整原料很不理想，必须进行深度加氢精制除去杂质后，才能用作催化重整原料。

乙烯裂解汽油经抽提后是十分理想的催化重整原料。目前，绝大多数乙烯裂解汽油经抽提分出芳烃后，抽余油返回乙烯裂解装置作为裂解原料，这种抽余油75%以上都是环烷烃，用作裂解原料时乙烯收率很低，利用方式不合理，从炼油—化工一体化的角度考虑，这部分抽余油应作为催化重整原料。此外，催化汽油的某些馏分也可作为催化重整原料。

二、催化重整产品

催化重整产品中含有较多的芳烃和异构烷烃，辛烷值很高（研究法辛烷值为 95～115），因此催化重整产物既可以作为高辛烷值汽油的调和组分，也可以将其中的苯、甲苯、二甲苯等轻芳烃分离出来作为基本化工原料。

1. 高辛烷值汽油调和组分

炼化企业中不同装置生产的汽油组分的辛烷值差别很大，虽然有些组分的辛烷值也很高，如烷基化汽油、异构化汽油和甲基叔丁基醚等，但由于受资源、技术和成本等限制，以及产物本身性质的局限性，不能满足汽油生产的需求。因此，催化重整汽油（尤其是在中国）仍然是高辛烷值汽油的重要调和组分。调入催化重整汽油会导致汽油产品的芳烃含量偏高，与新的汽油标准和汽油清洁化发展方向相矛盾，因此需适当控制催化重整汽油的加入量。

催化重整汽油的辛烷值高且具有较好的调和效应，例如，半再生式催化重整汽油的研究法辛烷值可达 95，连续催化重整汽油的研究法辛烷值可达 102 左右，调和到汽油中后，可大幅度提高汽油的辛烷值。发达国家的催化重整汽油在高辛烷值汽油生产中占有较大比重，如催化重整汽油约占美国汽油产量的 1/3，欧洲和日本约占 20%，而中国汽油产量中催化重整汽油还不到 10%，仍需进一步提高催化重整汽油的占比。

车用汽油不仅要有较高的辛烷值，还要有较好的辛烷值分布，即汽油中小于 100℃馏分和大于 100℃馏分的辛烷值与全馏分油的辛烷值差异要小，否则会导致车用汽油的使用性能变差，污染物排放增加。由于中国的车用汽油组分构成不合理，催化裂化汽油所占比例偏大，而催化重整汽油和催化裂化汽油的辛烷值分布刚好相反。因此，调入催化重整汽油可改善成品汽油的辛烷值分布。

催化重整工艺是一个临氢反应过程，原料在反应前需进行严格的预处理。因此，催化重整汽油的杂原子和烯烃含量非常低，调入成品汽油后可大幅度降低汽油的烯烃含量和硫含量。

2. 轻芳烃

催化重整产物中含有大量的芳烃（一般为 30%～50%，某些重整生成油的芳烃含量在 70% 以上），经过芳烃抽提、分离及转化过程，可以得到苯、甲苯和二甲苯等芳烃产品，均为一级基本化工原料。

轻芳烃可以作为有机合成及基本有机化工的原料，得到诸多的衍生物，在工业上具有非常广泛的用途。例如，苯可以制备苯乙烯、环己烷、苯酚、苯胺、马来酐、合成烷基苯洗涤剂、农药、聚酰胺纤维等；甲苯可以用来生产硝基甲苯及其衍生物、甲苯二异氰酸酯、苯甲醛、苯甲酸、甲苯磺酸及甲酚等，也可通过脱烷基和烷基转移得到苯和二甲苯；C_8 芳烃本身可以用作溶剂、稀释剂、黏合剂和萃取剂等，如经过进一步分离得到邻二甲苯、间二甲苯、对二甲苯和乙苯等单体，在工业上可以合成大量的化工产品。邻二甲苯主要用于制取苯酐，苯酐是苯二甲酸增塑剂的原料；间二甲苯可以生产间苯二甲酸，间苯二甲酸可以生产增塑剂、固化剂，树脂的原料偏苯三酸酐，环氧树脂和不透气塑料瓶的原料间苯二腈，芳族聚酰胺的原料间苯二甲酰氯，杀虫剂、防霉剂对氯间二甲基苯酚的原料 3,5-二甲基苯酚等；对二甲苯可以生产对苯二甲酸和对苯二甲酸甲酯，二者是生产涤纶和聚苯二甲酰对苯二胺树脂的重要原料。乙苯可以制备不饱和聚酯树脂、聚苯乙烯泡沫塑料和氯苯乙烯等。

3. 溶剂油

在生产芳烃时，催化重整生成油经芳烃抽提分离出轻芳烃后，产生部分抽余油。催化重整抽余油通常占催化重整原料的25%~50%，具体产率与原料性质、催化剂性能、操作条件等因素有关。抽余油主要含有C_6—C_8的烷烃和环烷烃，芳烃(通常不大于5%)和杂原子的含量少。因此，抽余油是生产优质溶剂油的良好原料。

溶剂油具有非常广泛的用途，如用作橡胶用溶剂油、油漆及清洗用溶剂油、植物油抽提溶剂、医药和化学试剂用石油醚、香料抽提用香花溶剂油等。由于溶剂油具有特殊的用途和使用场所，为了保证其使用性能，对挥发性、溶解度、稳定性及毒害性都有严格要求。

溶剂油的挥发性和溶解度主要通过控制馏程来实现。影响溶剂油稳定性的关键是烯烃含量，这是因为烯烃(特别是二烯烃)极易氧化生成胶质而引起溶剂油变质。为了减少对人体的危害，溶剂油必须严格控制芳烃含量(尤其是使用过程中需与人体密切接触的情况)，通常要求芳烃含量不大于3%(质量分数)。通过精制可以脱除掉溶剂油中的烯烃和芳烃。

4. 氢气

催化重整过程包括环烷烃脱氢及烷烃环化脱氢生成芳烃的反应，这些反应会副产一部分氢气，收率一般在2%~5%，具有极其宝贵的利用价值。

现代炼化企业和合成行业(合成氨、合成甲醇等)都离不开氢气。在炼化企业中，由于原油加工深度及环保要求的不断提高，加氢技术已成为炼化企业生产清洁油品的重要工艺，也带来了炼化企业氢耗的不断增加。催化重整氢气除少量用于催化重整预加氢反应外，绝大部分经提纯后送往各类加氢装置，为加氢精制、加氢裂化、加氢改质等提供氢源。此外，催化重整氢气还可以补充芳烃歧化装置、芳烃异构化装置及烷烃异构化装置的氢耗。

三、催化重整工艺流程

催化重整既可以用来生产高辛烷值汽油调和组分，也可以生产轻芳烃。自20世纪40年代重整工艺工业化以来，相继出现了许多不同的工艺型式。但各种工艺基本都包括原料预处理、重整反应、产物的处理等过程，连续重整还包括催化剂的再生部分。

催化重整的生产目的不同，采用的流程也不同。以生产高辛烷值汽油为主的催化重整过程，流程中包括原料预处理、重整反应和产品稳定等部分；当以生产芳烃为主时，工艺流程中还应有芳烃分离部分，包括反应产物后加氢以使其中的烯烃饱和、芳烃溶剂抽提、混合芳烃精馏等几个单元过程。催化重整工艺原料预处理和反应部分的典型原则流程如图7-1所示。

1. 原料预处理

催化重整的原料主要是直馏汽油馏分，即石脑油。二次加工所得的汽油馏分(如焦化汽油、催化裂化汽油、加氢裂化汽油等)因含有较多的烯烃及硫化物、氮化物等非烃化合物，在重整反应条件下，烯烃容易结焦，含硫化合物、含氮化合物等会引起催化剂中毒，不适于直接作为催化重整原料。但二次加工汽油经加氢精制脱除烯烃及硫化物、氮化物等非烃化合物后，可以作为催化重整原料的掺和组分。

重整催化剂的活性组分是贵金属铂，原料中少量的杂质(如砷、铅、铜等)就会引起催化剂的永久性中毒，原料中的水分和氯含量不适当也会使催化剂减活，因此催化重整原料对杂质含量要求极高。此外，原料的馏程和族组成对催化剂和产物性质也有一定影响。因此，反应前需对催化重整原料进行预处理，以达到装置对原料性质的要求。

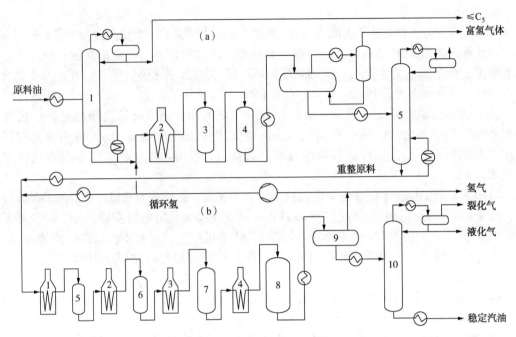

图 7-1 催化重整原则流程图

(a) 原料预处理部分：1—预分馏塔；2—预加氢加热炉；3，4—预加氢反应器；5—脱水塔
(b) 反应及分馏部分：1，2，3，4—加热炉；5，6，7，8—重整反应器；9—高压分离器；10—稳定塔

催化重整原料预处理包括原料的预分馏、预脱砷、预加氢及汽提塔脱水等几部分，目的是得到馏分范围、杂质含量都符合要求的催化重整原料。

1) 预分馏

根据生产任务不同，催化重整原料的馏程要求也不同。催化重整原料不能含有 C_5 以下的轻烃，这是因为 C_5 以下的轻烃不仅不能生成芳烃，还会增加能耗，降低产氢纯度。

预分馏的作用是切取馏程合适的催化重整原料。以生产高辛烷值汽油为主要目的时，进入重整装置的原料本身就是小于 180℃ 的直馏汽油，经换热后进入预分馏塔，切除原料中不大于 C_6 的轻组分（即切去 80℃ 以下的轻馏分），同时脱除原料中的部分水分。预分馏塔底产物为 80~180℃ 馏分，含水量可降至 30μg/g 以下。但应注意，原料的干点（或终馏点）一般要控制在 180~185℃，不能太高，因为原料经重整反应后，生成油的干点要提高 15~20℃，所以必须要控制原料的终馏点，确保汽油干点满足产品规格要求（车用汽油终馏点不大于205℃）。生产混合芳烃时，进入装置的原料一般是小于 130℃（或 145℃）的直馏汽油，需切除 60℃ 以下的轻馏分。

2) 预脱砷

砷能与催化剂活性组分铂结合生成 PtAs，造成催化剂永久性中毒失活。由于铂对催化重整原料中的砷非常敏感，因此要求进重整反应器的原料油中砷含量不大于 1μg/kg。如果原料砷含量本身小于 100μg/kg，则可以不经过预脱砷，只经预加氢精制后即可达到允许的砷含量要求，否则必须先经过预脱砷。此外，石脑油作为预加氢原料，当砷含量超过200μg/kg 时，会对加氢催化剂的活性和稳定性产生很大的影响。因此，对于砷含量高的催化重整原料，需首先采用预脱砷的方法脱除大部分的砷，剩余的微量砷（小于 200μg/kg）再由预加氢深度脱除，获得满足要求的原料油。

例如，中国大庆原油和新疆原油的石脑油中砷含量高（大庆石脑油的砷含量最高可达 2000μg/kg），依靠常规的预加氢技术难于达到脱除要求。为此，中国发展了硅酸铝小球吸附脱砷和加氢预脱砷两项技术。

工业上采用比较多的是临氢脱砷过程，与预加氢不同的是，其采用专门开发的脱砷剂，这类催化剂的砷容量高、脱砷效率高。由预分馏塔底出来的催化重整原料与由重整反应部分来的富氢气体混合，经加热至 320~370℃，进入预脱砷反应器中进行反应，使原料中的砷含量降到 100μg/kg 以下。预脱砷是催化反应过程，催化剂是钼酸镍。

3）预加氢

预加氢是在适宜的催化剂和工艺条件下，将原料中的有机杂质转化为无机杂质，以除去能使重整催化剂中毒的物质，如硫、汞、砷、铅、铜、铁和氧等，使有毒物质的含量降到允许的范围以内，同时使原料中的烯烃饱和以减少催化剂上的积炭，从而延长装置操作周期。预加氢的催化剂为钴钼镍催化剂，其化学反应与加氢精制相同，只是对精制油的杂质含量要求更苛刻。

中国主要原油的石脑油在未精制以前，氮、铅、铜等的含量都能符合要求。因此，加氢精制的主要目的是脱硫，同时通过汽提塔脱水。

预加氢反应器与预脱砷反应器是串联在一起的，预加氢反应生成物经换热（与原料油）冷却后进入高压分离器，分离出的富氢气体可以用于加氢精制装置；由于相平衡的限制，分离出的液体油中溶有少量的 H_2O、NH_3 和 H_2S 等，需要除去。因此，将高压分离器出来的液体送到蒸馏脱水塔，除去溶解气体后的油由脱水塔底部抽出，再通过装有氧化锌脱硫剂的脱硫器，进一步脱去残余的硫后，就可以作为重整反应部分的进料。双、多金属重整催化剂一般要求进料中的硫含量小于 0.5μg/g。

预脱砷和预加氢系统的操作条件受催化重整反应器操作条件的影响，主要取决于催化重整反应系统的操作压力和压力降。典型的预加氢反应操作条件如下：压力为 2.0~2.5MPa；氢油比为 100~200（体积比，标准状态）；空速为 4~10h^{-1}；氢分压约 1.6MPa。

催化重整原料经过上述几个过程预处理后，就可以得到馏分组成和杂质含量都合格的催化重整原料油。

2. 催化重整反应工艺

根据催化剂再生方式不同，目前工业上应用的催化重整装置主要包括固定床半再生重整工艺和移动床连续再生式重整（简称连续重整）工艺。基本工艺流程如下：原料油经过预处理后，先与循环氢混合，然后进入换热器与反应产物换热，再经加热炉加热后进入重整反应器。重整反应器为绝热式，由于催化重整反应是强吸热反应，物料经过反应后温度降低，为了保持足够高的反应温度，一般设置 3~4 个反应器（铂重整装置一般设 3 个反应器，而双金属和多金属重整一般设 4 个反应器），每个反应器之前都设有加热炉以加热物料。最后一个反应器出来的物料，部分与进料换热，部分作为稳定塔底重沸器的热源，经冷却后进入油气分离器。从油气分离器顶分出的气体[氢含量为 85%~95%（体积分数）]，大部分经循环氢压缩机升压后作为循环氢与催化重整原料混合后重新进入反应器，其余部分作为产氢送往预加氢部分；从油气分离器底分出的液体产物根据生产目的不同进入后续的处理装置。如果是以生产高辛烷值汽油组分为目的，分离出的重整生成油进入稳定塔，塔顶分离出液态烃，塔底为蒸气压合格的稳定汽油。

固定床半再生重整工艺采用 3~4 个固定床反应器串联，催化剂每 0.5~1 年再生一次；连续重整的装置中设有专门的再生器，反应器和再生器均采用移动床反应器，催化剂在反应器和再生器之间不断循环以进行反应和再生，一般每 3~7 天全部催化剂再生一遍。

1）固定床半再生重整工艺

固定床半再生重整反应系统的典型工艺流程如图 7-1 所示。不同重整装置的具体流程和设备可能会有些差别，但基本的原理和流程是相同的。在这一类反应系统中，除了图 7-1 所示的典型工艺流程外，麦格纳重整工艺（Magnaforming，也称作分段混氢流程，如图 7-2 所示）也是常见的重整工艺。

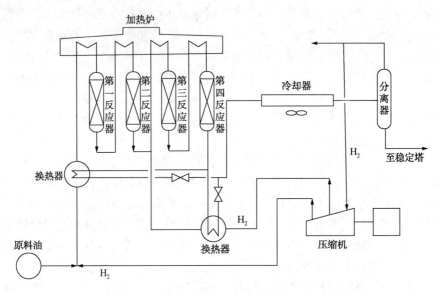

图 7-2　麦格纳重整反应系统原则工艺流程图

麦格纳重整工艺的主要特点是循环氢分两路进入反应系统，一路从第一反应器进入，另一路则从第三反应器进入。第一、第二反应器中采用高空速、较低反应温度（460~490℃）及较低氢油比（2.5~3），有利于环烷烃的脱氢反应并抑制加氢裂化反应。后面的 1 个或 2 个反应器则采用低空速、高反应温度（485~538℃）及高氢油比（5~10），以利于烷烃的脱氢环化反应。麦格纳重整工艺的优点是可以得到较高的液体收率，装置能耗也有所降低。国内的固定床半再生重整装置多采用此种工艺流程。

2）连续重整工艺

移动床连续再生式重整装置中催化剂连续地依次流过串联的 3 个（或 4 个）移动床反应器，从最后一个反应器流出的待生催化剂含炭量为 5%~7%（质量分数），待生剂由气体提升输送到再生器进行再生。恢复活性后的再生剂返回第一反应器重新进行反应。催化剂在系统内形成一个闭路循环。

从工艺角度来看，由于催化剂可以频繁地进行再生，整个系统中催化剂的活性较高，因此可采用比较苛刻的反应条件，即低反应压力（0.35~0.8MPa）、低氢油比（1.5~4）和高反应温度（500~530℃），其结果是更有利于烷烃的芳构化反应，催化重整生成油的研究法辛烷值可达 100，液体收率和氢气产率高。

目前工业上应用最多的连续重整工艺分别是美国 UOP 公司和法国 IFP 公司的专利技术，其原理流程分别如图 7-3 和图 7-4 所示。

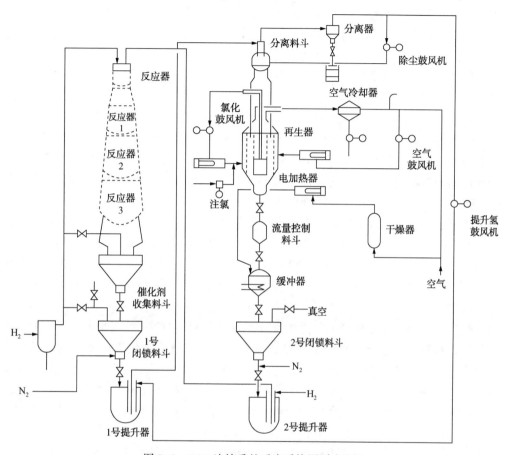

图 7-3　UOP 连续重整反应系统原则流程图

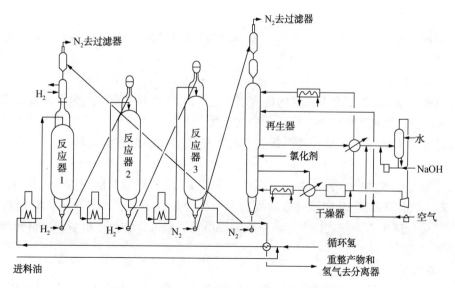

图 7-4　IFP 连续重整反应系统原则流程图

UOP 连续重整和 IFP 连续重整采用的反应条件基本相似，也都采用铂—锡催化剂。从外观来看，IFP 连续重整反应系统的三个反应器是并行排列的，催化剂在每两个反应器之间都是用氢气提升至下一个反应器的顶部，从最后一个反应器出来的待生剂用氮气提升到再生器的顶部再进行再生。而 UOP 连续重整反应系统的三个反应器是叠置的，催化剂依靠重力自上而下依次流过各个反应器，从最后一个反应器出来的待生催化剂用氮气提升至再生器顶部进行再生。在具体的技术细节上，这两种技术也有一些各自的特点。

3）两种重整工艺的对比与选择

连续重整工艺是重整技术的重要进展之一，它针对催化重整反应的特点提供了更为适宜的反应条件，因而取得了较高的芳烃产率、液体收率和氢气产率，突出优点是改善了烷烃芳构化反应的条件。虽然连续重整技术有上述优点，但是并不说明对于所有的新建装置它就是唯一的选择，因为判别某个技术先进性的最终标准是其经济效益的高低。因此，在选择何种重整技术时，应当根据具体情况做全面的综合分析。

连续重整装置再生部分的投资占总投资的比例很大，装置的规模越小，其所占的比例也越大，因此规模小的装置采用连续重整是不经济的。近年新建连续重整装置的规模一般都在 $60 \times 10^4 t/a$ 以上。从总投资来看，一套 $60 \times 10^4 t/a$ 连续重整装置的总投资与相同规模的半再生重整装置相比，约高出 30%。由此可见，投资数量和资金来源应是选择重整工艺的一个重要考虑因素。

原料性质和产品需求是选择催化重整反应部分工艺型式的另一个考虑的重要因素。原料油的芳烃潜含量越高，连续重整与半再生重整在液体产品收率及氢气产率方面的差别也越小，连续重整的优越性也相对下降。当催化重整装置的主要产品是高辛烷值汽油时，还应当考虑市场对汽油质量的要求。过去提高汽油辛烷值主要依靠提高汽油中的芳烃含量，近年来，出于环保要求的考虑，出现了限制汽油中芳烃含量的趋势；此外，在汽油中添加醚类等高辛烷值组分以提高汽油辛烷值的方法得到了广泛的应用，因此对催化重整汽油的辛烷值要求有所降低。对汽油产品需求情况的变化促使催化重整装置降低反应苛刻度，在一定程度上削弱了连续重整的相对优越性。此外，连续重整多产的氢气是否能充分利用，也是衡量其经济效益的一个因素。

综上所述，在选择何种重整工艺时，必须根据具体情况、以经济效益为衡量标准，进行全面综合的分析。

3. 芳烃分离

催化重整生成油是芳烃和非芳烃的混合物，是 BTX 的重要来源。工业上分离液体混合物经常采用精馏法，但由于催化重整生成油中的烷烃、环烷烃和芳烃的碳数相近、沸点相差很小，且芳烃与许多非芳烃之间容易形成共沸物，采用普通精馏方法无法获得高纯度的芳烃产物。

从催化重整生成油中分离 BTX 主要采用液—液抽提法（即通常所说的芳烃抽提）和抽提精馏法（又称萃取精馏），其中液—液抽提法因所得芳烃质量好、回收率高、对原料的适应性强而在芳烃分离中占有较大比重。液—液抽提所得芳烃混合物经过精馏即可得到苯、甲苯和二甲苯等。

1）芳烃抽提

芳烃抽提是利用溶剂对芳烃和非芳烃溶解能力的差异而将芳烃从混合物中分离出来的。

溶剂性能是芳烃抽提的关键因素，为了改进芳烃抽提工艺，世界各国探索了上百种溶剂对抽提效果的影响，综合考虑溶解性、选择性、热稳定性及对工艺过程的要求等，目前工业上使用的溶剂主要有环丁砜、甘醇、二甲亚砜、N-甲基吡咯烷酮和 N-甲酰吗啉等。

以环丁砜为溶剂的抽提工艺，由于投资低、芳烃产品质量好、收率高等，得到了广泛的工业应用。以下以环丁砜溶剂为例，介绍芳烃抽提的工艺流程(图 7-5)。

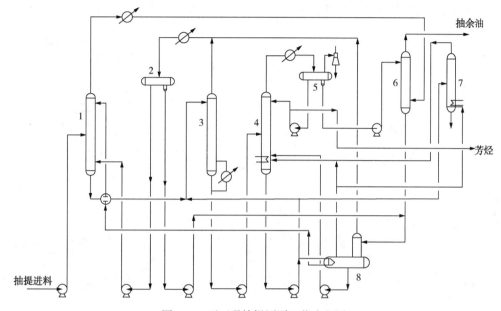

图 7-5　环丁砜抽提原则工艺流程图

1—抽提塔；2—回流芳烃罐；3—汽提塔；4—回收塔；5—芳烃罐；6—水洗塔；7—溶剂再生塔；8—水汽提塔

抽提原料(催化重整产物)由泵送入抽提塔中下部，贫溶剂由塔顶进入抽提塔。原料与溶剂在抽提塔内经过多级逆流接触，进行芳烃与非芳烃的分离。

抽提塔顶的抽余油进入水洗塔，用循环水洗去其中夹带的少量溶剂后出装置。

抽提塔底溶解了大量芳烃的富溶剂与贫溶剂换热后进入汽提塔顶部，汽提塔底设有再沸器，用蒸汽加热以除去抽出液中的非芳烃。塔顶气体冷凝后进入回流芳烃罐，含有非芳烃的回流芳烃用泵从罐底抽出后返回抽提塔底。

汽提塔底液体用泵打入回收塔，以减压蒸馏方式将芳烃与溶剂分离。塔顶气体经冷凝冷却后进入芳烃罐，罐顶有抽真空系统。芳烃由罐底抽出，一部分返回回收塔顶作为回流，其余部分作为芳烃产品去后续的精馏部分分离得到苯、甲苯和二甲苯等产品。回收塔底采用再沸器加热，同时通入汽提水和汽提蒸气，塔底环丁砜溶剂用泵抽出，经换热后返回抽提塔循环使用。

从水洗塔底出来的含溶剂水与汽提塔顶回流芳烃罐底分出的水一起送入水汽提塔，以除去水中夹带的烃类。水汽提塔顶气体与汽提塔顶气体混合冷凝后进入回流芳烃罐；水汽提塔底用回收塔底贫溶剂加热，蒸气与水分别送入回收塔底用于塔的汽提。

环丁砜抽提装置还设有溶剂再生塔以便经常对环丁砜进行蒸馏再生，再生环丁砜从塔顶出来后进入回收塔底。再生塔底用再沸器加热并用水蒸气汽提，老化后的溶剂从再生塔底分出。

2）芳烃精馏

催化重整生成油经芳烃抽提得到混合芳烃后，需进一步精馏才能得到苯、甲苯和二甲苯等合格产品。按照原料及对产品种类的要求不同，精馏可有多种不同的工艺流程。目前大多数芳烃生产装置主要以生产苯、甲苯和二甲苯为主，少部分装置同时会把 C$_8$ 芳烃进一步分离得到邻二甲苯、间二甲苯、对二甲苯和乙苯等产品。

典型的三塔芳烃精馏工艺流程如图 7-6 所示。

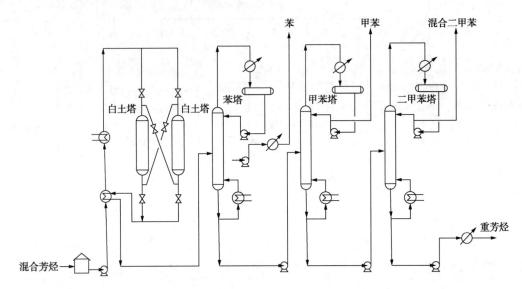

图 7-6　典型芳烃精馏工艺流程(三塔流程)图

溶剂抽提得到的混合芳烃中一般含有微量的烯烃，会影响芳烃产品的质量，因此需采用白土精制以除去烯烃。混合芳烃经换热和加热后进入白土塔，进行液—固接触，使烯烃发生叠合并吸附在白土颗粒表面，从塔底出来的混合芳烃与进料换热后送至苯塔。白土精制的温度一般为 175～200℃，压力为 1.0～1.5MPa，空速为 0.5h^{-1}左右。

混合芳烃由白土塔进入苯塔进行精馏，塔顶物料经冷凝冷却后进入回流罐并打回流。由于塔顶产物中含有少量非芳烃，因此有时将部分塔顶产物打入抽提进料罐进行抽提以保证苯产品的质量。产品苯从苯塔侧线抽出，经冷却后出装置。苯塔底用再沸器加热。

苯塔底的液体产物用泵打入甲苯塔。甲苯塔顶物料经冷却后一部分作为塔顶回流，其余部分作为甲苯产品送出装置。甲苯塔底也用再沸器加热。

来自甲苯塔底的液体用泵送入二甲苯塔中部，经蒸馏后塔顶产物部分回流，其余部分作为混合二甲苯产品。塔底产品为重芳烃，经冷却后出装置。二甲苯塔底用再沸器加热。

所谓的五塔流程，指的是除苯塔、甲苯塔和二甲苯塔以外，还设有邻二甲苯塔和乙苯塔。此流程中的二甲苯塔与三塔流程有所不同。二甲苯塔顶产物进入乙苯塔将乙苯与间二甲苯、对二甲苯分开；二甲苯塔底产物进入邻二甲苯塔分离得到邻二甲苯和重芳烃。

除以上三部分工艺流程外，为了增加工业需求量较大的对二甲苯和邻二甲苯的产量，有的催化重整装置后续还有芳烃歧化和烷基转移及二甲苯异构化等单元。

四、催化重整发展趋势

1. 催化重整的发展空间

随着环保法规的日益严格和对油品质量要求的不断提高，当前炼化企业最重要的任务就是生产符合环保要求的清洁燃料，把油品对人类健康和环境的危害降到最低。由于催化重整汽油具有非理想组分含量低、辛烷值高等优点，目前乃至今后相当长一段时间内，催化重整装置仍是世界各国生产清洁汽油最重要的工艺之一。此外，生产高辛烷值的无苯低芳烃汽油组分，石油化工快速发展对芳烃需求的增加，生产低硫和超低硫汽油和柴油皆需要氢气等因素，都促进了催化重整工艺的进一步发展。

21世纪炼油工业的发展方向是实现炼油化工一体化，在生产运输燃料的同时，生产石油化工原料。目前全世界的BTX消费中，有70%左右来自催化重整装置。石化工业中芳烃产业的发展，很大程度上依赖于催化重整的发展。催化重整可以解决目前部分芳烃产品(如对二甲苯)供不应求，以及石油化工生产对芳烃的需求和汽油中芳烃过剩互补的局面。

此外，随着轻质燃料清洁化要求的不断提高，加氢工艺成为生产优质燃料必不可少的核心技术之一。尤其是随着目前高硫、高酸和高金属含量重质原油比例的增加，下游加氢工艺对氢气的需求量大幅度上升，寻找廉价的氢源已成为炼化企业的重要任务，而催化重整装置的副产氢气正好满足这一需求，催化重整每吨进料可提供$250\sim500m^3$副产氢气。

2. 催化重整的发展方向

近年来，催化重整工艺在技术本质上没有突出的创新和发展，仍然延续着传统的半再生式、连续再生式及其他再生式催化重整工艺。只是新建或改造的装置加工能力不断增大，连续再生式催化重整装置不断增多，成为最有竞争力的工艺。工艺改进的重点在于如何提高产品质量，满足各种环保法规的要求，因此装置操作苛刻度不断提高。

1) 拓宽重整原料来源

中国原油的直馏石脑油收率较低，而以石脑油为原料的乙烯裂解装置比例却在逐年上升，要在优化炼油与化工资源互补的基础上，扩展催化重整进料来源以消除原料不足带来的短板效应。乙烯裂解抽余油中环烷烃含量非常高，芳烃潜含量高达60%，远远大于石脑油的芳烃潜含量，因此裂解抽余油是非常理想的重整原料。加氢裂化石脑油的芳烃潜含量在50%左右，也是不错的催化重整原料。催化汽油中间段的辛烷值最低，通过切取中间段馏分作为催化重整原料可提高辛烷值，还可解决汽油硫和烯烃含量高的问题。焦化汽油的辛烷值低、稳定性差，硫、氮等杂质含量高，经过深度加氢精制后可以作为催化重整原料，同时，正因为焦化汽油较为廉价，所以掺入量越多，效益越可观。

2) 催化重整工艺的发展

连续重整装置的氢气产率、C_5^+液体收率、产物辛烷值、装置开工率等均高于半再生催化重整装置，但安装费、装置投资等也较高。但总体来看，连续重整装置(尤其是大处理量时)的经济性好于半再生催化重整装置。因此，今后新建较大规模的装置将以连续重整装置为主。

对于半再生催化重整装置，目前在催化重整装置生产能力中仍占有较大的比重。由于半再生催化重整装置的设计条件和技术方式不同，装置间的差别较大。今后的发展方向主要是通过降低反应操作压力、更换新型催化剂和改进反应器结构等改造措施，来适应对催化重整产物组成和性质的要求。

近年来，连续重整工艺虽然没有实质性的突破，但采用更重的原料和更低的氢分压来提高催化重整汽油和氢气收率以实现新的平衡，同时在催化重整进料预处理、重整异构化组合工艺、降低汽油中苯含量和非常规资源的芳烃回收等方面均有不同程度的发展。

发展逆流移动床重整工艺，可改善反应状况、优化反应条件、增加产品收率、减缓催化剂失活速率和延长催化剂寿命等。逆流移动床工艺与顺流移动床工艺的最大不同在于催化剂在反应器间的流动次序。逆流移动床重整工艺的反应物料从第一个反应器依次流到最后一个反应器，经过再生的新鲜催化剂则逆向从最后一个反应器依次流到第一个反应器，催化剂在各个反应器之间的流动方向与反应物的流动方向相反，反应器中催化剂的活性状态与反应的难易程度相适应，强化了反应过程。

组合床重整工艺也是催化重整过程的发展趋势之一。反应系统的前半部分采用固定床反应器，主要进行环烷烃脱氢反应，工艺流程和设备操作简单，设备投资和操作费用低；后半部分操作苛刻度较高的反应器采用移动床，以适应催化剂失活快、需频繁再生的特性，获得较高的液体收率、氢气和芳烃产率，提高催化重整装置的经济效益。

3) 重整催化剂的发展

重整工艺条件不断向超低压、高苛刻度方向发展，促进了重整催化剂技术的进步，主要要求是改进催化剂配方，最大限度地提高催化剂的选择性、稳定性和持氯能力，提高 C_{5+} 液体和氢气收率并降低成本。重整催化剂的发展主要包括开发新型的催化剂组分和催化剂材料。

重整催化剂研发的重点是铂基多金属催化剂配方的优化、浸渍方法的改进、催化剂载体性能的提高和新助剂的研究，主要包括以铂为主的双（多）金属催化剂（如铂—铼、铂—锡、铂—铱等双金属催化剂）的研发，助剂的筛选，铂含量的优化降低，具有特殊孔道结构载体的改进以及含氯化物或促进剂的重整催化剂制备方法等。

半再生式重整催化剂的作用主要是减少铂—铼催化剂的氢解活性，增加催化重整生成油和氢气的产率，提高催化剂的选择性和寿命等。连续再生式重整催化剂的发展重点是增加催化剂的活性和选择性，减少失活率，降低铂组元荷载，提高催化剂的抗磨损能力等。

4) 降低催化重整生成油的苯含量

汽油中的芳烃（特别是苯）可以引发癌症，而且由于碳含量高，在发动机中燃烧不完全而产生碳炱，使发动机排放的污染物增加，芳烃在光氧化反应作用下还产生对人体有害的臭氧。催化重整汽油是提高清洁汽油辛烷值的重要组分之一，同时也是汽油中苯和芳烃的重要来源。目前，汽油产品对苯和芳烃含量均提出了严格限制，生产无苯低芳烃的高辛烷值汽油将是未来的发展趋势。因此，开发先进的降苯降芳烃工艺，控制催化重整汽油的芳烃含量已经急不可待。

降低重整装置的操作苛刻度可以降低产物中的芳烃含量，但同时汽油的辛烷值降低，氢气产率也大幅度降低，不能满足生产低硫和超低硫汽油和柴油对氢气的需求，又带来了新的问题。

目前全世界约75%的炼油厂（约占催化重整产能的50%）还没有采取从催化重整生成油中回收苯的措施。而近期也推出了多种降低汽油苯含量的专利技术，如切除催化重整原料中生成苯的母体、催化重整生成油脱苯等。

第二节　催化重整的化学反应

一、催化重整的主要化学反应

催化重整过程使用的是双功能催化剂，催化剂既具有金属功能，可以促进脱氢反应和加氢反应，也具有酸性功能，可以促进裂化和异构化等反应。由于反应条件的限制，催化剂的加氢功能和裂化功能得到了部分抑制。催化重整过程中所发生的化学反应可以概括为脱氢反应、异构化反应、加氢裂化反应、烯烃饱和反应和积炭反应5类。

1. 脱氢反应

脱氢反应是催化重整过程中最主要的化学反应。反应物不同，脱氢反应的类型也有差异。

1）六元环烷烃的脱氢反应

催化重整过程中，六元环烷烃直接脱氢生成芳烃，如：

$$\text{环己烷} \rightleftharpoons \text{苯} +3H_2$$

$$\text{甲基环己烷} \rightleftharpoons \text{甲苯} +3H_2$$

六元环烷烃的脱氢反应是催化重整最具有代表性的反应，也是催化重整的基本反应。这类反应都是分子数变多的强吸热反应，高温、低压有利于反应的进行。六元环烷烃脱氢反应的平衡常数很大，并且随着分子量的增加而增大，在催化重整的操作条件下，反应都能达到化学平衡。

2）五元环烷烃的异构脱氢反应

催化重整反应条件下，带有烷基侧链的五元环烷烃可以先发生异构化反应生成六元环烷烃，再进行脱氢反应，生成芳烃。如：

$$\text{甲基环戊烷} \rightleftharpoons \text{苯} +3H_2$$

$$\text{乙基环戊烷} \rightleftharpoons \text{甲苯} +3H_2$$

催化重整原料中含有相当数量的五元环烷烃，烷基环戊烷异构脱氢反应对于增产芳烃和提高汽油辛烷值具有十分重要的影响。

与六元环烷烃相似，五元环烷烃的异构脱氢反应也是强吸热反应，且化学平衡常数很大，在重整反应条件下是可以充分进行的。但由于增加了一步异构化反应且异构化反应的平衡常数较低，因此五元环烷烃异构脱氢反应的速率较低，在反应时间较短时，五元环烷烃转化为芳烃的转化率距平衡转化率相差较远。同时，五元环烷烃易发生加氢裂化反应，也导致其芳烃转化率较低。确定合适的工艺条件和催化剂，可以提高五元环烷烃转化为芳烃的选择性。

3）烷烃的环化脱氢反应

催化重整反应过程中，对于分子中碳原子数大于6的烷烃，从理论上来说都可以通过环化脱氢反应转化成芳烃。如：

$$C_6H_{14} \rightleftharpoons \text{⬡} + 4H_2$$

$$C_7H_{16} \rightleftharpoons \text{⬡}-CH_3 + 4H_2$$

在现代双金属或多金属催化重整工艺中，烷烃环化脱氢反应已经成为增产芳烃和提高汽油辛烷值的关键。

从热力学角度分析，在重整操作条件下，烷烃环化脱氢反应具有较高的平衡转化率。但实际生产过程中，烷烃的转化率（尤其是使用铂催化剂时）却很低，距平衡转化率很远，主要是因为烷烃环化生成环烷烃的反应速率很低，限制了总反应速率的提高；同时，烷烃还会发生加氢裂化和异构化反应，也降低了生成芳烃的产率。因此，烷烃环化脱氢反应的芳烃产率总是低于理论上的平衡产率。

提高烷烃转化为芳烃的选择性，关键是提高烷烃的环化脱氢反应速率和催化剂选择性。提高反应温度和降低反应压力有助于烷烃转化成芳烃，但会加快催化剂积炭失活。双金属和多金属催化剂的选择性、稳定性和容炭能力较好，在低压和高温下能保持活性的稳定，可以大幅度地提高烷烃转化成芳烃的选择性。

2. 异构化反应

重整催化剂具有酸性，可以引发正碳离子的所有反应，其中在催化重整过程中最有意义的是异构化反应。如：

$$n\text{-}C_7H_{16} \rightleftharpoons i\text{-}C_7H_{16}$$

对反应结果具有有利影响的是五元环烷烃异构生成六元环烷烃和正构烷烃的异构化反应。异构烷烃具有较高的辛烷值且更易于进行环化脱氢反应，因此正构烷烃异构化间接有利于芳烃产率的提高。

异构化反应是可逆的放热反应，提高反应温度会使平衡转化率下降。但生产中常常是提高反应温度有利于异构产物的增加，主要原因是异构化反应未达到化学平衡，但过高的反应温度会加剧加氢裂化反应，反而会使异构产物收率降低。

3. 加氢裂化反应

催化重整反应过程中，各类烃都可以在催化剂的酸性中心上发生加氢裂化反应。如：

$$n\text{-}C_8H_{18} + H_2 \longrightarrow 2i\text{-}C_4H_{10}$$

催化重整过程中，烷烃通过加氢裂化反应生成小分子的烷烃和异构烷烃；环烷烃加氢裂化而开环，生成异构烃；芳烃主要是发生断侧链反应生成苯和小分子烷烃，芳环一般不会被加氢；原料中少量的含硫、含氮、含氧的非烃化合物也会发生脱杂原子反应。加氢裂化反应是中等强度的不可逆放热反应，由于加氢裂化反应遵循正碳离子机理，气体产物中小于 C_3 的组分很少，但气体产物的生成会降低液体收率，因此应适当控制催化重整过程中的加氢裂化反应。

4. 烯烃饱和反应

催化重整过程中的裂化反应会生成部分烯烃，烯烃在重整临氢操作条件下随即被加氢，生成相应的烷烃。反应过程同加氢精制反应。

5. 积炭反应

催化重整过程中会有少量的烃类发生脱氢缩合反应，生成焦炭并沉积于催化剂上，引起催化剂的失活。关于重整过程的生焦机理目前研究尚不充分，一般认为生焦倾向与原料的分子大小及结构有关，馏分越重、含烯烃越高的原料越易生焦，且焦炭主要沉积在催化剂载体的酸性中心上。

上述反应中，脱氢反应是生成芳烃的反应，无论对生产轻芳烃还是对生产高辛烷值汽油都是有利的；异构化反应对五元环异构脱氢生成芳烃及提高汽油的辛烷值具有重要意义；加氢裂化反应生成较小的烃分子，且伴随有异构化反应，有利于提高汽油辛烷值，但液体产品收率下降，应当控制加氢裂化反应的发生。

二、催化重整原料的评价

1. 重整指数

催化重整的产品收率、性质及操作条件与原料组成密切相关。早期主要是依据催化重整原料中的芳烃和环烷烃含量来评价原料的贫富、重整产物的收率等，通常表示为$(N+A)$、$(N+2A)$或$(N+3.5A)$，称为芳构化指数或重整指数。重整指数通常用$(N+2A)$来表示，定义为

$$(N+2A) = \sum \varphi(C_i^N) + 2\sum \varphi(C_i^A) \tag{7-1}$$

式中 $\varphi(C_i^N)$——原料中环烷烃的体积分数；

        $\varphi(C_i^A)$——原料中芳烃的体积分数；

        i——碳原子数。

原料中的环烷烃和芳烃含量越高，催化重整生成油的芳烃产率越大，辛烷值越高，这是重整指数的基本含义。生产实际中可通过重整指数来估算重整操作条件、重整产率和辛烷值等。

2. 芳烃潜含量

芳烃潜含量是指催化重整原料中C_6以上的环烷烃全部转化为芳烃的量与原料中本身的芳烃量之和，其意义与重整指数相似，都用来表征催化重整原料的转化性能。

芳烃潜含量的定义如下：

$$芳烃潜含量(质量分数) = 苯潜含量 + 甲苯潜含量 + C_8芳烃潜含量 \tag{7-2}$$

$$苯潜含量(质量分数) = C_6环烷烃(质量分数) \times 78/84 + 苯(质量分数) \tag{7-3}$$

$$甲苯潜含量(质量分数) = C_7环烷烃(质量分数) \times 92/98 + 甲苯(质量分数) \tag{7-4}$$

$$C_8芳烃潜含量(质量分数) = C_8环烷烃(质量分数) \times 106/112 + C_8芳烃(质量分数) \tag{7-5}$$

式中的78、84、92、98、106、112分别为苯、C_6环烷烃、甲苯、C_7环烷烃、C_8芳烃和C_8环烷烃的分子量。

原料的芳烃潜含量只能说明生成芳烃的可能性，实际的芳烃产率取决于操作条件和催化剂性能。因此，工业生产中常用重整转化率来衡量催化重整反应进行的程度和操作水平的高低。重整转化率(或称芳烃转化率)是指催化重整生成油中的芳烃含量(即芳烃产率)与原料油的芳烃潜含量之比，定义式如下：

$$重整转化率(\%) = \frac{芳烃产率(\%)}{芳烃潜含量(\%)} \times 100 \qquad (7\text{-}6)$$

实际上，重整转化率的定义并不是很准确，因为在芳烃产率中包含了原料中原有的芳烃以及由环烷烃和烷烃生成的芳烃，而原有的芳烃并没有经过转化。此外，芳烃潜含量中并没有考虑烷烃环化脱氢反应生成的芳烃量。在铂重整中，原料中的烷烃极少转化生成芳烃，且环烷烃也不会全部转化生成芳烃，因此重整转化率一般都小于100%。但随着铂—铼及其他多金属催化剂的发展应用，原料中有相当一部分烷烃也可以转化成芳烃，使得重整转化率经常大于100%。

重整指数和芳烃潜含量都是描述和评价催化重整原料质量的指标，国外多采用重整指数，而中国一般采用芳烃潜含量。

三、催化重整反应的影响因素

催化重整过程的原料组成复杂、反应众多，影响催化重整反应结果的因素除催化剂性能和原料组成以外，还有反应温度、反应压力、空速和氢油比等操作参数，这些参数不仅影响产品的质量、产率和催化剂失活速率，还与装置的投资及操作费用等密切相关，反映了装置技术水平的高低。在一定的催化剂性能条件下，催化重整装置的操作参数主要取决于原料性质和产品要求。

1. 反应温度

催化重整过程的主要反应（如环烷烃脱氢反应和烷烃环化脱氢反应）都是强吸热反应，因此无论从化学平衡角度，还是从反应速率方面来考虑，都希望采用较高的反应温度。另一方面，催化重整反应是在绝热反应器内进行的，反应吸热依靠进料本身所携带的热量供给，会造成反应器床层温度不断下降，除了对化学平衡和反应速率不利外，也不利于催化剂活性的发挥。因此，为了维持较高的反应温度，催化重整反应需分段进行，重整装置一般由3~4个反应器串联组成，在各反应器之间设加热炉对物料进行中间加热，以维持足够高的平均反应温度。

高温有利于重整反应，但是，提高反应温度会受以下几个因素的限制：（1）设备材质和性能；（2）催化剂的热稳定性和容炭能力；（3）非理想的副反应。在催化重整反应过程中，提高反应温度会加剧加氢裂化和生焦等非理想反应的速率，使液体产物收率下降，气体产率增加，积炭加快，催化剂活性降低。因此，催化重整过程的反应温度不宜过高，目前国内催化重整装置反应器的入口温度大多在490~510℃。一般来说，采用铂催化剂时反应温度稍低，而采用铂—铼、铂—锡等双金属或多金属催化剂时反应温度则稍高。

催化重整过程中各个反应器内的反应情况是不一样的。例如，环烷烃脱氢反应主要是在前面的反应器内进行，而反应速率较低的加氢裂化反应和烷烃环化脱氢反应则延续到后面的反应器。因此，应当按各个反应器的具体反应情况分别采用不同的反应条件。近年来，多数催化重整装置趋向于采用前面反应器的温度较低、后面反应器的温度较高的操作方案。

催化重整装置一般由3~4个操作条件不同的反应器串联，且各催化剂床层的温度是变化的，因此常用加权平均温度来表示反应温度。所谓加权平均温度（或称权重平均温度），就是考虑到处于不同温度下催化剂的数量计算而得到的平均温度，又分为加权平均入口温度和加权平均床层温度，其定义如下：

$$加权平均入口温度 = C_1 T_{1,入} + C_2 T_{2,入} + C_3 T_{3,入} \tag{7-7}$$

$$加权平均床层温度 = \frac{1}{2} C_1 (T_{1,入} + T_{1,出}) + \frac{1}{2} C_2 (T_{2,入} + T_{2,出}) + \frac{1}{2} C_3 (T_{3,入} + T_{3,出}) \tag{7-8}$$

式中 C_1，C_2，C_3——分别为第一反应器、第二反应器、第三反应器中催化剂的量占全部催化剂的分率；

$T_{1,入}$，$T_{2,入}$，$T_{3,入}$——分别为各反应器的入口温度；

$T_{1,出}$，$T_{2,出}$，$T_{3,出}$——分别为各反应器的出口温度。

在催化重整装置操作中，反应压力、空速和氢油比等一旦确定后，任意改变的可能性很小，但反应温度是可以调整的主要操作参数，根据原料组成和产品要求不同，确定并采用不同的反应温度。在催化重整反应过程中，催化剂的活性由于积炭会逐渐降低，为了维持足够的反应速率，反应温度应随着催化剂活性的下降而逐步提高，但以不超过工艺和设备的最高允许温度为限。

2. 反应压力

反应压力是催化重整最基本的操作参数，对产品收率、反应温度及催化剂稳定性都会产生影响。催化重整的主要反应是生成氢气的环烷烃脱氢反应和烷烃的环化脱氢反应，从热力学角度来看，低压有利于生成芳烃的反应，并减少加氢裂化反应。因此，为增加芳烃产率、提高液体产物收率，希望采用较低的反应压力。但是低压不利于抑制缩合生焦反应，催化剂上的积炭速率较快，影响催化剂的活性和稳定性而缩短装置操作周期。同时，低压还会带来一定的工程问题，如气体体积流速加快、压降增大、循环氢压缩机功率增加等。为了解决这个矛盾，工业上一般采取两种操作方式，进而也出现了两种不同型式的催化重整装置：一种采用较低的反应压力，经常再生催化剂，反应和再生在不同的设备里面连续进行，即连续再生式催化重整装置；另一种采用较高的反应压力，牺牲一些转化率以延长装置操作周期，催化剂每隔一段时间再生一次，即固定床半再生催化重整装置。此外，反应压力的选择还要考虑原料性质和催化剂性能，一般高烷烃原料比高环烷烃原料容易生焦，重馏分也容易生焦，对这类原料应采用较高的反应压力；催化剂的容焦能力大，稳定性好，可以采用较低的反应压力，如铂—铼等双金属和多金属催化剂具有较好的稳定性和容焦能力，可以采用较低的反应压力，既能提高芳烃转化率，又能保持较长的操作周期。

催化重整装置一般有 3~4 台反应器，每台反应器的操作压力是不一样的，工程上只能用平均压力来表示。催化重整装置最后一台反应器的催化剂装填量大约占整个催化剂装填量的一半，入口压力接近于平均压力。因此，一般以最后一台反应器的入口压力表示反应压力。

中国半再生铂重整装置的反应压力一般采用 2.0~3.0MPa，铂—铼重整装置的约为 1.8MPa 甚至更低；连续再生式催化重整装置的反应压力可降至 0.8MPa，新一代连续催化重整装置的反应压力已降低到 0.35MPa。

反应压力是在装置设计时确定的，由于受设计条件的限制，反应压力一般不作为操作的调节手段，否则会影响氢气压缩机的排量，从而影响系统的氢油比。

3. 空速

空速是单位时间、单位量的催化剂上参与反应的反应物的量，反映了反应时间的长短。对于一定的反应器，空速越大，装置的处理能力越大。装置采用多大的空速，取决于催化剂的活性水平和其他操作条件。

催化重整中各类反应的反应速率不同，反应时间对各类反应的影响也不同。例如，环烷烃脱氢反应，尤其是六元环烷烃的脱氢反应速率高，比较容易达到化学平衡，对于这类反应，延长反应时间的意义不大。但是对于速率较小的烷烃环化脱氢反应，延长反应时间则会有较大的影响。因此，选择空速时，要考虑原料的组成和性质，对环烷基原料可以采用较高的空速，而对石蜡基原料则需要采用较低的空速。

空速对芳烃转化率的影响随反应深度的不同而异，当芳烃转化率低于100%时，主要是环烷烃生成芳烃，反应很快，空速的变化对芳烃转化率的影响不大，但芳烃转化率大于100%后，一部分芳烃是由烷烃环化脱氢生成的，空速影响比较明显。铂重整装置的空速一般在 $3h^{-1}$ 左右，铂—铼重整装置的空速多在 $1.5 \sim 2h^{-1}$。

在其他反应条件相同的情况下，降低空速所得的效果与提高温度相似。但采用太小的空速不经济，此时需要有较大的反应空间才能满足处理能力的要求。例如，采用烷烃、环烷烃、芳烃占比分别为49.55%、36.07%、14.38%的原料，PS-Ⅵ催化剂，在氢油比为2.65和反应压力为0.35MPa情况下，体积空速对反应结果的影响见表7-2。

表7-2　体积空速对主要反应结果的影响

项目	空速为 $1.64h^{-1}$	空速为 $1.97h^{-1}$
处理能力，kg/h	125000	150000
加权平均入口温度,℃	523	529
芳烃产率(质量分数),%	72.29	72.41
C_{5+}收率(质量分数),%	90.47	90.71
C_{5+}辛烷值(RON)	102	102
纯氢产率,%	3.58	3.61
催化剂积炭速率，kg/h	26.40	30.98

由此可见，对于催化重整装置，在反应器尺寸已确定的情况下，空速决定了装置的处理量。空速从 $1.64h^{-1}$ 提高到 $1.97h^{-1}$，装置处理能力变为原来的1.2倍，在辛烷值保持不变的情况下，反应温度提高了6℃，积炭速率从26.4kg/h增加到30.98kg/h，而空速对液体收率、芳烃产率和氢气产率的影响不太显著。

4. 氢油比

催化重整过程中，使用循环氢的主要目的是抑制生焦反应，保持催化剂的活性和稳定性，同时也起到热载体的作用，提高反应器的平均温度。此外，还可以稀释原料，使原料在床层内分布得更均匀。

氢油比是指在重整装置反应系统中循环氢量与原料油量之比，有物质的量比和体积比两种表示方法。氢油比的改变对反应的影响不大，但在总压不变时，提高氢油比就意味着提高氢分压，有利于抑制催化剂积炭失活，但提高氢油比使循环氢量增大，压缩机消耗功率增加。氢油比过大时还会由于减少了反应时间而降低转化率。

因此，对于稳定性较高的催化剂和生焦倾向小的原料，可以采用较小的氢油比，反之则需要较大的氢油比。铂重整装置采用的氢油比(物质的量比)一般为5~8，采用双金属或多金属催化剂时一般小于5，连续重整装置则进一步降低到1~3。

催化重整过程中各类反应的特点及主要操作因素的影响见表7-3。

表7-3 催化重整中各类反应的特点及主要操作因素的影响

项目		六元环烷烃脱氢	五元环烷烃异构脱氢	烷烃环化脱氢	异构化	加氢裂化
反应特点	热效应	吸热	吸热	吸热	放热	放热
	反应热，kJ/kg	2000~2300	2000~2300	≤2500	很小	≤840
	反应速率	最快	很快	慢	快	慢
	控制因素	化学平衡	化学平衡或反应速率	反应速率	反应速率	反应速率
对产品产率的影响	芳烃	增加	增加	增加	影响不大	减少
	液收率	稍减	稍减	稍减	影响不大	减少
	C_1—C_4 气体	—	—	—	—	增加
	副产氢气	增加	增加	增加	无关	减少
对催化重整汽油性质的影响	辛烷值	增加	增加	增加	增加	增加
	密度	增加	增加	增加	稍增	减小
	蒸气压	降低	降低	降低	稍增	增加
操作因素增大时的影响	温度	促进	促进	促进	促进	促进
	压力	抑制	抑制	抑制	无关	促进
	空速	影响不大	影响不很大	抑制	抑制	抑制
	氢油比	影响不大	影响不大	影响不大	无关	促进

第三节 重整催化剂

催化剂对于重整过程的产品收率和质量有至关重要的影响。早期的重整工艺没有使用催化剂，只是使原料在一定温度条件下达到"重整"的目的，称为热重整，由于热重整的产品质量较差、液体收率低，因此很快就被催化重整所取代。同其他催化过程一样，催化剂的作用是促进那些有利于产品分布和质量提高的化学反应的进行。重整催化剂是将某些金属活性组分高度分散到氧化铝载体上构成的，既有金属功能，又有酸性功能，是一种双功能催化剂。催化重整过程中的化学反应，有的在金属活性中心上进行，如脱氢和氢解反应；有的则主要在酸性中心上进行，如异构化反应和加氢裂化反应等；还有的需要在两类中心的相互配合作用下进行，如脱氢环化反应等。因此，重整催化剂的金属功能和酸性功能必须有机地配合才能取得满意的反应结果。

一、重整催化剂的种类及组成

重整催化剂是由金属活性组分(如铂)、助催化剂(如铼、锡等)和酸性载体(如含卤素的 γ-Al_2O_3)三部分组成的。所谓助催化剂是指某些物质，这些物质在单独使用时并不具备催化活性，但是将适量的该物质加入催化剂中却能明显地提高催化剂的活性或稳定性，或改进催化剂某些其他方面的性能。

下面一般性地讨论重整催化剂的几个主要组分。

（1）金属活性组分。

由于铂具有强烈吸附氢原子的能力，在重整过程中具有独特的活性和选择性，长期以来一直被用作重整催化剂的主要活性组分。但铂催化剂的稳定性、选择性及容炭能力有所欠缺，因此在现代重整催化剂中，还需要添加其他金属组分以改善催化剂的性能。按照重整催化剂中金属的类别及所含金属组分的不同，可分为单金属、双金属和多金属催化剂。

① 单铂催化剂。

以金属铂为活性组分，载体为 Al_2O_3，称为单铂催化剂，是早期使用的重整催化剂。单铂催化剂的铂含量为 0.1%~0.7%（质量分数），一般来说，催化剂的脱氢活性、稳定性和抗毒物能力均随铂含量增加而增加，芳烃产率和汽油辛烷值也随之增高，焦炭量相应减少。但铂含量过高并不能继续提高芳烃产率，且由于铂价格昂贵而提高催化剂的制备成本。

单铂催化剂主要适用于操作苛刻度较低的情况（操作压力在 2.5MPa 左右）下。在较低的操作压力下，单铂催化剂的稳定性较差。

② 双金属和多金属催化剂。

为了提高芳烃产率或催化重整汽油的质量，提高催化剂的活性、选择性和稳定性，缓和操作条件，延长运转周期，同时降低催化剂造价，陆续开发了双金属和多金属催化剂（如铂—铼、铂—铼—钛、铂—锡等催化剂），取代原来的单铂催化剂。双金属催化剂的优点是热稳定性好、结焦敏感性差、原料适应性强、使用寿命长等。多金属催化剂的稳定性进一步改善，操作温度降低，芳烃产率和液体收率较高。双金属和多金属催化剂还可在更加苛刻的条件下操作，如在高空速和低压力下使用。

现代催化重整工业装置中，单铂催化剂已被淘汰，目前工业上使用的催化剂主要有两类：一是铂—铼催化剂，主要用于固定床催化重整装置；二是铂—锡催化剂，主要用于移动床连续重整装置。从使用性能方面来看，铂—铼催化剂有更好的稳定性，而铂—锡催化剂有更好的选择性和再生性能。

（2）卤素。

重整催化剂要具有一定的酸性，以便引发遵循正碳离子机理的异构化反应和环化反应。重整催化剂的酸性主要靠担载在载体上的卤素提供，一般通过改变卤素含量来调节催化剂的酸性功能。随卤素含量的增加，催化剂对异构化和加氢裂化等酸性反应的催化活性也增强。

催化剂上的卤素含量要适宜。卤素含量太低，由于催化剂的酸性功能不足，芳烃转化率低（尤其是五元环烷烃和烷烃的转化率）或生成油的辛烷值低。虽然提高反应温度可以补偿这个影响，但是提高反应温度会使催化剂的寿命显著降低。卤素含量太高时，加氢裂化反应增强，液体产物收率下降。因此，酸性组分与金属活性组分配比要适当，可得到活性高、选择性和稳定性好的催化剂。

在卤素的使用上，通常有氟氯型和全氯型两种。氟在催化剂上比较稳定，操作时不易被水带走，因此氟氯型催化剂的酸性功能受催化重整原料含水量的影响较小。一般氟氯型催化剂含卤素约 1%。但是氟的加氢裂化性能较强，使催化剂的选择性能变差，因此近年来多采用全氯型。氯在催化剂上不稳定，容易被水带走，在工艺操作中可以根据系统中的水—氯平衡状况进行注氯、注水以及在催化剂再生后进行氯化等，来维持催化剂上卤素的适宜含量。一般新鲜的全氯型催化剂含氯 0.6%~1.5%，实际操作中要求含氯稳定在 0.4%~1.0%。

（3）载体。

重整催化剂的载体几乎都采用 γ-Al_2O_3。载体本身不一定具有活性，但具有比较大的表面积和较好的机械强度，可以使具有催化活性的组分很好地分散在载体上，从而有效地发挥活性组分的催化作用，以节约贵金属用量，降低催化剂成本。载体除了提供较大的比表面积外，还可以减轻毒物对活性组分的毒害，并改善催化剂的某些性能，如机械强度和热稳定性等。有的载体本身也有催化作用，如以硅酸铝为载体的铂催化剂，硅酸铝本身就是裂化和异构化的催化剂。

载体应具有适当的孔结构，催化剂的孔径过小不利于原料和产物的扩散，使催化剂的内表面不能充分地利用，从而影响催化剂的活性。为了改善传质和降低床层压降，重整催化剂载体多做成具有一定形状和大小的粒状，如小球或圆柱状、异形条状等。

二、重整催化剂的使用性能

1. 活性

重整催化剂的活性评价方法一般因生产目的不同而异。在以生产芳烃为目的时，催化剂的活性用芳烃转化率或芳烃产率来评价，即在一定的反应条件下考查芳烃转化率或芳烃产率的高低；在以生产高辛烷值汽油为目的时，可用所产汽油的辛烷值来比较催化剂的活性，一般用"辛烷值—产率"曲线来评价其活性。对于一定的原料和催化剂，在比较苛刻的反应条件（较高的反应温度或较低的空速）下所得催化重整汽油的辛烷值较高，但汽油产率却较低。而对于活性较差的催化剂，为了得到同样辛烷值的汽油，就必须采用更苛刻的反应条件，于是汽油产率有所降低。只有能使汽油的辛烷值高、产率也高的催化剂才算是活性好的催化剂。显然这种活性的评价方法实际上包含了催化剂的选择性这个因素。

2. 稳定性和寿命

在正常生产中，催化剂表面上的积炭随着反应时间的延长而逐渐增多；同时，由于高温的作用，催化剂的某些微观结构（如铂晶粒、卤素含量、载体的微孔结构等）也会发生一定的变化，导致催化剂的活性不断下降，结果是芳烃转化率降低，或者是催化重整汽油辛烷值降低。催化剂的减活速率越慢，表示其稳定性越好。催化剂保持活性和选择性的能力称为催化剂的稳定性，稳定性比催化剂的初活性和选择性更为重要。

在生产操作中，催化剂的活性和选择性是一直在变化的，尤其是原料中的某些重金属、有机硫及含氮化合物，都会使催化剂的活性下降。

从新鲜催化剂投用到因失活而停止使用进行再生，这一段时间称为催化剂一周期的寿命，可用小时数表示。重整催化剂的寿命以每千克催化剂处理的原料量（m^3 或 t）来表示。单铂催化剂的寿命一般在 $80\sim100m^3/kg$（也可用 t/kg 表示），双金属和多金属催化剂的寿命更长。一般催化剂的稳定性越好，寿命越长。

3. 再生性能

由于积炭而失活的催化剂可经过再生恢复其活性，再生性能好的催化剂，经再生后活性基本上可以恢复到新鲜催化剂的水平。但实际上催化剂在多次再生过程中，由于高温和杂质的沉积等影响，每次再生后的催化剂活性往往只能恢复到上一次再生时的 $85\%\sim95\%$。在经过多次再生后，催化剂的活性不再满足使用要求时，就需要更换新鲜催化剂。从新鲜催化剂投用到废弃这一段时间称为催化剂的总寿命。催化剂的再生性能归根到底还是稳定性问题。

4. 机械强度

在催化剂的装卸和操作过程中会引起催化剂粉碎，导致反应器中催化剂床层压降增大，这不仅对反应不利，而且还增加了压缩机的动力消耗。因此，重整催化剂要求有一定的机械强度，工业上以耐压强度(N/粒)来表示。

三、重整催化剂的失活

在生产过程中，催化剂的活性会随着运行周期的延长而下降。引起重整催化剂活性下降的原因是多方面的，如催化剂表面上积炭、卤素流失、长时间处于高温下引起铂晶粒聚集而使分散度减小以及催化剂中毒等。一般来说，在正常生产过程中，催化剂活性的下降主要是由于积炭引起的。

1. 积炭失活

重整催化剂上的积炭主要是缩合芳烃，具有类石墨结构，主要成分是碳和氢。一般来说，在催化剂的金属活性中心和酸性中心上都有积炭，但焦炭大部分沉积在酸性载体 $\gamma-Al_2O_3$ 上，金属活性中心上的积炭在氢的作用下有可能被催化加氢而脱除。对铂重整催化剂来说，当积炭达到3%~10%时，其活性丧失大半；而对于铂—铼重整催化剂，积炭达20%时，其活性才丧失大半。

催化重整反应过程中催化剂上积炭速率与原料性质和操作条件有关：(1)原料终馏点过高，不饱和烃含量较高时，积炭速率快；(2)反应条件苛刻(如高温、低压、低空速、低氢油比等)也会使积炭加快。

催化剂因积炭而引起的活性降低，可以用提高反应温度的办法来补偿，但提高反应温度有一定的限制，催化重整装置一般限制反应温度不大于520℃，少数装置可高达540℃。当反应温度已提至最高而催化剂活性仍不能满足反应需要时，可用再生的办法，烧去催化剂表面上的积炭以恢复催化剂活性，再生性能好的催化剂经烧焦后，活性基本上可以恢复到原有的水平。

2. 水、氯含量的变化

重整催化剂是一种双功能催化剂，氯和氟是重整催化剂中酸性功能的主要来源，为了使重整催化剂的脱氢功能和酸性功能有一个良好的匹配，生产过程中应使催化剂上氯和氟的含量维持在适宜的范围之内。氯的含量过低，催化剂的活性会下降；氯的含量过高，加氢裂化反应加剧，引起液体产物收率降低，同时会使环烷环断裂，引起芳烃产率降低。

在生产过程中，催化剂上的氯含量会发生变化。当原料氯含量过高时，氯会在催化剂上逐渐积累而使催化剂氯含量增加；当原料含水量过高或反应生成水(原料含氧)过多时，水会导致氯流失而使催化剂氯含量减少。水在高温下还会使铂晶粒长大和破坏氧化铝载体的微孔结构，降低催化剂的活性和稳定性。此外，水和氯还会生成HCl，腐蚀金属设备等。因此，为了严格控制系统中的氯和水的量，国内催化重整装置一般限制原料的氯含量和水含量均不得大于5μg/g，而UOP公司则规定原料中氯化物和水的含量分别不大于0.5μg/g和2μg/g。

仅仅依靠限制原料中的氯含量和水含量还不能保证催化剂上的氯含量维持在适宜的范围内。现代催化重整装置通过各种不同的途径来判断催化剂上的氯含量，然后采用注氯、注水等方法以保证最适宜的催化剂氯含量，即所谓的水氯平衡方法。工业装置上的注氯通常采用二氯乙烷、三氯乙烷和四氯乙烷等氯化物；注水通常采用醇类，如异丙醇等，采用醇类可以避免腐蚀，醇的用量按生成的水分子量折算。

3. 中毒

担载在 Al_2O_3 上的铂是比较"娇气"的贵金属，原料中的某些杂质对催化剂的脱氢或酸性功能起抑制作用，有的则使催化剂产生不可逆中毒。重整催化剂的中毒可分为永久性中毒和非永久性中毒。

（1）永久性毒物。

永久性中毒后的催化剂活性不能再恢复。重整催化剂的永久性毒物有砷、铅、铁、铜、镍、钠、汞等金属。在永久性毒物中，砷最引人注目。砷与铂有很强的亲和力，可与铂形成合金，造成催化剂永久性失活。当催化剂上砷含量大于 $200\mu g/g$ 时，催化剂的活性就会完全丧失，若要求催化剂的活性保持在原来活性的 80% 以上，则要求催化剂上的砷含量应小于 $100\mu g/g$。实际上，工业装置中要求催化重整原料的砷含量一般不大于 $1\mu g/kg$。

铅与铂可形成稳定的化合物，造成催化剂中毒，石油馏分中铅含量很低，铅的存在主要是原料油被含铅汽油污染所致。

铜、铁、汞等毒物主要是由于检修不慎而进入管线系统的，在催化剂上易与铂结合而导致不可逆中毒，使催化剂的脱氢性能变差。

碱金属和碱土金属也是酸性中心的毒物，会引起酸性的不可逆损失，因此应禁止使用 NaOH 来处理催化重整原料。

（2）非永久性毒物。

非永久性中毒的催化剂在更换无毒原料后，毒物可逐渐被排除而使催化剂的活性得以恢复。非永久性毒物主要有含硫化合物、含氮化合物、水、CO 和 CO_2 等。

① 原料中的含硫化合物在催化重整反应中生成 H_2S，当系统中的 H_2S 积累过多时，会导致催化剂的金属功能(脱氢活性)下降，原料中允许的硫含量与所采用的氢分压有关；但完全脱净原料中的硫也不好，因为有限制的硫可抑制催化重整过程中的氢解反应和深度脱氢反应，对铂—铼催化剂尤其如此，例如，UOP 公司要求催化重整原料中的硫含量控制在 $0.15\sim0.5\mu g/g$ 的范围内。

② 原料中的含氮化合物在催化重整反应条件下转化成 NH_3，碱性的 NH_3 吸附在催化剂的酸性中心上，抑制催化剂的酸性功能，降低催化剂的加氢裂化、异构化和环化脱氢性能，在一定程度上还会引起铂金属性质的改变。

③ 水的存在会造成两方面的危害。高温下水的存在会促进铂晶粒长大和破坏氧化铝载体的微孔结构，从而降低催化剂的活性和稳定性；当原料水含量过高或反应生成的水太多(含氧化合物在反应条件下会生成水)时，水会冲去卤素而使催化剂的酸性降低。

④ CO 能与铂形成络合物，造成铂催化剂非永久性中毒，但也有人认为是暂时性中毒。还原气氛下 CO_2 也能生成 CO，因此 CO_2 也是毒物。催化重整原料中不含 CO 和 CO_2，催化重整反应中也不会生成 CO 和 CO_2，只是在再生时会产生 CO 和 CO_2。开工时引入系统中的工业 H_2 和 N_2 也有可能含有少量的 CO 和 CO_2，因此，一般限制催化重整所用气体的 CO 含量小于 0.1%，CO_2 含量小于 0.2%。

4. 烧结失活

烧结是由于高温而导致催化剂活性面积损失的一种物理过程，可分为金属烧结和载体烧结。高温下，催化剂上金属颗粒的长大和聚结可导致催化剂活性的损失，其相反的过程称为金属的再分散；高温同时会导致催化剂载体的孔结构发生变化，使比表面积降低，酸性位减少。金属烧结可以通过适当的措施使金属获得再分散，是可逆的；载体烧结是不可逆的，活性损失无法恢复。

催化重整反应过程处于临氢状态下，反应温度为 470~530℃，且为吸热反应，金属和载体发生烧结的可能性非常小。而催化剂再生时的烧焦过程是强放热的，并且会产生水，在高温和水的共同作用下，载体会发生烧结；金属处在高温和氧化氛围下也具有烧结的趋势。因此，重整催化剂的再生烧焦过程最容易发生烧结。

烧结对重整催化剂的活性和选择性都有影响。影响催化剂烧结的因素包括催化剂组成及性质、温度、氢分压和氯含量等。

四、重整催化剂的再生

随着反应时间的延长，重整催化剂表面上的积炭逐渐增多、铂晶粒聚集，导致催化剂的活性和选择性下降。因此，当催化剂的活性因焦炭沉积而降至一定程度后，需要对催化剂进行再生以恢复其活性。半再生固定床重整装置的再生周期一般是 0.5~2 年，移动床连续重整装置的再生周期一般是 3~7 天。虽然反应器的型式不同，再生时催化剂上的积炭量也有所区别，但是两者再生的原理和方法是相同的。

重整催化剂的再生过程包括烧焦、氯化更新和干燥三个过程。一般来说，再生后重整催化剂的活性基本上可以完全恢复。

1. 烧焦

烧焦也叫再生，是用含氧气体烧去催化剂上的积炭从而恢复催化剂活性的过程。再生烧焦之前，反应器应降温、停止进料，并用氮气循环吹扫以置换系统中的氢气及油气，直至爆炸试验合格。

重整催化剂上焦炭的主要成分是碳和氢。在烧焦时，焦炭中氢的燃烧速率比碳的燃烧速率大得多，因此，烧焦时主要考虑碳的燃烧。

工业装置的再生过程中，最重要的问题是通过控制烧焦反应速率来控制烧焦温度。过高的温度会使催化剂上的金属铂晶粒聚集，还有可能会破坏载体的结构，且载体结构的破坏是不可恢复的，可导致催化剂永久性失活。一般来说，应当控制再生时反应器内的温度不超过 500~550℃，重整催化剂的再生过程一般按温度由低到高分成几个阶段进行。实践证明，在较缓和的条件下再生时，催化剂的活性恢复得较好。

烧焦时除了需控制温度逐步由低到高外，还应控制循环气中的氧含量，通常开始烧焦时为 0.2%~0.8%，然后逐步提高，最后可达 2%~3%。再生过程中还应控制循环气中的水含量和 CO_2 含量。

2. 氯化更新

烧焦过程中，催化剂上的氯会大量流失，铂晶粒也会聚集。氯化更新的作用就是在烧焦之后，用含氯气体在一定条件下补充氯并使铂晶粒重新分散，从而提高催化剂的活性。氯化是采用含氯的化合物(如二氯乙烷)，以空气或含氧量高的惰性气体作为载体，使之通过催化剂进行氯化，氧可以烧去氯化更新过程中生成的少量焦炭，使催化剂活性恢复得更好。为了避免氯流失，应控制循环气中的水含量不大于1‰。氯化过程多在510℃、常压下进行，一般进行2小时。

氯化后的催化剂还要在540℃的空气流中进行氧化更新，使铂晶粒的分散度达到要求。氧化更新的时间一般为2小时。

3. 干燥

干燥工序多在540℃左右进行。碳氢化合物会影响铂晶粒的分散度，采用空气或高含氧量的气体作循环气，可以抑制碳氢化合物的影响。研究表明，在氮气流下，铂—铼催化剂和铂—锡催化剂在480℃时就开始出现铂晶粒聚集现象，但是当氮气流中含有10%以上的氧气时，能显著地抑制铂晶粒的聚集。因此，催化剂干燥时的循环气体以采用空气为宜。

五、催化剂的还原和预硫化

新鲜催化剂及再生后催化剂中的金属组分以氧化态的形式存在，不具有催化活性，必须先进行还原，使铂—铼的氧化态还原成金属态才能使用。还原过程将催化剂上的氧化态金属用氢气还原成具有更高活性的金属态，一般在480℃左右及氢气气氛下进行。还原过程中有水生成，应注意控制系统中的含水量。

还原后获得的高度分散的金属铂具有很高的氢解活性，在反应初期表现出强烈的氢解性能和深度脱氢性能，为了避免原料注入时发生不可控制的氢解反应，使催化剂床层产生剧烈的温升，损坏催化剂和反应器，导致催化剂迅速积炭，活性、选择性和稳定性变差，在反应进油前需先对催化剂进行预硫化，以抑制其氢解性能和深度脱氢性能。铂—锡催化剂不需要预硫化，因为锡能起到与硫相当的抑制作用。预硫化时采用硫醇或二硫化碳（CS_2）作硫化剂，用预加氢精制油稀释后经加热进入反应系统，硫化剂的用量一般为百万分之几。预硫化的温度为350~390℃，压力为0.4~0.8MPa。

第四节　催化重整的主要设备

一、重整反应器

重整反应器是催化重整装置的关键设备，对重整生产过程起着决定性的作用。重整反应器有多种不同的型式，按内部壁上有无隔热衬里来划分，有冷壁和热壁两种；按油气在反应器内的流动方向来划分，有轴向和径向两种；按催化剂在反应器内是否流动来划分，有固定床和移动床两类。

重整反应器的设计温度一般为545℃，连续重整反应器的温度甚至更高。由于早期缺乏耐高温、抗氢腐蚀的Cr-Mo低合金钢，重整反应器普遍采用隔热衬里来降低反应器器壁温度，壳体采用可用碳钢来制造的冷壁结构。20世纪80年代以来，随着制造反应器壳体的耐高温、抗氢腐蚀的Cr-Mo低合金钢制造技术的发展成熟，重整反应器已很少甚至不用冷壁结构，而普遍采用热壁结构。

在装置规模较小且催化剂装填量较少的半再生催化重整装置中，反应器床层高度较低，通常采用内件结构较简单且制造安装容易的轴向反应器；但随着重整装置规模的不断扩大，要求重整装置反应压力与压降不断降低，以及重整装置中油气通过催化剂的流通路径无须太长等要求相对应，现代催化重整装置中大量采用径向反应器。图 7-7 为轴向反应器与径向反应器对比示意图。

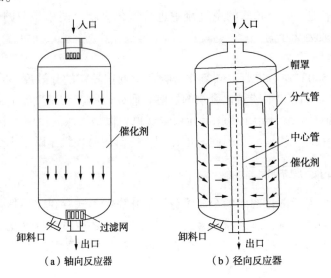

图 7-7　轴向反应器与径向反应器对比示意图

1. 轴向反应器

固定床冷壁轴向反应器的结构如图 7-8 所示，反应器为空筒式反应器，壳体内衬有耐热水泥层，里面另有一层合金钢衬套。二者的作用在于防止高温氢气对碳钢壳体的腐蚀。反应器大小由催化剂装填量决定，与装置规模及空速等操作条件有关。

油气自上而下流过反应器床层，为了使油气沿整个床层截面分布均匀，重整反应器在入口处设置进料分配器，催化剂床层的上部和下部装填瓷球，在出口处安装出口收集器。为防止催化剂细粉被带出，在收集器前还装有钢丝网。油气从入口进入，经进料分配器进入床层呈轴向流动，在催化剂上发生反应，之后通过出口收集器流出。重整反应器中还按螺旋形分布设置若干个测温点，以便掌握整个床层的温度分布情况。

轴向反应器的结构简单，催化剂床层厚，物料通过时压力降比较大，因此设计时应注意长径比合适，一般不宜小于 3。长径比太小，会加大反应器直径，增加反应器的壁厚和投资，且气流分布不易均匀，影响反应效果；长径比太大也不好，会增加催化剂床层压降，易使催化剂破损。

为使气体沿床层分布均匀，物料与催化剂接触良好，每米催化剂床层的压降不能小于5.6kPa，但压降也不能大于 23kPa，否则催化剂破损严重。一般每米催化剂床层的压降在10~20kPa 是比较合适的。

对于热壁反应器的壳体，因其直接接触高温油气和氢气，要求能耐氢腐蚀，多采用 Cr-Mo低合金钢制造。

2. 径向反应器

径向反应器又分为固定床和移动床两种，图 7-9 为平行并列式移动床反应器结构示意图。连续重整装置均采用径向移动床反应器，设有催化剂入口、中心管、扇形筒（或外筛桶和套筒）、催化剂出口等。

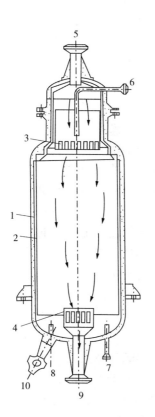

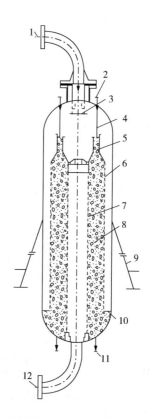

图 7-8　固定床冷壁轴向反应器结构示意图

1—外壳；2—衬筒；3—进料分配器；
4—产品出口收集器；5—原料入口；
6—氢入口；7，8—测温口；
9—产品出口；10—催化剂卸料口

图 7-9　平行并列式移动床反应器结构示意图

1—原料入口；2—催化剂入口；3—进料分配器；
4—催化剂输送管；5—套筒；6—外筛网；
7—中心管；8—催化剂床层；9—裙座；
10—支撑座；11—催化剂出口；12—反应产物出口

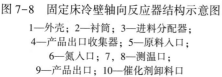

油气从进料口进入，通过反应器四周扇形筒内的分气管沿径向流经催化剂床层，在催化剂上反应后进入中心集气管，最后从中心管下部流出。催化剂则从上部的催化剂入口进入，自上而下流过催化剂床层，由下部催化剂出口流出。

径向反应器的运行及操作很大程度上取决于反应物流分布的均匀程度，如果流体分布不均匀，将直接影响反应的转化率和产品质量。在分气管和中心管内，由于物料不断流出或流入，使物料沿轴向形成变质量流动，从而影响物流的均匀分配。影响径向反应器物料沿轴向均匀分配的主要因素有反应器结构和轴向流动形态、轴向流道的截面积比、反应器容积有效利用率和布气管开孔率及操作条件等。

与轴向反应器相比，径向反应器的内部结构比较复杂，但气体流通截面积大，气流可以较低的流速沿径向通过较薄的催化剂床层，因此反应器压降较低。

二、重整再生器

固定床半再生重整装置和移动床重整装置的再生过程也有所不同。

固定床半再生重整装置的催化剂采用原位再生，催化剂不必从反应器内卸出。一个反应周期结束后，催化剂经置换脱除氢气和油气后，在反应器内再生，反应器也是再生过程的再生器。

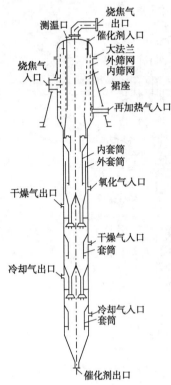

图 7-10　移动床一段烧焦再生器
结构示意图

连续重整装置多采用移动床再生器，移动床再生器都有径向烧焦段、轴向氧氯化段和干燥段，但不同再生器之间内部设计和布局差别较大。

图 7-10 为移动床一段烧焦再生器结构示意图。催化剂在再生器内的烧焦、氯化、干燥和冷却是由从外部通入的各种介质在器内完成的。催化剂从器顶的催化剂入口进入外筛网和内筛网之间的环形空间，在上部的烧焦区，从烧焦区入口通入含一定量空气的高温氮气，烧去催化剂上的焦炭，燃烧后的气体进入内网并向上流动从顶部烧焦气出口流出。下部的再加热气体入口同样引入含有一定量空气的高温氮气，进一步烧去催化剂上残留的焦炭。含氯化物气体从氯化气体入口进入外套筒与器壁之间的环形空间，先向上流动，然后翻转向下进入内、外套筒之间的环形空间，再翻转向上流过催化剂床层以完成催化剂的氯化。干燥气体从干燥气体入口进入套筒与器壁之间的环形空间，先向下流动，然后翻转向上与催化剂逆流接触，完成催化剂的干燥。冷却气体从冷却气体入口进入套筒与器壁之间的环形空间，也是先向下流动，然后翻转向上与催化剂逆流接触，完成催化剂的冷却。最后，完成再生的催化剂从再生器下部出口流出，重新进入反应器开始新一轮的反应。

三、重整换热器

重整装置中使用较多的换热器有浮头式换热器和 U 形管式换热器，以及一些比较特殊的单管程逆流换热器和板式换热器等。其中，一些在高温临氢条件下操作且有腐蚀性介质的换热器，如预加氢进料/反应产物换热器、重整进料/反应产物换热器等，须采用抗氢腐蚀的 Cr-Mo 合金钢或不锈钢制造。

（1）预加氢进料/反应产物换热器。

通常为数台 U 形管换热器或两台双壳程 U 形管换热器串联，管程走反应产物，壳程走进料。管程介质中含有 H_2 及反应生成的 H_2S，高温时存在 H_2 及 H_2S 腐蚀，临近反应产物出口的换热器管箱和换热管需采用耐 H_2 及 H_2S 腐蚀的复合钢板；壳程走原料油和 H_2，但没有 H_2S，高温部位的壳体可采用 15Cr-Mo-R 钢材，低温部位可采用碳钢制造。

（2）重整进料/反应产物换热器。

现代重整装置，尤其是连续重整装置，反应系统的操作压力较低，为了降低循环氢压缩机的负荷，节省动力，要求反应系统的压降小，即反应器、换热器和管线的总压降要小；而要充分回收反应产物的热量，就要求换热器的传热效率和换热面积大。因此，重整进料/反应产物换热器宜采用单台(或双台并联)、单管程、纯逆流结构。目前已建成的大中型重整装置的进料/反应产物换热器多采用大型立式列管式换热器和板式换热器。板式换热器较立式列管式换热器具有更高的传热系数，热量回收率高，可减少第一台加热炉的热负荷，但制造难度大，一次性投入高，维修困难。因此，在重整装置中使用比较多的仍是立式列管式换热器，但板式换热器在重整进料/反应产物换热器中有逐渐推广的趋势。

四、重整加热炉

重整装置中的加热炉包括预加氢进料加热炉、塔底再沸炉、重整反应进料加热炉，主要作用是为重整反应和产物蒸馏提供热量。重整装置中常常见到庞大的炉群，有时可有 7~8 台加热炉。

重整装置中的加热炉都是管式炉，燃料在辐射室内燃烧，产生的热量通过辐射和对流传递给炉管，再传递给管内的被加热介质。管式炉内的热传递是通过炉管管壁进行的，炉管直接见火，炉管内是易燃易爆的油和氢气，且炉管要承受高温、高压和腐蚀介质的共同作用，任何泄漏都会造成爆炸或火灾等危险事故，因此对管式炉的性能要求非常高。

重整加热炉是连续运转的，加热温度高、传热能力大，加热炉运行是否平稳将直接影响全装置的长周期操作。如果加热炉设计或操作不当导致炉温局部过高，就会发生炉管结焦、烧穿或炉衬烧塌等事故，迫使装置停工检修；如果设计或操作不当使炉温过低，则加热温度达不到工艺要求，影响装置的处理量。因此，重整加热炉的选型、设计和操作好坏对装置的正常生产、节能降耗及经济效益具有十分重要的意义。加热炉在装置中占有举足轻重的地位，是重整装置的核心设备之一。

不同历史时期、不同作用的加热炉，炉型也有所不同。

1. 预加氢进料加热炉和塔底再沸炉

一般采用圆筒炉。加热炉对流管为水平管，对流段下部三排炉管靠近辐射段，受炉膛火焰和高温烟气的强烈辐射，为避免局部过热多采用光管，其他对流管均采用传热效率高的翅片管或钉头管。经对流段预热后的介质经转油线进入辐射段，辐射段炉管一般靠炉墙垂直布置，直接接受火焰和炉墙的高温辐射。

预加氢进料加热炉的加热介质中含有一定量的氢气和硫化氢，对炉管有腐蚀，因此多采用耐氢气和硫化氢腐蚀的不锈钢管材。塔底再沸炉的炉管可采用碳钢材质。

加热炉的燃烧器一般采用气体燃烧器或油—气联合燃烧器。气体燃烧器的温度控制灵敏，调节灵活方便；油—气联合燃烧器的温控响应速度比气体燃烧器要慢一点。对于预加氢进料炉，加热温度要求严格，出炉温度偏差要小，温度控制响应快，常采用气体燃烧器。塔底再沸器的出炉温度范围宽，一般可采用油—气联合燃烧器。

2. 重整反应加热炉

重整反应加热炉是炉群的核心，一般占炉群总投资的 60% 左右。重整反应加热炉与重整反应器是一一对应的，有几台反应器就有几台加热炉，一般为 3~4 台。规模较小的重整装置，多采用结构简单的圆筒炉，而大型重整装置宜采用炉管压降较小、辐射室联合在一起的箱式加热炉。

早期的重整装置多采用纯辐射型的立式圆筒炉，一般用于处理能力在 150~300kt/a 的半再生重整装置，加热炉管呈立管多路并联，出、入口分别与辐射室顶部的两圈大口径集合管相连。燃烧器布置在炉底。

随着重整装置逐渐向低压操作方向发展，采用低压降的重整加热炉成为发展的趋势，箱式加热炉在重整加热炉中得到了广泛的应用，一般采用多路炉管并联、多台燃烧器联合换热的大型联合箱式炉。典型的大型联合箱式炉是将 3 台或 4 台加热炉合并为 1 台大型的箱式炉，中间用火墙隔出 3 间或 4 间辐射室，以避免温度互相干扰，每间辐射室的炉管为多路并联，各支管的出、入口与炉外的大型集合管相连。辐射室的高温烟气进入一个公用的对流室，用于产生中压蒸汽。燃烧器根据炉管的排列特点进行布置，有的在炉底，有的在侧墙。箱式炉适用于处理能力在 400kt/a 以上的重整装置。

重整装置的预加氢和反应再生部分在高温临氢下操作，部分设备中含有硫和硫化氢，选材应考虑耐高温、抗氢腐蚀及硫化氢的腐蚀问题；再生时还应考虑烧焦气体对钢材的腐蚀及氯化物对奥氏体不锈钢的应力腐蚀开裂。因此，碳钢只适合在一定温度和压力范围内使用，随着温度和压力的逐渐升高，应依次选用合金含量逐渐增高的 1Cr-0.5Mo、1.254Cr-0.5Mo-Si 和 2.25Cr-1Mo 等钢材。

五、压缩机

催化重整装置中，多处用到氢气压缩机，包括：(1)预加氢补充氢压缩机，主要是将部分重整产氢加压后送至预加氢系统，以补充预加氢反应所消耗的氢气；(2)预加氢循环氢压缩机，用来保持预加氢反应系统的氢气循环；(3)重整循环氢压缩机，保持重整反应系统的氢气循环；(4)重整氢增压机，将重整产氢加压后送往其他加氢装置使用。

除了重整循环氢由于流量大、压降小，宜采用离心式压缩机外，其他一般采用往复式压缩机。但随着重整装置的大型化，重整氢增压机有逐渐采用离心式压缩机以减小占地面积和增加运行可靠性的趋势。

第八章　石油热加工过程

热加工是指依靠高温作用，将重质原料油转化成气体、轻质油、燃料油或焦炭的一类工艺过程。热加工是原油的二次加工过程，主要包括热裂化、减黏裂化和焦化等工艺。

热裂化工艺是以常压重油、减压馏分油或焦化蜡油等重质油为原料，以生产汽油、柴油、燃料油和裂化气为目的的工艺过程。热裂化在石油炼制技术的发展过程中曾起到重要作用。但由于产品质量欠佳，开工周期较短，自20世纪60年代后期以来，热裂化逐渐被催化裂化所取代。不过，随着石油工业形势的变化热裂化工艺又有了新的发展，国外已开始使用高温短接触时间的固体流化床热裂化技术处理高金属、高残炭的劣质渣油原料。

热加工过程中的减黏裂化和焦化工艺，由于对原料的适应性广或产品的特殊用途等原因，目前仍为重油深度加工的重要手段，且近年来又有新的进展，作用在不断扩大。减黏裂化是一种降低渣油黏度的轻度热裂化过程，目的是把重质高黏度渣油通过浅度热裂化转化为较低黏度和较低倾点的燃料油，以达到燃料油的规格要求，或者是虽然还未达到燃料油的规格要求，但可以减少掺入轻馏分油的量。焦化工艺是一种成熟的重油深度加工方法，主要目的是使渣油进行深度热裂化，以生产焦化汽油、柴油、催化裂化原料和石油焦。焦化石脑油已经成为中国乙烯生产的重要原料来源。

第一节　热加工过程基本原理

热裂化、减黏裂化及焦化等热加工过程的共同特点是使原料油在高温下进行一系列的化学反应。这些反应主要包括两大类，一类是裂解反应，使大分子烃类裂解生成小分子烃类，可以从重质原料油得到裂解气、汽油和中间馏分；另一类是缩合反应，即原料以及反应生成中间产物中的不饱和烃和某些芳烃缩合生成比原料油分子还大的重质产物，如裂化残油和焦炭等。

热加工过程的原料一般为重质油，化学组成十分复杂，其热转化过程也非常复杂。

一、热加工过程的裂解反应

1. 烷烃

烷烃在高温下主要发生裂解反应，即烃分子 C—C 键的断裂，裂解产物是小分子的烷烃和烯烃。反应通式为

$$C_nH_{2n+2} \longrightarrow C_mH_{2m} + C_qH_{2q+2} \qquad n = m+p$$

以十六烷为例：

$$C_{16}H_{34} \longrightarrow C_7H_{14} + C_9H_{20}$$

生成的小分子烃还可进一步反应，生成更小的烷烃和烯烃，直至生成低分子气态烃。在相同的反应条件下，大分子烷烃比小分子烷烃更容易裂化。正构烷烃裂解时，容易生成甲烷、乙烷、乙烯、丙烯等低分子烃。

除此以外，烷烃在高温下还有可能会发生 C—H 键断裂生成碳原子数保持不变的烯烃及氢，但在常规的热加工反应条件下，烷烃脱氢反应进行的程度不大。

2. 环烷烃

环烷烃的热稳定性较高，在高温（500~600℃）下可发生下列反应：

（1）单环环烷烃开环断链生成两个小分子烯烃。如：

$$\bigcirc \longrightarrow \begin{cases} 3CH_2=CH_2 \\ CH_2=CH_2 + CH_3—CH_2—CH=CH_2 \\ CH_3—CH_3 + CH_2=CH—CH=CH_2 \end{cases}$$

环己烷只有在非常高的温度（700~800℃）下，才可能裂解生成二烯烃。

（2）环烷烃在高温下发生脱氢反应，直至生成芳烃。如：

$$\bigcirc \longrightarrow \bigcirc +H_2 \longrightarrow \bigcirc +2H_2 \longrightarrow \bigcirc +3H_2$$

单环环烷烃的脱氢反应须在 600℃ 以上才能进行，但双环环烷烃在 500℃ 左右就能进行脱氢反应，首先生成环烯烃，再依次进行脱氢反应。

（3）带有长烷基侧链的环烷烃在热加工反应条件下，首先侧链断裂，然后才进行开环反应。侧链越长越容易断裂。如：

$$\bigcirc—CH_2CH_2CH_2CH_2R \longrightarrow \bigcirc—CH_2CH_3 + RCH=CH_2$$

3. 芳烃

芳环非常稳定，一般不会断裂。但带有烷基侧链的芳烃会发生断侧链及脱烷基反应，如：

$$\bigcirc—CH_2CH_2CH_2R \longrightarrow \bigcirc—CH_3 + CH_2=CHR$$

除此以外，也有可能会发生烷基侧链的脱氢反应，如：

$$\bigcirc—C_2H_5 \rightleftharpoons \bigcirc—CH=CH_2 + H_2$$

4. 烯烃

天然原油中不含烯烃，但在二次加工油品中大多含有烯烃，热加工产物中也含有烯烃，这些烯烃在热加工过程中会发生进一步反应。

（1）较大分子的烯烃可以断链生成两个更小分子的烯烃，如：

$$CH_2=CH—CH_2—CH_2—CH_3 \longrightarrow CH_2=CH—CH_3 + CH_2=CH_2$$

（2）烯烃可进一步脱氢生成二烯烃，如：

$$CH_2=CH—CH_2—CH_3 \rightleftharpoons CH_2=CH—CH=CH_2 + H_2$$

（3）烯烃还可以发生歧化反应，即两个相同分子的烯烃歧化为两个不同的烃分子，如：

$$2C_3H_6 \longrightarrow C_2H_4 + C_4H_8$$

（4）分子中含有 6 个或 6 个以上碳原子的烯烃可以发生芳构化反应生成芳烃，如：

二、热加工过程的缩合反应

石油烃类在高温作用下，除了发生裂解反应外，还会进行缩合反应。缩合反应主要是在芳烃、烷基芳烃、环烷芳烃以及烯烃中进行。

芳环对热非常稳定，高温下难以开环裂解，但高温下芳烃可以脱氢缩合生成大分子的多环芳烃或稠环芳烃，且随着反应时间的延长，缩合程度逐渐增加，直至生成焦炭和气体。如：

事实上，热加工过程中裂解反应和缩合反应是同时进行的，原料的化学组成对生焦有很大影响，原料中的芳烃、胶质及沥青质含量越高，越易生焦。研究证明，芳烃单独进行热转化时，不仅裂解反应速率低，而且生焦速率也低。但如果将芳烃和烷烃或烯烃混合后再进行反应，则生焦速率大大提高。大量研究结果表明，热反应中焦炭的生成过程大致如下：

由以上的讨论可知，烃类在高温作用下，主要发生裂解与缩合（包括叠合）两个方向相反的反应。裂解反应产生较小的分子，而缩合反应则生成较大的分子。烃类的热反应是一个复杂的平行—顺序反应，这些平行的反应不会停留在某一阶段上，而是继续不断地进行下去。随着反应时间的延长，一方面由于裂解反应，生成分子越来越小、沸点越来越低的烃类（如气体烃）；另一方面，由于缩合反应生成分子越来越大的稠环芳烃，高度缩合的结果就是产生胶质、沥青质，最后生成碳氢比很高的焦炭。

三、非烃化合物的反应

热加工过程中，原料中含有的非烃化合物在高温下也会发生化学反应，但由于各类化合物的结构组成差别较大，热稳定性不同，因此发生反应的类型及速率也有所不同。

1. 含硫化合物

石油中的含硫化合物有硫醚、二硫化物、硫醇及噻吩等。在重质油中主要是硫醚和噻吩类两种硫化物，其中噻吩硫约占总硫含量的 2/3。

含硫化合物中的 C—S 键的键能比 C—C 键低得多，受热时 C—S 键比 C—C 键更易断裂，因此硫醇和硫醚的热稳定性低于结构类似的同碳数烃类。例如，硫醇的热分解温度仅为 200℃左右，硫醚在 400℃左右。但因为噻吩环是具有芳香性的共轭体系，热稳定性非常高，热分解温度高达 800~900℃，一般情况下环本身不易断裂，所以重油热转化过程中残留的大多数硫为噻吩硫。

含硫化合物在热转化过程中发生分解反应，生成不饱和烃和硫化氢。

2. 含氮化合物

石油中的含氮化合物主要是五元环的吡咯系和六元环的吡啶系，均属于芳香性的共轭体系，热稳定性非常高，环本身不易破裂，在热转化条件下，往往缩合为更大的稠合环系，从而富集于残渣油中。

含氮化合物的吡咯环或吡啶环上往往带有烷基侧链，高温下会发生断侧链反应。此外，由于氮原子对与杂环相连的 C—C 键的活化作用，侧链更容易断裂。

3. 含氧化合物

石油中的氧主要存在于羧基和酚基中，以羧基为主。羧酸则以环烷酸为主，并含有少量的脂肪酸和芳香酸。羧酸对热不稳定，高温下发生脱酸反应，生成相应的烃和二氧化碳。

四、热加工过程的反应特点

石油烃类的热反应遵循自由基机理，但因为热加工的原料是多种烃类和非烃类组成的复杂混合物，各组分在遵循单体化合物热反应规律的同时，渣油热反应还有自己的一些特点。

1. 石油馏分的热反应是一个复杂的平行—顺序反应，各组分之间存在相互作用

与催化裂化过程一样，石油馏分的热反应表现出更明显的平行—顺序反应特征，随着反应深度的增加，反应产物的分布发生变化，作为中间产物的汽油和柴油产率会出现最大值，而作为最终产物的气体和焦炭则随反应深度的增加而单调增加。

渣油热转化过程中，饱和分主要进行裂解反应，芳香分及胶质既有裂解反应又有缩合反应，而沥青质具有强烈的缩合倾向。四组分配伍热转化研究表明，饱和分可以促使其他配伍组分生焦，芳香分会抑制配伍组分生焦，四组分单独热转化生焦量的加权值大于渣油热转化的生焦量，这是因为组分之间的供氢和夺氢等作用促进或抑制了生焦反应。因此，不同性质和来源的原料进行混合热转化时，需注意原料之间混合所产生的影响。

2. 渣油热转化过程中会发生相分离

渣油是一个以沥青质为胶核，胶质和芳香分为溶剂化层的胶体体系。受热之前的渣油胶体体系是比较稳定的，但热转化过程中，一方面，由于缩合及裂化反应，沥青质的含量逐渐增多，侧链数减少，芳香性增加；另一方面，裂解反应使作为胶溶组分的胶质含量逐渐减少，分散介质的黏度和芳香性降低，分散相和分散介质之间的相溶性变差，胶体体系的稳定性被破坏。这种变化趋势进行到一定程度后，导致沥青质不能在体系中稳定地胶溶而发生聚集，在渣油中出现第二相(液相)，促进了缩合生焦反应。因此，渣油热加工过程中要适当控制转化深度，避免引起相分离而导致产物分布及产物性质变差。

五、热加工过程的影响因素

热加工过程是一个没有催化剂参与的化学反应过程，影响因素主要有原料性质、反应温度和反应时间等。

1. 原料性质

热加工过程可以处理多种原料，一般是重质油，如重质原油、常压重油、减压渣油、沥青等含硫量较高及残炭值较高的残渣原料，以及芳烃含量很高、难裂化的催化裂化澄清油和热裂解渣油等。装置的操作苛刻度和反应性能在很大程度上取决于原料的性质，如残炭值、密度、馏程、烃组成以及硫和灰分等杂质含量。

一般来说，随着原料油密度增大，转化性能变差，高沥青质含量原料的转化率比低沥青质含量原料的转化率低。残炭值是原料油生焦倾向的重要指标，原料油的残炭值和钠含量越高，加热炉管及反应器内就越易生焦，减少了装置的运转周期。

对于来自同一种原油而拔出深度不同的减压渣油，随着减压渣油产率的下降，原料由轻变重，反应产物分布中轻质油收率下降，焦炭产率增加。除此以外，原料油变差还会影响产品的质量。

2. 反应温度

反应温度是化学反应的重要影响因素，提高反应温度，反应速率和反应深度增加，轻组分的产率增加。但反应温度的提高受加热炉热负荷的限制，且高温容易导致炉管及反应器内快速生焦，缩短了装置的开工周期。因此，热加工过程需选择合适的反应温度，对于重质原料和残炭值较高的原料，应采用稍低一些的反应温度。

3. 反应时间

反应时间延长，反应深度增加，转化率增加。对焦化装置来说，反应器内生成部分低沸点轻组分，反应时间还与系统压力有关，降低反应压力，缩短了油气的停留时间，反应深度降低，汽油和柴油收率下降，蜡油收率增加。

对热加工过程来说，反应温度和反应时间对反应过程的影响在一定范围内是互补的，即转化率是反应温度和反应时间共同作用的结果，提高反应温度或延长反应时间均可达到某一转化率，反应产物的分布仅取决于转化率的大小，而不单独与温度或时间相关。但反应温度和反应时间对裂化反应和缩合反应的影响程度有所不同，提高反应温度或延长反应时间，缩合反应的增加速率快于裂化反应。因此，热加工过程应适当控制转化深度。

第二节　减黏裂化

减黏裂化是重质高黏度渣油经过浅度热裂化以降低黏度和倾点，使之少掺或不掺轻质油即可达到燃料油质量要求的热加工工艺。在降低黏度的同时，减黏裂化还可以副产少量气体和裂化汽油、柴油馏分等。因此，减黏裂化是一种浅度热裂化过程，主要目的在于减小重质原料油的黏度，生产合格的燃料油和少量轻质油品，也可为其他工艺过程（如催化裂化等）提供原料。减黏裂化具有投资少、工艺简单、效益高等特点。

一、减黏裂化工艺概述

减黏裂化是一种灵活的渣油处理工艺，兴起于 20 世纪三四十年代，当时采用这一工艺主要是为了增产汽油和生产低黏度燃料油。随着催化加工技术的迅速发展，热加工过程逐渐被催化加工过程所取代，减黏裂化也面临被淘汰的局面。但近年来，由于石油市场对重质燃料油需求量减少，对中间馏分油需求量增加以及原油重质化、劣质化趋势的加剧，重油深度加工过程面临着诸多问题，使减黏裂化作为一种减小重质油黏度、增产轻质油品的劣质重油加工手段重新受到了重视，并得到较快发展。例如，Eureka(尤利卡)工艺、高转化率塔式裂化(HSC)工艺、壳牌公司的深度热裂化工艺及水热减黏裂化工艺等的出现，使减黏裂化工艺技术在提高劣质渣油转化深度、增产馏分油等方面有了新的发展。

减黏裂化可用于处理不同性质原油的常压渣油和减压渣油。目前，国内减黏裂化的主要目的是降低燃料油的黏度、改善倾点，使常压渣油或减压渣油达到燃料油的规格要求。如果直接用常压渣油或减压渣油作为燃料油，由于黏度等不能满足燃料油的规格要求，需要掺入相当数量的含蜡馏分油等轻质油品，经济上造成损失。通过对渣油进行减黏处理后，使之少掺或不掺轻油即可达到标准，相当于减少了燃料油产量，增加了轻油产量，有利于炼化企业经济效益的提高。

减黏裂化可与催化裂化、催化加氢、溶剂脱沥青等工艺相结合，组成不同生产目的的组合工艺，以从重质油品中获得更多的石油产品。因此，在某些特定的情况下，减黏裂化仍不失为一条渣油轻质化、提高轻油收率的可行工艺路线，在目前乃至将来减黏裂化都是重油加工过程中可选择的工艺之一。

减黏裂化的工艺虽然简单，但根据不同情况，工艺类型颇多。例如，根据加工原料的不同，可分为常压渣油减黏裂化、减压渣油减黏裂化、沥青减黏裂化、含蜡渣油减黏裂化等；根据目的产品不同，可分为生产船用和锅炉燃料油的减黏裂化、最大量生产馏分油的减黏裂化、最大量生产中间馏分的减黏裂化等；根据装置中设备类型不同，可分为带或不带反应塔(炉管式和塔式)的减黏裂化、带或不带减压分馏塔的减黏裂化、单炉或双炉裂化等。

二、减黏裂化工艺流程

由于主要生产目的不同，减黏裂化的工艺类型、工艺流程、操作条件也有所不同。根据减黏裂化反应所采用的设备不同，工业上主要有炉式减黏裂化和塔式减黏裂化两种流程。

1. 炉式减黏裂化

高温裂化反应主要是在加热炉的反应炉管中进行的，特点是高温短停留时间，炉管分为加热段和反应段。加热炉可高度灵活地对加热物料进行控制以保证热量供应，加热炉管可方便地用蒸汽—空气进行除焦，能生产安定性好的燃料油。早期设计的减黏裂化多采用炉式减黏裂化流程。

1)常规减黏裂化工艺流程

原料油为常压渣油或减压渣油，在加热炉的加热段炉管中加热至反应温度，进入反应段炉管进行反应。为使物料在炉管内保持合适的流速、停留时间并抑制炉管结焦，需向炉管中注入蒸汽，加热炉出口物料注入急冷剂以终止裂化反应。加热炉出口物料进入减黏分馏塔的闪蒸段，液相部分进入塔下部的汽提段，经蒸汽汽提后，从塔底抽出减黏渣油；进料的气相部分向上进入精馏段，用回流瓦斯油洗涤并冷却。侧线塔板抽出的瓦斯油，一部分进入汽提塔经蒸汽汽提后作为减黏粗柴油或与减黏渣油调和后作为燃料油出装置，一部分换热/冷却后作为洗涤段的洗油和加热炉出口急冷油。分馏塔顶油气经部分冷凝后进入分离罐，罐顶气体产品送至气体回收工序；冷凝油一部分作为分馏塔顶回流，其余作为减黏石脑油。分离罐底的含硫污水送至污水汽提装置。常规减黏裂化原则工艺流程如图8-1所示。

2)带减压闪蒸塔的减黏裂化

带减压闪蒸塔的减黏裂化工艺生产的减压瓦斯油，可以作为其他转化装置的原料。与常规减黏裂化的区别是在分馏塔后面设置了一个减压塔。

减黏分馏塔底的重油进入减压分馏塔的闪蒸段分成气相、液相两部分。液相重油在汽提段经蒸汽汽提后作为减黏燃料油，从塔底抽出。气相上升至洗涤段，经部分冷凝后由侧线抽出减黏瓦斯油。下部抽出减压重瓦斯油和循环回流油，上部抽出轻瓦斯油和塔顶回流油。轻、重瓦斯油合并后作为裂化原料。带减压闪蒸塔的减黏裂化原则工艺流程如图 8-2 所示。

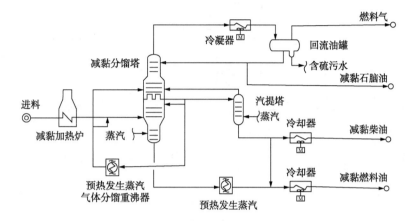

图 8-1　常规减黏裂化原则工艺流程图

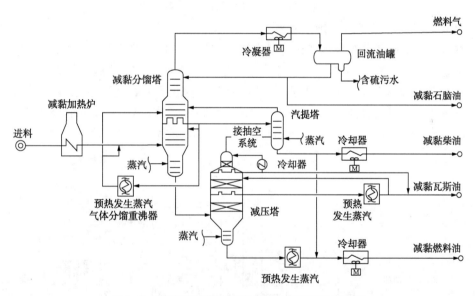

图 8-2　带减压闪蒸塔的减黏裂化原则工艺流程图

2. 塔式减黏裂化

塔式减黏裂化工艺流程中设有反应塔，虽然加热炉管中也有部分裂化反应，但绝大部分裂化反应是在反应塔内完成的。与炉式减黏裂化相比，塔式减黏裂化的反应温度低、停留时间长。

反应塔为完成反应提供足够的停留时间，加热炉的出口温度比炉式减黏裂化低。因此，加热炉的热负荷降低，加热炉的尺寸和功率减小，燃料油用量降低。塔式减黏裂化的不足是加热炉和反应塔需要经常清焦，一般采用高压水清焦，但塔式减黏裂化单独设一套水力除焦设备从经济上来说是不适当的，且产生的清焦水需要处理和过滤后才能循环使用。

　　早期采用的是下流式减黏工艺，反应物料在反应塔内自上向下流动，进行气—液两相反应，反应温度高、停留时间长、开工周期短。后来开发的上流式减黏裂化，反应物料在塔内自下而上进行液相反应，返混少、反应均匀，且反应温度低、结焦少、装置运转周期长。中国大多数炼油厂的减黏裂化都采用上流式减黏裂化工艺，其原则工艺流程如图8-3所示。

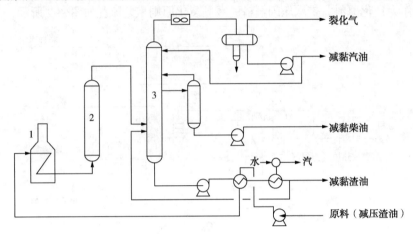

图8-3　上流式减黏裂化原则工艺流程图

1—加热炉；2—反应塔；3—分馏塔

3. 减黏裂化—溶剂脱沥青组合工艺

　　减黏裂化—溶剂脱沥青组合工艺是最大量生产催化裂化原料油的工艺方案，其原则工艺流程如图8-4所示。减压渣油首先进行减黏裂化，减黏裂化的减压渣油作为溶剂脱沥青的进料。脱沥青油和减黏裂化的重瓦斯油混合后作为催化裂化的原料油，但根据混合油的性质，有可能需要对混合油进行加氢处理。采用此联合工艺，510℃以下馏分油的收率可达76%左右，若再增加胶质循环处理，510℃以下馏分油的收率则可提高到79%。

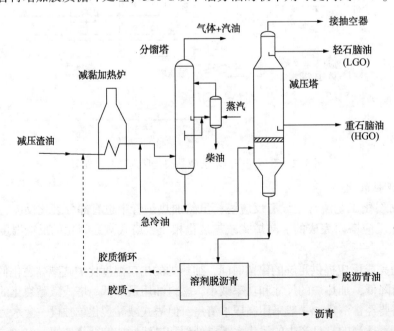

图8-4　减黏裂化—溶剂脱沥青组合工艺生产催化裂化原料油原则工艺流程图

4. 减黏裂化—热裂化组合工艺

以降低燃料油黏度为目的的减黏裂化，需要在较低的苛刻度下操作，转化率一般为6%~7%；若要求最大量生产中间馏分油，则需要在高苛刻度下操作，转化率可提高到8%~12%，但此时减黏渣油的安定性会变差。因此，要最大量地生产轻质馏分油、降低燃料油的倾点并保持燃料油较好的安定性，可采用减黏裂化—热裂化组合工艺，其原则工艺流程如图8-5所示。

减黏裂化的重瓦斯油直接进入热裂化加热炉，转化为轻质产品。热裂化加热炉的出料与减黏裂化产品一起进入减黏分馏塔进行分馏。采用此种工艺流程可大幅度提高中间馏分油的收率。

加工石蜡基减压渣油时，需大幅度降低燃料油倾点。将减黏裂化所得减压瓦斯油经热裂化后，使其所含蜡分解，可以降低燃料油的倾点。

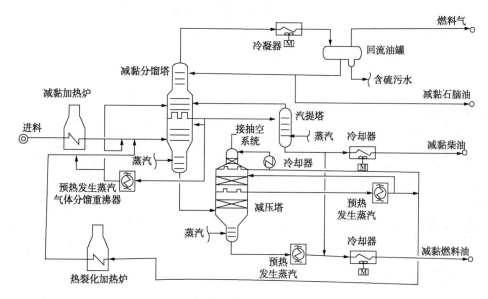

图8-5　减黏裂化—热裂化组合工艺流程示意图

第三节　焦炭化过程

一、焦炭化过程概述

焦炭化(简称焦化)是一种深度热裂化过程，也是重油轻质化的重要手段之一。焦化过程是炼化企业唯一能生产石油焦的工艺过程，是任何其他过程所无法代替的，尤其是某些行业对优质石油焦的特殊需求，使焦化过程在炼油工业中一直占据着重要地位。

焦化过程是以贫氢的重质残油(如减压渣油、裂化渣油以及沥青等)为原料，在高温(480~550℃)下进行深度热裂化反应的工艺过程。通过裂解反应，使一部分渣油转化为气体烃和轻质油品；同时存在缩合反应，使渣油的另一部分转化为焦炭。由于目前国内绝大多数焦化装置是以劣质重油为原料，一方面由于原料重，且含相当数量的芳烃；另一方面，焦化的反应条件更加苛刻，因此，缩合反应占很大比重，焦炭产率较高。

　　焦化过程的主要优点是可以加工残炭值和重金属含量很高的劣质渣油，工艺过程简单，投资和操作费用低。原料经焦化反应后可以得到60%~80%的馏分油，石脑油经加氢后可以作为乙烯原料，解决乙烯装置与其他工艺过程争夺原料的问题。部分焦化装置还可以生产优质石油焦。

　　焦化装置的不足是焦炭产率高，且焦炭质量差，大多数情况下只能作为低价值的普通石油焦。焦化汽油和焦化柴油的不饱和烃（尤其是二烯烃）含量高，含硫化合物、含氮化合物等非烃化合物的含量也高，安定性很差，必须经过加氢精制后才能作为燃料的调和组分。

　　炼油工业中曾经用过的焦化工艺主要有釜式焦化、平炉焦化、接触焦化、延迟焦化、流化焦化和灵活焦化等。

　　釜式及平炉焦化均为间歇式操作，由于技术落后，劳动强度大，目前已被淘汰。接触焦化也叫移动床焦化，以颗粒状焦炭为热载体，使原料油在灼热的焦炭表面结焦，由于接触焦化设备复杂，维修费用高，工业上没有得到较大的发展。

　　流化焦化采用流化床反应器，生产连续性强，效率高。流化焦化技术的过程较复杂，新建装置投资大，应用较少，仅占焦化总能力的20%左右。但所产的石油焦为粉末状颗粒，可用于流化床锅炉，近年来流化床锅炉的推广应用使流化焦化技术的竞争力有所增强。

　　灵活焦化在工艺上与流化焦化相似，但是多设了一个流化床气化器。在气化器内，反应生成的焦炭与空气在高温（800~950℃）下反应产生空气煤气。因此，灵活焦化过程除生产焦化气体、液体外，还生产空气煤气，但不生产石油焦。灵活焦化过程解决了低附加值焦炭问题，但因技术和操作复杂、投资高，且大量低热值的空气煤气出路不畅，近年来并未获得广泛应用。

　　延迟焦化是应用最广的焦化工艺，也是炼化企业提高轻质油收率和生产石油焦的主要手段，尤其是在中国劣质渣油的轻质化过程中发挥了重要作用。

二、延迟焦化工艺

　　所谓延迟焦化，是指原料油在管式加热炉中被急速加热，达到约500℃高温后迅速进入焦炭塔内，停留足够长的时间进行深度裂化反应，使原料的生焦过程不在炉管内而是延迟到焦炭塔内进行，可以避免炉管内结焦，延长装置运转周期。

　　延迟焦化是一种成熟的渣油加工工艺，也是一种重要的重油深加工手段。近年来，随着原油性质变差（密度和硫含量增加）、重质燃料油消费减少和轻质油品需求量增加，焦化装置加工能力的增加趋势很快。延迟焦化装置能处理各种劣质渣油、裂解焦油和循环油、焦油砂、沥青、脱沥青焦油、澄清油，以及煤的衍生物、催化裂化油浆、炼厂污油（泥）等60余种原料，所处理原料油的康氏残炭值在3.8%~45%（质量分数）甚至更高，比重指数为2~20。因此，延迟焦化装置是目前炼厂实现渣油零排放的重要手段之一。

　　1. 延迟焦化的产物

　　重质原料油经延迟焦化反应，可得到70%左右的馏分油。所得馏分油的柴汽比可达2.3，柴油馏分的十六烷值较高，经加氢精制后能达到柴油产品质量规格要求。焦化蜡油是收率最高的馏分（约占35%），可作为催化裂化或加氢裂化的原料。延迟焦化装置的主要产物及其特性如下：

　　（1）气体产物中含有较多的甲烷、乙烷和少量烯烃，也含有一定量的H_2S。可作为燃料，也可作为制氢及其他化工过程的原料。

（2）焦化汽油中不饱和烃(如烯烃，尤其是二烯烃)含量较高，且含有较多的含硫化合物、含氮化合物等非烃化合物，安定性较差。焦化汽油的辛烷值随原料及操作条件不同而异，一般为50~60，常需经加氢精制后，才可作为车用汽油组分或乙烯原料。焦化重汽油馏分经过加氢处理后可作为催化重整原料。

（3）焦化柴油和焦化汽油有相同的特点，安定性差且残炭值较高，焦化柴油的十六烷值较高，也需经加氢精制后才能成为合格产品。

（4）焦化瓦斯油(CGO)，一般指350~500℃的焦化馏出油，国内通常称为焦化蜡油。与同一原油的直馏减压瓦斯油(VGO)相比，焦化蜡油的重金属含量较低，硫含量、氮含量、芳烃含量、胶质含量和残炭值均较高，而饱和烃含量较低，多环芳烃含量较高，可以作为催化裂化或加氢裂化装置的原料。但是，用焦化蜡油作为催化裂化的原料时，由于碱性氮化物含量较高而引起催化剂失活，降低催化裂化的转化率并恶化产品分布。因此，焦化蜡油只能作为催化裂化的掺兑原料，一般只能掺兑20%左右。焦化蜡油用作催化裂化原料时，最好先经过加氢处理或缓和加氢裂化，性质会得到明显改善。

（5）石油焦是延迟焦化过程的特有产物，占焦化产物的比例较大。按其外形及性质可分为普通焦和优质焦。从焦炭塔来的生焦含有8%~12%的挥发分，经1300℃煅烧后成为熟焦，挥发分含量降至0.5%以下，可应用于冶炼工业和化学工业。如果原料及工艺条件合适，焦化装置可生产具有重要应用价值的针状焦。

2. 延迟焦化工艺流程

延迟焦化装置的生产工艺分焦化和除焦两部分，焦化反应为连续操作，除焦为间歇操作。工业装置一般设有两个或四个焦炭塔，各焦炭塔轮流进行反应和除焦，因此整个生产过程仍为连续操作。典型的延迟焦化原则工艺流程如图8-6所示。

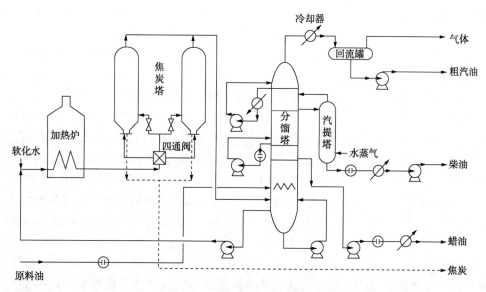

图8-6　延迟焦化原则工艺流程图

原料经预热后，先进入分馏塔下部，与焦化塔顶过来的焦化油气在塔内接触换热，一是使原料被加热，二是将过热的焦化油气降温到可进行分馏的温度(一般分馏塔底温度不宜超过400℃），同时把原料中的少量轻组分蒸发出来。焦化油气中相当于原料油沸程的部分称为循环油，随原料一起从分馏塔底抽出，重新进入加热炉辐射室，加热到500℃左右，通过四通阀从底部进入焦炭塔，进行焦化反应。为了防止油品在炉管内反应结焦，需向炉管内注软化水，以加大管内流速(一般为2m/s以上)，缩短油品在炉管内的停留时间，注水量约为原料油的2%。

进入焦炭塔的高温渣油，需在塔内停留足够长的时间，以便充分进行反应。反应生成的油气从焦炭塔顶引出进入分馏塔，分出焦化气体、汽油、柴油和蜡油，塔底循环油与原料一起再进行焦化反应。

反应生成的焦炭留在焦炭塔内，当一个塔内的焦炭聚集到一定高度(塔内液相料面达到塔高的2/3左右)时，通过四通阀将反应油气切换至另一个焦炭塔。生焦后的焦炭塔用水蒸气汽提、冷却焦层至70℃以下，开始除焦。延迟焦化装置采用水力除焦，利用高压水(12~35MPa)从水力切焦器喷嘴中喷出时所产生的强大冲击力，将焦炭切割下来。水力切焦器装在一根钻杆的下端，可在焦炭塔内由上而下地切割焦层。为了升降钻杆，焦炭塔顶部需树立一座高井架，但近年来倾向于采用无井架水力除焦装置。

焦炭塔采用间歇式操作，至少要有两个塔切换使用，以保证全装置的连续操作。每个塔的切换周期，包括生焦、除焦及各辅助操作过程所需的全部时间，一般约为48h，其中生焦过程约占一半时间。生焦时间的长短取决于原料性质以及对焦炭质量的要求，目前的发展趋势是缩短生焦周期，从而提高装置的利用率。

三、延迟焦化过程的主要设备

1. 焦炭塔

焦炭塔是用厚锅炉钢板制成的空筒，是进行焦化反应的场所，给油气提供足够的停留时间以进行焦化反应。塔顶部设有除焦口、放空口、油气出口；塔侧设有液面指示计口；塔底部为锥形，锥体底端为排焦口，正常生产时用法兰盖封死，排焦时打开。图8-7为焦炭塔结构示意图。

焦炭塔内需维持一定高度的液面料位。随着反应的进行，塔内的焦炭逐渐积累，料面逐渐升高。当液面超过一定高度，尤其是发生泡沫现象比较严重时，塔内的焦粉会被油气从塔顶带出，引起后部管线和分馏塔堵塞。因此，一般在料面达到2/3时即停止进料，进行除焦操作。为了降低泡沫对操作的影响，通常需向焦炭塔内注入阻泡剂，并用中子料位计监控液面高度。

2. 水力除焦系统

完成反应的焦炭塔，经吹气、水冷后，塔内部充满约2/3塔高的坚硬焦炭，需采用水力除焦方式将塔内的焦炭排出。水力除焦的原理是利用10~35MPa的高压水，通过水龙带从一个可以升降的焦炭切割器喷嘴中高速射流，压力

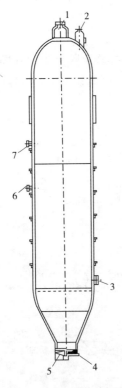

图 8-7 焦炭塔结构示意图
1—除焦口；2—油气出口；
3—预热油气出口；4—进料管；
5—排焦口；6，7—钻60料位计口

能转换成动能，由于水射流面积上的动压力大于焦炭的破碎强度，焦炭被切割、破碎，与水一起从塔底排出。图 8-8 显示了国内自行研制的可自动转换的联合钻孔切焦器。

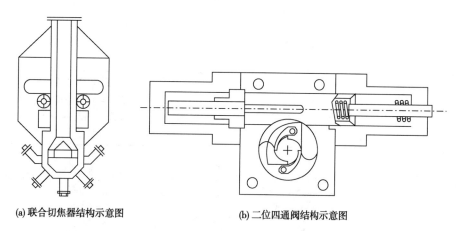

(a) 联合切焦器结构示意图　　　　　(b) 二位四通阀结构示意图

图 8-8　可自动转换的联合钻孔切焦器结构示意图

水力除焦装置有两种形式，即有井架除焦装置和无井架除焦装置（图 8-9 和图8-10）。两种除焦方式各有利弊（表 8-1）。

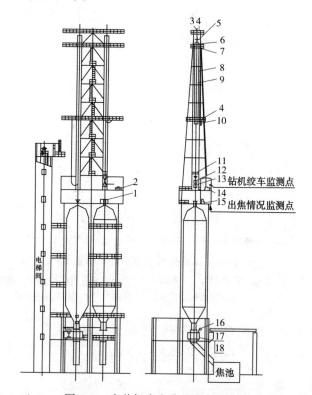

图 8-9　有井架水力除焦设备示意图

1—顶盖机；2—检修小车；3—固定式滑轮组；4—导向滑轮组；5—游动式滑轮组；6—风动水龙头；
7—支点轴承；8—高压胶管；9—钻杆组件；10—张紧器；11—塔口扶正器；12—水力电动机减速器；
13—自动除焦器；14—钻机绞车；15—塔顶除焦操作台；16—电缆滑车；17—塔底盖装卸机；18—风动扳手

表8-1 两种除焦方式的比较

项目	优点	缺点
有井架	操作安全可靠,不易发生故障; 水龙带耗量少,维修费用低; 除焦快,耗电少; 能切割强度较高的焦炭	一次投资大; 钢材耗量多; 井架顶部滑轮加油及高空维修困难
无井架	一次投资少; 节省钢材(约为有井架钢材用量的30%)	水龙带易破裂、耗量大; 除焦时间长(比前者长一倍); 涡轮旋转器容易发生故障; 操作维修费用高

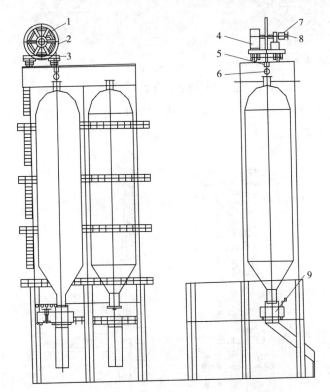

图8-10 无井架水力除焦设备示意图

1—高压胶管;2—水龙带绞车;3—对位小车;4—传动机构;5—水涡轮减速机;
6—除焦器;7—高压回转接头;8—连接法兰;9—塔底盖装卸机

无井架水力除焦采用高压胶管代替钻杆,但高压胶管在受压、拉、扭及冲击时寿命变短,水涡轮维修率较高,限制了该技术的推广。因此,近年来新建焦化装置均采用有井架水力除焦设备。

3. 无焰燃烧炉

加热炉是延迟焦化装置的核心设备,作用是将炉内快速流动的渣油加热至500℃左右的高温以提供反应所需热量,要求炉内要有较高的传热速率以保证在短时间内给原料提供足够的热量,同时要提供均匀的热场,防止局部过热引起炉管结焦,保证稳定操作和长周期运转。为此,采用向加热炉辐射段入口处注入1%~2%的水(或水蒸气)的措施,提高流速和改善流体的传热性能。除了采用加大炉管内流速外，对加热炉炉型的选择和设计也十分重要。要求加热炉的炉膛热分布良好、各部分炉管的表面热强度均匀、炉管环向热分布良好，尽可能避免局部过热的现象发生，还要求炉内有较高的传热速率，以便在较短的时间内向油品提供足够的热量。为此，延迟焦化装置常采用立式炉和无焰燃烧炉。新型阶梯形无焰炉的结构如图 8-11 所示。

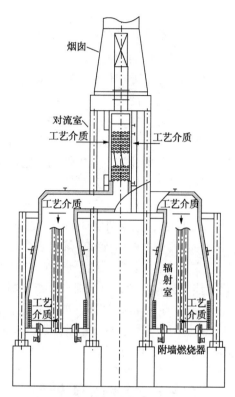

图 8-11　无焰燃烧炉结构示意图

对加热炉总的要求是控制原料油在炉管内的反应深度，尽量减少炉管内的结焦，使反应主要在焦炭塔内进行。国外新设计的焦化加热炉控制介质在大于 426℃下的停留时间不超过30s，以确保加热炉出口热转化率不超过 10%。

第九章　高辛烷值汽油组分的生产

随着人们环保意识的提高，对汽油的燃烧质量和清洁化提出了更高的要求。无铅、高辛烷值、低烃分压、低烯烃、低芳烃以及富含氧的新配方汽油是汽油生产的发展趋势。目前，常用的高辛烷值汽油调和组分主要有烷基化油、异构化油、甲基叔丁基醚等，最大限度增产高辛烷值汽油调和组分的生产过程得到了越来越广泛的重视。而生产上述几种汽油调和组分的原料主要来自天然气，尤其是炼厂气等石油气体。

炼油化工生产过程中产生的气体烃类，统称炼厂气。炼厂气主要产自油品二次加工过程，如催化裂化、延迟焦化、催化重整、加氢裂化等，其中催化裂化装置的处理量最大、气体产率最高且富含低碳烯烃。炼厂气是宝贵的化工原料，可用于生产石油化工产品、高辛烷值汽油组分或直接用作燃料等，而生产各种高辛烷值汽油组分是炼厂气的重要利用途径之一。

炼厂气是各种 C_1—C_5 气体的混合物，其组成随原料、工艺过程、生产方案、操作条件等不同而异。例如，催化裂化气体中含有大量的丙烯和丁烯，并含有一定量的异丁烷；催化重整气体中含有大量的氢，是炼厂最重要的廉价氢源；延迟焦化气体中甲烷和乙烷含量较多，比较适宜作为制氢原料；加氢裂化气体中含有大量的异丁烷，可作为烷基化的原料等。

除烃类以外，炼厂气中还含有少量的非烃气体，如硫化氢等。因此，在炼厂气加工之前，必须将其中对加工过程有害的非烃气体除去，并根据需要将炼厂气体分离成不同的单体烃或简单的烃类混合物，即气体精制和气体分馏。

第一节　气体预处理

加工含硫原料时，炼厂气中常常含有硫化氢等含硫化合物。如果以这样的含硫气体作为燃料或石油化工原料，将会引起设备腐蚀、催化剂中毒、大气污染等，并且还会影响最终产品的质量。同时，炼厂气是各种低分子烃类的混合物，如果直接以炼厂气混合物作为原料进行加工，将对加工过程、产物的组成等带来不利影响。因此，必须将炼厂气脱硫并分离成单体组分后，才能作为进一步加工的原料。

一、炼厂气脱硫

气体脱硫方法基本上分为两大类：一类是干法脱硫，即将气体通过固体吸附剂床层，使硫化物吸附在吸附剂上，以达到脱硫的目的，常用的吸附剂有氧化锌、活性炭、分子筛等，主要适用于处理含微量硫化氢的气体，以及需要较高脱硫率的情况；另一类是湿法脱硫，即用液体吸收剂洗涤气体，以除去气体中的硫化物，其中使用最普遍的为醇胺法脱硫。炼厂气脱硫一般包括干气脱硫和液化气脱硫醇。

1. 干气脱硫

干气中的硫化物主要是硫化氢。干法脱硫是间歇操作，设备复杂，操作不便，投资较高，在中国采用的较少。中国干气脱硫绝大多数采用醇胺法脱硫。

醇胺法脱硫是一种吸收—再生反应过程。由于醇胺类溶剂的碱性随温度的升高而减弱，在较低温度（20～40℃）下醇胺可吸收气体中的硫化氢等酸性气体；而在较高温度（大于105℃）下，吸收酸性气体后所生成的硫化胺盐和碳酸盐发生分解，逸出吸收的硫化氢和二氧化碳。因此，醇胺法脱硫的基本原理是以弱碱性的醇胺水溶液（贫液）为吸收剂，吸收干气中的酸性气体硫化氢，同时也吸收二氧化碳和其他含硫杂质，使干气得到精制。吸收了硫化氢等气体的水溶液（富液）在高温下进行解吸，使吸收剂得到再生。再生后的贫液（即醇胺类）在装置中循环使用。图9-1显示了醇胺法脱硫的原则工艺流程，包括吸收和解吸（即再生）两部分。

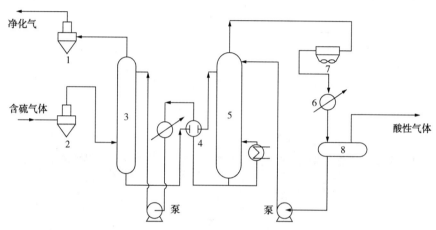

图9-1　醇胺法脱硫原则工艺流程图

1—净化气分离器；2—气液分离器；3—吸收塔；4—换热器；5—再生塔；

6—冷却器；7—空气冷却器；8—酸性气体分离器

（1）吸收：含硫气体冷却至40℃以下，在气液分离器内分出水分和杂质后，进入吸收塔的下部，与自塔上部进入的温度为40℃左右的醇胺溶液（贫液）逆向接触，吸收气体中的硫化氢和二氧化碳等酸性气体。脱硫后的气体自塔顶引出，进入分离器，分出携带的醇胺液后出装置。

（2）解吸：吸收塔底出来的醇胺溶液（富液）经换热后进入解吸塔上部，在塔内与由塔下部上升的蒸气（由塔底重沸器产生）逆流接触，将溶液中吸收的大部分酸性气体解吸出来，从塔顶排出。再生后的醇胺溶液从塔底引出，部分进入重沸器被水蒸气加热汽化后返回解吸塔，部分经换热、冷却后送到吸收塔上部循环使用。解吸塔顶出来的酸性气体经冷凝、冷却、分液后送往硫黄回收装置。

干气脱硫所采用的吸收剂主要有一乙醇胺、二乙醇胺和二异丙醇胺等，其中一乙醇胺使用最多。一乙醇胺的主要优点如下：活性高、吸收能力强，使用范围广；不论装置操作压力的高低、原料气中酸性气含量的多少，或者原料气中硫化氢与二氧化碳比值的大小，均能有效使用；化学稳定性好；不易降解变质；溶剂廉价易得等。

醇胺法脱硫工艺的主要操作条件因溶剂的不同而异，其中一乙醇胺浓度为15%（质量分数）以下，二乙醇胺浓度为20%～25%（质量分数），二异丙醇胺浓度为30%～40%（质量分数）；吸收塔温度为40℃左右；再生塔底温度为110～120℃。

干气脱硫装置中所用的吸收塔和再生塔大多为填料塔,液化气脱硫则多用板式塔。

2. 液化气脱硫醇

脱除硫化氢后,液化气中剩余的硫化物主要是硫醇,可用化学或吸附的方法予以除去。目前中国的液化气脱硫醇主要采用催化氧化法,即把催化剂分散到碱液(氢氧化钠)中,将含硫醇的液化气与碱液接触,使其中的硫醇与碱反应生成硫醇钠盐,然后将其分出并氧化为二硫化物。所用的催化剂为磺化酞菁钴或聚酞菁钴。

液化气中的硫醇分子量较小,易溶于碱液中。因此,液化气的脱硫一般采用液—液抽提法,工艺流程简单,脱硫率高,一般脱硫率可达95%左右,效果好的能达98%。

图9-2为液化气脱硫醇原则工艺流程图,包括抽提、氧化和分离三部分。

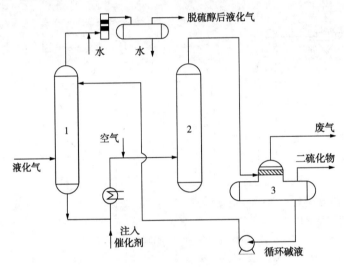

图9-2 液化气脱硫醇原则工艺流程图
1—抽提塔;2—氧化塔;3—二硫化物分离器

(1)抽提:经碱或乙醇胺洗涤脱除硫化氢后的液化气进入抽提塔下部,在塔内与带催化剂的碱液逆流接触,在40℃以下和1.37MPa的条件下,硫醇被碱液抽提。脱除硫醇后的液化气与新鲜水在混合器内混合,洗去残存的碱液并至沉降罐与水分离后出装置。所用碱液的浓度一般为10%~15%(质量分数),催化剂在碱液中的浓度为100~200μg/g。

(2)氧化:从抽提塔底出来的碱液,经加热器被蒸汽加热到65℃左右,与一定比例的空气混合后,进入氧化塔下部。氧化塔为填料塔,在压力为0.6MPa下操作,将硫醇钠盐氧化为二硫化物。

(3)分离:氧化后的气—液混合物进入二硫化物分离器的分离柱中部,气体通过上部的破沫网除去雾滴,由废气管去火炬。液体在分离器中分为两相,上层为二硫化物,用泵定期送出,下层的再生碱液用泵抽出并送往抽提塔循环使用。

液化气中的硫醇较易溶于碱液中,因此液化气与碱液只要经过充分的混合就可达到精制要求。由于静态混合器能够提供充分混合的条件,因此,有的炼油厂将上述流程中的抽提塔改为静态混合器,仍可使液化气中的硫醇含量由1000~2000mg/m³降至20mg/m³以下。此外,静态混合器还有压降低(为抽提塔压降的30%左右)、设备结构简单、操作维修方便等优点。

第二节　气体分馏

按照后续加工装置对原料要求不同，炼厂气在加工之前需先进行分离以得到各种单体烃。干气一般作为燃料或制氢原料无须分离；当液化气用作烷基化、醚化、异构化或石油化工原料时，则应进行分离，从中得到适宜的单体烃或馏分。

一、气体分馏的基本原理

炼厂液化气的主要成分是 C_3、C_4 的烷烃和烯烃，即丙烷、丙烯、丁烷、丁烯等，这些烃的沸点很低，如丙烷的沸点是 $-42.07℃$，丁烷为 $-0.5℃$，异丁烯为 $-6.9℃$，常温常压下均为气体，但在一定的压力（2.0MPa 以上）下可呈液态。因此，液化气在一定的压力下，采用精馏的方法可以分离得到各种馏分或单体烃，气体分离过程是在精馏塔中进行的。

液化气中各个气体烃之间的沸点差别很小，如丙烯的沸点为 $-47.7℃$，仅比丙烷低 $5.6℃$，因此要将它们单独分出就必须采用塔板数很多（一般几十甚至上百）、分馏精确度较高的精馏塔。

二、气体分馏的工艺流程

根据分离要求不同，气体分馏装置中的精馏塔一般为 3 个或 4 个，少数为 5 个。一般来说，如果要将气体混合物分离为 n 个单体烃或馏分，则需要精馏塔的个数为 $(n-1)$。理论上来说，气体分馏装置的工艺流程可以有多种不同的安排方案，但一般在满足分离要求的前提下，工艺流程的能耗和设备投资应尽量最低。常见的五塔气体分馏工艺流程如图 9-3 所示。

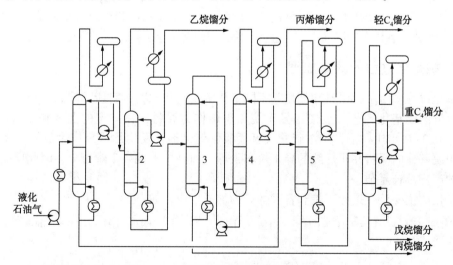

图 9-3　五塔气体分馏原则工艺流程图

1—脱丙烷塔；2—脱乙烷塔；3—脱丙烯塔（下段）；4—脱丙烯塔（上段）；5—脱异丁塔；6—脱戊烷塔

（1）脱硫后的液化气用泵打入脱丙烷塔，在一定的温度和压力下分离成乙烷—丙烷和丁烷—戊烷两个馏分。

（2）自脱丙烷塔顶引出的乙烷—丙烷馏分经冷凝冷却后，部分作为脱丙烷塔顶的冷回流，其余进入脱乙烷塔，在一定的温度和压力下进行分离，塔顶得到乙烷馏分，塔底为丙烷—丙烯馏分。

（3）将丙烷—丙烯馏分送入脱丙烯塔，在一定的压力下进行分离，塔顶分出丙烯馏分，塔底为丙烷。

（4）从脱丙烷塔底出来的丁烷—戊烷馏分进入脱异丁烷塔进行分离，塔顶分出轻 C_4 馏分，主要成分是异丁烷、异丁烯、1-丁烯等；塔底为脱异丁烷馏分。

（5）脱异丁烷馏分在脱戊烷塔中进行分离，塔顶为重 C_4 馏分，主要为 2-丁烯和正丁烷；塔底为戊烷馏分。

该流程中，每个精馏塔底都有再沸器供给热量，塔顶有冷回流，因此都是完整的精馏塔。分馏塔板一般均采用浮阀塔板。操作温度均不高，一般在 55~110℃ 范围内；操作压力视分离组分的不同而异，确定原则是使各种烃在一定的温度下呈液态。一般来说，脱丙烷塔、脱乙烷塔和脱丙烯塔的操作压力为 2.0~2.2MPa，脱丁烷塔和脱戊烷塔的操作压力为 0.5~0.7MPa。

液化气经气体分馏装置分出的各个单体烃或馏分，可根据实际需要作为不同加工过程的原料。例如，丙烯可以生产聚合级丙烯或作为叠合装置原料等；轻 C_4 馏分可先作为甲基叔丁基醚装置的原料，然后再与重 C_4 馏分一起作为烷基化装置的原料；戊烷馏分可掺入车用汽油等。

第三节　烷基化工艺

在酸性催化剂存在下，异丁烷和烯烃的化学加成反应称为烷基化反应。烷基化过程的产物——烷基化油的主要成分是异辛烷，因此又称为工业异辛烷。烷基化油的辛烷值高（研究法辛烷值可达 96，马达法辛烷值可达 94）、敏感性（研究法辛烷值与马达法辛烷值之差）小，不含芳烃、硫和烯烃等，具有理想的挥发性和清洁的燃烧性，是航空汽油和车用汽油的理想高辛烷值调和组分。近年来，各国车用汽油清洁化进程加快，促使烷基化工艺得到了快速的发展。

一、烷基化过程的基本原理

烷基化过程所使用的原料和催化剂不同，化学反应和产物也有所不同。生产高辛烷值汽油调和组分的烷基化工艺一般使用异丁烷和丁烯作为原料，在一定的温度和压力（一般是 8~12℃，0.3~0.8MPa）下，用浓硫酸或氢氟酸作催化剂，发生加成反应生成异辛烷。在实际生产中烷基化的原料并非是纯的异丁烷和丁烯，而是异丁烷—丁烯馏分，因此反应的原料和生成的产物都较复杂。

烷基化的主要反应是异丁烷和各种烯烃的加成反应，如：

$$CH_3—CH_2—CH=CH_2 + CH_3—\underset{\underset{CH_3}{|}}{CH}—CH_3 \xrightarrow[\text{或}HF]{H_2SO_4} CH_3—\underset{\underset{CH_3}{|}}{CH}—\underset{\underset{CH_3}{|}}{CH}—CH_2—CH_2—CH_3$$

2，3-二甲基己烷

$$CH_3—CH=CH—CH_3 + CH_3—\underset{\underset{CH_3}{|}}{\overset{\overset{CH_3}{|}}{C}}—H \xrightarrow[\text{或}HF]{H_2SO_4}$$

$$CH_3-\underset{\underset{CH_3}{|}}{\overset{\overset{CH_3}{|}}{C}}-CH_2-\underset{\underset{CH_3}{|}}{\overset{}{CH}}-CH_3 \quad 或 \quad CH_3-\underset{\underset{CH_3}{|}}{\overset{}{CH}}-\underset{\underset{CH_3}{|}}{\overset{}{CH}}-\underset{\underset{CH_3}{|}}{\overset{}{CH}}-CH_3 \quad 或 \quad CH_3-\underset{\underset{CH_3}{|}}{\overset{}{CH}}-\underset{\underset{CH_3}{|}}{\overset{\overset{CH_3}{|}}{C}}-CH_2-CH_3$$

2，2，4-三甲基戊烷　　　　2，3，4-三甲基戊烷　　　　2，3，3-三甲基戊烷

$$CH_3-\underset{\underset{CH_3}{|}}{\overset{}{C}}=CH_2 + CH_3-\underset{\underset{CH_3}{|}}{\overset{\overset{CH_3}{|}}{C}}-H \xrightarrow[\text{或HF}]{H_2SO_4} CH_3-\underset{\underset{CH_3}{|}}{\overset{\overset{CH_3}{|}}{C}}-CH_2-\underset{\underset{CH_3}{|}}{\overset{}{CH}}-CH_3$$

异丁烯　　　　　异丁烷　　　　　2，2，4-三甲基戊烷

异丁烷—丁烯馏分中同时含有少量的丙烯和戊烯等，也可以与异丁烷反应。除此之外，原料和产品还可以发生分解、叠合、氢转移等副反应，生成低沸点和高沸点的副产物以及酯类和酸油等。因此，烷基化的产物——烷基化油是由异辛烷与其他烃类组成的复杂混合物，将此混合物进行分离后，沸点范围在50~180℃的馏分称为轻烷基化油，马达法辛烷值在90以上，是清洁高辛烷值汽油的优良调和组分；沸点范围在180~300℃的馏分称为重烷基化油，可作为柴油的理想调和组分。

工业上广泛采用的烷基化催化剂有硫酸和氢氟酸，与之相应的工艺分别称为硫酸法烷基化和氢氟酸法烷基化。由于在工艺上各具特点，在基建投资、生产成本、产品收率和产品质量等方面都很接近，因此这两种方法在工业上均被广泛采用。

二、烷基化的工艺流程

1. 硫酸法烷基化工艺流程

硫酸法烷基化装置的工艺流程，除反应部分因反应器型式及为取走反应热的制冷方式不同而有所区别外，其他(如原料预处理、反应产物的处理和分离、分馏等)均基本类似。

中国硫酸法烷基化装置所采用的反应器主要有两种型式：(1)阶梯式反应器，靠反应物异丁烷的自蒸发制冷；(2)斯特拉科式反应器，又分为立式氨闭路循环制冷和卧式反应流出物制冷两类。硫酸法烷基化的工艺流程主要包括反应和产物分馏两部分。阶梯式反应器硫酸法烷基化的工艺流程如图9-4所示。

反应原料异丁烷—丁烯馏分与循环异丁烷合并为一股物料后，与反应产物换热，温度由约38℃降低到11℃左右，经聚结器或/和干燥塔脱水后进入Stratco反应器螺旋桨的吸入侧，与来自沉降罐的循环酸在螺旋桨的驱动下形成乳化液并在反应器的壳层和腔体间高速循环，同时发生烷基化反应。一部分乳化液在螺旋桨的推动下进入沉降器，浓硫酸由于密度较大而在沉降器底部聚集并循环回反应器；烃类与酸分离后自沉降罐的顶部流出，经过背压阀后压力降至21~35kPa，部分过量的异丁烷和烷基化油轻组分汽化，物流温度降至-7℃左右，然后进入反应器内部的换热管束吸收反应热并进一步汽化。反应流出物离开反应器管束后，进入吸入分液/闪蒸罐的吸入分液侧进行气液分离，液相作为反应净流出物进入后续的处理单元，气相经压缩机压缩并冷凝成冷剂(其主要成分是异丁烷)，再经节能罐渐次闪蒸后进入另一侧的冷剂侧，最后循环回反应器，完成反应流出物的冷冻循环。

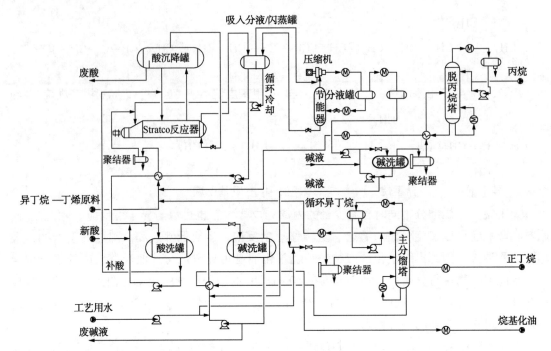

图 9-4　阶梯式反应器硫酸法烷基化原则工艺流程图

为防止原料中的丙烷或丙烯通过自烷基化生成的丙烷在装置中的累积，压缩机出口物流部分冷凝，含丙烷较高的气相经碱洗并脱水后进入脱丙烷塔脱去丙烷。

反应净流出物自吸入分液/闪蒸罐出来后与原料和异丁烷换热，温度由 0℃ 左右上升到 30℃ 左右，然后在静态混合器中与 98% 的新酸混合以除去烃相中约 90% 的硫酸酯，脱除的硫酸酯随酸相进入反应器进一步反应生成烷基化油。从酸洗罐出来的反应净流出物再进行碱洗以除去残留的酸和硫酸酯，碱水循环并与分馏塔底烷基化油换热，以保证碱洗罐的温度维持在 49℃ 左右。反应净流出物最后再经过水洗后进入分馏系统。

现代烷基化装置的分馏系统可以是单塔流程，塔顶产品是异丁烷并循环回反应器，侧线是正丁烷，塔底产品是烷基化油。

2. 氢氟酸法烷基化工艺流程

以氢氟酸作为催化剂，异丁烷可与丙烯、丁烯、戊烯甚至沸点更高的烯烃进行烷基化反应，其中丁烯或丙烯—丁烯混合物是最常用的烯烃原料。

中国建成的氢氟酸法烷基化装置采用的多是美国菲利浦斯公司的专利技术，工艺流程如图 9-5 所示。

新鲜原料进装置后，用泵升压送至装有活性氧化铝的干燥器，使含水量降到 $20\mu g/g$ 以下。干燥器有两台，一台干燥，一台再生，轮换操作，再生介质为加热后的原料。

干燥后的原料与来自主分馏塔的循环异丁烷在管道内混合后，经高效喷嘴分散到反应管的酸相中，烷基化反应在垂直上升的管道反应器内进行，反应温度为 30~40℃，酸烃比为 $(4~5):1$，烷烯比为 $(12~16):1$。反应后的物流进入酸沉降罐，依靠密度差进行分离，酸积聚在罐底，经冷却器除去反应热后经回酸管重新进入反应管循环使用。烃相经与循环异丁烷换热后进入主分馏塔。

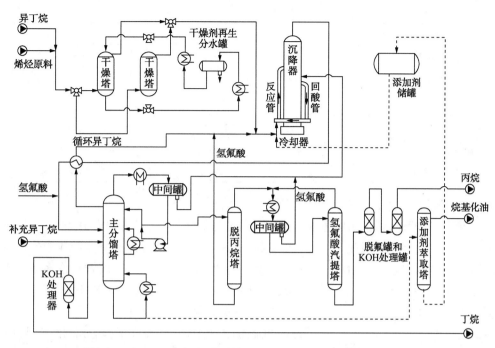

图 9-5 菲利浦斯氢氟酸烷基化原则工艺流程图

产品中的丙烷和溶解的氢氟酸从主分馏塔的塔顶分出，丙烷经脱丙烷塔和氢氟酸汽提塔后，再经脱氟和 KOH 处理后出装置，氢氟酸在氢氟酸汽提塔中回收并返回酸沉降器。循环异丁烷和正丁烷从主分馏塔侧线抽出，正丁烷经 KOH 处理后出装置，异丁烷循环回反应管。烷基化油从主分馏塔底部引出，经换热、冷却后出装置。

为了提高氢氟酸法烷基化装置的安全性，多家公司研发了在氢氟酸中加入抑制氢氟酸挥发度的添加剂，大幅度降低了氢氟酸泄漏形成致命的气溶胶的量。添加剂与烷基化油一起从主分馏塔塔底引出，经过添加剂萃取塔回收添加剂后循环回反应管(图 9-5 中虚线部分)。

硫酸法烷基化和氢氟酸法烷基化的主要反应条件和烷基化油性质见表 9-1。

表 9-1 硫酸法烷基化和氢氟酸法烷基化过程比较

	项目	硫酸法烷基化	氢氟酸法烷基化
反应条件	反应温度,℃	8~12	30~40
	反应压力,MPa	0.3~0.8	0.5~0.6
	反应器进料烷烯比(体积比)	7~9	14~15
	酸烃比(体积比)	(1~1.5):1	(4~5):1
	酸浓度(质量分数),%	98~99.5(新鲜);88~90(废酸)	90(循环酸)
	反应时间	20~30min	20s
产物性质	密度(20℃), kg/m³	687.6~695.0	689.2~695.4
	馏程,℃		
	初馏点	39~48	45~52
	10%馏出温度	76~80	82~88

续表

项目		硫酸法烷基化	氢氟酸法烷基化
产物性质	50%馏出温度	104~108	103~107
	90%馏出温度	148~178	119~127
	干点	190~201	190~195
	蒸气压，kPa	54~61	40~41
	研究法辛烷值	93.5~95	92.9~94.9
	马达法辛烷值	92~93	91.5~93

3. 固体酸烷基化工艺流程

从安全生产和环境保护角度考虑，液体酸烷基化催化剂不是理想的催化剂，尤其是废酸渣处理带来的环保问题，因此有些氢氟酸或硫酸烷基化工业装置常处于停产或半停产状态。自 20 世纪 80 年代以来，人们在固体酸烷基化催化剂及其工艺技术方面做了许多研究工作，并取得了较大进展，开发了一系列固体酸烷基化技术，如 KBR 公司的 K-SAAT 工艺、UOP公司的 Alkylene 工艺、托普索公司的 FBA 工艺等都达到了工业化应用的水平。

KBR 公司的 K-SAAT 工艺是一种高度灵活的技术，与传统液体酸催化剂或其他固体酸催化剂工艺相比，K-SAAT 工艺可生产更具成本效益和更高质量的烷基化油，其原则工艺流程如图 9-6 所示。K-SAAT 工艺的关键是 ExSact 催化剂，ExSact 催化剂为负载加氢金属组分的沸石催化剂，可以在简单的固定床反应器中使用，能够生产高辛烷值烷基化油，且不产生酸溶油。ExSact 催化剂克服了固体酸催化剂迅速失活的局限性，具有优越的烷基化活性，安全且环境友好。失活后的 ExSact 催化剂可以使用氢气再生，循环周期远长于其他固体酸烷基化催化剂。

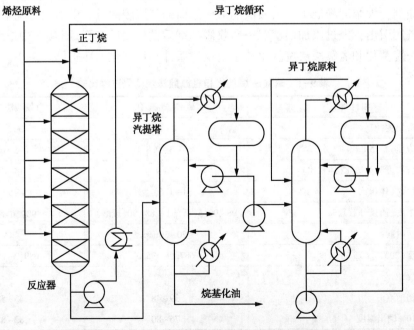

图 9-6　K-SAAT 固体酸烷基化原则工艺流程图

K-SAAT工艺的反应部分使用2台多段固定床反应器，1台工作，1台再生。烯烃与来自分馏部分的异丁烷及循环物料混合后进入反应器，进行烷基化反应。典型的工艺条件如下：反应温度为50~100℃，反应压力为2MPa，异丁烷/烯烃物质的量比为10~15，烯烃空速为0.2~0.5h^{-1}。烷基化反应设计周期为12~24h，反应结束后，反应器切出烷基化系统并于250℃条件下采用氢气再生，另1台反应器投用。催化剂再生过程是在闭路循环下完成的，因催化剂仅少量结焦，所以氢耗较小。

K-SAAT工艺投资费用仅为液体酸烷基化的50%，也低于其他固体酸烷基化工艺的投资。与硫酸法烷基化相比，催化剂再生费用降低80%，因此具有良好的应用前景。

除此以外，近年来，离子液体烷基化技术也受到了广泛关注和快速发展。

三、烷基化过程影响因素

烷基化工艺采用的催化剂种类繁多，工艺流程和对操作条件要求各不相同，影响因素也较复杂。但各种烷基化工艺的反应结果均受反应温度、反应压力、反应时间、烷烯比、酸烃比、混合效应等因素的影响。

1. 反应温度

烷基化反应过程中，反应温度对反应速率和烷基化油的质量均有影响。反应温度高，反应速率快，有利于反应的进行。但过高的反应温度会增加烯烃叠合、酯化等副反应，使烷基化油的收率和辛烷值降低、终馏点升高、酸耗增加。反应温度过低，反应物和酸的混合困难，不利于反应的进行，也会使烷基化油的辛烷值降低，而且会增加酸耗和功耗。

2. 反应压力

烷基化过程中反应压力的作用主要是保证烃类反应物处于液相状态，一般反应压力控制在0.3~0.8MPa。

3. 反应时间

反应时间增加，反应深度增加，相应会增加副反应的比例。由于使用不同催化剂时的反应速率不同，因此不同烷基化工艺的反应时间差别较大（表9-1），硫酸法烷基化的反应时间在20~30min，而氢氟酸法烷基化的反应时间仅有20s。

4. 烷烯比

烷基化反应过程中，高烷烯比有利于生成理想的C_8组分，提高烷基化油的辛烷值，降低烷基化油的干点，但会使能耗增加。硫酸法烷基化的烷烯比一般为7~9，氢氟酸法烷基化的一般为12~16。

5. 酸烃比

工业装置中，以酸为连续相的烷基化反应，可以保证充分的酸烃接触并控制反应温升，所得烷基化油的质量要比以烃为连续相好，因此保持较高的酸烃比是有必要的。但过高的酸烃比对改善产品质量不明显，反而增加了设备尺寸和能耗。生产实际中，硫酸法烷基化的酸烃比一般在1~1.5，氢氟酸法烷基化的酸烃比一般在4~5。

6. 混合效应

烃类在酸中的溶解度很小，充分的分散和接触是保证烷基化油质量的重要因素。有效的混合可以提高传质速率和反应速率，降低烯烃的点浓度，防止烯烃的聚合反应及与酸的酯化反应，使反应器内温度均匀，提高烷基化油的质量。硫酸法烷基化工艺一般采用强烈的机械搅拌来提高酸和烃的混合效果，氢氟酸法烷基化工艺一般通过高效喷嘴使烃类高度分散于酸中。

第四节　醚化工艺

随着油品清洁化要求的不断提高，在保持汽油较高辛烷值的同时，需要降低汽油中苯、芳烃、硫、烯烃等的含量以及蒸气压，并要求汽油中含有一定量的氧。在汽油中添加醇类或醚类含氧化合物是满足这些要求的主要措施之一。醚类化合物因具有较高的辛烷值和调和辛烷值，与烃类完全互溶，具有良好的化学稳定性，蒸气压较低而成为汽油中广泛采用的含氧化合物添加组分。国内调和汽油使用最多的醚类化合物是甲基叔丁基醚（MTBE）。因此，MTBE 工艺在国内得到了快速的发展。

一、MTBE 合成反应

合成 MTBE 的主要原料是炼厂气中的异丁烯和甲醇，液态的异丁烯与甲醇在催化剂作用下生成 MTBE，为可逆的放热反应，反应式为

$$CH_3-\overset{\overset{\displaystyle CH_3}{|}}{C}=CH_2 + CH_3OH \rightleftharpoons CH_3-\overset{\overset{\displaystyle CH_3}{|}}{\underset{\underset{\displaystyle CH_3}{|}}{C}}-O-CH_3$$

除主反应以外，还会发生少量的副反应：

$$2CH_3-\overset{\overset{\displaystyle CH_3}{|}}{C}=CH_2 \longrightarrow CH_3-\overset{\overset{\displaystyle CH_3}{|}}{\underset{\underset{\displaystyle CH_3}{|}}{C}}-CH_2-\overset{\overset{\displaystyle CH_3}{|}}{C}=CH_2$$

$$CH_3-\overset{\overset{\displaystyle CH_3}{|}}{C}=CH_2 + H_2O \longrightarrow CH_3-\overset{\overset{\displaystyle CH_3}{|}}{\underset{\underset{\displaystyle CH_3}{|}}{C}}-OH$$

$$2CH_3OH \longrightarrow CH_3-O-CH_3 + H_2O$$

上述副反应生成的异辛烯、叔丁醇、二甲基醚等副产品的辛烷值都不低，对产品质量没有不利影响，可留在 MTBE 中，不必进行产物分离。

醚化反应是一个催化反应过程，目前工业上合成 MTBE 所采用的催化剂一般为磺酸型二乙烯苯交联的聚苯乙烯结构的大孔强酸性阳离子交换树脂。为了维持催化剂的活性及减少副反应的发生，要求原料中的金属阳离子（如 Na^+、K^+、Ca^{2+}、Mg^{2+} 等）含量小于 $1\mu g/g$，不含碱性物质及游离水等。此外，该类催化剂不耐高温，耐用温度通常低于 120℃。

二、MTBE 合成工艺

MTBE 工艺以炼油厂生产的 C_4 馏分和甲醇为原料合成 MTBE，按照异丁烯的转化率及下游工艺要求不同，MTBE 合成工艺可分为标准转化型、高转化型和超高转化型三种，异丁烯的转化率分别为 97%~98%、99% 和 99.9%。

传统醚化技术的异丁烯转化率只有 90%~92%，若要求异丁烯转化率大于 92%，则需将一次反应物料中的 MTBE 通过蒸馏手段分离后，让未反应物料进入第二反应器进一步反应。为此，国内炼化企业的 MTBE 装置多采用催化蒸馏技术，该技术实现了催化反应与蒸馏同时进行，异丁烯的转化率可达 98% 以上，且反应热在蒸馏过程中得到了充分利用，装置的流程简单、投资低、能耗小。

MTBE 工艺流程主要包括原料净化与反应及甲醇回收两大部分。混相床—催化蒸馏生产 MTBE 原则工艺流程如图 9-7 所示。

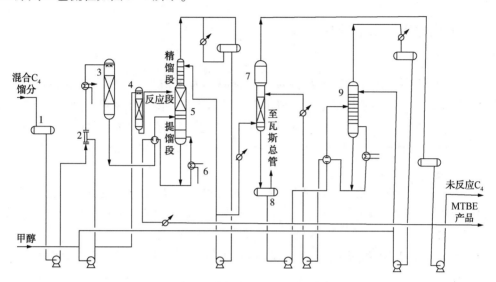

图 9-7 混相床—催化蒸馏生产 MTBE 原则工艺流程图
1—缓冲罐；2—混合器；3—净化醚化反应器；4—甲醇净化器；5—催化蒸馏塔；
6—再沸器；7—甲醇萃取塔；8—闪蒸罐；9—甲醇回收塔

（1）原料净化与反应。

原料净化的目的是除去原料中的金属阳离子，避免强酸离子交换树脂催化剂中的 H⁺ 被置换而引起失活。国内装置的净化过程采用与醚化催化剂相同型号的离子交换树脂。净化器除主要起到原料净化的作用以外，还可发生一定的醚化反应，因此净化器实际上是净化—醚化反应器。装置中一般设两台净化—醚化反应器，交替使用。

C₄ 馏分和甲醇按比例混合，加热到 40~50℃ 后由上部进入混相床净化—醚化反应器，反应压力一般为 1~1.5MPa，使反应物料在此进行预反应，异丁烯的转化率达到 80%~90%。

由净化—醚化反应器出来的混合物料与催化蒸馏塔底物料换热升温后进入催化蒸馏塔反应段。催化蒸馏塔的下部为由若干块塔板组成的提馏段，上部为由若干块塔板组成的精馏段，中部为装有催化剂的反应段。反应物料在反应段内一边反应一边精馏，反应产物及未反应物料分别进入提馏段和精馏段，经进一步分离后，塔底得到纯度大于 99% 的 MTBE 产品；未反应的 C₄ 馏分和甲醇从塔顶离开，经冷凝后一部分作为塔顶回流，其余的送往甲醇回收部分。

典型的催化蒸馏塔操作条件如下：塔顶压力为 0.7~0.9MPa，塔顶温度为 62~63℃，塔底温度为 138~144℃，回流比为 1.2~1.4。

（2）甲醇回收。

由催化蒸馏塔顶出来的甲醇与 C_4 馏分，在一定条件下可形成共沸物，因此不能采用精馏方法进行分离，一般采用水洗法对甲醇和 C_4 馏分进行分离。

甲醇和 C_4 馏分混合物进入水洗塔，用水萃取出甲醇以实现甲醇与 C_4 馏分的分离。从水洗塔顶出来的 C_4 馏分送往反应部分循环使用，塔底出来的甲醇水溶液进入甲醇回收塔。甲醇回收塔底部出来的含微量甲醇的水大部分送往水洗塔循环使用，少部分排出装置以免水中所含甲醇积累。

三、醚化过程的影响因素

1. 反应温度

MTBE 反应为中等强度的可逆放热反应，反应热为 37kJ/mol，反应温度对反应速率及平衡转化率均具有影响。常规反应温度范围内，异丁烯的平衡转化率可达 90%~96%，采用较低的温度有利于提高平衡转化率。同时，在较低的温度下还可以抑制甲醇脱水生成二甲醚以及异丁烯叠合等副反应，提高反应的选择性。但是，温度也不能过低，否则反应速率太慢。

综合考虑转化率、选择性和反应速率等因素，MTBE 工艺的反应温度一般选用 40~80℃。

2. 反应压力

催化醚化过程是液相反应过程，反应压力应使反应物料保持液相状态，一般为 1.0~1.5MPa。

3. 醇烯比

提高醇烯比可抑制异丁烯叠合等副反应，还可以提高异丁烯的转化率，但是会增大反应产物分离设备的负荷和操作费用。工业上一般采用的甲醇/异丁烯物质的量比约为 1.1∶1。

4. 空速

空速与催化剂性能、原料中异丁烯浓度、要求达到的异丁烯转化率、反应温度等有关。工业上采用的空速一般为 $1~2h^{-1}$。

四、MTBE 装置的主要设备

1. MTBE 反应器

MTBE 装置的主要设备是反应器，醚化过程为放热反应，根据催化剂装填及取热方式不同，国内采用列管式、筒式、膨胀床式和混相床式 4 种反应器。

（1）列管式反应器的结构类似于管壳式换热器，管内填装催化剂，管外通冷却水以移走反应热，控制反应温度。反应物料自上而下通过催化剂床层。列管式反应器的操作简单，床层轴向温差小，但结构复杂，制造及维修较麻烦，催化剂的装卸也比较困难。

（2）筒式反应器即固定床筒式反应器，反应器内催化剂可一段或多段填装，每段可根据需要设置打冷循环液的设施，反应物料自上而下通过反应器，通过调节新鲜原料与循环液的入口温度和循环比达到所需的异丁烯转化率。筒式反应器的结构简单，钢材用量及投资较少，装卸催化剂容易，可适应各种异丁烯浓度的原料，但操作较复杂，床层的轴向温差较大。

（3）膨胀床反应器中反应物料自下而上通过反应器，使催化剂床层有 25%~30% 的膨胀量，因此传热较好，并可避免催化剂结块。膨胀床反应器也具有结构简单、钢材用量及投资少、装卸催化剂容易等优点，但要求催化剂有一定的强度和抗磨性能，同时也要采取打冷循环液的措施以取出反应产生的热量。

（4）混相床反应器的结构与筒式反应器类似，操作时控制器内的压力和温度，使部分反应物料吸收反应产生的热量而汽化，不需要设置外循环冷却系统，因此可以降低能耗和节省投资。

4 种型式的反应器各有利弊，列管式反应器技术较陈旧；筒式反应器和膨胀床式反应器相差不多，在工业装置普遍采用；混相床反应器多用于采用催化蒸馏技术的 MTBE 生产工艺。

2. 催化精馏塔

催化精馏是将固体催化剂以适当形式装填于精馏塔内，使催化反应和精馏分离在同一个塔中连续进行，借助分离与反应的耦合作用来强化反应与分离过程的一种新工艺。由于反应和分离同时进行，生成的 MTBE 不断地被移走，不仅能有效利用反应热，还能改变平衡态的组成，克服了平衡转化率的限制，因而能提高异丁烯的转化率。

催化精馏的关键设备是催化精馏塔。按照催化剂在塔内的放置形式不同，催化精馏塔有两种类型，即散装式催化精馏塔和包装式催化精馏塔。

（1）散装式催化精馏塔的结构如图 9-8 所示。催化剂散堆在床层上，催化剂床层中设有气相通道，来自上部的液相物流向下穿过催化剂床层并在其中发生醚化反应。散装式催化精馏塔的结构简单，催化剂装卸比较方便，是工业上采用比较多的一种型式。

（2）包装式催化精馏塔的结构如图 9-9 所示。催化剂包装在若干个用多孔不锈钢板与不锈钢丝网制成的圆柱环形催化剂篮中，催化剂篮安装在塔中部反应段的塔板上，并浸泡于塔板上的鼓泡液层中。包装式催化精馏塔的催化剂使用效率高，催化剂装填量少，而且传热效率高，反应温升低。不足是结构复杂，催化剂装卸不方便。

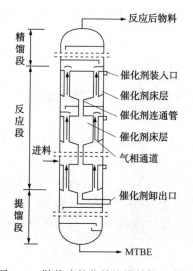

图 9-8　散装式催化精馏塔结构示意图

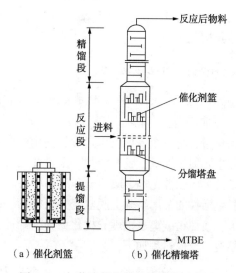

图 9-9　包装式催化精馏塔结构示意图

第五节　异构化工艺

在一定的反应条件和催化剂存在下，把正构烷烃转化为异构烷烃的过程称为异构化工艺。因为异构烷烃的抗爆性能好、辛烷值高，所以异构化过程可用于生产高辛烷值汽油调和组分。例如，将直馏石脑油中的低辛烷值 C_5、C_6 正构烷烃转化成相应的异构烷烃后，辛烷值可明显提高(表 9-2)。

表 9-2　C_5、C_6 正构烷烃和异构烷烃的辛烷值比较

化合物	研究法辛烷值(RON)	马达法辛烷值(MON)
正戊烷	62	61
异戊烷	93	90
正己烷	30	25
2，2-二甲基丁烷	93	93
2，3-二甲基丁烷	104	94
2-甲基戊烷	73	73
3-甲基戊烷	74	74

随着汽油清洁化及质量要求的不断提高，对汽油中硫、烯烃及芳烃等的限制日益严格，烷基化、异构化等能生产高辛烷值清洁汽油组分的炼油工艺得到了广泛青睐和快速发展。国内外在高辛烷值汽油生产过程中，有减少催化重整汽油比例、增加异构化和烷基化汽油比例的趋势。

生产高辛烷值汽油调和组分的异构化过程的主要原料是 C_5、C_6 组分，虽然异构化后可以大幅度提高组分的辛烷值，但应该注意的是，C_5、C_6 异构烷烃的沸点比相应的正构烷烃低、易挥发，大量使用会导致调和汽油的饱和蒸气压偏高，因此应根据实际情况适当限制异构化汽油组分的调和比例。

此外，正丁烷可以通过异构化转化为异丁烷，作为烷基化过程的原料制取异辛烷。正丁烯也可以通过异构化转化为异丁烯，作为醚化过程的原料。本节只介绍生产高辛烷值汽油调和组分的异构化工艺。

一、异构化的化学原理

典型异构化工艺的原料主要是 C_5、C_6 馏分，包括直馏石脑油、重整拔头油、轻重整生成油、轻加氢裂化产物和轻芳烃抽余油等。

异构化过程是一个催化反应过程，使用的是由金属组分和酸性中心组成的双功能催化剂，金属组分主要促进加氢、脱氢活性，酸性中心主要促进异构化反应，C_5、C_6 正构烷烃在一定的反应条件下，在催化剂金属组分和酸性中心的协同作用下发生反应。正构烷烃先吸附到具有加氢、脱氢活性的金属组分上脱氢变为正构烯烃；生成的正构烯烃转移到具有异构化活性的酸性载体上，按照正碳离子机理异构化为异构烯烃；异构烯烃再返回加氢、脱氢活性中心加氢变成异构烷烃。反应过程如下：

$$正构烷烃 \xleftrightarrow{\text{金属中心}} 正构烯烃 \xleftrightarrow{\text{酸性中心}} 异构烯烃 \xleftrightarrow{\text{金属中心}} 异构烷烃$$

异构化反应是分子数不变的可逆放热反应，从热力学角度分析，异构化反应在较低的温度下才能达到较高的转化率，从而得到较高辛烷值的异构化汽油。

二、异构化催化剂

目前工业异构化装置上使用的催化剂主要有三大类，弗瑞迪—克腊夫茨(Friedel-Crafts)型催化剂、双功能催化剂和固体超强酸催化剂。

1. 弗瑞迪—克腊夫茨(Friedel-Crafts)型催化剂

弗瑞迪—克腊夫茨型催化剂主要由氯化铝、溴化铝等卤化铝和助催化剂氯化氢等组成。这种催化剂在 20~120℃ 的低温下有很高的活性，在化学平衡上对异构烷烃的生成有利。但由于此类催化剂的失活速率快、选择性差、结构欠稳定、具有较强的腐蚀性和废酸排放污染环境等，目前基本上已被淘汰。

2. 双功能催化剂

双功能催化剂与重整催化剂相似，是将镍、铂、钯等具有加氢、脱氢活性的金属担载在氧化铝、氧化硅—氧化铝、氧化铝—氧化硼或泡沸石等酸性担体上得到的异构化催化剂，主要用于临氢异构化过程。该类型催化剂根据使用温度的不同又分为高温型(反应温度 210~300℃)和低温型(反应温度 100~180℃)两种。双功能催化剂的选择性比弗瑞迪—克腊夫茨型催化剂高，但活性相对较低，需在较高温度下使用，不利于微放热的异构化反应平衡转化率的提高。

高温型(也称中温型)双功能催化剂是将镍、铂、钯等金属负载在酸性载体(氧化铝、氧化硅—氧化铝、氧化铝—氧化硼或泡沸石等)上制成的。一般情况下，随着载体酸性提高，催化剂的异构化活性增大，反应温度可以降低。这类催化剂在 C_5、C_6 异构化过程中的副反应少、选择性好，对原料精制要求低。但由于在较高反应温度下才有活性，对放热的异构化反应不利，单程转化率较低，需要与正构烷烃循环技术相结合，以提高转化率和产物辛烷值。

低温型双功能催化剂通常是将铂负载在用 $AlCl_3$ 处理过的 $\gamma\text{-}Al_2O_3$ 载体上制成的。在低温(115~150℃)下即具有较高的异构化活性，有利于异构产物的生成，产物的辛烷值高，产品选择性好。该类型催化剂的不足是为了保持催化剂的卤素含量及活性，需严格控制原料中的杂质含量。

3. 固体超强酸催化剂

固体超强酸催化剂主要由硫化的金属氧化物(如氧化锡、氧化锆、氧化钛或三氧化二铁等)与硫酸和硫酸盐反应制得。该类催化剂在 80℃ 时即具有异构化活性，反应温度较低，活性高，选择性好，因此所生成异构产物的辛烷值较高，且原料中的水或含氧化合物等不会造成硫化的金属氧化物永久失活。但该类催化剂目前主要处于研究阶段，真正工业化的催化剂种类非常少。

三、烷烃异构化的工艺流程

目前世界上工业化的 C_5、C_6 异构化反应技术主要是 UOP、IFP、HRI、KBR、ABB Lummus 等国外大公司的专利技术。按照操作温度不同可以分为高温异构化(反应温度 320℃ 以上)、中温异构化(200~320℃)和低温异构化(低于200℃),其中高温异构化工艺基本已淘汰。按照流程可以分成一次通过流程和循环流程,一次通过流程是指所有异构化原料一次性通过反应器;因异构化过程是可逆反应,在工业反应条件下的平衡转化率并不高,为了提高正构烷烃的总转化率,提高异构化产物的辛烷值,异构化工艺往往采用循环流程,即将一次通过未完全反应的正戊烷或(和)正己烷经过后续工艺分离后,循环回反应器的进料段继续反应,直至完全转化成异构烃,也称为完全异构化。图9-10是UOP公司的Penex异构化工艺流程简图。

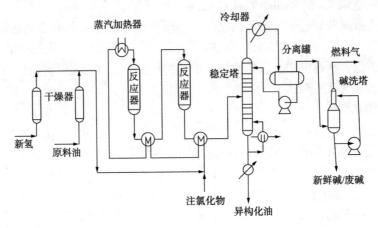

图9-10　UOP公司的Penex异构化工艺流程简图

异构化原料和氢气分别经过干燥后混合,经换热和蒸汽加热后进入反应器。为了优化反应效果,系统中一般设置两个串联的反应器,第一反应器在较高的温度(173℃)下操作以提高反应速率;第二反应器在较低温度(135℃)下操作以提高高辛烷值异构组分的转化率和收率。反应产物出反应器后进入稳定塔,除去氢气和反应中生成的低分子轻烃,塔底产物即为异构化油,在一次通过流程中可直接作为汽油调和组分,在循环操作流程中被送往分离单元。

循环流程所得异构化产物的辛烷值比一次通过流程高,但需要注意的是,循环方案越复杂,工艺装置的投资越多,甚至会成倍增加。因此,异构化工艺是否采用循环流程取决于原料组成、公用设备的利用率以及所需要的产品辛烷值等因素。

四、异构化过程的主要影响因素

影响 C_5、C_6 烷烃异构化过程汽油质量的主要因素有原料性质、催化剂、反应温度和循环氢纯度等。

1. 原料性质

原料中的 C_{7+} 烷烃不但平衡转化率低,而且极易发生裂解反应生成丙烷和丁烷;苯可能被加氢生成环己烷。这些副反应不仅会消耗氢,还会加速催化剂积炭,必须加以严格控制。因此,异构化原料的组成和性质会影响产品的性质和收率。

在异构化催化剂的反应活性温度条件下,原料中的环烷烃几乎不发生反应,只起稀释剂的作用;苯能很快加氢转化成环己烷;C_7 烷烃有少部分裂解为丙烷和丁烷。

　　2. 催化剂

　　C_5、C_6 烷烃异构化工艺生产高辛烷值汽油组分的催化剂主要有三类，即弗瑞迪—克腊夫茨型催化剂、双功能催化剂和固体超强酸催化剂，不同类型催化剂的结构和组成不同，异构化性能也不同，对原料的要求、产品的组成及辛烷值的影响不同，必须根据生产实际选择合适的异构化催化剂。

　　3. 反应温度

　　烷烃异构化是微放热反应，低温有利于正构烷烃向异构烷烃的转化。从热力学角度出发，烷烃异构化反应需要在较低的温度下进行，以获得较高辛烷值的异构化汽油。

　　4. 循环氢纯度

　　循环氢纯度对产品质量和操作条件都有一定影响。循环氢中若轻烃含量过高，则会影响吸附、脱附效果，且残留在脱附氢中的轻烃（主要是低辛烷值的正戊烷）会直接影响异构化油的辛烷值。工业上一般采用重整氢或制氢装置生产的氢作为装置的补充氢气。

第十章　润滑油生产技术

润滑油是用在各类机械上以减少摩擦、保护机械及加工件的液体润滑剂，主要起润滑、冷却、防锈、清洁、密封和缓冲等作用。润滑油的产量很少，占比不到整个石油产品产量的2%，但由于润滑油的使用场所及性能要求各异，因此品种很多，数以百计。作为大规模化生产的炼化企业不可能单独生产每一种润滑油，润滑油的生产方法比较特殊。各种润滑油的生产，一般是根据市场需求，将一种或数种不同黏度的润滑油基础油进行调和，并加入用以改善各种使用性能的添加剂，制得符合产品质量规格要求的商品润滑油。因此，炼化企业一般不直接生产各种润滑油类产品，而是生产各种润滑油基础油。

润滑油基础油主要包括矿物型基础油和合成型基础油两大类。以石油为原料生产矿物型基础油，主要是利用原油中较重的馏分（如减压馏分和减压渣油）为原料。减压馏分可用来制取变压器油、机械油等低黏度润滑油料；减压渣油主要用来制取气缸油等高黏度润滑油料。从润滑油料到润滑油基础油，要经过一系列的工序，如精制、脱蜡、脱沥青、补充精制等，实质是调整烃类和非烃类、极性和非极性组分在基础油中的比例，最大限度地保留理想组分，除去非理想组分。无论是精制、脱蜡还是脱沥青，工艺过程均较复杂，而且过程进行的好坏直接影响润滑油的质量。目前，润滑油基础油的生产过程中，部分采用加氢工艺取代了原有的传统工艺过程，简化了生产流程。图10-1显示了润滑油生产的一般流程。

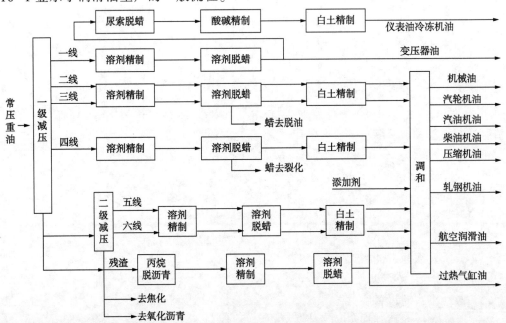

图 10-1　润滑油生产工艺流程图

第一节 溶剂精制

从常减压蒸馏装置得到的润滑油馏分，不管是馏分型润滑油馏分还是残渣型润滑油馏分，均含有多种影响润滑油使用性能的非理想组分，包括胶质、沥青质、短侧链的中芳烃及重芳烃、多环及杂环化合物、环烷酸类物质以及含硫、含氮、含氧的非烃化合物。这些物质的存在会使润滑油的黏度指数降低，抗氧化安定性变差，氧化后产生较多的沉渣及酸性物质，堵塞、磨损和腐蚀设备构件，还会引起油品颜色变差等。精制的目的就是脱除有害物质，提高润滑油的使用性能，满足产品规格要求。

常用的润滑油基础油精制方法包括酸碱精制、溶剂精制、吸附精制和加氢精制等。其中，溶剂精制是国内外大多数炼油厂采用的方法，是润滑油生产的重要步骤。润滑油的黏温性能和抗氧化安定性等除受原油性质制约外，主要取决于溶剂精制的深度。

一、溶剂精制的基本原理

溶剂精制的基本原理是利用某些有机溶剂对润滑油馏分中的理想组分和非理想组分的选择性溶解能力不同，达到脱除润滑油中非理想组分的目的。一般是把非理想组分抽提出来形成单独一相，称为提取液或抽出液，而把理想组分留在油中形成提余液或精制液。溶剂精制的作用相当于从润滑油中抽出其中的非理想组分，因此这一过程也称为溶剂抽提或溶剂萃取。作为润滑油精制的溶剂，应对油中的非理想组分具有高溶解能力，而对理想组分的溶解度很小。当把溶剂加入润滑油料后，非理想组分能够迅速溶解于溶剂中，然后将溶有非理想组分的溶剂分出，剩余的便是理想组分。

经过溶剂抽提所得到的抽出液中含有大量溶剂，精制液（提余液）中也含一部分溶剂。溶剂必须回收以便循环利用，同时得到提取油与精制油。因此，溶剂回收是溶剂精制过程的重要组成部分。溶剂回收的原理是利用溶剂和油的沸点差异，把溶剂从油中分馏出来，例如，常用抽提溶剂糠醛的沸点为161.7℃，N-甲基吡咯烷酮的沸点是203℃，而润滑油的沸点通常在350℃以上。

选择合适的溶剂是润滑油溶剂精制的关键因素之一，理想的溶剂应满足以下各项要求：

（1）选择性好。溶剂对润滑油中的非理想组分有足够高的溶解度，而对理想组分的溶解度要小，这样才能将非理想组分和理想组分分开。选择性好的溶剂在精制润滑油时，可以增加产品收率和质量。

（2）一定的溶解能力。如果只是选择性好，而溶解能力小，虽然理想组分几乎不溶于溶剂，但在单位溶剂中溶解的非理想组分也不多，为了把原料中的大部分非理想组分分出，势必需要大量溶剂，这对于工业装置的操作是很不经济的。

（3）密度大，黏度小。主要是使抽出液和精制液有较大的密度差，以便于分离。

（4）与所处理原料的沸点差大，便于用蒸馏的方法回收溶剂。

（5）稳定性好，受热后不易分解变质，不与原料发生化学反应。

（6）毒性小，对设备腐蚀性小，来源广、价廉。

对润滑油来说，非理想组分主要是芳香性较强的物质和极性较强的物质，而理想组分则是较为饱和的物质。因此，溶剂的选择性好，意味着对芳香性和极性较强的物质的溶解能力强，而对饱和性较强的物质的溶解能力较弱。

溶剂的选择性和溶解能力常常是矛盾的。选择性强的溶剂，溶解能力往往较小。烃类的结构、平均分子量以及温度等参数也会影响溶剂的选择性和溶解能力。例如，同一溶剂，在低于溶剂临界温度15~20℃的情况下，随温度升高，溶解能力增加，但选择性变差。生产中完全符合理想要求的溶剂几乎没有，因此只能选择相对较好的溶剂。目前常用的溶剂有苯酚、糠醛和 N-甲基吡咯烷酮等。

二、溶剂精制工艺过程

根据所用的溶剂不同，溶剂精制过程也有所不同。但无论使用何种溶剂，除基本原理相同外，其工艺流程中都有溶剂抽提和溶剂回收两部分，下面以糠醛精制为例介绍溶剂精制的工艺流程。

纯糠醛在常温下是无色液体，有苦杏仁味，微毒，吸入过多糠醛气体会感到头晕，对皮肤有刺激，使用时应注意安全。糠醛20℃时的密度为 1.1594g/cm^3，常压沸点为161.7℃，化学性质不稳定，在空气中易于氧化变色，受热(超过230℃)易于分解并生成胶状物质。糠醛的选择性较好，但溶解能力稍差，在精制残渣润滑油时要采用较苛刻的条件。在121℃以下，糠醛与水部分互溶，超过121℃时可完全互溶，糠醛与水能形成共沸物，沸点是97.45℃。糠醛中含水对其溶解能力影响很大，通常使用时，要控制水含量小于0.5%。

糠醛精制的典型工艺流程如图10-2所示。流程中包括原料油脱气、溶剂抽提、精制液和抽出液溶剂回收及溶剂干燥脱水等部分。

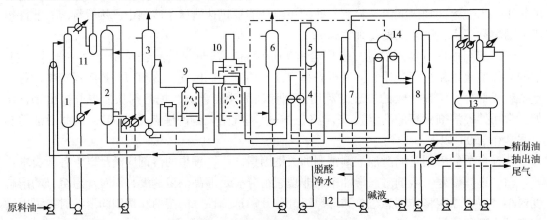

图 10-2　糠醛精制工艺流程图

1—脱气塔；2—抽提塔；3—精制液蒸发汽提塔；4—抽出液一次蒸发塔；5—抽出液二次蒸发塔；
6—抽出液汽提塔；7—脱水塔；8—糠醛干燥塔；9—精制液加热炉；10—抽出液加热炉；
11—分液罐；12—水罐；13—糠醛—水溶液分层罐；14—蒸汽包

1. 原料油脱气部分

原料油进抽提塔之前必须经过脱气过程以脱除油品中的氧气，防止糠醛被氧化变质。脱气一般在筛板塔内进行，利用减压和汽提手段使油中的氧气析出而脱除。影响脱气的主要因素是脱气塔的真空度和吹气量。脱气塔在13.3kPa下操作即可将原料中的大部分氧气脱除，如在塔底吹入少量水蒸气进行汽提，则可以脱除99%以上的氧气。

2. 溶剂抽提部分

原料油自脱气塔底抽出，经换热或冷却到适当的温度后，从下部进入抽提塔，回收的溶剂经换热或冷却到适当温度后从塔上部进入。由于溶剂的密度较大，原料油密度较小，使油品和溶剂在塔内逆向流动，依靠塔内填料或塔盘的作用使两者密切接触，经过一定时间后，油品中的非理想组分被溶剂充分溶解，形成两个组成不同的液相。从抽提塔上部出来的是精制液，其中含 10%~20% 的溶剂；塔下部出的是抽出液，其中含 85%~95% 的溶剂。由于抽出液(抽出油和溶剂)比精制液(精制油和溶剂)密度大，两相在塔的下部有明显的界面。

抽提塔在一定压力下操作，以便精制液和抽出液自流进入溶剂回收系统。为了从润滑油原料中将非理想组分充分抽出，并尽量减少溶剂用量，溶剂与原料必须有足够的时间密切接触。

3. 溶剂回收部分

溶剂回收部分分为精制液和抽出液两个回收系统。

精制液中含溶剂较少，在一个汽提塔中即可完成溶剂回收。从抽提塔顶流出的精制液经换热和加热至适当温度后，进入精制液蒸发汽提塔，塔底吹入水蒸气。蒸出的溶剂及水蒸气经冷凝冷却后进入糠醛—水溶液分层罐。塔底精制油经与精制液换热后送出装置。

抽出液中含有大量溶剂，采用蒸发回收大量溶剂要消耗大量的热量，为了节省燃料，抽出液溶剂回收通常采用多效蒸发过程，即经过多段、每段在不同的压力下完成的蒸发过程，其实质是重复利用蒸发潜热，达到节省燃料、提高回收效率的目的。工业上一般采用二效或三效蒸发回收溶剂。

来自抽提塔底的抽出液经加热及换热后进入一次蒸发塔，蒸出部分溶剂；一次蒸发塔底抽出液经加热炉加热后，送入二次蒸发塔，蒸出另一部分溶剂；二次蒸发塔塔底液送进抽出液汽提塔，脱除残余溶剂后，抽出油经泵送出装置。

4. 溶剂干燥及脱水部分

回收的溶剂(糠醛)水溶液必须经过脱水及干燥，才能循环使用。脱水和干燥是在脱水塔和干燥塔中进行的。

糠醛—水溶液分层罐中，上层为富水溶液，下层为富糠醛溶液。富水溶液用泵抽出后进入脱水塔上部。脱水塔顶蒸出的共沸物经冷凝冷却后，再返回分层罐进行分层，塔底为脱醛净水，可排放或用以发生蒸汽。分层罐下层的富醛溶液用泵打入干燥塔进行干燥。塔底为干燥糠醛，可循环使用，塔顶物也送入分层罐分层。抽出液蒸发塔顶蒸出的溶剂，经换热后也一并进入干燥塔进行干燥。

三、影响溶剂精制的主要因素

1. 溶剂比

单位时间进入抽提塔的溶剂量与原料油量之比称为溶剂比。溶剂比的大小取决于溶剂和原料油的性质以及产品质量要求。在一定的抽提温度下，增大溶剂比可抽出更多的非理想组分，提高精制深度，改善精制油质量。但精制油收率降低，溶剂回收系统的负荷加大，当装置规模一定时，处理能力减小。

一般来说，精制重质润滑油时采用较大的溶剂比，而精制轻质润滑油时则采用较小的溶剂比，工业上常用的溶剂比在 (1~6)∶1 范围内。

2. 抽提温度

抽提温度即抽提塔内的操作温度，温度是影响溶剂精制过程最灵敏、最重要的因素之一。随着温度的升高，溶剂的溶解度增大，但选择性下降。当温度超过一定数值，达到临界溶解温度后，原料中各组分和溶剂完全互溶，不能形成两个液相，抽出液和精制液无法分开，达不到精制的目的。临界温度取决于溶剂的种类、原料组成和溶剂比，选择抽提温度时，既要考虑收率，又要保证产品质量，对某一具体的精制过程，都有一个最佳抽提温度。对常用的溶剂来说，最佳抽提温度一般比临界溶解温度低 20~30℃。

对不同原料进行精制时，采用不同的抽提温度。馏分重、黏度大、蜡含量高的原料，应采用较高的抽提温度。

在抽提塔中，一般采用较高的塔顶温度和较低的塔底温度，塔顶与塔底之间的温度差称为温度梯度。塔顶温度高、溶解能力强，可保证精制油的质量。溶剂入塔后，逐步溶解非理想组分，但也会溶解一些理想组分，由于沿塔高自上而下温度逐渐降低，理想组分会逐渐从溶剂中分离出来，保证了精制油的收率。

所用溶剂不同，抽提塔的温度梯度值也不同。苯酚精制的温度梯度一般为 20~25℃，糠醛精制时为 20~50℃。

3. 提取物循环

将抽出液返回抽提塔下部用作回流，可以将抽出液中的理想组分置换出去，增加非理想组分的浓度，提高分离效果，增加精制油收率。但循环量过大会影响精制油的质量以及装置的处理能力。

除此以外，原料油中的沥青质含量和抽提塔的效率也会影响溶剂精制效果。

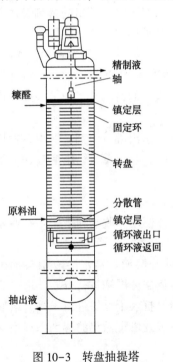

图 10-3 转盘抽提塔

四、糠醛精制抽提塔

糠醛精制抽提塔多使用转盘塔(图 10-3)。转盘塔塔体为圆筒形，塔中心设有一直立转轴，轴上安装有若干个等距离的转动盘，由电动机带动旋转，每一圆盘都位于两块固定的圆环之间。糠醛和油分别从塔的上、下两端进入，由于密度差异，糠醛由上向下流动，油自下向上流动，形成逆流接触。转盘的转动使糠醛和油分散得更均匀，以提高抽提效果。

转盘抽提塔具有处理能力大、抽提效率高、操作稳定、适应性强以及结构简单等优点。

第二节　溶剂脱蜡

低温流动性是润滑油的重要性能指标。润滑油馏分中的蜡在低温下会结晶析出，形成网状结晶，阻碍油品的流动，甚至"凝固"。为使润滑油在低温条件下具有良好的流动性，必须将其中易于凝固的蜡除去，这一工艺过程称为脱蜡。润滑油经过脱蜡后，凝点会显著降低,同时可得到副产品石蜡。脱蜡工艺过程比较复杂,设备多而且庞大,在润滑油生产中投资最大,操作费用也高。因此,选择合理的脱蜡工艺和流程具有重要意义。

根据原料油蜡含量及对产品凝点的要求不同,可以采用不同的脱蜡方法,工业上采用的方法主要有冷榨脱蜡、分子筛脱蜡、尿素脱蜡、细菌脱蜡以及溶剂脱蜡等。最简单的脱蜡工艺是冷榨脱蜡(也称为压榨脱蜡),该过程借助液氨的蒸发,将含蜡馏分油冷却至低温,使油中所含蜡结晶析出,然后用过滤机过滤,将蜡脱除。冷榨脱蜡只适用于柴油和轻质润滑油料(如变压器油料、10号机械油料等)脱蜡,对大多数较重的润滑油并不适用,因为重质润滑油的黏度大,低温时变得更加黏稠,细小的蜡晶粒和黏稠的原料油浑然一体,难于过滤,达不到脱蜡的目的。目前,工业上绝大部分的润滑油脱蜡都采用溶剂脱蜡工艺,即在润滑油原料中加入合适的溶剂,使油的黏度降低,然后进行冷冻过滤、脱蜡,该工艺同时也是生产石蜡和微晶蜡的重要过程。

一、溶剂脱蜡概述

溶剂脱蜡过程的基本原理是让含蜡润滑油料在选择性溶剂存在下,利用溶剂对油溶解而对蜡不溶或少溶的特性,通过降低温度使蜡形成固体结晶,经过滤达到蜡、油分离的目的而脱除润滑油料中的蜡组分。

1. 溶剂的性质及作用

选择合适的溶剂是影响润滑油溶剂脱蜡过程的关键因素之一。

1) 溶剂的作用

采用过滤方法分离固体和液体混合物时,混合物中固体颗粒大、液体黏度小,则过滤速度快,分离效果好;反之,则过滤速度慢,分离效果差。而对于很黏稠的液—固混合物,几乎不可能用过滤的方法分出其中的固体物质。

润滑油料中的蜡需在低温下才能结晶析出,而低温会引起油分黏度变大而导致过滤困难。脱蜡过程中常常在润滑油料中加入溶剂,使蜡所处介质的黏度减小,以利于结晶和过滤。因此,溶剂脱蜡过程加入溶剂的主要目的是减小油—蜡混合物中液相的黏度,实质上起到了稀释的作用。同时,由于溶剂还具有选择性溶解油而不溶解蜡的性质,可使蜡的晶体大而致密,蜡、油易于过滤分离。

2) 溶剂的选择

与精制溶剂不同,脱蜡溶剂一方面要降低油相的黏度,另一方面要对不同组分具有选择性溶解作用,理想的润滑油脱蜡溶剂应具有以下特点:

(1) 溶剂主要是起稀释作用,要求溶剂在脱蜡温度下的黏度小,有利于蜡的结晶;

(2) 有较强的选择性和溶解能力,在脱蜡温度下,能完全溶解原料油中的油,而对蜡则不溶或溶解度很小;

(3) 析出蜡的结晶要好,易于用机械法过滤;

(4) 有较低的沸点,与原料油的沸点差大,便于用闪蒸的方法回收溶剂;

(5) 具有较好的化学稳定性及热稳定性,不易氧化、分解,不与油、蜡发生化学反应;

(6) 凝点要低,以保持混合物有较好的低温流动性;

(7) 无腐蚀,无毒性,来源容易。

目前工业上广泛采用的溶剂是酮—苯混合溶剂,称为酮苯脱蜡。酮可以是丙酮、甲乙基酮等，苯类可以是苯、甲苯。其中，甲乙基酮—甲苯混合溶剂既具有必要的选择性，又具有充分的溶解能力，也能满足其他性能要求，因而在工业上得到广泛使用。

通常，需要根据润滑油原料的性质和脱蜡深度，正确选择混合溶剂的配比、适宜的溶剂加入方式及加入量，才能达到最佳的脱蜡效果。

2. 润滑油料的冷冻

为使润滑油料中的蜡结晶析出，必须把原料降温冷却，工业上常采用的冷却设备是套管结晶器。润滑油料从结晶器的内管流过，液氨在外管空间蒸发吸热，使润滑油料温度下降。蒸发后的氨蒸气经冷冻机压缩冷却后成为液体循环使用。

调节液氨的蒸发量，可使润滑油料降至需要的低温，蜡即呈结晶状态析出。脱蜡油与蜡结晶分离时的温度称为脱蜡温度。脱蜡温度和所要求的脱蜡油凝点有关，脱蜡温度越低，脱蜡油的凝点越低。但脱蜡温度和脱蜡油凝点并不一致，二者的差值称为脱蜡温差。在实际生产中，脱蜡油凝点一般高于脱蜡温度，脱蜡温差越大，表明脱蜡效果越差。脱蜡温差与溶剂性质、冷却速度和过滤方法等因素有关。

蜡在溶液中生成结晶的大小主要与冷却速度有关。冷却速度太快，会产生许多细微结晶，影响过滤速度和脱蜡油收率。

二、溶剂脱蜡工艺

溶剂脱蜡工艺流程中主要包括冷冻结晶系统、过滤系统和溶剂回收系统。

1. 冷冻结晶系统

溶剂脱蜡工艺的结晶、过滤、真空密闭及溶剂制冷部分的流程如图 10-4 所示。原料油与预稀释溶剂(重质原料时用，轻质原料时不用)混合后，经水冷却后进入换冷套管与冷滤液换冷以回收冷量，混合液冷却后加入经预冷的一次稀释溶剂，再进入氨冷套管进行氨冷，在一次氨冷套管出口处加入滤液进行二次稀释，然后进入第二组氨冷套管进一步冷冻，使原料油降到脱蜡所需温度，再向原料油中加入三次稀释溶剂后，去过滤机进料罐。在原料油的逐级冷冻过程中，蜡以晶体的形式逐渐析出。

对于溶液在套管结晶器中的冷却速度，冷滤液换冷套管一般为 1~1.3℃/min，氨冷套管为 2~5℃/min。

2. 过滤系统

过滤系统的作用是将固、液两相分开以将蜡从精制液中除去(图 10-4)。冷冻后的含蜡溶液自过滤机进料罐自流进入真空过滤机，经过滤分为两部分，一部分是含有溶剂的脱蜡油(即滤液)，进滤液罐；另一部分是含有少量油和溶剂的蜡(即蜡液)，进入蜡液罐。滤液与原料油换冷，蜡液与溶剂换冷，换冷后的滤液和蜡液分别去溶剂回收系统。

真空密闭系统(安全气系统)是为了防止过滤机内溶剂蒸气与氧气形成爆炸性混合物而设置的一套安全系统。由安全气发生器产生含氧量不高于 0.5% 的惰性气，安全气一方面经过滤机分配头吹入过滤机内用作反吹，杜绝空气吸入；另一方面送入各溶剂罐、滤液罐、含油蜡罐内作密封用。

3. 溶剂回收系统

溶剂回收系统的作用是回收滤液和蜡液中的溶剂以循环使用，工艺流程如图 10-5 所示。滤液和蜡液中的溶剂回收均采用双效或三效蒸发工艺。换冷后的滤液经与高压蒸发塔塔顶溶剂蒸气换热后，相继进入滤液低压蒸发塔、高压蒸发塔、第二个低压蒸发塔及脱蜡油汽提塔，进行蒸发和汽提。第一个蒸发塔为低压操作，热量由第二个蒸发塔塔顶蒸气提供；第二个蒸发塔为高压操作，热量由加热炉提供；第三个蒸发塔为降压闪蒸塔，最后在汽提塔内用蒸汽吹出残留的溶剂，汽提塔底得到合格的脱蜡油。各蒸发塔顶回收的溶剂不含水，称为干溶剂，经换热后去溶剂罐作为循环溶剂使用。

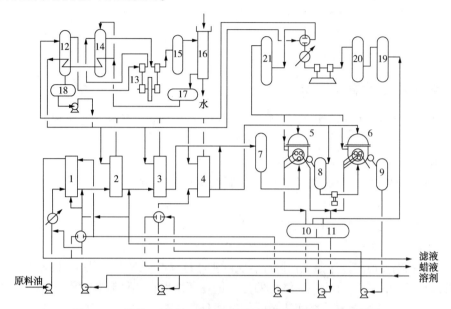

图 10-4　结晶、过滤、真空密闭及溶剂制冷部分工艺流程图

1—换冷套管结晶器；2，3—氨冷套管结晶器；4—溶剂氨冷套管结晶器；5——段真空过滤机；
6—二段真空过滤机；7—过滤机进料罐；8——段蜡液罐；9—二段蜡液罐；10——段滤液罐；
11—二段滤液罐；12—低压氨分离罐；13—氨压缩机；14—中间冷却器；15—高压氨分液罐；
16—氨冷凝冷却器；17—液氨储罐；18—低压氨储罐；19—真空罐；20—分液罐；21—安全气罐

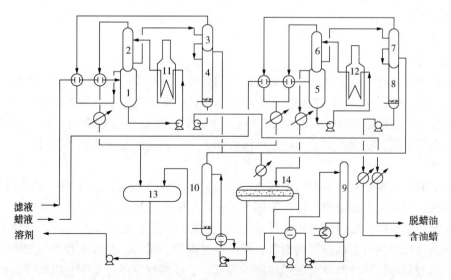

图 10-5　溶剂回收及干燥系统工艺流程图

1—滤液低压蒸发塔；2—滤液高压蒸发塔；3—滤液低压蒸发塔；4—脱蜡油汽提塔；
5—蜡液低压蒸发塔；6—蜡液高压蒸发塔；7—蜡液低压蒸发塔；8—含油蜡汽提塔；
9—溶剂干燥塔；10—酮脱水塔；11—滤液加热炉；12—蜡液加热炉；13—溶剂罐；14—湿溶剂分水罐

与滤液溶剂回收相类似，蜡液也是经过三次蒸发和一次汽提后，由蜡液汽提塔底得到含油蜡。含油蜡可作为裂化原料或经脱油后制成石蜡产品。

溶剂干燥系统的作用是从含水溶剂中脱除水分或从含溶剂水中回收溶剂。汽提塔顶的含溶剂蒸气经冷凝、冷却后进入湿溶剂分水罐，溶剂分水罐上层为含饱和水的溶剂，下层为含大量酮类的水。含水溶剂经换热后去干燥塔，塔底用再沸器加热，酮与水形成的共沸物由塔顶蒸出并返回分水罐，塔底排出的干溶剂进干溶剂罐。分水罐下层含溶剂的水经换热后进脱酮塔，直接用蒸汽吹扫脱除溶剂，塔顶含溶剂蒸气返回分水罐，水由塔底排出。

三、溶剂脱蜡的影响因素

酮苯脱蜡工艺的主要影响因素包括原料性质、溶剂性质、稀释比、溶剂加入方式和冷却速度等。

1. 原料性质

不同原料油的蜡含量及蜡组成不同，对脱蜡过程的影响也不同，所需的溶剂组成也应有所区别。

原料油的沸程越窄，蜡的性质越相近，蜡的结晶状态越好。原料油的沸程宽，分子大小不同的蜡混合在一起，可能生成共熔物，形成细小的晶体，影响结晶体的成长，生成的蜡结晶难于过滤，不易找到合适的操作条件。因此，实际生产过程中一般不希望用宽馏分原料。

随着沸点的升高，原料油中固体烃的分子量逐渐增大，晶体颗粒逐渐变小，生成蜡饼的渗透性变差，且细小的晶粒易堵塞滤布，使过滤分离的难度增大。因此，重馏分油比轻馏分油难于过滤，而残渣油比馏分油更难于过滤。

原料中含胶质、沥青质较多时，也会影响蜡结晶，使固体烃析出时不易连接成大颗粒晶体，而是生成微粒晶体，易堵塞滤布，降低过滤速度，同时由于易粘连，使蜡的含油量大。但原料油中只含有少量胶质时却可以促使蜡结晶连接成大颗粒，提高过滤速度。

原料油中的水在低温下可析出微小冰晶，吸附于蜡晶表面，妨碍蜡晶生长，且易堵塞滤布，增大过滤难度。

2. 溶剂性质

脱蜡溶剂应具有较高的溶解能力和较好的选择性，且在操作过程中不能出现第二相。

目前工业上使用比较多的脱蜡溶剂为甲乙基酮和甲苯的混合物。甲苯为烃类溶剂，对油和蜡都具有非常好的溶解能力，但其选择性较差。甲乙基酮为极性溶剂，具有很好的选择性，在低温下对蜡不溶解而对油有一定的溶解能力。当二者的混合比例不同时，表现出来的性质也不同。

溶剂中的甲苯含量高，溶剂的溶解能力大，脱蜡油收率高，但由于溶剂的选择性较差，导致脱蜡油的温差大，过滤速度慢。溶剂中的甲乙基酮在适当的范围内含量高时，溶剂的选择性好，蜡的结晶好，脱蜡温差小，过滤速度快；但甲乙基酮的含量过高时，会使溶解能力降低，甚至会出现油与溶剂分层的现象，导致过滤困难、蜡饼大量带油和脱蜡油收率降低。

通常需根据原料油性质及对脱蜡深度的要求，选择溶剂中甲乙基酮和甲苯的配比。对于黏度大、难于溶解的重质馏分油，宜采用酮含量较少、溶解能力较大的混合溶剂；反之，则宜采用酮含量较大、溶解能力不太大的混合溶剂。对于沸程相近的不同馏分，蜡含量高的应采用高含酮溶剂。

3. 稀释比

稀释比是溶剂量与原料油量之比，体现的是溶剂加入量对脱蜡过程的影响，基本要求是在过滤温度下，溶剂加入量能够溶解全部润滑油，且使溶液的黏度减小到易于过滤的程度。稀释比主要取决于溶液的黏度，也即溶液输送和过滤的难易程度。

溶剂的稀释比应足够大，从而可以充分溶解润滑油，在过滤温度下降低油的黏度，有利于蜡的结晶，易于输送和过滤。而且可使蜡中的含油量减小，提高脱蜡油的收率。但稀释比增大时，也增大了油和蜡在溶剂中的溶解量，使脱蜡温差增大；同时也增大了冷冻、过滤、溶剂回收的负荷。因此，稀释比大小的选择应综合考虑各方面的影响因素，在满足生产要求的前提下，趋向于选用较小的稀释比。

原料油的黏度大、蜡含量高、脱蜡深度大、温度低时，需要的稀释比大。轻质润滑油料的黏度低、溶解度大，稀释比可小一些，一般为$(1\sim1.5):1$；重质润滑油的黏度高、溶解度小，稀释比应该大一些，一般采用$(2.5\sim3):1$。

4. 溶剂加入方式

溶剂加入方式和加入时的工艺条件，对结晶和脱蜡效果有很大影响。溶剂加入方式有两种：一种是在蜡冷冻结晶前把全部溶剂一次加入，即一次稀释法；另一种是在冷冻前和冷冻过程中逐次把溶剂加入脱蜡原料油中，称为多次稀释法。多次稀释法可以改善蜡的结晶，增加过滤速度，并在一定程度上减小脱蜡温差，因此目前在工业上使用较多。

润滑油料冷却到蜡结晶形成相当数量时加入一次溶剂，然后在继续冷却过程中及套管结晶器出口处，再分别加入二次、三次或四次稀释溶剂。在多次稀释中，各次稀释用溶剂量（尤其是一次稀释用溶剂量）对脱蜡过程影响很大。在总稀释比不变的条件下，对黏度较低的原料油，一次稀释比可以小一些，而对黏度较高的原料油，一次稀释比要大一些。此外，一次稀释比小，过滤速度及脱蜡油收率均较高，但如果一次稀释比过小，溶液的黏度大，不利于蜡结晶的生长，且会使蜡中含油量增大。

多点稀释时，加入溶剂的温度应与加入点的油温或溶液温度相同或略低。温度过高，会把已结晶的蜡晶体局部溶解或熔化；温度过低，则溶液受到急冷，会出现较多的细小晶体，不利于过滤。

5. 冷却速度

冷却速度是指单位时间内溶剂与润滑油料混合物的温降。溶剂脱蜡过程中蜡结晶的形态与溶液的冷却速度有关，冷却速度太快，易形成细微结晶，不利于过滤速度和脱蜡油收率的提高。

冷却速度在结晶初期对脱蜡过程有特别重要的影响。脱蜡过程中，当温度降低到某个温度后，原料油中的蜡达到过饱和状态，此时，蜡结晶开始析出，首先生成蜡的晶核。过饱和度越大，从过饱和状态到饱和状态的时间就越短，生成的晶核数目越多，结晶也越细小。因此，在冷冻初期，冷却速度不宜过快，以便形成较大的蜡结晶。此外，冷却速度过快，溶液的黏度增加较快，对结晶也是不利的。结晶后期，新析出的蜡主要是在初期结晶的表面上生长，不再产生新的细微晶核，因此冷却速度可以快一些。

对套管结晶器来说，结晶初期冷却速度一般控制在$1\sim1.3$℃/min，后期则可提高到$2\sim5$℃/min。

四、溶剂脱蜡的主要工艺设备

与炼化过程其他工艺相比,溶剂脱蜡过程特有的设备主要是套管结晶器和真空过滤机。

1. 套管结晶器

溶剂脱蜡装置中原料及溶剂的冷却和结晶过程是在卧式套管结晶器内完成的,其结构类似于套管换热器(图10-6)。生产过程中,冷冻介质(冷滤液或液氨)走外管,润滑油料在装有旋转刮刀的内管中逐步降温和结晶。管内旋转刮刀的作用是防止蜡冻结在管壁上而影响传热和流体流动。

套管结晶器分为换冷和氨冷两种,前者的夹套内采用冷滤液作为冷却剂,后者的夹套内以液氨为冷却剂,二者的结构基本相同。

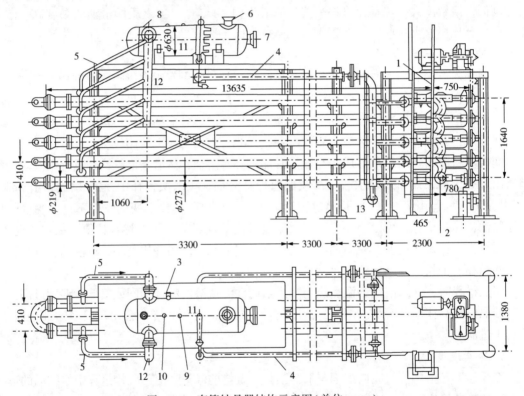

图10-6 套管结晶器结构示意图(单位:mm)

1—原料溶液入口;2—原料溶液出口;3—液氨入口;4—液氨出口;5—气氨排出管线;6—气氨出口;
7—液面计;8—液面调节器管箍;9—氨压力计管箍;10—热电偶管箍;11—氨罐;12—气氨总管;13—排液口

2. 真空过滤机

真空过滤机的作用是将结晶的蜡与油进行分离,常用真空转鼓过滤机的结构如图10-7所示。

过滤机外壳为一空筒,原料油流入过滤机内,保持一定的液面高度。过滤机中有一圆形转鼓,称为滤鼓,筒壁上有固定在金属网上的滤布。滤鼓下部浸在原料油和蜡的混合物中,并以一定的转速旋转。滤鼓被分成许多格子,每格都有管道与中心轴相通,中心轴与分配头紧贴在一起,转鼓转动而分配头不动。随着转鼓的转动,当某一格子浸入混合物时,该格子与分配头的吸出滤液部分接通，内部变为负压，可连续地将油与溶剂经滤布吸入鼓内，再通过管道流入滤液罐，而蜡晶体则被截留在滤鼓外层的滤布上。随着滤鼓的旋转，吸附蜡结晶的滤布离开油层，接着用冷溶剂冲洗，将被蜡带出的油洗回油中。最后用安全气将蜡饼吹松，再用刮刀刮下。刮下的蜡饼用螺旋输送机送至储罐。冷冻后的润滑油料在真空过滤机上被分成滤液和蜡饼。

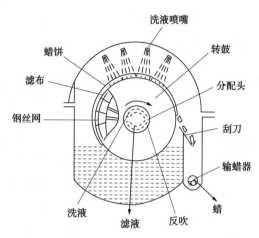

图 10-7　真空转鼓过滤机结构工作示意图

第三节　白土补充精制

润滑油料经过溶剂精制、溶剂脱蜡工艺处理后，油品中含有少量未分离掉的溶剂以及因加热回收溶剂而生成的大分子缩合物、胶质等，这些杂质的存在，会影响润滑油的安定性、颜色和残炭值等。为了除去这些杂质，需要对润滑油进行补充精制。补充精制主要包括白土补充精制和加氢补充精制两种工艺，新建润滑油生产企业多采用加氢补充精制，但目前两种工艺仍处于共存状态，尤其是某些特种油品的生产，仍必须使用白土补充精制。加氢补充精制将在后续的润滑油加氢内容中介绍。

一、白土补充精制的原理

白土补充精制使用的是活性白土，是利用白土可以有选择地吸附某些物质的特性而实现的。白土是一种具有多孔结构、比表面积较大的物质，是优良的吸附剂。但天然白土孔隙内常含有一些杂质，必须经预热、粉碎、硫酸活化、水洗、干燥和磨细后，活性才可大大提高，称为活性白土。活性白土呈白色或米色的粉末状，主要成分是 SiO_2 和 Al_2O_3 以及少量的 Fe_2O_3、MgO、CaO 等。

活性白土是一种具有选择性吸附作用的矿物，对润滑油中各种组分的吸附能力大小依次为胶质、沥青质>芳烃>环烷烃>烷烃。因此，当白土与润滑油充分混合后，白土极易将油中的胶质、沥青质、残余溶剂等杂质吸附在表面上，而对油的吸附能力较差。利用白土的这一特性，将白土与润滑油混合，然后再滤掉已经吸附了杂质的白土，就可以得到精制润滑油。

白土的结构和组成对吸附能力有较大影响。白土的颗粒度越大，比表面积越小，吸附能力越弱；反之，白土的颗粒度越小，比表面积越大，吸附能力越强。但白土的颗粒度过小时，与油混合后易呈糊状，造成过滤困难。

含水量也会影响白土的吸附性能。含水量越大，白土的吸附能力越小。但过度干燥的白土会由于结晶水的散失而影响吸附能力，甚至完全丧失活性。一般含水量在 6%～8% 的白土的吸附能力较好。

白土不耐高温，当温度超过 800℃ 时，会完全失去吸附活性。

二、白土补充精制的工艺流程

白土补充精制包括原料油与白土混合、加热反应和过滤分离三部分，典型的工艺流程如图 10-8 所示。

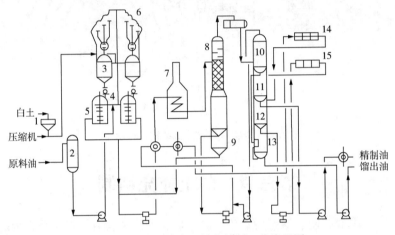

图 10-8　典型的白土补充精制工艺流程图

1—白土地下储罐；2—原料缓冲罐；3—白土料斗；4—叶轮给料器；5—白土混合罐；6—旋风分离器；
7—加热炉；8—蒸发塔；9—扫线罐；10—真空罐；11—精制油罐；12—板框进料罐；13—馏出油分水罐；
14—自动板框过滤机；15—板框过滤机

原料油预热到一定温度（80℃左右）后进入混合器，按需要量加入活性白土，通过搅拌使油与白土充分混合，然后用泵将糊状的混合物送入加热炉内加热到所需温度，目的是降低油品的黏度以提高吸附效率。加热后的混合物进入蒸发塔，塔顶设有抽真空设备，从蒸发塔顶抽出因加热裂化而产生的轻组分和残余溶剂，先后经过真空罐和油水分离罐，从油水分离罐得到一部分馏出油。蒸发塔底油与原料油换热并冷却到 130℃ 左右，进入过滤机粗滤和细滤部分，分离出废白土渣，所得精制油冷却到 40℃ 左右出装置。

三、白土补充精制的影响因素

原料油和白土的性质对补充精制操作条件具有重要影响。一般来说，原料油越重，对精制油的质量要求越高，操作条件越苛刻；当白土活性较高，颗粒度和含水量合适时，精制条件较缓和。白土补充精制的主要影响因素有白土用量、精制温度和接触时间等。

1. 白土用量

活性白土用量越大，精制产品质量越好，一般随油品性质而异，油品越重，白土用量越大。但精制油质量的改善并不与白土用量成正比，当白土用量超过一定程度之后，油品质量的提高不再显著。此外，白土用量过多，除造成白土浪费外，还会增加循环泵磨损，加剧炉管内的沉降和堵塞，降低过滤速度等。因此，在保证精制深度的前提下，白土的用量要少。一般机械油精制的白土用量为3%～4%，中性油为2%～3%，汽轮机油为5%～8%，压缩机油为5%～7%。

2. 精制温度

精制温度会影响润滑油料的黏度，加热温度越高，润滑油料的黏度越低，对非理想组分的吸附速度越快。但加热温度过高会引起润滑油料的热分解，且白土本身就是分解反应的催化剂，因此精制温度以油料不发生裂化反应为原则。同时，由于白土中夹带空气，且混合搅拌时也会接触空气，为了防止油品发生氧化反应，一般应控制初始混合温度不超过80℃，精制温度根据原料油的轻重不同一般控制在180～280℃，原料越重所用温度越高。

3. 接触时间

润滑油料与白土在蒸发塔内的接触时间可以保证非理想组分在白土中的扩散和吸附程度，一般在蒸发塔内的停留时间为20～40min。

第四节　丙烷脱沥青

对于高黏度残渣润滑油，需要以减压渣油为原料进行生产，但由于减压渣油中含有大量的胶质和沥青质，属于润滑油的非理想组分，必须设法脱除以改善润滑油的使用性能。因此，对于残渣润滑油，在精制和脱蜡之前，必须先除去原料中的胶质和沥青质。早期多采用硫酸精制法从渣油中除去胶质和沥青质，但硫酸耗量大，酸渣造成的污染严重，现在已很少采用。目前广泛使用的是溶剂脱沥青法。

用丙烷作溶剂的脱沥青过程称为丙烷脱沥青，也可用丁烷、戊烷等作溶剂。丙烷脱沥青所得的脱沥青油，除用作高黏度润滑油原料以外，还可作为催化裂化或加氢裂化的原料。随着原油加工深度要求的不断提高，已出现了脱沥青—催化裂化等组合工艺，脱除下来的沥青经氧化后可加工成商品沥青。

一、丙烷脱沥青的基本原理

渣油是一种组成复杂的烃类和非烃类的混合物，所含组分的分子大小及极性差异大，当以低分子量的烷烃为溶剂时，根据相似相溶原理，各组分在其中的溶解度会有很大差别，丙烷脱沥青是依靠丙烷对减压渣油中不同组分的选择性溶解而完成的。在一定温度下，液体丙烷对减压渣油中的润滑油组分和蜡有相当大的溶解度，而几乎不溶解其中的沥青质，导致沥青质胶束聚集而从油中沉淀出来。利用丙烷的这一特性，将渣油和液体丙烷充分混合接触，使油和蜡溶于丙烷，除去渣油中的沥青等非理想组分和有害物质，得到脱沥青油作为残渣润滑油的原料，其实质仍然是萃取（抽提）。溶于脱沥青油中的丙烷，可通过蒸发回收以便循环使用。

由于丙烷在常温常压下为气态，其相态与所处的温度和压力有关，对物质的溶解能力也与所处的温度和压力有关。当体系的温度和压力高于丙烷的临界温度和临界压力时，丙烷与渣油混合体系存在分相压力和分相温度，即体系中存在两相时的最高压力和最低温度，体系只有处于分相压力之下和分相温度之上，才会呈液—液两相状态，可采用萃取方法脱除渣油中的沥青质。

传统的溶剂脱沥青过程是在溶剂的临界点以下进行操作，属于亚临界条件下抽提、超临界条件下溶剂回收。近几年对在溶剂临界点以上温度和压力条件下操作的超临界溶剂脱沥青技术，即抽提和溶剂回收均在超临界条件下进行的技术开发取得了较大进展。研究证明，溶剂在超临界的高温高压下循环，不需要经过汽化—冷凝过程，可大大降低能耗。此外，超临界流体黏度小、扩散系数大，有良好的流动性能和传递性能，有利于传质和分离，提高抽提速度。同时可简化油—溶剂的混合、抽提设备及换热系统，从而降低投资。

二、丙烷脱沥青的工艺流程

溶剂脱沥青工艺早期主要是以生产重质润滑油原料为目的，但随着石油资源日趋短缺及原油的重质化、劣质化趋势加重，溶剂脱沥青工艺作为渣油加工方法来生产催化裂化及加氢裂化原料日益受到重视。尽管生产目的不同，但丙烷脱沥青的基本原理是相同的，工艺流程也大同小异，只是操作条件有所区别。现以生产润滑油原料为目的，介绍丙烷脱沥青装置的工艺流程。丙烷脱沥青的典型工艺流程包括抽提和溶剂回收两部分。

1. 丙烷抽提

丙烷抽提是在抽提塔中进行的。根据抽提次数和沉降段数的不同，又分为一次抽提两段沉降、一次抽提一段沉降和二次抽提流程，主要区别在于所得产品数目和抽提深度不同。图10-9是二次抽提丙烷脱沥青原则工艺流程图。

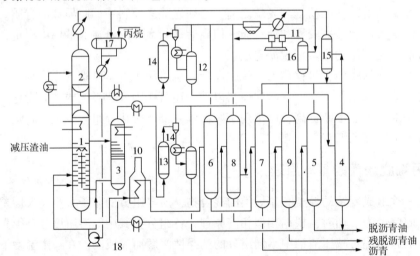

图 10-9 二次抽提丙烷脱沥青原则工艺流程图

1—转盘抽提塔（一次抽提塔）；2—临界分离塔；3—二次抽提塔；4—轻脱沥青油汽提塔；
5—重脱沥青油汽提塔；6—沥青蒸发塔；7—沥青汽提塔；8—残脱沥青油蒸发塔；9—残脱沥青油汽提塔；
10—沥青加热炉；11—丙烷压缩机；12—轻脱沥青油闪蒸罐；13—重脱沥青油闪蒸罐；
14—升模加热器；15—混合冷却器；16—丙烷气接收罐；17—丙烷罐；18—丙烷泵

减压渣油经加热后由中上部进入一次抽提塔，经分散管进入抽提段。丙烷分三路从抽提塔下部进入，主丙烷自最下层塔盘处进入，副丙烷自沥青界面以下进入，最后一路丙烷用来推动转盘主轴下端的水力涡轮。由于原料油与丙烷的密度差较大（原料油的密度一般为 900 ~ 1000kg/m³，丙烷密度为 350~400kg/m³），二者在塔的抽提段逆流接触，并在转盘的搅拌下进行抽提,胶质和沥青质以及少量溶剂形成的重液相沉降进入塔底,脱沥青油与溶剂形成的轻液相进入沉降段。沉降段内设有立式翅片加热器以提高轻液相的温度,降低溶剂的溶解能力,以保证轻液相中脱沥青油的质量。

在抽提塔的沉降段和抽提段之间设有集油箱,部分沉降析出物从集油箱中抽出,称为二段油。二段油含有较重的润滑油馏分,也有较多的胶质,送入二次抽提塔中进行二次抽提。二次抽提塔内设有数层挡板,丙烷由塔底打入。二次抽提塔的上部经沉降段内加热沉降后得到二次抽提油,底部得到抽余物。

2. 溶剂回收

抽出液自抽提塔顶引出,在管壳式换热器内加热到丙烷的临界温度,进入临界分离塔。在临界温度下,将脱沥青油和丙烷进行分离。丙烷自临界分离塔顶引出,经冷却后返回循环丙烷罐,以循环使用。脱除绝大部分丙烷的脱沥青油(称为轻脱沥青油)从塔底出临界分离塔,经加热后进入蒸发塔,蒸出所含的大部分丙烷,再经汽提塔脱除残余丙烷,冷却后送出装置。抽提塔底的沥青液经加热炉加热,再经蒸发及汽提,回收其中的丙烷后得到脱油沥青。

二次抽提塔顶的二次抽出液和塔底的抽余物分别经蒸发和汽提回收其中的丙烷后,得到重脱沥青油和残脱沥青油。

各蒸发塔顶蒸出的丙烷,经空气冷却器冷却后,进入丙烷循环罐。各汽提塔顶的气体经冷却、分水后进入压缩机,增压并经空气冷却器冷凝冷却后,进入丙烷循环罐。

以上工艺所得轻脱沥青油和重脱沥青油,均可作为润滑油原料。残脱沥青油可作为催化裂化原料,脱油沥青可作为氧化沥青的原料。

三、丙烷脱沥青的影响因素

丙烷并非在任意条件下都能达到脱沥青的目的,其选择性溶解能力与所采用的操作条件有重要关系。影响丙烷脱沥青的主要因素是温度、压力、溶剂组成及溶剂比等。

1. 温度

丙烷的溶解能力受温度影响较大。在较低的溶剂比下,丙烷对渣油的溶解性能可划分为三个温度区(图10-10)。在温度低于20℃时,丙烷的溶解能力随温度的升高而增加,即分离出的不溶物随温度升高而减少;在20~40℃时,丙烷与渣油完全互溶而成为均相溶液,此时不能分离出不溶物;当温度超过40℃以后,溶液又分为两相,且丙烷的溶解能力随温度升高而降低,即分离出的不溶物随温度的升高而增加;当达到临界温度时,丙烷对渣油的溶解能力接近0,形成油和溶剂不互溶的两相。由此可见,温度是溶剂脱沥青过程最重要、最敏感的因素。

丙烷脱沥青过程的操作温度一般在40℃以上区域内选取。此时,随着温度的升高,溶剂的溶解能力下降,脱沥青油的收率减小而质量提高,脱油沥青的收率增大而软化点降低,操作温度越接近临界温度,这种变化越明显。实际生产过程中,可以通过调节温度来改变生产方案。

为了更好地脱除润滑油料中的非理想组分,抽提塔内有一个上高下低的温度梯度。温度梯度越大,抽提效果越好,但过大的温度梯度会影响塔的生产能力。因此,抽提塔必须选择适宜的温度梯度。

2. 压力

抽提溶剂丙烷需要呈液相，且抽提操作需要在双液相区才能进行，溶剂及体系的相态都与操作压力有关。对于特定的溶剂和操作温度，都存在一个由体系相平衡决定的最低限压力，操作压力应高于最低限压力。

在近临界溶剂抽提或超临界溶剂抽提条件下，压力对溶剂的溶解能力影响较大。一般来说，近临界溶剂抽提时，采用接近但不超过临界压力的操作压力；超临界溶剂抽提时，多采用比临界压力高的操作压力。

工业装置中，抽提过程一般采用恒压操作，操作压力不作为调节手段。

3. 溶剂组成

溶剂脱沥青过程通常采用丙烷、丁烷和戊烷为溶剂，溶剂的分子量越低，选择性越好，但溶解能力越差，因此需要根据生产目的不同选择合适的溶剂。当以生产润滑油原料为目的时，多采用丙烷为溶剂；而当以生产催化裂化或加氢裂化原料为目的时，则多采用丁烷或戊烷为溶剂。这是因为裂化原料对质量和组成的要求不如润滑油料严格，而丁烷及戊烷的溶解能力较大，可以采用较小的溶剂比和较高的抽提温度，获取较多的裂化原料。

炼化企业的丙烷中往往含有其他低分子量烷烃。如果丙烷中含有过多的 C_2，会引起装置系统压力升高，溶剂损耗增大；而如果含有过多的 C_4，虽然溶剂的溶解能力增强，但选择性变差，会引起脱沥青油残炭含量升高。对于生产润滑油原料的丙烷脱沥青装置，要求溶剂中的 C_2 含量不宜大于 2%，C_4 含量不宜大于 4%，以保证所得润滑油原料的质量。丙烷中如果含有丙烯，因其选择性较差，也会影响脱沥青油的质量和收率，所以生产润滑油原料的溶剂中丙烯含量越少越好。

4. 溶剂比

溶剂比为溶剂量与原料油量之比。溶剂比的大小对脱沥青过程的经济性有重大影响，包括脱沥青油的收率、质量和过程能耗等。在一定温度下，当溶剂比很小时，渣油与丙烷完全互溶；随着溶剂比逐步增大，到某一定值时开始有不溶物析出，溶液形成油相和沥青相两相；随着溶剂比进一步增大，析出物相增多，油相收率减少，经过一最低点后，油相收率又增加，但增加速度较慢。变化关系如图 10-11 所示。

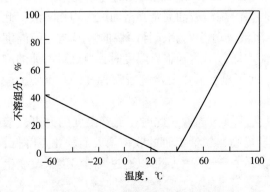

图 10-10　丙烷—渣油体系在不同温度下
的溶解度关系图

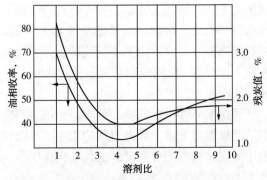

图 10-11　溶剂比—油相收率—油相残炭值
之间的关系图

残炭值是润滑油的重要质量指标之一，脱沥青油的残炭值与溶剂比及油相收率存在很好的对应关系。油相收率增加，沥青质脱除不充分，残炭值也增大。当使用脱沥青油作为优质润滑油原料时，残炭值要求在0.7%以下；而当使用脱沥青油作为高黏度润滑油原油或作为裂化原料时，残炭值可高一些。因此，要根据生产目的不同，选用适宜的溶剂比。一般使用脱沥青油作为润滑油原料时，采用的溶剂比为8∶1(体积比)。

四、丙烷脱沥青装置的主要设备

丙烷脱沥青装置的主要设备包括丙烷抽提塔、临界分离塔、汽提塔以及蒸发塔(蒸发器)等。

1. 抽提塔

丙烷脱沥青的抽提系统多采用转盘塔(图10-12)。与糠醛精制抽提塔不同，丙烷脱沥青抽提塔通常分为两段，下段为抽提段，装有转盘和固定环；上段为沉降段，装有加热器，使提取液升温。加热方式多采用内热式，即在塔顶沉降段内装有加热盘管或立式翅片加热管束。

抽提塔的沉降段和抽提段必须有一定的高度和体积，使物料有足够的停留时间，保证脱沥青油和脱油沥青之间的分离效果。

2. 临界分离塔

临界分离塔实际上是一个空塔，物料可以在入塔前加热到一定的温度，也可以在塔内装设加热盘管。临界分离塔可以在相当大的条件范围内操作。

3. 汽提塔和蒸发器

汽提塔和蒸发器都是丙烷回收设备，也都是普通设备，与其他装置中所用汽提塔和蒸发器没有太大差别。

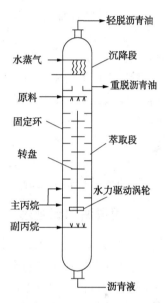

图10-12 丙烷脱沥青转盘抽提塔结构示意图

第五节 润滑油加氢

溶剂脱蜡、溶剂精制和白土补充精制合称润滑油生产过程的"老三套"工艺，是润滑油生产的传统工艺，但这三种方法采用的都是物理分离过程，并不改变润滑油中烃类的分子结构，因此润滑油的收率和质量取决于原料的组成和性质，对生产润滑油的原料选择要求比较高。

随着原油性质的日益变差以及对润滑油质量要求的不断提高，采用加氢技术已经成为润滑油生产过程的发展趋势。润滑油加氢技术是指在催化剂存在的条件下，润滑油料与氢气发生一系列化学反应，除去其中的硫、氮、氧等杂质，将非理想组分转化为理想组分，以提高润滑油的质量和收率。

加氢工艺拓宽了润滑油原料的来源，使一些硫含量和氮含量较高、黏温性能差的劣质润滑油原料也可以生产出优质润滑油。

用于润滑油生产的加氢过程包括加氢补充精制、加氢处理和临氢降凝。

一、润滑油加氢补充精制

白土补充精制是一种比较老的润滑油精制工艺。在一些现代化的炼油厂，白土精制正逐步被加氢精制所取代。与白土精制相比，加氢精制的产品收率高，产品颜色浅，生产连续性强，劳动生产率高，不存在白土废渣处理及环境污染等问题，产品质量可达到或超过白土精制。

润滑油加氢补充精制属于缓和加氢过程，基本上不改变烃类的结构和组成。一般是在210~320℃、加氢压力为2~6MPa和有催化剂存在的条件下，使润滑油中的含硫化合物、含氮化合物、含氧化合物加氢生成硫化氢、氨、水和相应的烃类，使不饱和烃转化为饱和烃。由于除去了油中的非烃类有机物和不饱和烃，因而改善了油品的安定性和颜色，提高了质量。

润滑油生产流程中，白土补充精制一般放在溶剂精制和溶剂脱蜡之后，而润滑油加氢补充精制可以放在润滑油加工流程中的任意部位。如果把加氢补充精制放到溶剂脱蜡之前，不但油和蜡都得到了精制，还解决了后加氢油凝点升高的问题；生产石蜡时可以不建石蜡精制装置，简化了流程；先加氢后脱蜡，还可使脱蜡温差降低，降低能耗等。如果把加氢补充精制放在溶剂精制前，可以降低溶剂精制深度、改善产品质量和提高收率等。

润滑油加氢补充精制的工艺流程与汽油、柴油加氢精制的工艺流程类似。

二、润滑油加氢处理

1. 润滑油加氢处理基本原理

润滑油加氢处理是将润滑油中的非理想组分通过加氢转化成理想组分，并脱除硫、氮、氧等杂原子的过程。加氢处理可以使润滑油中的多环芳烃加氢开环，转化成黏度指数较高的少环多侧链的芳烃或环烷烃，因此可以从各种原油生产高黏度指数的润滑油基础油。

由于要发生多环芳烃的加氢开环反应，润滑油加氢处理需要使用双功能催化剂，但又与加氢裂化催化剂有所区别。为了避免脱烷基反应并不使润滑油的黏度下降太多，催化剂的酸性不能太强、酸性中心数也不能太多，而要求催化剂的加氢活性很高，金属加氢活性组分的含量可高达20%~40%。同时，催化剂的孔径较大，以便大分子的润滑油能够进入催化剂内部进行反应。

2. 润滑油加氢处理工艺特点

润滑油加氢处理又称为润滑油深度加氢精制，是在比加氢补充精制更苛刻的条件下进行的加氢精制。压力一般为15~20MPa，温度在360~420℃，采用较大的氢油比和较小的空速。在这种情况下，除了发生加氢补充精制的各种反应外，还会使多环芳烃类加氢开环形成少环长侧链的烃类。因此，润滑油原料经过加氢处理，不仅能改变油品颜色、安定性和气味，还可改善油品黏温性能。润滑油加氢处理具有代替白土精制和溶剂精制的趋势。

润滑油加氢处理有以下优点：

（1）加氢处理工艺通过加氢反应，使部分黏温性能差的多环短侧链烃类转化成少环长侧链烃类，生成油的质量受原料限制较小，而且可以从劣质原料生产优质润滑油。因此，加氢处理工艺有较大的灵活性，在优质原料缺乏的情况下，尤其有意义。

（2）润滑油料的收率和质量较高。产品的黏温性能、氧化安定性和抗氧剂的感受性均较溶剂精制油好。

（3）在生产润滑油的同时，还可生产优质燃料，打破了润滑油与燃料油的界线。

（4）装置投资虽然较高，但生产费用较低。

3. 润滑油加氢处理工艺流程

润滑油加氢处理的工艺流程（图 10-13）与大多数加氢过程相似。原料和氢气混合后，经加热炉加热到反应温度，由上到下通过有多个床层的反应器，然后经高、低压分离及常压和减压蒸馏，得到各种黏度的润滑油基础油。

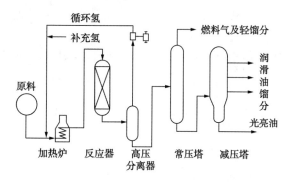

图 10-13　润滑油加氢处理原则工艺流程图

加氢润滑油的光安定性往往不理想，经光照后油品颜色容易变深，并产生沉淀，可经高压、低温加氢除去油品中的部分饱和多环芳烃以改善其光安定性，此即润滑油的两段加氢处理工艺。

三、润滑油临氢降凝

为了得到一定凝点的润滑油，采用溶剂脱蜡时，往往需要把溶剂和润滑油原料冷却到非常低的温度，设备昂贵、能耗较高，而且很难得到凝点很低的润滑油产品。通过临氢过程将润滑油原料中的高凝点组分转化成其他组分，可以达到降低润滑油凝点的目的。润滑油中的高凝点组分主要是大分子的正构烷烃，临氢降凝的方法主要有两种，即催化脱蜡和异构降凝。

1. 催化脱蜡

催化脱蜡又称临氢选择催化脱蜡，是 20 世纪 70 年代发展起来的炼油技术，主要用于降低喷气燃料、柴油和润滑油的冰点或凝点。

临氢降凝过程是典型的择形催化裂化过程。临氢降凝选用具有择形性能的分子筛作为载体，利用分子筛独特的孔道结构和适当的酸性中心，使原料中高凝点的正构烷烃和短侧链的异构烷烃选择性地进入分子筛孔道内进行加氢裂化，生成低分子量的烃类而除去，以降低润滑油原料的凝点。

润滑油催化脱蜡的工艺流程与润滑油加氢补充精制类似。

2. 异构降凝

异构降凝采用的是以贵金属为活性组分的双功能催化剂，可以使润滑油料中的石蜡异构成为润滑油的理想组分异构烷烃，脱蜡油的收率和黏度指数都较高。但由于异构降凝采用贵金属催化剂，对原料中的硫、氮等杂原子非常敏感，原料必须经过深度加氢精制。

润滑油异构降凝的原则工艺流程如图 10-14 所示。

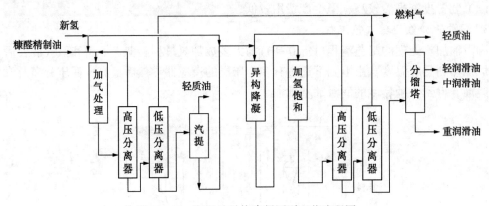

图 10-14　润滑油异构降凝原则工艺流程图

第十一章　石油产品添加剂

随着发动机工业的发展以及市场对油品质量要求的日益提高，单纯靠原油属性及加工工艺已很难满足燃料和润滑油对使用性能的要求，采用油品添加剂是经济而又有效地提高油品品质的重要方法之一。

油品添加剂是指加入少量便可大幅度改善和提高油品某些使用性能的物质。采用油品添加剂，可以在改进加工工艺、提高产品质量等方面起到辅助作用，并且可以满足某些只靠改进加工工艺无法达到的油品性能要求。加入添加剂已成为合理有效利用石油资源、降低油品加工难度的重要技术措施。

油品添加剂的种类繁多，性能各异，每种油品所加添加剂的种类和数量与原油的性质、加工方法等因素有关，即使对于同一种油品，不同炼油厂所加添加剂的种类和数量也有所不同。根据使用场所不同，添加剂可以分为燃料添加剂和润滑油添加剂两大类。部分添加剂是燃料和润滑油通用的，也有部分添加剂是燃料或润滑油所独有的。

作为油品添加剂，必须具有下列性能：(1)添加量较少而使用效果显著；(2)没有副作用或副作用较小，对其他油品添加剂和油品的其他性质没有不良影响；(3)能溶于油而不溶于水，遇水不乳化、不水解；(4)具有较好的热安定性；(5)价廉易得。

添加剂一般为油溶性有机化合物，油品添加剂的命名一般由3部分组成，即：

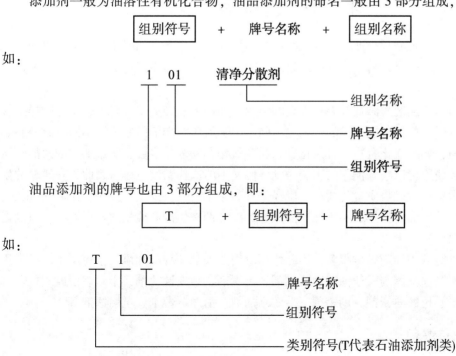

油品添加剂的牌号也由3部分组成，即：

国内常用油品添加剂的基本情况见表11-1。

表 11-1　油品添加剂概况表

组　别	代号	主要作用	参考加入量
清净分散剂	T1XX	抑制油品高温下生成沉积物，并将已生成的沉积物分散在油中；中和酸性物质	1%～10%
抗氧抗腐剂	T2XX	抗氧化；抗腐蚀；降低摩擦，减少磨损	0.2%～5%
抗磨剂	T3XX	在金属表面生成塑性化合物，减少磨损	5%～10%
油性剂	T4XX	形成油膜，减少摩擦和磨损	1%～10%
抗氧防胶剂	T5XX	抗氧化，防止胶质生成	0.005%～2%
增黏剂	T6XX	提高黏度指数，增大黏度	0.5%～20%
防锈剂	T7XX	形成防护膜，防止金属表面锈蚀	0.05%～5%
降凝剂	T8XX	降低油品凝点	0.05%～1%
抗泡沫剂	T9XX	抑制气泡生成，并破坏已生成的气泡	0.0001%～0.07%
抗爆剂	T11XX	提高汽油辛烷值	<1.0g/kg
金属钝化剂	T12XX	抑制金属对油品氧化的催化作用	0.0001%～0.0005%
防冰剂	T13XX	降低油品冰点	0～0.3%

　　添加剂的用量一般很少，只占石油产品质量的百分之几，甚至是百万分之几。每种添加剂都有一个合适的添加量范围，超过适用范围，继续增大添加量并不能明显地提高添加剂的添加效果，有时甚至会产生相反的作用。此外，添加剂的成本一般比较高。因此，在使用添加剂时，要注意选择合适的添加量。

第一节　燃料添加剂

　　随着环境保护要求的日趋严格、发动机性能的提高及工作条件的强化，烃类本身的性能已不能全面适应发动机对燃料使用性能的要求，燃料的某些性能需通过加入合适的添加剂进行改善。

　　燃料的性质对添加剂的添加效果有很大的影响，如燃料的烃类组成不同，添加同样牌号和数量的添加剂后，质量性能改进的效果也不同，即燃料对添加剂的感受性不同。此外，燃料中含有的杂质，如含硫化合物、含氮化合物和含氧化合物等，也会影响添加剂的效能。虽然某些添加剂的使用可以减轻油品的精制深度，但又不能取代精制过程。因此，在燃料的生产过程中，必须根据对燃料质量的要求，以经济和合理的加工工艺，经过适当深度的精制，生产合适的燃料基础油料，然后再添加适当数量的添加剂来生产高质量的燃料产品，以满足对产品质量的需要。

　　改善燃料性能的添加剂种类很多，不同燃料所用添加剂的种类和添加量有所不同。常用的燃料添加剂有汽油抗爆剂、柴油流动改进剂、抗氧剂、金属钝化剂、十六烷值改进剂、抗静电剂、防冰剂、抗磨防锈剂、助燃剂、多效添加剂、清净分散剂、抗腐蚀剂等。

一、汽油抗爆剂

　　汽油抗爆剂又称汽油辛烷值改进剂，主要用于改善车用汽油和航空汽油的抗爆震性能，即提高汽油的辛烷值，从而防止汽油燃烧过程中的爆震现象，降低油耗，提高发动机的效率。抗爆剂的代表性化合物是四乙基铅，可很好地改善汽油的燃烧性能，但由于四乙基铅有剧毒，可通过皮肤和呼吸道被人体所吸收，且燃烧后排出的氧化铅会污染大气。因此，目前绝大多数国家已禁止使用四乙基铅作为汽油抗爆剂。

除四乙基铅以外，四甲基铅、甲基环戊二烯基三羰基锰（MMT）和环戊二烯基铁（二茂铁）等金属有机化合物也可以作为汽油抗爆剂使用，但由于这些化合物都含有金属元素，燃烧后产生的颗粒不但污染环境，而且会对发动机造成危害，使用已逐渐受到限制。中国现行的车用汽油产品质量标准中已严禁人为添加这些抗爆剂。

不含金属的汽油抗爆剂有甲基叔丁基醚（MTBE）、甲基叔戊基醚（TAME）、乙基叔丁基醚（ETBE）、二异丙基醚（DIPE）等醚类，叔丁醇/甲醇、异丙醇/甲醇混合物等醇类，丙二酸二甲酯等酯类和各种胺类等。尽管各种醚类、胺类被认为是较好的汽油抗爆剂，但也要注意水污染问题以及燃烧后带来的排放问题。因此，开发高效、绿色、环保的汽油抗爆剂是油品生产的当务之急。

二、流动性改进剂

流动性改进剂主要包括降凝剂和降滤剂两大类，主要用于改善柴油的低温流动性。

降凝剂可以与油品中的大分子正构烷烃共晶或吸附，抑制石蜡晶体长大，有效细化蜡晶，阻止其形成三维网状骨架，从而降低油品的低温黏度和凝点。降凝剂可大幅度降低柴油的凝点，如部分降凝剂可使柴油的凝点降低 15~30℃，但降凝剂最大的不足是不能有效降低柴油的浊点和冷滤点，因此不能从根本上改善柴油的低温使用性能。世界上最早工业化的降凝剂是埃克森美孚公司生产的乙烯—乙酸乙烯酯共聚物，目前使用的降凝剂包括醋酸乙烯酯—富马酸酯类或马来酸酯类聚合物、聚（甲基）丙烯酸高级酯类聚合物、α-烯烃/马来酸酐共聚物、烯基丁二酰胺酸盐、烷基芳烃等多种类型的聚合物以及它们之间相互复配的聚合物降凝剂等。不同原油和不同工艺生产的柴油对降凝剂的感受性不同。

由于凝点不能反映柴油实际使用的最低温度，加入降凝剂后，柴油的低温流动性虽有所改善，但在低温下还会形成细微的蜡结晶，仍不能通过输油管上的滤网。因此，要想改善柴油的低温流动性能，最主要的是改善柴油可以实际使用的最低温度——冷滤点。加入降滤剂可以降低柴油的冷滤点，其主要作用原理是在结晶过程中形成更细的蜡结晶，可以顺利通过滤网。降滤剂的开发较晚，目前主要处于实验室研究开发阶段，未见有大规模应用的报道。

三、抗氧剂和金属钝化剂

油品中含有大量不安定的不饱和烃和非烃化合物，在储存过程中会氧化生成胶质，引起油品变质。在油品中加入抗氧剂（又称防胶剂）可以防止油品氧化生胶，其主要作用原理是终止氧化链反应过程中产生的游离基，抑制燃料在储存和使用过程中氧化生成酸性物质和胶质，延缓油品氧化，防止胶质生成而造成油路堵塞、进气门黏结，导致发动机功率下降。目前国内外广泛使用的抗氧剂分为酚型、胺型和酚胺型。常用的酚类抗氧剂有 2,6-二叔丁基酚、2,6-二叔丁基对甲酚等，常用的胺类抗氧剂有 N，N'-二仲丁基对苯二胺等。

抗氧剂的作用效果与其加入时间点有关，油品储存时间越长，加入抗氧剂的作用效果越差，因此，必须在油品加工完成、还没有开始氧化前立即加入抗氧剂，才能获得安定性好的油品,否则必须加入数量更多的抗氧剂。抗氧剂的添加量一般为 0.005%~0.15%(质量分数)。

在油品的生产、储存和使用过程中,由于和金属容器、管线和机器等接触而混入微量的金属,某些金属(如铜)是油品氧化的催化剂,具有促进油品氧化和生成胶质的作用,可以加速油品的氧化变质。金属钝化剂的作用是抑制金属对油品氧化的催化作用,它能与金属离子作用,生成一种螯合物,使金属离子失去原有的活性,从而延缓油品的氧化变质。常用的金属钝化剂大部分为胺的羰基缩合物,如 N,N'-二水杨叉-1,2-丙二胺等,添加量为油品的 0.0003%~0.001%(质量分数)。

金属钝化剂与抗氧剂复合后有明显的协同作用,因此二者常常同时使用,以充分发挥抗氧剂的作用,减少抗氧剂的用量。

四、十六烷值改进剂

十六烷值改进剂又称柴油抗爆剂,主要用于提高柴油的十六烷值,改善柴油在发动机中的燃烧性能。随着柴油需求量的增加,大量二次加工柴油(尤其是催化裂化柴油)调和到柴油产品中,导致柴油的十六烷值偏低,达不到产品质量规格要求,添加十六烷值改进剂成为一种简单、经济的改善柴油抗爆性能的方法。

在发动机燃烧冲程的初期,十六烷值改进剂的热分解产物可促进燃料的氧化,显著降低氧化反应的起始温度,缩短柴油的滞燃期,减轻了柴油机的爆震,改善了柴油的燃烧性能。十六烷值改进剂的添加效果与其种类、加入量及燃料的性质有关。

可以作为十六烷值改进剂的化合物有很多种,已得到实际应用的有硝酸异辛酯、硝酸戊酯和 2,2-二硝基丙烷等。

五、抗静电剂

燃料主要是各种烃类的混合物,导电率小、导电性较差,在燃料的输送、调和、储存、装卸等过程中,特别是在机场的高速加油过程中,会因摩擦而产生静电荷聚集,静电荷聚集超过一定程度后,就会发生放电现象,以致引起火灾。抗静电剂的作用就是提高油品的导电性能,使油品中产生的静电荷及时导出,防止电荷聚集,保证燃料使用安全。一般要求燃料的电导率不小于 50pS/m。

抗静电剂主要为离子型表面活性物质,目前得到实际应用的有油酸的盐类(钙、铬)、一烷基和二烷基水杨酸的铬盐混合物(烷基含有 14~18 个碳原子)、四异戊基苦味酸胺、丁二醇和辛醇(2-乙基己醇)、磺化脂肪酸的钙盐等。抗静电剂的添加量约为 0.0001%(质量分数),广泛应用于喷气燃料中,目前在民用燃料中的应用也日益受到重视。

六、防冰剂

燃料中一般含有极少量的水分,这些水分在低温下会结晶析出,影响燃料的使用性能。例如,喷气燃料在高空低温环境下,燃料中的水分会结晶析出;汽油中的水分也会由于轻组分的汽化吸热凝聚成水滴,进而由于温度进一步降低而结冰。生成的冰晶会堵塞滤网,影响甚至中断供油,造成发动机停止工作。

为了防止燃料中的水结冰,可以在燃料中加入防冰剂。常用的防冰剂分为两类,一类防冰剂可与燃料中的水结合,生成低结晶点溶液,如乙二醇单甲醚(或与甘油的混合物)、乙二醇单乙醚、乙二醇、二丙二醇醚和二甲基甲酰胺等；另一类是表面活性剂，可以吸附在金属表面上，防止生成的冰晶黏附在金属上面，阻止冰结晶生长，如琥珀酸亚胺、磷酸醇铵盐等。

七、抗磨防锈剂

喷气发动机等的燃料泵本身没有润滑系统，燃料泵的润滑依靠自身所泵送的燃料。当燃料的润滑性能不足时，会加剧燃料泵的磨损，因此往往需要在喷气燃料中加入抗磨防锈剂以提高其润滑性能。此类添加剂是含有极性基团的化合物，可以吸附在摩擦部件的表面，避免金属之间的干摩擦，从而改善燃料的润滑性能，同时又可保护金属表面不致生锈、腐蚀。

燃料的抗磨防锈剂主要由二聚亚油酸、酸性磷酸酯及酚型抗氧剂三者组成。

八、助燃剂

助燃剂也称燃烧促进剂，主要作用是改善并提高燃料的燃烧性能，抑制燃烧过程中产生炭烟、烃类及 CO，减少污染物排放，节约燃料。

助燃剂的种类繁多，不同燃料在发动机中的燃烧机理不同，引起燃烧不完全的原因也不同，所使用助燃剂的要求和种类也不同。轻质燃料助燃剂的主要成分是一些酯类或过氧化物等；重质燃料助燃剂的主要成分是钙、镁、钡等碱土金属的磺酸盐，天然含水硅酸镁等的化合物，环烷酸等吸附处理的金属氧化物或氢氧化物，超细粉氧化铁水浆等。

九、多效添加剂

顾名思义，多效添加剂在燃料使用过程中可以满足多种性能要求，如清净、防冰、防腐、防沉积等，保持油品储存稳定、清洁喷嘴、控制颗粒物排放等。

汽油多效添加剂的主要成分包括氨基烷基磷酸酯的煤油或甲醇溶液、咪唑啉类、丁二酰亚胺、胺类等，在防冰性能上还需要加入甲醇、异丙醇、乙二醇、二丙二醇醚、二甲基甲酰胺以及一些表面活性剂等。这类添加剂同时具有清净、防腐和防冰等作用。

柴油、重油多效添加剂常需要采用抗氧剂、分散剂、金属钝化剂和燃烧性能改进剂等复配而成，可以保证油品使用过程中的清净作用、抗氧化作用以及防腐作用等。

汽油多效添加剂与柴油、重油多效添加剂有许多相似之处，但在对燃料燃烧的作用要求上则完全相反。汽油多效添加剂要求无助燃（促燃）作用，可有阻燃作用，而柴油、重油多效添加剂要求有助燃（促燃）作用。重油多效添加剂还要求具有胶体稳定作用。

除此以外，喷气燃料中还经常加入抗烧蚀添加剂和杀菌剂等。至于部分燃料中加入的油性剂和抗泡沫剂，将在润滑油添加剂内容中一起介绍。

第二节　润滑油添加剂

润滑油是一类使用场所和性能要求特殊的石油产品，由于现代机械工业的发展，对润滑油提出了越来越高的使用要求，采用纯矿物油作为润滑油已远远不能满足使用要求，必须向润滑油中加入各类添加剂，以改善油品的使用性能、提高产品质量。几乎所有的润滑油都或多或少地添加一种或几种添加剂，优质的润滑油一般多采用复合添加剂。润滑油质量的优劣取决于润滑油基础油的质量和润滑油使用的添加剂。

一种添加剂一般只能改善润滑油某一方面的性能，改善润滑油多方面的使用性能的需求导致润滑油添加剂的种类繁多，大多数是各种有机化学产品。在中国，润滑油添加剂按功能可分为清净分散剂、抗氧抗腐剂、油性剂、极压添加剂、黏度指数改进剂、降凝剂、防锈剂、抗泡剂和抗乳化剂等。

为了达到预期的效果，要求润滑油添加剂必须很好地分散于油中，在储存和使用时稳定、不易起变化，加入添加剂后不损坏润滑油的其他性能。

一、清净分散剂

清净分散剂(即清净剂与分散剂)是调制内燃机润滑油的主要添加剂，产量为润滑油添加剂总量的60%左右，通常与抗氧抗腐剂复合用于各种内燃机油。

内燃机润滑油的使用条件比较苛刻，在使用中不可避免地会由于氧化等原因在内燃机中生成酸性物质以及漆膜、积炭和油泥等沉积物。这些沉积物会导致设备腐蚀和磨损加剧、密封不严、活塞环黏结、油路及滤网堵塞等，直至发动机停止运转。清净分散剂的主要功能是起中和、增溶、分散及洗涤(吸附)等作用。

清净剂与分散剂都属于油溶性表面活性剂，分子结构由非极性基团和极性基团两部分组成。磺酸盐(包括磺酸钙、磺酸镁等)是应用最广泛的一类清净剂，具有很好的清净性和一定的分散性，它的碱值一般较高，中和能力强，同时具有很好的防锈性能，但也有促进氧化的缺点。在内燃机润滑油中，磺酸盐(通常多为钙盐)一般是必加的清净剂，添加量为2%~5%(质量分数)，当与其他清净剂复合使用时，其用量为1%~2%(质量分数)。其他清净分散剂(如硫化烷基酚盐和烷基水杨酸盐等)都具有一定的抗氧化能力，但分散能力差；硫代磷酸盐具有较好的分散能力和一定的抗氧化能力，但高温稳定性差。这4种清净分散剂中都含有金属元素，因而燃烧后均残留有一定量的灰分，称为金属(或有灰)清净分散剂。

随着城市汽车数量快速增多，汽车时开时停的情况非常普遍，润滑油产生低温油泥的倾向也越来越大，需要向内燃机油中添加更多的清净分散剂，若只添加有灰清净分散剂，将产生更多的灰分，对发动机造成不良影响。向润滑油中添加无灰清净分散剂，由于分子中不含金属元素，燃烧后不留灰分，且具有十分优良的分散性能，但其他方面性能均不佳。无灰清净分散剂主要是丁二酰亚胺类，如单、双或多聚异丁烯丁二酰亚胺等。

现有的清净分散剂各有优点和缺点，单独使用时都不能全面满足内燃机润滑油的使用要求。因此，常常将几种清净分散剂复合使用，以取长补短。需要注意的是，清净分散剂的复配效果往往不是简单的相加，有时相互产生协同作用，有时产生对抗作用。此外，确定复合配方时应综合考虑基础油的性质和添加剂的性能。实践证明，在添加剂配方中，采用有灰清净分散剂与无灰清净分散剂复合，或在有灰清净分散剂中采用磺酸钙与硫化烷基酚钙或烷基水杨酸钙的复合，往往可以得到协同的效果。

二、抗氧抗腐剂

对于内燃机油等在高温下使用且与氧接触的润滑油，不可避免地会因氧化而变质，氧化产生的酸、油泥和沉淀会腐蚀磨损机件，尤其是在与金属接触的情况下，氧化变质的速度将会更快。因此，要延缓氧化速度，延长润滑油的使用期限，就得加入抗氧抗腐剂以抑制或阻滞其氧化反应。抗氧剂能与氧化反应过程中产生的自由基作用或使过氧化物分解，从而中断氧化自由基的链反应，达到抗氧化的目的。

润滑油中使用的抗氧抗腐剂主要有受阻酚型、芳胺型和硫磷型三类。

2,4-二叔丁基对甲酚是最常用的受阻酚型抗氧抗腐剂，主要用于操作温度在100℃以下的工业润滑油。对于操作温度较高的内燃机油和压缩机油，可选用4,4-亚甲基双酚(2,6-二叔丁基酚)等受阻双酚型抗氧抗腐剂。

芳胺型抗氧抗腐剂的使用温度比受阻酚型的高，抗氧耐久性也比受阻酚型好，但毒性较大，且易使油品变色，应用受到一定限制。芳胺型抗氧剂主要与酚型抗氧剂复合用于汽轮机油、工业齿轮油等。此类产品有 N,N'-二异辛基对苯二胺、N-苯基-α-萘胺等。

硫磷型抗氧抗腐剂的主要品种有二烷基二硫代磷酸锌和二芳基二硫代磷酸锌。此类添加剂兼有抗氧化、抗腐蚀、抗磨损作用，是一种多效添加剂，广泛用于内燃机油、抗磨液压油及齿轮油中。

为了提高抗氧效果，一般使用复合抗氧剂。不同类型的抗氧剂复合后有协同效应，受阻酚型和芳胺型复合具有较佳的协同效果。

三、油性剂和极压添加剂

此类添加剂的作用是改善油品润滑性能，减少机械摩擦和磨损，节省能量，延长机械使用寿命。

油性剂(也称摩擦改进剂)用于需润滑部位的温度和载荷均较低的情况下，可在金属表面上形成一层吸附膜，防止金属表面间直接接触产生摩擦。但当温度高于150℃时，这种保护膜就无法保持，油性剂就会失效。油性剂主要有脂肪酸及二聚酸、脂肪醇、脂肪酸皂和酯类等。

在高温高压条件下，润滑油在金属表面会出现边界润滑，油性剂形成的吸附膜被破坏，不再起保护金属表面的作用。此时，润滑油中的极压添加剂(极压抗磨剂)可以起到改善高苛刻度下润滑性能的作用。极压添加剂主要是含有活性硫、氯和磷的有机化合物。当摩擦面接触压力很高时，金属表面间的凹凸点会互相啮合，产生局部高压、高温，此时极压添加剂中的活性元素与金属发生化学反应，形成剪切强度低的固体保护膜，把两个金属表面隔开，从而防止金属的磨损和烧结。常用的极压添加剂主要有有机氯化物(如氯化石蜡)、有机硫化物(如硫化异丁烯)、有机磷化物(如亚磷酸二丁酯、硼化硫代磷酸胺盐)和金属极压抗磨剂(如环烷酸铅、硼酸盐等)。极压添加剂主要用于高负荷条件下工作的齿轮油、重型机械轴承油中。

油性剂与极压添加剂并没有严格的区分界限，多数添加剂兼有两种性质，因此又统称为极压抗磨剂(或载荷添加剂)。

四、黏度指数改进剂

润滑油要有良好的黏温性能，即具有较高的黏度指数，尤其对于冬夏通用的多级内燃机润滑油更是如此。一般采用在黏度较低的基础油中添加黏度指数改进剂的方法，一方面可以增加其黏度，另一方面可以提高其黏度指数。添加有黏度指数改进剂的润滑油称为稠化油。

黏度指数改进剂又称黏度添加剂或增黏剂，是一种油溶性的链状高分子有机聚合物。链状高分子在高温下伸展成线状，明显增加了高温时油品的黏度；在低温下链状高分子收缩成团状，对油品的黏度影响减小。因此，低温下加剂润滑油的黏度接近基础油的较低黏度，高温时润滑油的黏度却大于基础油在高温时的黏度，从而改善了油品的黏温性能，具有很好的低温启动性和高温润滑能力，实现了润滑油的四季通用。

常用的黏度指数改进剂主要有聚异丁烯（PIB）、聚甲基丙烯酸酯、乙烯/丙烯共聚物等。

五、降凝剂

含蜡原料经脱蜡后可以得到低凝点的润滑油，但如果脱蜡程度过深，则黏度指数过低，收率也会大大减少。因此，一般采用适度脱蜡再辅以添加降凝剂的方法来生产低凝点润滑油。

润滑油降凝剂的作用原理和种类与柴油降凝剂相同。

六、防锈剂

大多数润滑油除了起润滑作用外，还要起到对金属表面的保护作用，防止金属机件生锈。

防锈剂是一类油溶性表面活性剂，以胶团或胶束的形式分散于油中。工作时，防锈剂优先吸附于金属表面上，烷基一端伸向油层，形成定向排列的致密分子保护膜，以抑制有害物质（如水、氧、酸、氯化物、硫化物、碳酸盐等）与金属表面接触，从而防止金属表面的腐蚀和锈蚀。

防锈剂可用于各种润滑油，常用的防锈剂有石油磺酸盐类、羧酸及其盐类、酯类及某些含氮化合物等。

七、抗泡剂

润滑油特别是含有强极性添加剂的内燃机油、齿轮油等，受到剧烈震荡、搅拌等作用后，空气会混入油中，同时，油品本身分解也会产生气体，从而在油中形成泡沫。润滑油产生泡沫后，一方面会促进油品氧化，加速变质，同时还会使润滑效果下降，管路产生气而致使供油量不足，机件磨损加剧等。对于液压油，起泡会导致液压系统压力不稳，影响正常工作。

在润滑油中加入抗泡剂是减少泡沫的有效措施，抗泡剂分为硅油型和非硅油型两类。

硅油型抗泡剂最常用的是二甲基硅油，是一种强表面活性物质，具有用量少、使用范围广、抗氧抗热性能强等优点。但硅油不溶于润滑油，而是以高度分散的胶体粒子状态分散在油中，抗泡剂粒子吸附在泡沫表面上，使泡沫的局部表面张力显著下降，泡沫因受力不均而破裂，从而消除泡沫。不同黏度的基础油应选用不同牌号的硅油，否则不仅不抗泡，反而会引起发泡。硅油型抗泡剂的调和工艺要求高，需采用胶体磨法或喷雾法使其分散在油中，且在酸性介质中不稳定。

非硅油型抗泡剂主要是高分子量的聚酯，可溶于油中，具有良好的抗泡效果和消泡持久性，适用于酸性介质中，但用量比硅油型多。

硅油型和非硅油型抗泡剂也可以复合使用，以提高消泡效果。

八、乳化剂和抗乳化剂

切削油、磨削油、拔丝油和压延油等金属加工油或不燃性工作液，都是由水和矿物油制成的乳化液。为了使水和油能形成稳定的乳化液，需要在体系中加入乳化剂。这些油品中常用的乳化剂都是表面活性剂，包括阴离子型、阳离子型、两性型和非离子型，其中使用最多的是阳离子型和非离子型两类。

润滑油的工作环境复杂，很多情况下，润滑油会受到水污染，形成乳状液，降低了油品的润滑性能。油品中加入抗乳化剂可以加速油水分离，防止形成乳状液。与乳化剂一样，抗乳化剂也是表面活性剂，但一般需选用水包油(O/W)型表面活性剂。

第十二章　油品调和

现代工业的发展，对石油产品的质量提出了越来越高的要求，而出于技术经济方面的综合考虑，加上炼油装置加工工艺的局限性，各炼油装置生产的许多油品一般不能直接满足各种油品的质量要求，通常称为半成品油或基础油。

炼化企业生产成品油的一般程序是，首先通过各种加工工艺，得到组成和性能不同的石油馏分，然后再按照石油产品的质量要求，将满足沸点范围的同一类石油馏分按照一定的比例进行掺兑，同时，加入各种油品添加剂，得到满足产品质量要求的石油产品。

所谓油品调和，就是将性质相近的两种或两种以上的石油馏分按照规定的比例，通过一定的方法，利用一定的设备，达到混合均匀而生产出一种新(规格)产品的过程。油品调和是炼化企业石油产品出厂前的最后一道工序，也是生产满足产品质量规格要求的石油产品必不可少的工序，可在生产成本最低的情况下，最大限度地利用各工艺生产过程中得到的各种组分及基础油，生产出质量合格的石油产品。

第一节　油品调和概述

一、油品调和的目的

油品的调和过程，实际上就是利用不同调和组分的物化性质，发挥各自的优良性能，相互取长补短，以生产达到石油产品质量要求的合格产品。主要目的包括以下 4 个方面：

(1) 使油品全面达到产品质量标准的要求，并保持产品质量的稳定性。

(2) 在一定程度上改善油品的使用性能，提高产品质量等级，增加经济效益。

(3) 充分利用原料，合理使用各种组分，提高石油产品的收率和产量。

(4) 调和过程中加入必要的添加剂，全面提升油品质量。

总之，油品调和的目的就是用最少的优质原料、以较短的时间，生产出完全合乎质量要求的产品，为企业创造最大的经济效益。

二、油品调和的特点

各种油品的调和，除加入添加剂的调和之外，基本上都是液—液体系互溶的均相调和，调和过程可以看作分子扩散、湍流扩散和主体对流扩散综合作用的结果。

调和油品的性质与调和组分的性质有关。调和油品的性质如果等于各调和组分的性质按比例的加和值，则称为线性调和，反之则称为非线性调和。调和后的数值高于线性估测值的称为正偏差，低于线性估测值的称为负偏差。偏差的出现与油品的化学组成有很大关系，油品的组成十分复杂，其性质大都不符合加和性规律，因而油品的调和多属于非线性调和。

例如，对于由几种组分调和而成的车用汽油，燃烧时各组分的中间产物可能会产生相互作用，有的中间产物作为活化剂使燃烧反应加速，也有的作为抑制剂使燃烧反应变慢，改变了原来的燃烧反应历程，从而使表现出来的燃烧性能发生变化。因此，调和汽油的辛烷值与各组分单独存在时的实测辛烷值间没有简单的线性加和关系。这就是辛烷值有实测辛烷值和调和辛烷值之分的原因。

油品的其他性质，如黏度、凝点、密度等，调和时也往往偏离线性加和关系，有的甚至出现一些奇特的现象。例如，大庆原油170~360℃的直馏馏分(凝点为-3℃)与催化裂化的相同馏分(凝点为-6℃)按1∶1调和，调和油的凝点竟为-14℃。

因此，调和油品的绝大多数性质不能根据调和组分的性质简单地加和计算，调和性质的计算没有严格的数学关系可以遵循，通常是采用经验或半经验的方法估算。文献中介绍的计算调和性质的非线性关联式，有的十分复杂，公式中包含了大量的系数，而确定这些系数还要进行大量的实验研究工作；有的则条件性很强，缺乏通用性。

三、常用燃料调和组分

在以生产燃料为主要目的的炼化企业，通常是先将原油进行常减压蒸馏，得到各种不同沸点范围的石油馏分，这些馏分基本上保持了原油本来的化学组成特性，称为一次加工产品或直馏馏分。以直馏各馏分为原料，按照产品质量要求，分别进行具有各种化学反应的加工过程，得到不同品种、不同规格的石油馏分，称为二次加工产品，二次加工产品从化学组成上来说与一次加工产品有较大区别。

石油产品的调和，主要是以相同沸点范围的一次加工产品和二次加工产品为原料。燃料型炼油厂常用的调和组分如下：

（1）直馏汽油、常一线、常二线、常三线、渣油等组分。

直馏汽油、常一线、常二线、常三线、渣油组分是由原油蒸馏装置生产的。原油蒸馏是原油加工的第一道工序，包括常压蒸馏和减压蒸馏两部分，通常称为常减压蒸馏。原油通过蒸馏后可以分离出汽油、煤油、柴油、润滑油、裂化原料和渣油等馏分。这些馏分的共同特点是保持了原油组成的本来面目，主要由烷烃、环烷烃和芳烃组成，基本不含不饱和烃，因此安定性较好。其中一部分为半成品，需经过进一步加工精制及调和后得到成品油；另一部分则为下游加工装置提供原料。

（2）催化裂化汽油、柴油组分。

催化裂化汽油、柴油是由催化裂化装置生产的。催化裂化工艺是将重质原料转化为轻质油品的重要加工方法之一，是目前炼油工业中最重要的轻质化工艺过程。催化裂化汽油的产率高，为30%~60%，其中不饱和烃含量较高，异构烷烃与芳烃含量高，辛烷值高，抗爆性好，可用作航空汽油与高辛烷值汽油的调和组分。催化裂化柴油的产率为20%~40%，由于含正构烷烃少，十六烷值低，安定性能较差。催化裂化汽油、柴油组分是中国成品汽油和柴油的重要调和组分，但目前一般需经加氢精制后才能作为优质汽油、柴油调和组分。

（3）加氢裂化汽油、柴油组分。

加氢裂化是重质油料在高压氢气和催化剂存在时，在一定的操作条件下，进行裂化、加氢、异构化等反应，生成液态烃、汽油、喷气燃料和柴油等优良轻质油品的工艺过程。加氢裂化产物的环烷烃和异构烷烃含量高，芳烃含量低，饱和度高，非烃类含量低，产品的安定性好，腐蚀性小。加氢裂化汽油的辛烷值较高，柴油的十六烷值很高，其凝点和冰点很低，是优质的汽油、柴油调和组分。加氢裂化可根据生产方案调整产物分布，轻质油收率高，如采用汽油方案时汽油的收率可达 75%，采用柴油方案时柴油的收率可达 85%。加氢裂化工艺也是国内生产优质航空煤油组分的重要手段之一。

(4) 焦化汽油、柴油组分。

焦化汽油、柴油组分由焦化装置生产。焦化是焦炭化的简称，属于深度热加工工艺，它以劣质渣油为原料，在高温条件下，经深度裂化和缩合反应，转化为气体、轻质油、中间馏分及焦炭等产物。焦化是一个纯的热加工过程，产品选择性差，因此，焦化液体产物中烯烃、二烯烃、环烯烃、硫、氮等含量高，安定性非常差。焦化汽油的辛烷值低，仅 60 左右，溴价在 40~60，加氢精制后安定性会得到改善，但辛烷值更低；焦化柴油的十六烷值较高，可达 50，溴价在 35~40，需加氢精制后才能成为合格的调和组分。

(5) 催化重整汽油组分。

催化重整是以汽油馏分为原料，在催化剂和氢气存在的条件下，生产轻芳烃(苯、甲苯、二甲苯)和高辛烷值汽油组分的工艺过程。重整反应前需先对原料进行预处理以脱除非理想组分，因此重整汽油的杂原子和烯烃含量很低，安定性高，清洁性好。重整过程主要发生芳构化、异构化等反应，因此重整汽油的芳烃和异构烃含量非常高，辛烷值也很高。重整汽油是优质的车用汽油调和组分。

(6) 烷基化汽油组分。

烷基化是以炼厂气中的异丁烷和丁烯为原料，在酸性催化剂作用下，反应生成烷基化油的过程。烷基化油是异构烷烃的混合物，马达法辛烷值可达 90，研究法辛烷值高达 100，是理想的高辛烷值汽油调和组分。同时，烷基化工艺的副产品——重烷基化油也是轻柴油的理想调和组分。

(7) 加氢精制汽油、柴油组分。

加氢精制是石油产品或馏分油在一定的氢压下进行催化改质，脱除油品中的硫、氮、氧及金属等有害杂质，并使烯烃饱和，稠环芳烃部分加氢，从而改善油品质量的工艺过程。加氢精制一般以其他二次加工过程所得性质较差的油品为原料，加氢精制后汽油、柴油馏分的杂原子含量低，不饱和组分含量少，安定性非常好，是汽油、柴油调和的理想组分。

(8) 甲基叔丁基醚组分。

甲基叔丁基醚是以异丁烯和甲醇为原料，在催化剂作用下合成的。甲基叔丁基醚是一种高辛烷值含氧化合物，具有良好的抗爆性能，马达法辛烷值为 101，研究法辛烷值为 117，是高辛烷值汽油的优良调和组分。甲基叔丁基醚的物理性质与汽油相近，不含氧以外的其他杂原子，燃烧完全、充分，能与烃类完全互溶，而且调和效应和使用性能优良，是目前国内广泛采用的高辛烷值汽油调和组分。

第二节　油品调和工艺

油品调和是炼化企业生产各种石油产品的重要工序之一，大多数石油产品都是经过调和而成的调制品。油品调和主要包括液体燃料调和和润滑油调和两大类。各种油品的调和，除了个别添加剂的加入外，大多数都是液—液互溶体系的调和，可以按任何比例进行调和。调和油的性质与调和组分的性质和比例有关，但与调和过程或调和顺序无关。

一、油品调和的步骤

油品调和的步骤主要包括以下 5 步：

（1）根据成品油的质量要求，选择合适的调和组分，并根据成品油主要指标要求和调和组分性质，计算调和组分的比例和用量。

（2）根据计算的调和比例，在实验室调制小样，并检验小样质量是否合格。

（3）准备各种调和组分，并配制添加剂等。

（4）按调和比例将各调和组分混合均匀。

（5）检验调和油的均匀程度及质量指标。

应该特别注意的是，在大量调和油品前，必须经小样调和试验，经检验调和油的各项指标全部合格后，才能进行正式调和，以免出现调和后虽改善了油品的某些性能，而使其他个别性能不合格的现象。例如，为了调整油品的黏度，而出现调和油闪点或残炭不合格的情况。

二、油品调和的方法

油品的调和过程，是使调和组分混合均匀的过程。由于绝大多数的调和过程是液—液互溶体系的混合过程，因此油品调和工艺比较简单。目前常用的调和工艺有油罐调和和管道调和，油罐调和又称为间歇调和、离线调和、批量罐式调和等；管道调和又称为连续调和、在线调和、连续在线调和等。两种不同的调和工艺各有自己的特点和适用场所。

1. 油罐调和

油罐调和是把待调和的组分油、添加剂等，按照规定的调和比例分别送入油罐，并均匀混合成为一种产品的过程。这种调和方法操作简单，不受生产装置产品质量波动的影响，缺点是需要较多的组分罐及调和罐，调和时间长、过程复杂、能耗高、需分批进行，油品损耗大、易氧化，调和比例不精确等。

根据搅拌方式不同，油罐调和可分为泵循环调和和机械搅拌调和两种。以前还采用过压缩空气调和，但由于易使油品氧化变质、蒸发损耗大、环境污染严重等问题，基本已不再采用。

1）泵循环调和

泵循环调和是先将各组分油和添加剂按比例送入调和罐内，然后用泵不断地从罐内抽出部分油品，再循环打回调和罐内，通过油品在罐内的搅动达到混合均匀的目的。这一方法适用于调和比例变化范围较大，批量较大和中、低黏度油品的调和，设备简单，操作方便，效率高。

为了提高效率，降低能耗，可在循环管线进调和罐的入口处加装其他设备来提高搅拌效果。例如，在管线入口加装喷嘴，可以提高罐内的对流扩散和涡流扩散；在循环物料进调和罐前加装静态混合器，可强化混合。

2）机械搅拌调和

机械搅拌也是油罐调和的常用方法，被调和物料在搅拌器的作用下，在罐内形成对流、涡流和分子扩散等传质，达到物料混合均匀的目的。机械搅拌适用于批量不大的成品油调和，特别是润滑油的调和。搅拌器有两种类型，一种是罐侧壁伸入式，由一个或多个搅拌器从油罐侧壁伸入罐内，搅拌器叶轮是船用推进式螺旋桨型；另一种是罐顶中央伸入式，只适用于油罐容积小于 20m³ 的立式调和罐，适用于小批量，但质量、配比等要求严格的特种油品调和，如为便于小包装灌桶作业的特种润滑油或稀释添加剂的基础液等，搅拌器有桨式和推进式两种。

2. 管道调和

管道调和是利用自动化仪表控制各调和组分，将组分油与添加剂按照预定的比例送入总管和管道混合器，使组分油在其中混合均匀，调和成满足产品质量指标的成品油。管道调和适用于大批量调和，调和完成后，油品可直接灌装或进入成品油罐储存。

管道混合器(常用的是静态混合器)的作用是在流体逐次流过混合器内每一混合元件前缘时，被分割一次并交替变换，最后由分子扩散达到均匀混合状态。

管道调和具有以下优点：

(1) 成品油随用随调，可取消调和油罐，减少基础油和成品油的非生产性储存，减少油罐的数量和容积。

(2) 可提高成品油调和合格率，添加剂能准确加入。

(3) 减少中间取样分析，取消多次油泵转送和混合搅拌，从而节省了人力、时间，降低了能耗。

(4) 全部过程密闭操作，减少了油品蒸发、氧化，降低了损耗。

(5) 可实现自动化操作。既可在计算机控制下进行自动化调和，也可使用常规自控仪表人工给定调和比例，实行手动调和操作，还可使用微机监测、监控的半自动调和系统。

三、油品调和的一般过程

石油产品的种类繁多，各种石油产品的质量指标要求不同，因此其调和过程也会略有差异。

1. 车用汽油的调和

汽油是由 4~12 个碳原子的数百种烃类组成的复杂混合物，沸程为 25~205℃，密度(20℃)为 720~780kg/m³，发热量约为 50.2MJ/kg。主要质量指标包括蒸发性能(馏程、蒸气压)、安定性能(诱导期、实际胶质、碘值)、抗爆性能(辛烷值)、腐蚀性等。

车用汽油的辛烷值和蒸气压可以通过调和使其达到规格标准。车用汽油的调和组分是直馏汽油和二次加工过程生产的高辛烷值汽油组分(包括催化裂化汽油、催化重整汽油、加氢裂化汽油、烷基化油、异构化汽油及含氧化合物等)，各组分的辛烷值是不同的。为了满足不同牌号的车用汽油对辛烷值及其他性能的要求，往往需将两种或多种组分进行调和，再加入抗爆剂、抗氧剂和金属钝化剂等。

正丁烷可用作车用汽油的蒸气压调和组分。它具有沸点低、蒸气压高、辛烷值高等特点，掺入后不但能提高汽油的蒸气压，而且使汽油的初馏点和 10% 馏分温度降低，对改善车用汽油的蒸发性、抗爆性和启动性能有一定作用。

2. 柴油的调和

轻柴油是由碳原子数为 10~20 的烃类和非烃类组成的复杂混合物，馏程在 200~350℃，密度在 790~850kg/m³，为淡黄色液体。要求柴油的黏度适宜，燃烧稳定，杂质含量少，燃烧充分，无污染和腐蚀性。轻柴油的主要质量指标包括冷滤点、凝点、十六烷值、闪点、馏程、黏度、残炭值、硫含量、酸度和水溶性酸碱、灰分、水分及机械杂质等。

柴油主要有直馏柴油、催化裂化柴油、加氢裂化柴油及精制后的焦化柴油等。中国的柴油组分主要是直馏柴油及加氢精制后的催化裂化柴油和焦化柴油，其他组分所占比例较少。

各种柴油组分的质量差别很大，例如，由石蜡基原油生产的直馏柴油的十六烷值较高，含蜡较多，凝点较高；催化裂化柴油含芳烃较多，十六烷值较低，凝点也较低；焦化柴油含烯烃较多，安定性较差，需要精制等。不同牌号的柴油可根据凝点、馏分范围等指标要求，将各种不同来源的柴油馏分按比例调和，再加入适量的添加剂进行生产。

常用的柴油添加剂有流动性改进剂(可降低柴油的凝点)和十六烷值添加剂等。

3. 润滑油的调和

润滑油的品种和牌号较多，使用场所和性能要求各异，总的要求是黏度合适、残炭值低、色度好、馏程窄，主要质量指标包括黏度、凝点和倾点、酸值、闪点、残炭值和氧化安定性等。

润滑油一般由基础油和添加剂两部分组成。润滑油调和就是将脱沥青、脱蜡和精制后的一种或多种不同黏度的基础油，与各种添加剂进行调和，生产出不同规格、满足不同需求的各种牌号润滑油的过程。

基础油是润滑油的主要成分，决定着润滑油的基本性质，添加剂则可弥补和改善基础油性能方面的不足，赋予其新的特殊性能，或加强其原来具有的某种性能，使其满足更高的要求，因而是润滑油的重要组成部分。一般而言，润滑油调和需要 1~3 种基础油和 1~5 种添加剂。要根据润滑油的质量和性能要求，对添加剂进行精心选择，合理调配，这是保证润滑油质量的关键。添加剂的添加量一般很少，只占产品质量的百分之几，甚至百万分之几。

润滑油的调和分为两类：一类是基础油的调和，即两种或两种以上不同黏度的基础油调和，目的是调整黏度、黏度指数和颜色等质量指标；另一类是基础油与添加剂的调和，以改善油品使用性能，生产符合规格要求的不同档次、不同牌号的各类润滑油。调和组分需根据基础油的性质和对润滑油成品油的使用要求而定。例如，大庆原油的润滑油基础油黏度指数高，加入适当的添加剂即可调制中高档的内燃机油、汽车齿轮油、液压油等一系列高级润滑油，但是由于其低温黏度大，流动性不好，在调配多级油时在牌号上受到限制。

润滑油调和工艺一般分为罐式调和、管道调和、罐式—管道调和和气脉冲调和 4 种形式。中国企业基本上以采用罐式搅拌调和为主，即将经过精制、脱蜡(或加氢)所得的不同黏度的润滑油基础组分(或基础油)，按照一定的比例用泵送入调和罐内，并加入所需的添加剂，用机械搅拌或泵循环搅拌的方法混合，再经过必要的质量检验，合格后便可得到成品润滑油。近年来，由于计算机技术和在线仪表等手段的发展，润滑油调和在采用管道调和工艺方面得到了快速发展，调和的工艺自动化程度提高，调和油质量更好，精度更高，产品品种调换更加灵活。但与燃料油管道调和不同，润滑油大多数是由组分罐经管道调和后再进入成品罐，很少是直接调和出厂的，调和过程中的在线监测指标主要是黏度和凝点。

四、影响油品调和的因素

各种油品的调和组分及添加剂种类和牌号众多，且调和过程中所使用的工艺、设备的效率及操作因素等都会对调和油的质量有影响。

1. 组分计量的精确度

调和过程中组分计量的精确度对油罐调和和管道调和都是非常重要的，是保证各组分投料比例正确的前提。对于管道调和过程，流量计量的精确度至关重要，否则将导致组分比例失调，进而影响调和产品质量。因此，连续调和过程，除要求混合器的性能外，关键在于系统计量及其控制的可靠性和精确度，以保证物料配比的正确性。对于油罐调和等批量调和过程，对投料时流量的计量精确度要求不高，但要保证投料最终的精确计量。

2. 组分中的水分

水分会影响产品的浑浊度和外观，甚至引起添加剂的水解，影响添加剂的使用效果。因此，为保证产品质量，防止水分混入，应尽量脱除调和组分中的水分，或安装在线脱水器。同时，水分的存在也会影响组分计量的精确度。

3. 组分中的空气

组分和调和系统中如果混入空气，会对调和过程带来危害，不仅会促进添加剂的反应和油品变质，也会影响组分进料计量的准确性，从而影响配比。消除空气的影响，应尽量脱除组分中的空气，对于调和的管道(尤其是有计量的管道)，应该安装自动空气分离罐。

4. 调和组分的温度

温度过高可能会引起油品和添加剂的氧化或热变质，温度偏低会使组分的流动性能变差而影响调和效果。此外，温度还会影响组分的计量。因此，一般根据组分油及产品油的物性，确定调和组分的温度在 $55 \sim 65℃$ 为宜。

5. 添加剂的稀释

油品调和所使用的添加剂，有的呈固态，有的黏度非常大，使用前都必须先进行溶解、稀释，调制成合适黏度和浓度的母液，以利于添加剂的准确计量及与油品混合均匀。添加剂母液的配制过程中，不应加入太多的稀释剂，以免因稀释剂的加入而影响产品的质量。

6. 调和系统的洁净度

调和系统中的固体杂质和非调和组分会对系统形成污染，造成调和产品质量不合格。为了避免对调和油造成污染，一方面应尽量清理管道中的污染物；另一方面，要保证调和组分的质量，尽量不含杂质。

第三节　调和油品性质的确定

油品质量标准中的许多性质，主要是通过选择合适的加工工艺及操作条件来满足的，但也有些性质需要通过油品调和来满足。调和前，一般需先根据调和组分和调和油的性质，确定大体的调和比例，以使调和油的主要产品质量指标满足要求。

油品调和比例(或性质)的确定，根据要求的质量指标在调和过程中的变化情况不同分为两类。一类是具有可加性的指标，如硫含量、实际胶质、酸度、酸值、残炭值、灰分、馏程等；另一类是不具有可加性的指标，如黏度、辛烷值、十六烷值、闪点、凝点、蒸气压、密度等。两种指标的计算方法是不同的。

下面对调和油品主要性质的计算方法进行简单介绍。

一、可加性质量指标的计算

可加性质量指标的计算比较简单，可按式（12-1）计算：

$$A = \frac{A_1 P_1 + A_2 P_2 + \cdots}{P_1 + P_2 + \cdots} = \frac{\sum A_i P_i}{\sum P_i} \tag{12-1}$$

式中　A——调和油的质量指标；

　　　 A_i——调和组分 i 的质量指标；

　　　 P_i——调和组分 i 的体积或质量。

如果只有两个调和组分，则调和油的性质可采用交叉法计算。交叉法计算过程如图12-1所示。

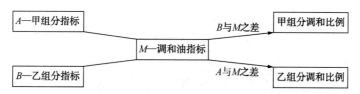

图 12-1　可加性调和质量指标的交叉法计算图

对于多组分的可加性指标计算，可采用交叉法分步计算，逐次计算出每一组分加入调和油后的性质，即可得到最终调和油的指标。

二、非可加性质量指标的计算

油品非可加性质量指标的计算方法各不相同，没有严格的理论数学关系式可以遵循，主要采用经验和半经验关系式或经验图表近似计算。一方面，这些经验方法都有自己的使用范围，超出适用范围后可能会带来较大的误差；另一方面，这些经验方法的准确性有限，只能近似预测调和指标，预测结果不能代替实测值，更不能作为产品质量的指标，最终必须以产品或小样调和的实测数据为准。

非可加性质量指标的计算公式和图表众多，每个指标的计算方法、获得的渠道、适用范围各不相同，此处只简单介绍几种常见调和指标的计算方法。

1. 辛烷值计算

1）调和辛烷值法

同一汽油组分与不同的基础组分调和时，可表现出不同的调和效应。组分调和时表现出的辛烷值大于其单独存在时的实测辛烷值（即净辛烷值），称为正调和效应，反之则称为负调和效应。例如，某催化裂化汽油调入直馏汽油中，马达法调和辛烷值大于净辛烷值，而研究法辛烷值则相反；调入重整全馏分汽油或重整重馏分汽油中，二者均低于净辛烷值，调入重整轻馏分中则高于净辛烷值；调入烷基化汽油中，马达法调和辛烷值小于净辛烷值，而研究法辛烷值则基本相同。

几个汽油组分调和时，可根据各组分的调和辛烷值按线性加和关系计算得到调和汽油的辛烷值。组分的调和辛烷值 B_{ON} 可用式（12-2）计算：

$$B_{ON} = A_{ON} + \frac{(C_{ON} - A_{ON}) \times 100}{a} \qquad (12-2)$$

式中　B_{ON}——某组分的调和辛烷值；

　　　A_{ON}——调和组分的实测辛烷值；

　　　C_{ON}——调和油的实测辛烷值；

　　　a——调和组分的调入量（体积分数），%。

2）调和因素法

调和油的辛烷值也可以按式由（12-3）调和组分的辛烷值进行计算：

$$N = \frac{V_a(CN_a) + V_b(N_b)}{100} \qquad (12-3)$$

式中　N——调和油的辛烷值（RON 或 MON）；

　　　V_a，V_b——调和组分的体积分数，%；

　　　N_a，N_b——调和组分的辛烷值，$N_a > N_b$；

　　　C——调和因数（表12-1）。

表 12-1　高辛烷值调和组分的调和因数

组分名称	高辛烷值组分比例（体积分数），%	调和因数
催化裂化汽油	15	1.23
	30	1.12
	45	1.07
叠合汽油/热裂化汽油	10	1.18
	20	1.10
	40	1.02
焦化汽油	20	1.21
	40	1.10
	50	1.08
非芳烃	5	1.18
	10	1.10
	20	1.02

其他计算调和汽油辛烷值的方法还包括斯图尔特（Stewart）法、虚拟纯组分法、汽油调和的相互作用法等。

2. 蒸气压计算

1）分子量法

调和油的雷德蒸气压可按式（12-4）进行计算：

$$M_t RVP_t = \sum_{i=1}^{n} M_i RVP_i \qquad (12-4)$$

式中　M_t——调和油的总物质的量，mol；

　　　RVP_t——调和油的规格蒸气压，kg/m^2；

　　　M_i——i 组分的物质的量，mol；

RVP_i——i 组分的蒸气压，kg/m^2。

2）雪佛龙（Chevron）法

雪佛龙法是使用较为广泛的一种调和油蒸气压计算方法：

$$RVP^{1.25} = \sum_{i=1}^{n} RVP_i^{1.25} V_i \tag{12-5}$$

式中 RVP——调和油的雷德蒸气压；

RVP_i——调和组分的雷德蒸气压；

V_i——调和组分的体积分数。

该方法的前提是假设调和过程中所有组分表现出类似的调和行为，而不管其组成的不同。

3. 闪点计算

闪点的计算一般采用调和指数法。该方法适用于开口杯法和闭口杯法闪点的计算，但应注意，同一次计算过程中只能采用同一种方法测得的闪点。

油品的闪点指数和闪点的关系式如下：

$$\lg I = -6.1188 + \frac{4345.2}{T+383} \tag{12-6}$$

式中 I——油品的闪点指数；

T——油品的闪点，℉。

调和油品的闪点指数可按式（12-7）计算：

$$I_{混} = \sum I_i V_i \tag{12-7}$$

式中 $I_{混}$——调和油的闪点指数；

I_i——i 组分的闪点指数；

V_i——i 组分的体积分数，%。

计算时，首先计算各调和组分的闪点指数，再由各调和组分的闪点指数计算出调和油品的闪点指数，然后再由闪点指数计算公式计算出调和油品的闪点。

4. 凝点计算

1）凝点指数模型法

调和油的凝点可由调和组分的凝点按照式（12-8）计算：

$$T_b^{1/x} = \sum_{i=1}^{n} V_i T_i^{1/x} \tag{12-8}$$

式中 x——常数，其值为 0.08；

V_i——i 组分的体积分数，%；

T_i——i 组分的凝点，℃；

T_b——调和油的凝点，℃；

n——参与调和的组分数。

2）凝点换算因子法

调和油的凝点计算可引入凝点换算因子进行计算。油品凝点与凝点换算因子的关系如下：

（1）当凝点 $SP \leqslant 11℃$ 时。

$$SP = 9.4656T^3 - 57.0821T^2 + 129.075T - 99.2741 \tag{12-9}$$

（2）当凝点 $SP > 11℃$ 时。

$$SP = -0.0105T^3 - 0.864T^2 + 13.811T - 16.2033 \tag{12-10}$$

式中　SP——油品的凝点，℃；

　　　T——凝点换算因子。

以上两个公式主要用于由凝点换算因子计算油品的凝点，当已知油品的凝点，需计算凝点换算因子时，可通过解方程的方法计算得到。

油品调和过程中，凝点换算因子具有质量加和关系，即：

$$AT_A = \sum_i^n T_i C_i \tag{12-11}$$

式中　C_i——i 组分的调和质量；

　　　T_i——i 组分的凝点换算因子；

　　　A——调和产品的总质量；

　　　T_A——调和产品的凝点换算因子。

计算得到调和油的凝点换算因子以后，即可通过凝点与凝点换算因子之间的关系式计算得到调和油的凝点。

实际应用中发现，此法尚有一定的误差。使用时应根据原油性质、加工方法、调和比例等实际情况对换算因子进行适当的修正。

5. 冷滤点的计算

调和油的冷滤点可按照式（12-12）进行计算：

$$FP_b^{13.45} = \sum_{i=1}^n V_i^{1.03} FP_i^{13.45} \tag{12-12}$$

式中　V_i——i 组分的体积分数，%；

　　　FP_i——i 组分的冷滤点，℃；

　　　FB_b——调和油的冷滤点，℃；

　　　n——调和油中的组分数。

6. 十六烷值计算

柴油的十六烷值可由烷烃、环烷烃、芳烃的百分含量 P、N、A 按式（12-13）进行计算：

$$十六烷值 = 0.85P + 0.1N - 0.2A \tag{12-13}$$

由于柴油的烃类组成具有加和性，因此调和柴油的十六烷值可近似采用线性加和关系估算。

7. 黏度计算

黏度是柴油、润滑油、燃料油等石油产品的主要性能之一。式（12-14）是常用的油品调和黏度计算式：

$$\lg\mu_t = \sum_{i=1}^n V_i \lg\mu_i \tag{12-14}$$

式中　μ_t——调和油的黏度；

　　　μ_i——i 调和组分的黏度；

　　　V_i——i 调和组分的体积分数。

若以质量分数代替上式的体积分数，也能得到满意的结果，据称调和油黏度计算值与实测值误差仅在±0.1mm²/s 范围之内。

两种油品调和时的黏度也可用专门的油品混合黏度图(图 12-2)求得。

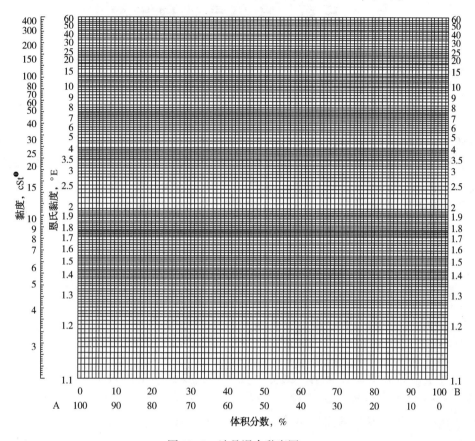

图 12-2 油品混合黏度图

计算时，把两种调和组分的黏度分别标注于图 12-2 中 A、B 两侧的纵坐标上，两点间连一直线，即可由此直线求得二者以任意比例混合时的黏度。

---

❶1cSt = 1mm²/s。

第十三章 天然气处理与加工

天然气是指天然生成，以一定压力蕴藏于地下岩层或缝隙中的混合气体。不同的学科对天然气的定义有所差异。石油工业中的天然气主要是指由甲烷组成的气态化石燃料。

天然气主要存在于油田气、气田气、煤层气、泥火山气和生物生成气中，也有少量出于煤层。天然气又可分为伴生气和非伴生气两种。伴随原油共生，与原油同时被采出的油田气叫伴生气；非伴生气包括纯气田天然气和凝析气田天然气两种，在地层中都以气态形式存在。凝析气田天然气从地层流出井口后，随着压力的下降和温度的降低，分离为气、液两相，气相是凝析气田天然气，液相是凝析液，也叫凝析油。

第一节 天然气基础知识

一、天然气的组成及分类

1. 天然气的组成

天然气是由烃类和非烃类组成的复杂混合物，具体组成因油气田层系的不同而异，主要成分是甲烷及少量乙烷、丙烷、丁烷、戊烷及以上烃类，也可能含有氮、氢、二氧化碳、硫化氢及水蒸气等非烃类气体及少量氦、氩等惰性气体，天然气中一般不含不饱和烃。

（1）烷烃。

烷烃是已发现大部分天然气的最主要成分。天然气中存在的烷烃包括甲烷、乙烷、丙烷、正丁烷、异丁烷及少量分子量更大的烷烃。常温常压下，甲烷、乙烷、丙烷及丁烷为气态烃，戊烷及以上烃类为液态烃。天然气中可能存在的烷烃组分数在 100 种以上。

（2）环烷烃。

天然气中的环烷烃含量极少，其结构既有可能属于环戊烷系，也有可能属于环己烷系。

（3）芳烃。

芳烃是天然气中含量非常少的一类烃，可能存在的芳烃有苯、甲苯、临二甲苯、间二甲苯、对二甲苯和三甲苯，但极少发现乙苯、乙基甲苯或丙苯。

（4）非烃化合物。

天然气中曾发现的非烃化合物包括氮、二氧化碳、硫化氢、氢、氦、氩、水蒸气、硫醇类、硫氧化碳、二硫化碳等。甚至还曾报道天然气中检测出汞、氡、钋等元素。迄今为止，含氦天然气几乎是工业用氦的唯一经济来源。

（5）其他成分。

某些含硫天然气藏中含有多硫化氢（H_2S_x），当气藏的温度、压力降低时，会分解为硫化氢和硫黄，当温度再高到一定程度时，硫黄会变成硫蒸气存在于天然气中。

有的伴生气中，沥青质会以胶溶态粒子存在于气相中。

影响天然气烃类组成的因素很多，成气原始有机质类型、成气演化阶段、产状类型、保存条件以及次生变化等都会影响天然气的烃类组成。但从统计的角度来看，气田气的重烃含量一般较低，多数不超过10%，油田伴生气的重烃含量相对较高，而凝析气田气居中。

2. 天然气的分类

根据分类依据及目的不同，天然气有不同的分类方法，分类后天然气的类属也有所不同。

（1）按烃类组成分类。

① 干气。在地层中呈气态，采出后在地面设备和管线中一般也不析出液态烃的天然气。按 C_5 界定法是指 C_{5+} 烃类含量小于 $10cm^3/m^3$ 的天然气。

② 湿气。在地层中呈气态，采出后在地面设备或管线的温度和压力下有液态烃析出的天然气。按 C_5 界定法是指 C_{5+} 烃类含量大于 $10cm^3/m^3$ 的天然气。

③ 贫气。丙烷及以上烃类含量小于 $100cm^3/m^3$ 的天然气。

④ 富气。丙烷及以上烃类含量大于 $100cm^3/m^3$ 的天然气。

此外，还习惯于将脱水（脱除水蒸气）前的天然气称为湿气，脱水后露点降低的天然气称为干气；将回收天然气凝液前的天然气称为富气，回收天然气凝液后的天然气称为贫气。也有人将干气与贫气、湿气与富气等量齐观。因此，干气与贫气、湿气与富气之间的划分并不十分严格。

（2）按矿藏特点分类。

① 纯气藏天然气。也称为气田气、气层气，不论开采的任何阶段，天然气在地层中均呈气态。但随组成的不同，采出到地面后，在分离器或管线中可能会有部分液态烃析出。这类气体通常都是贫气，主要成分是甲烷，还含有少量乙烷、丙烷、丁烷和非烃类气体。

② 凝析气藏天然气。指在地层原始状态下呈气态，在开采过程中当温度和压力降至露点状态以下时，会发生相态反凝析现象，部分烃类液化析出凝析油的天然气。凝析气除含有甲烷、乙烷外，还含有一定数量的丙烷、丁烷及戊烷以上烃类，甚至含有汽油和柴油馏分等。

③ 伴生天然气。也称为油田气，是指在地层中与原油共生，在油气开采过程中与原油同时被采出，经油、气分离后得到的天然气。这类气体多为富气，除甲烷和乙烷外，还含有一定数量的丙烷、丁烷和戊烷及以上烃类，有时还有少量的非烃类。

（3）按硫化氢、二氧化碳含量分类。

① 非酸性天然气（净气、甜气）。指不含硫化氢和二氧化碳等酸性气或者含量极少，不需要脱除酸性气体即可达到管输或商品气质量要求的天然气。

② 酸性天然气。指含有一定量的硫化氢（甚至可能含有有机硫化物）和二氧化碳，需经处理后才能达到管输天然气质量要求的天然气。一般硫化氢含量大于 $20mg/m^3$ 的天然气称为酸性气。

二、天然气的性质及质量指标

由于不同区块和构造所产天然气的组成差别较大，且天然气的用途也不相同，因此对天然气的质量量化要求较难统一。但一般来说，对天然气的质量要求涉及 3 个方面，即天然气组成（包括主要组分、少量组分和微量组分）、燃烧性质和其他性质（包括液相组分、固体颗粒含量等）。

天然气是一种以烃类为主的气体混合物，其物理性质取决于构成天然气的主要组分——烃类的性质。

1. 发热量和沃贝指数

发热量又称热值，是指在 101.325kPa 和恒定温度 T 下，单位体积的天然气与空气完全燃烧时所释放出的热量，是天然气的重要质量指标之一。当燃烧生成的水在温度 T 下全部冷凝为液体时所发出的热量称为高位发热量记为 H_S；当燃烧生成的水在温度 T 下始终保持为气相时所发出的热量称为低位发热量，记为 H_I。欧美等国家要求商品天然气的热值一般不低于 $34.5 \sim 37.3 MJ/m^3$。

沃贝指数等于天然气高位发热量 H_S 与相对密度 d 平方根的比值，是天然气的热负荷指数，代表天然气性质对热负荷的综合影响，也是燃气互换性的一个判定指数。沃贝指数符号为 W_S，单位为 kJ/m^3，计算式如下：

$$W_S = H_S/d^{0.5} \tag{13-1}$$

发热量和沃贝指数是与天然气燃烧性质相关的参数。

2. 密度和相对密度

天然气的密度是指在规定状态下，天然气的质量与其体积的比值，即单位体积天然气的质量，单位为 kg/m^3。

相对密度是指在相同的温度和压力下，天然气的密度与干空气密度的比值，是一个量纲一的物理量。

天然气的密度和相对密度可以通过测量和计算的方法得到。天然气的密度一般介于 $0.55 \sim 0.90 kg/m^3$。

3. 硫含量

主要用来控制天然气中硫化物的腐蚀性及对大气的污染，常用硫化氢和总硫含量表示。

天然气中的硫化物主要是硫化氢，此外还含有少量有机硫。硫化氢及其燃烧产物二氧化硫具有刺鼻的气味，会对环境及人体健康带来危害。此外，还会造成设备腐蚀。

一般要求天然气中的硫化氢含量不高于 $6 \sim 20 mg/m^3$，总硫含量一般小于 $480 mg/m^3$。

4. 二氧化碳含量

二氧化碳也是天然气中常见的酸性组分，会对设备造成腐蚀，尤其是当硫化氢和二氧化碳同时存在时，对钢材的腐蚀更加严重。此外，二氧化碳是不可燃烧组分，会影响天然气的燃烧性能及热值。

有些国家规定天然气中的二氧化碳含量不高于 $2\% \sim 3\%$。

5. 分子量

因为天然气是多种气体组分的混合物，所以没有特定的分子量，一般用平均分子量来表征其分子量的大小。采用平均分子量代替单组分的分子量，气体定律也适用于天然气混合物。

6. 临界性质

与纯物质一样，天然气的临界状态也是以液相和气相的分界面消失来定义的，但天然气的临界点会随着天然气组成的变化而改变。

天然气的临界点可以通过实验求得，称为真临界点，相应临界点的温度和压力称为真临界温度和真临界压力。但在涉及物性关联时，往往所用的并不是真临界常数，而是借助于分子平均方法计算得到的假临界常数(或称为虚拟临界常数)。

7. 压缩因子

常规状态下的天然气接近于理想气体，即相对于总体积，天然气分子的体积可以忽略不计，分子之间及分子与容器器壁之间没有作用力，分子完全是弹性碰撞，碰撞中没有内能损失。

当气体压力上升到一定程度后，尤其是接近于临界点时，气体的真实体积和理想气体之间会产生很大的偏离。压缩因子 Z(或偏离因子)定义为某温度和压力下 n 摩尔气体的实际体积与相同温度和压力下 n 摩尔理想气体的体积之比。

$$Z = \frac{某温度和压力下\ n\ 摩尔气体的实际体积}{相同温度和压力下\ n\ 摩尔理想气体的体积} \tag{13-2}$$

真实气体的状态方程为

$$pV = ZnRT \tag{13-3}$$

压缩因子是天然气组成、绝对压力和热力学温度的函数，对于天然气高压状态下的加工处理及液化过程具有特殊意义。

8. 水露点和烃露点

天然气的水露点是指在一定压力下与天然气的饱和水蒸气量对应的温度，主要用来防止在输气和配气管道中有液态水析出。水露点可以测量得到，也可由天然气的含水量数据查得。

天然气的烃露点是指在一定压力下，气相中析出第一滴微小的烃类液体的平衡温度，主要用来防止在输气和配气管道中有液态烃析出。烃露点可以由仪器测得，也可由天然气烃类组成数据计算得到。烃露点取决于天然气的压力和组成，组成中尤以天然气中较高碳数组分的含量影响最大，如在某天然气中加入体积分数为 2.8×10^{-7} 的十六烷，烃露点即比原来的上升40℃。

9. 比热容

单位量的物质，在不发生相变和化学反应的条件下，温度每升高1℃(或1K)所吸收的热量，称为该物质的比热容，单位为 kJ/(kg·℃)或 kJ/(kg·K)，也可以是 kJ/(kmol·℃)或 kJ/(kmol·K)。

如果在温度为 T 时，单位量的物质温度升高 dT 时所吸收的热量为 dQ，则 $c = dQ/dT$ 称为物质的真比热容。

在一定的温度范围内，物质的温度由 T_1 升高到 T_2 所吸收的热量为 Q，则 $c_{均} = Q/(T_1 - T_2)$ 称为物质的平均比热容。

由于天然气是气体，随着温度的变化，天然气的体积和压力也发生变化，因此天然气的比热容又有比定容热容(c_V)和比定压热容(c_p)之分。

天然气的比热容，可根据天然气的组成及组分的比热容数据，采用物质的量分数或质量分数加和法求得。

10. 焓值

焓值定义为体系的内能与体系的体积和压强乘积的和,表示一定量的物质所含的全部热能。

天然气的焓值可以通过天然气的组成及各组分的焓值计算得到。

单位量的天然气由液态变为气态时所需要的热量称为天然气的汽化焓,也称为蒸发热或蒸发焓,是天然气压缩和液化过程的重要参数。

11. 爆炸极限

可燃性气体与空气混合,当可燃性气体的浓度在一定范围时,如遇明火,就会发生燃烧或爆炸。

爆炸极限是指可燃性气体在室温和101.325kPa条件下,形成可燃性(可爆炸)的可燃气体—空气气相混合物中可燃性气体的体积分数。可引发燃烧(或爆炸)的可燃性气体组分的最低浓度称为爆炸下限,可引发燃烧(或爆炸)的可燃性气体组分的最高浓度称为爆炸上限。当气体混合物中可燃性气体的浓度低于爆炸下限或高于爆炸上限时,则不发生燃烧或爆炸,混合物是安全的。

爆炸极限与体系的压力有关。可燃性混合气体的爆炸极限可根据组分含量及各组分的爆炸极限计算得到。

三、天然气的用途

天然气的主要成分是甲烷,此外还含有乙烷、丙烷、丁烷及戊烷以上烃类以及部分非烃类,是一种宝贵的资源,在工农业及生活中具有广泛的用途。

(1) 燃料。分离除去非烃类化合物以后的天然气是一种理想的燃料,广泛用于城市燃气事业,特别是居民生活用气。与其他燃料相比,天然气具有方便、经济、热值高、热效率高、污染少等特点,是一种优质清洁燃料。天然气代替石油、煤、液化气等燃料,可以减少一氧化碳、二氧化碳、氮氧化物、烃类及粉尘的排放,有利于保护环境。因此,天然气被广泛用作民用燃气,以及钢铁、非金属矿产、玻璃、食品、陶瓷、造纸等工业的能源。今后,天然气在世界能源需求中的作用还会进一步加强。

(2) 天然气发电。与其他热电燃料相比,采用天然气联合循环发电技术,投资费用大幅度降低,对空气及水的污染少,更加具有竞争力。

(3) 化工原料。天然气中的烃类是重要的基本有机化工原料,也是天然气最经济有效的利用方式。以天然气为原料,可以生产炭黑、合成氨、乙炔系列产品、甲醇和甲醛等低碳含氧化合物、合成液体燃料等种类繁多的化工产品。

(4) 压缩天然气汽车燃料。作为车用汽油的替代燃料,天然气的价格及废气排放指标均低于汽油。

(5) 副产品。天然气处理过程中的副产品,如 CO_2、硫黄、氦气等,在工业上具有重要的应用价值。例如,天然气中分离出的 H_2S 可以生产纯度高达99.99%的硫黄;从高含 CO_2 的天然气中分离出的 CO_2 可以制备干冰,或回注地层以提高原油采收率;从天然气中分离出的氦是氦气的主要来源,具有广泛的工业用途。

四、天然气处理与加工的必要性

天然气处理与加工是天然气在进入输配管道或送往用户前必不可少的环节,是天然气工业的重要组成部分，但由于天然气处理与加工的目的不同，其含义也有所区别。

天然气处理是指为使天然气符合商品质量或管道输送要求而采取的工艺措施，如脱除酸性气体及其他杂质、热值调整、硫黄回收和尾气处理等过程。

天然气加工则是指从天然气中分离、回收某些组分，使之成为产品的工艺过程，如天然气凝液回收、天然气液化、从天然气中提取氦等稀有气体，均属于天然气加工过程。天然气加工的产品主要有液化天然气、天然气凝液、液化石油气、天然汽油等。

天然气处理和加工所用的工艺方法有可能相同，但其目的不同。在中国，习惯上把天然气的脱水、脱酸性气体、硫黄回收和尾气处理称为天然气净化。

图 13-1 为天然气处理与加工过程示意图。需要注意的是，并非所有的天然气都需要经过图中的各个加工与处理过程。如天然气中酸性组分很少，则不必经过脱酸性气体过程；如天然气中乙烷及更重烃类很少，则不必经过凝液回收过程。

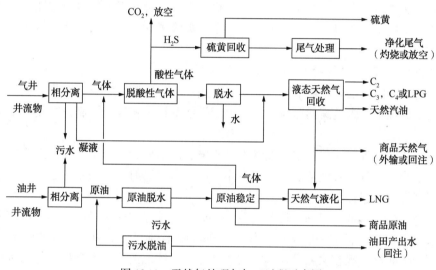

图 13-1 天然气处理与加工过程示意图

第二节 天然气脱硫脱碳

一、天然气脱硫脱碳概述

天然气中一般含有硫化氢、二氧化碳、有机硫化物等酸性气体，这些气体的存在，会严重影响天然气的加工使用性能，如腐蚀设备、污染环境、引起后续加工过程催化剂的中毒、影响产品质量、降低天然气的热值等。因此，根据后续利用目的的不同，须先把天然气中的杂质脱除到要求的规格，如管输天然气中的 H_2S 含量一般应小于 $20mg/m^3$，合成氨或合成甲醇原料中的硫含量要低于 $1mg/m^3$。

1. 脱硫方法的分类

酸性气体的脱除是一种古老的工艺，由于硫化氢、二氧化碳和有机硫化物具有相似的特性，可以在同一个工艺中同时脱除，因此也把这类工艺过程简称为脱硫过程。天然气脱硫经过上百年的发展，国内外报道过的脱硫方法有近百种，这些方法可分为干法脱硫和湿法脱硫两大类。目前工业上使用的脱硫方法主要是湿法脱硫，干法脱硫已很少使用。湿法脱硫又根据吸收和再生方法不同，分为化学吸收法、物理吸收法和氧化还原法 3 种。但这种分类方法是不严谨的，因为很多过程都同时兼具物理吸收和化学吸收过程。

(1) 化学吸收法。

化学吸收法是以可逆的化学反应为基础，以碱性溶液为吸收剂的脱硫方法。溶剂首先与原料气中的酸性组分反应而生成某种化合物，吸收了酸性气的富液在高温和低压条件下，发生分解而释放出酸性气。这类方法中最具代表性的是碱性盐溶液法和醇胺法，不同的方法选用的溶剂组分不同，针对的主要脱除组分也有所区别。目前工业天然气脱硫中最常用的方法是醇胺法，以醇胺处理含酸性组分的天然气，再继以克劳斯法从酸性气中回收硫黄，是天然气脱硫工业的最基本技术路线。

(2) 物理吸收法。

物理吸收法是基于有机溶剂对酸性组分的物理吸收而脱除天然气中的酸性组分的，溶剂的酸性气负荷正比于气相组分中酸性组分的分压。吸收了酸性组分的富液在低压下，释放出吸收的酸性组分而得到再生。

物理吸收法适宜于处理酸性气分压较高的天然气，一般高压和低温有利于物理吸收过程。此外，物理吸收法还具有溶剂不易变质、比热容小、能脱除有机硫化物等优点。但物理吸收法不适于处理重烃含量高的原料气，且由于受溶剂再生程度的限制，净化度比不上化学吸收法。

物理吸收法的流程较简单，主要设备为吸收塔、闪蒸塔和循环泵等。溶剂通常采用多级闪蒸再生，不需要蒸气和其他热源。只有在净化度要求很高时，才采用真空解吸、惰性气吹脱和加热溶剂等方法以提高贫液质量。

工业上使用的吸收剂有多种，目前工业上天然气脱硫过程应用最广泛的有机溶剂是环丁砜(二氧化四氢噻吩)，但它一般不单独作为物理吸收溶剂，而是和二异丙醇胺组成混合溶剂，即所谓的砜胺法。砜胺法兼具物理吸收法和化学吸收法的优点，操作条件和脱硫效果与醇胺法相当，但溶剂的硫负荷大幅度提高，此法尤其适用于高酸性气分压的情况。砜胺法对有机硫化物的脱除效果明显优于醇胺法，但不宜用于含重烃的原料气。

(3) 氧化还原法。

这类方法的特点是首先将天然气中的含硫化合物氧化成 SO_2 或还原成 H_2S，然后再进行脱硫和硫回收。目前在天然气脱硫方面应用不多，但在焦炉气、水煤气、合成气等脱硫和尾气处理方面有广泛应用。这类方法的硫容量较低(一般在 0.3g/L 以下)，适用于原料气压力较低以及硫含量不多的情况。

2. 脱硫方法的选择

由于天然气脱硫的方法众多，脱除过程的影响因素复杂，且选择脱硫方法时需同时考虑经济因素及对下游工艺过程(如硫黄回收、脱水、天然气凝液回收以及液态烃产品的处理等方面)的影响，因此脱硫方法的选择需综合考虑多方面因素的影响。

(1) 天然气的组成。

除了主要的酸性组分 H_2S 和 CO_2 外，天然气中还可能含有 COS、CS_2 和 RSH 等组分，这些组分的存在，不但会对某些脱硫方法产生不利影响，而且会给下游工艺过程带来显著影响。例如，在天然气凝液回收过程中，酸性组分会进入液体产物中，可能会对产品质量带来不利影响。

天然气中酸性组分的含量也是选择脱硫方法应该考虑的一个重要因素，因为有些脱硫方法可以用来脱除大量的酸性组分，但这些方法却不能把天然气净化到符合管输的要求，还有些方法只能对酸性组分含量低的天然气进行处理。

（2）对净化气及酸性气的质量要求。

不同脱硫方法所获得净化气的质量不同。同时，作为硫黄回收装置的进料，对脱硫后所得酸性气的组成也有一定要求，如酸性气中的 CO_2 浓度大于80%时，为了提高酸性气中 H_2S 的浓度，应考虑采用选择性脱硫方法。

（3）天然气的烃类组成。

一般来说，脱硫后的酸性气进行硫黄回收大多数采用克劳斯法。克劳斯法生产的硫黄质量对于酸性气中的烃类，尤其是重烃十分敏感。因此，当脱硫方法采用的溶剂会大量溶解烃类时，必须对酸性气进一步处理。

（4）对酸性组分脱除的选择性要求。

脱硫剂在脱硫过程中具有重要作用，选择性是脱硫剂的重要要求之一。有些脱硫方法的脱硫剂对天然气中某一组分的脱除具有很好的选择性，而有些方法的脱硫剂则无选择性，还有些方法的脱硫剂的选择性受操作条件的影响很大。

（5）天然气的处理量及状态。

目前工业上所使用的脱硫方法，有些适用于处理量大的天然气脱硫，有些方法只适用于处理量小的天然气脱硫。

有些脱硫方法不宜于在低压下使用，还有一些脱硫方法在温度高于环境温度时会受到不利影响。因此，脱硫方法的选择还与原料气的温度、压力及净化气所要求的温度、压力有关。

（6）其他因素。

包括对天然气脱硫、尾气处理有关的环保要求和规范，装置的投资和操作费用等。

尽管选择天然气脱硫方法时需要考虑的因素很多，但按原料气处理量计的硫潜含量或硫潜量是一个关键因素。目前工业上采用最多的天然气脱硫方法是醇胺法，一般当原料气的硫潜量大于45kg/d 时，应优先考虑醇胺法脱硫。醇胺法技术成熟，溶剂来源方便，对各种影响因素的适应性强，是最重要的一类脱硫方法。

二、醇胺法脱硫过程

醇胺法在20世纪30年代就已广泛应用于天然气酸性组分脱除过程，最先采用的溶剂是三乙醇胺（TEA），但由于其反应能力和稳定性差，现已很少采用。目前工业上使用的溶剂包括乙醇胺（MEA）、二乙醇胺（DEA）、二异丙醇胺（DIPA）、二甘醇胺（DGA）和甲基二乙醇胺（MDEA）等。

醇胺法适应于酸性组分分压低和要求净化气中酸性组分含量低的情况。醇胺法使用的吸收剂是醇胺的水溶液，水的存在可使被吸收的重烃含量减至最低，因此非常适用于重烃含量较高的天然气脱硫。由于所使用的胺性能各异，有的可选择性脱 H_2S，有的可在深度或不深度脱除 H_2S 的情况下脱除部分或大部分 CO_2，有的可深度脱除 CO_2 以及 COS 等。

醇胺法的不足是有些醇胺与 COS 或 CS_2 的反应是不可逆的，会造成溶剂损失，因此不适用于 COS 或 CS$_2$ 含量高的天然气脱硫；醇胺具有腐蚀性，会造成设备腐蚀；醇胺作为脱硫溶剂，富液汽提时需加热，能耗高，且高温下会发生降解，溶剂损耗较大。

1. 醇胺法工艺原理

醇胺类化合物中至少含有一个羟基和一个氨基。氨基呈碱性，可以与酸性组分发生反应，促进对酸性组分的吸收脱除；羟基可以增加醇胺在水中的溶解度，并降低吸收剂的蒸气压。

根据氨基所处的位置及与氮原子连接的氢原子数目不同，醇胺可分为伯醇胺、仲醇胺和叔醇胺 3 类。由于化学结构的差异，3 类不同的醇胺对脱硫过程的操作条件、原料气组成、酸性组分的选择性以及所能达到的酸性组分脱除效果均不同，且 3 类不同的醇胺与天然气中 H$_2$S 和 CO$_2$ 的反应也有所差异。

（1）伯醇胺与酸性组分的反应。

① 伯醇胺与 H$_2$S 主要发生如下反应：

$$2RNH_2 + H_2S \rightleftharpoons (RNH_3)_2S$$
$$(RNH_3)_2S + H_2S \rightleftharpoons 2RNH_3HS$$

② 伯醇胺与 CO$_2$ 主要发生如下反应：

$$2RNH_2 + H_2O + CO_2 \rightleftharpoons (RNH_3)_2CO_3$$
$$(RNH_3)_2CO_3 + H_2O + CO_2 \rightleftharpoons 2RNH_3HCO_3$$
$$2RNH_2 + CO_2 \rightleftharpoons RNHCOONH_3R$$

（2）仲醇胺与酸性组分的反应。

① 仲醇胺与 H$_2$S 主要发生如下反应：

$$2R_2NH + H_2S \rightleftharpoons (R_2NH_2)_2S$$
$$(R_2NH)_2S + H_2S \rightleftharpoons 2R_2NHHS$$

② 仲醇胺与 CO$_2$ 主要发生如下反应：

$$2R_2NH + H_2O + CO_2 \rightleftharpoons (R_2NH_2)_2CO_3$$
$$(R_2NH_2)_2CO_3 + H_2O + CO_2 \rightleftharpoons 2R_2NH_2HCO_3$$
$$2R_2NH + CO_2 \rightleftharpoons R_2NCOONH_2R_2$$

（3）叔醇胺与酸性组分的反应。

① 叔醇胺与 H$_2$S 主要发生如下反应：

$$2R_3N + H_2S \rightleftharpoons (R_3NH)_2S$$
$$(R_3NH)_2S + H_2S \rightleftharpoons 2R_3NHHS$$

② 叔醇胺与 CO$_2$ 主要发生如下反应：

$$2R_3N + H_2O + CO_2 \rightleftharpoons (R_3NH)_2CO_3$$
$$(R_3NH)_2CO_3 + H_2O + CO_2 \rightleftharpoons 2R_3NHHCO_3$$

从上述反应可以看出，醇胺与 H$_2$S 和 CO$_2$ 的主要反应均为可逆反应。天然气脱硫过程中，在吸收塔内上述反应向正方向进行，天然气中的酸性组分被脱除；在解吸塔（汽提塔）内反应向逆方向进行，释放出酸性组分而使溶剂再生。

2. 醇胺法工艺流程

醇胺法脱硫脱碳工艺一般由吸收、再生（汽提）、换热和分离 4 部分组成，采用不同的醇胺作为溶剂的天然气脱硫工艺流程基本相同。典型的醇胺法脱硫工艺流程如图 13-2 所示。

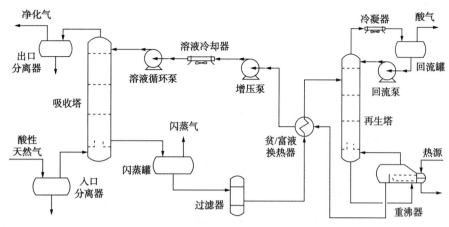

图 13-2　醇胺法脱硫典型工艺流程

经进口分离器除去游离液体及所夹带固体杂质的原料气进入吸收塔下部，自下而上与塔顶进入的醇胺贫吸收剂逆流接触而脱除酸性组分，塔顶出来的净化气经出口分离器分出夹带的液体后出装置。由于吸收塔顶部的净化气是被水蒸气饱和的，因此在管输或作为商品气之前通常还需要脱水。

吸收塔底部出来的富液先进入闪蒸罐，以脱除醇胺溶液中吸收的烃类，避免原料气损失及影响所得酸性气的质量。闪蒸后的富液经过滤后进入贫/富液换热器，利用热贫液将富液加热后进入低压操作的汽提塔上部，使富液中吸收的部分酸性气在汽提塔顶部塔盘上闪蒸出来。随着溶液在塔内自上而下流动，尤其是在塔底再沸器的作用下，溶液中剩余的 H_2S 和 CO_2 进一步被汽提出来，离开塔底的是只含有少量残余酸性气体的贫液。贫液经过贫/富液换热器及溶剂冷却器冷却，温度降至比原料气进吸收塔的温度高 5~6℃（温度高于进料气的露点温度），然后进入吸收塔循环使用。

汽提出来的酸性组分和水蒸气由再生塔顶离开，进入冷凝器进行冷凝冷却。冷凝水作为塔顶回流返回汽提塔顶；回流罐中分出的酸性组分根据组成和流量，送往硫黄回收装置或压缩后回注地层以提高原油采收率，或送往火炬等。

当处理酸性组分含量大于 30%（体积分数）的天然气时，可以考虑采用分路流程（图13-3），即让两股醇胺溶液在不同的位置分别进入吸收塔，半贫液由塔的中部导入，而贫液仍由塔顶导入。未完全汽提好的半贫液由低压闪蒸罐底部或汽提塔中部抽出，送到酸性组分浓度很高的吸收塔中部；而塔顶的贫液则与酸性组分浓度很低的气体接触，以达到更高的吸收要求。分路流程的最大优点是可以大量节约蒸气用量。

3. 醇胺法的影响因素

（1）醇胺溶液的循环量。

醇胺溶液的循环量是醇胺法脱硫工艺中的一个重要工艺参数，决定着脱硫过程酸性组分的脱除效率、设备尺寸、装置投资及能耗等。溶剂的循环量大，有利于酸性组分的脱除，但也会使管线、塔、冷换等设备的负荷增加，操作费用提高；溶剂的循环量小，则吸收效果不好，达不到预定的酸性组分脱除效率。

脱硫过程中醇胺溶剂的循环量可根据醇胺溶液的组成和浓度、酸性组分的脱除要求、吸收和解吸过程的操作条件等，由相平衡数据在预留一定余度的条件下计算得到。

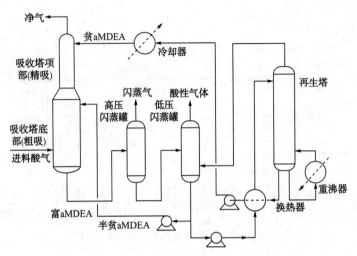

图 13-3　分路流程的醇胺法工艺流程

醇胺法脱硫脱碳工艺的溶剂循环量受天然气酸性组分中 H_2S 和 CO_2 在醇胺溶液中的热力学平衡数据影响较大。天然气中一般同时含有 H_2S 和 CO_2，而 H_2S 和 CO_2 与醇胺的反应又相互影响，即一种酸性组分的存在，会对另一种酸性组分的平衡分压产生很大影响。只有一种酸性组分存在，且其在醇胺溶液中的平衡溶解度远大于 H_2S 和 CO_2 共存时，对醇胺溶液的循环量也会产生影响。

（2）温度和压力。

醇胺法脱硫工艺是液体溶剂吸收气相组分的过程，因此操作过程中的温度和压力对气体的吸收和解吸有重要影响。高压低温有利于酸性组分的吸收，而低压高温有利于酸性组分的解吸。当采用不同的醇胺作为溶剂时，装置吸收和解吸过程所采用的温度和压力有所区别。

吸收塔的操作压力取决于原料气进塔压力和净化气外输压力的要求，一般为 4～6MPa。降低吸收压力有利于改善溶液的选择性，但也会降低溶液负荷，使装置处理能力下降，因此不宜采用过低的操作压力。

为避免烃类冷凝而使溶液严重发泡，贫液应比吸收塔内气体的烃露点高 5～6℃。由于吸收过程是放热过程，因此富液离开吸收塔底和净化气离开吸收塔顶的温度均高于原料气温度，温度的升高值与原料气的温度及酸性组分含量有关。原料中酸性组分含量较低时，溶液在塔内的温度变化不大，当原料气中酸性组分含量较高时，吸收塔内某处将会出现温度最高值。

再生塔一般在高于常压下操作，操作压力与塔顶气的去向及所要求的背压有关。为避免溶剂发生降解反应，再生塔再沸器的操作温度应尽可能低，其值与溶液浓度、压力和所要求的贫液残余酸气负荷有关。

（3）气液比。

气液比是指所处理气体的体积流量与溶液的体积流量之比，是影响脱硫脱碳净化度和经济性的重要因素，也是装置中最易调节的工艺参数。

提高气液比可以改善脱硫过程的选择性，降低能耗，但随着气液比的提高，净化气中 H_2S 的含量增加，因此气液比的确定应以保证 H_2S 的净化度为原则。

（4）溶液浓度。

吸收液中吸收剂的浓度也是装置操作中的可调参数之一。在相同的气液比下，提高溶液浓度可以改善脱硫过程的选择性，同时提高溶液浓度和气液比时，过程的选择性改善更明显。但过高的溶液浓度会增加溶液的腐蚀性，并导致塔底富液温度较高而影响 H_2S 的负荷。

4. 醇胺法操作过程中需注意的问题

醇胺法脱硫工艺的装置运转大多比较平稳，常见的问题主要有 3 类：溶剂降解、设备腐蚀和溶液发泡。实际上这 3 类问题是具有内在联系的。

（1）溶剂降解。

正常操作的脱硫装置会因为雾沫夹带、跑冒滴漏等原因造成溶剂损失，但最主要的损失是溶剂降解，占溶剂损失量的 50% 以上。脱硫过程中，醇胺的降解主要包括热降解、氧化降解和化学降解 3 种。

乙醇胺（MEA）一般不发生热降解，但易发生化学降解。受热情况下，氧会与气体中的 H_2S 反应生成元素硫，元素硫进一步和 MEA 反应生成二硫代氨基甲酸盐、硫脲和其他热稳定性降解产物。

二乙醇胺对热降解不稳定，对氧化降解的稳定性与乙醇胺类似。

导致溶剂损失的主要原因是化学降解，即醇胺与原料中的 CO_2 和（或）有机硫化物发生反应而生成难以再生的化合物。例如，乙醇胺的碳酸盐可转化成噁唑烷酮，噁唑烷酮经一系列反应生成乙二胺的衍生物。因乙二胺衍生物的碱性比乙醇胺强，其与 H_2S 和 CO_2 反应的产物难以再生，导致相当部分的乙醇胺不能得到再生而引起溶剂损失，同时，还会加重设备腐蚀。其他醇胺也有类似情况出现，但甲基二乙醇胺（MDEA）不存在化学降解问题。

（2）设备腐蚀。

醇胺法装置中存在多种形式的腐蚀，如电化学腐蚀、化学腐蚀和应力腐蚀等。腐蚀的类型以及严重程度取决于溶剂种类、溶液杂质含量、溶剂的酸气负荷、操作温度以及溶液流速等因素。

引起设备腐蚀的最主要因素是体系中的酸性组分（H_2S 和 CO_2）。H_2S 和碳钢反应可以生成不溶性的硫化亚铁，并在金属表面形成膜，但此膜不能牢固地黏附于金属表面，对进一步的腐蚀起不到保护作用。游离或化合的 CO_2 都会引起腐蚀，尤其是在高温以及水存在条件下腐蚀会更严重，普通碳钢会很快被腐蚀掉。

某些溶剂的降解产物是腐蚀的促进剂，尤其是在装置的受热部位，会加剧设备腐蚀。

溶液中的固体颗粒（如腐蚀产物硫化铁等）会对设备产生磨蚀；而溶液在设备中的高速流动等，都会加剧硫化铁膜的脱落而加快设备腐蚀。

应力腐蚀是在醇胺、H_2S、CO_2 和设备的残余应力共同作用下产生的腐蚀，是一种发生于酸性介质中的腐蚀，在温度大于 90℃ 的部位尤其容易发生。

（3）溶液发泡。

溶液发泡会导致装置的处理量大幅度下降，甚至迫使装置停车；此外，发泡情况下溶剂的脱硫效率也会降低，并造成溶剂大量损失。

醇胺法脱硫过程中溶液的发泡主要与其他物质的混入有关。例如，醇胺的降解产物、溶液中的固体悬浮物、原料气带入的烃类凝液或水、原料气夹带的缓蚀剂和润滑脂等都会导致溶液发泡，因此这些物质应尽量从溶液中清除。

三、其他脱硫方法

国内外采用的气体脱硫工艺有近百种，除醇胺法以外，现就其他有代表性或常用的脱硫方法做简要介绍。

1. 砜胺法［萨菲诺法(Sulfinol 法)］

砜胺法是一种典型的物理—化学混合溶剂选择性吸收脱硫工艺，采用醇胺(主要是 MDEA 和 DIPA)、环丁砜和水复配而成的混合溶剂，兼具物理吸收和化学吸收的优点，操作条件及脱硫效果与相应的醇胺法相当，但物理溶剂的存在使溶液的酸性气负荷大幅度提高，尤其适用于进料气中酸性组分分压较高时，且可以脱除有机硫化物。

与醇胺法相比较，砜胺法对 H_2S 具有良好的选择性，更适用于 CO_2 含量高的原料气净化，溶剂循环量和再沸器蒸汽消耗量明显降低，溶剂损耗量也有所减少。但砜胺法溶剂对重烃尤其是芳烃具有较高的溶解能力，因此需要有适当的措施以保证硫黄回收装置进料气的质量和组成。

除砜胺法外，由于所用复配溶剂及工艺条件的差异，还有一些其他类似工艺，但其基本原理相同。

2. 空间位阻胺法

该法是针对二乙基乙醇胺(DEAE)在选择性吸收过程中的不足而开发的一种选择性脱硫方法。研究发现，在醇胺中引入某些基团，可以增加醇胺的空间位阻效应，改善醇胺溶剂的选择性吸收性能。

空间位阻胺是指化合物氨基(H_2N-)上的一个或两个氢原子被体积较大的烷基或其他基团取代后形成的化合物。目前已被证实具有空间位阻效应的化合物有仲醇胺、二氨基醚和某些碱性天然有机化合物等。对该类化合物的共同要求是沸点较高、对 H_2S 的反应活性高、与 CO_2 的反应有空间位阻效应、溶剂损失小等。

空间位阻胺法的脱硫溶剂具有选择性好、不起泡、性质稳定、对装置腐蚀轻微、溶剂循环量小等优点。

3. 氧化还原法

氧化还原法是指 H_2S 在液相中直接氧化为元素硫的一类脱除方法，又称为直接氧化法。其基本原理是先利用碱性溶剂吸收气相中的 H_2S 等酸性组分，然后使用氧化剂将氢硫化物或硫化物氧化成元素硫。

氧化还原法的优点是净化度高，脱除的硫直接生成元素硫，基本无二次污染，可选择性脱除 H_2S 而基本上不脱除 CO_2，操作温度为常温，操作压力为高压或常压；不足是硫容量较低，副反应较多，成本较高。

这类方法的工艺流程和操作条件都大体相似，典型的工艺是改良的 A. D. A(蒽醌二磺酸盐)法。

4. 物理吸收法

物理吸收法采用有机溶剂在高压和常温或低温下吸收气体中的 H_2S 和 CO_2。再生过程有不同的方式，通常是在常压或真空下将富溶剂进行闪蒸，再生时一般不消耗热量。物理吸收法脱除的酸性组分量与酸性组分的分压成正比。

物理吸收法要求溶剂的熔点低、黏度小、化学稳定性好、无毒、无腐蚀性、价廉易得，并对气体中的酸性组分有选择性等。物理吸收法的工艺流程有单级吸收、分流吸收和两级吸收等。

最常用的物理吸收法是 Selexol 法，使用的溶剂为聚乙二醇二甲醚的混合物，在脱除天然气中大量 CO_2 的同时，还可脱除 H_2S。该溶剂无毒、沸点高，装置可采用碳钢设备。但需要注意的是，Selexol 法的溶剂也可溶解重烃，对于重烃含量较高的富气，应采取相应的措施。

5. 固定床脱硫法

固定床脱硫法即将对酸性组分具有吸附作用的固体吸附剂装入固定床，然后让含酸性组分的天然气流过固定床层，以吸附方式脱除其中的酸性组分。常用的吸附剂有氧化铁、分子筛等。

固定床脱硫法一般采用间歇操作，一个操作循环包括吸附和再生两部分。为了使生产过程连续，提高处理能力，一般由数个固定床并联组成一套装置，循环使用。

6. 膜分离法

膜分离法是利用气体混合物中不同组分在压差作用下透过膜时的渗透量不同来实现混合物分离的。天然气脱硫过程中，由于水蒸气、H_2S 和 CO_2 等组分易于透过膜，因此可使渗透气中的水蒸气、H_2S 和 CO_2 得到富集，而残余气中为脱除水蒸气、H_2S 和 CO_2 的其他组分，如 CH_4、C_2H_6 和 N_2 等。

用于气体分离的膜材料主要分为多孔质膜和非多孔质膜两种，气体分离中常用的是非多孔质膜。例如，醋酸纤维膜具有非常好的 H_2S/CO_2 分离能力，也具有相当理想的水蒸气分离能力。

膜分离法既可用于从天然气中脱除 CO_2，也可用于脱除 H_2S。但对于含 H_2S 的原料气，现有膜材料的透过特性决定了其净化度不高。此外，醋酸纤维膜分离干燥原料气中的酸性气效果较好，当原料气中同时存在 H_2S 和水时，分离效果明显下降。对于同时含有 H_2S 和 CO_2 的天然气，使用串级流程较为理想。

需要注意的是，膜分离法脱硫过程中需考虑烃损失率的问题。

第三节　天然气脱水

一、天然气脱水概述

水是天然气中常见的杂质之一，从天然气的开采至加工和处理的各个环节中均有水分存在，而且在天然气中的含量经常达到饱和。一般来说，天然气中的水分只有以液态形式存在时才是有害的，工程上常以露点温度来表示天然气中的水含量。露点是指在一定的压力下，天然气中的水蒸气开始凝结并出现液相时的温度。天然气的露点除与水蒸气含量有关外，还与天然气的烃类组成和盐分含量有关。

水在天然气中的饱和含量随着压力的升高或温度的降低而减小，因此对天然气进行压缩或冷却处理时，水蒸气有可能会转化成液态水，对装置操作及天然气输送带来一定的危害，主要包括以下 3 个方面：

（1）冷凝水的局部积累将影响管线中天然气的流量，降低输气量，而且水的存在（不论是液相还是气相)将增加输气过程的动力损耗,并给后续处理装置的机泵和换热器等设备的操作带来不便。

(2) 液相水与天然气中的 CO_2 和(或) H_2S 生成腐蚀性的酸,尤其是与 H_2S 共同作用,不仅会导致电化学腐蚀,而且会产生应力腐蚀。因此,设备和管线必须采用昂贵的特殊合金钢制造,但如果天然气中不含游离水,则可以采用普通碳钢。

(3) 一定的条件下,天然气中所含的水与小分子气体及其混合物可以在较高的压力和高于0℃的情况下,生成一种外观类似于冰的固体水合物(俗称"可燃冰"),导致输气管线或其他设备堵塞,给天然气储运和加工造成困难。

因此,为了避免天然气含水所带来的上述危害,输送前一般都需要先对天然气进行脱水处理,使之达到规定的指标后再进入输气管线。各国对管输天然气的含水量要求因地理环境的不同而存在很大差异。

天然气的脱水过程按原理不同可分为冷冻分离、固体干燥剂吸附、溶剂吸收以及膜分离等,工业上使用较多的是溶剂吸收法和固体吸附法。

二、溶剂吸收法

溶剂吸收法是根据吸收原理,采用一种亲水液体与天然气逆流接触,从而脱除气体中水蒸气的方法,是天然气脱水过程中应用最普遍的方法。溶剂吸收法具有投资低、压降小、可连续操作等优点,一般用于使天然气露点符合管输要求的场合,多建在集中处理站、输气首站或天然气净化厂脱硫装置的下游。溶剂吸收法所用的溶剂有多种,工业上多使用甘醇类溶剂。

甘醇是直链的二元醇,性质介于一元醇和三元醇之间,低碳数的二元醇具有良好的水溶性和吸水性,其溶液的冰点低,广泛应用于天然气脱水过程中。甘醇具有轻微的毒性,工业上一般使用沸点高、常温下不易挥发的二甘醇和三甘醇(TEG)作为天然气脱水剂。由于三甘醇的热稳定性好,易于再生,蒸气压低,携带损失量更小,相同质量分数的溶液可获得更大的露点降,因此在工业上得到了更广泛的应用。

图13-4为典型的三甘醇脱水原则工艺流程图。装置主要由高压吸收系统和低压再生系统两部分组成。

由于进入吸收塔的天然气不允许含有游离液体(水和液态烃)、化学试剂、压缩机润滑油及泥沙等,因此天然气需要先经过进口气分离器,以除去游离液体和固体杂质。如果天然气中杂质较多,还需要设置过滤分离器。分离器的顶部设有捕雾器(除沫器),用来脱除出口气中夹带的液滴。

由分离器顶部分出的湿天然气进入吸收塔底部,由下往上通过各层塔盘,与向下流动的甘醇溶液逆流接触,利用甘醇吸收气相中的水蒸气。吸收塔顶部也设有捕雾器,脱除出口干气中携带的甘醇液滴,以减少甘醇损失。离开吸收塔的干气经气体/贫甘醇换热器换热后,进入外输管道。经气体/贫甘醇换热器冷却后的贫甘醇进入吸收塔顶部,由顶层塔板依次向下流过各层塔板至塔底。

吸收了天然气中水蒸气的甘醇富液(富甘醇)从吸收塔底部流出,先经高压过滤器除去夹带的固体杂质,再与再生后的热甘醇贫液(热贫甘醇)换热后进入闪蒸罐,经低压闪蒸分离出被甘醇溶液吸收的烃类气体。闪蒸出的烃类气体一般作为再生系统再沸器的燃料,当气体中 H_2S 含量较高时,则去火炬放空。

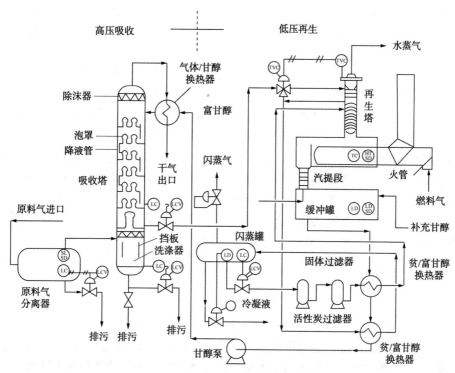

图 13-4　典型的三甘醇脱水原则工艺流程图

闪蒸罐底排出的富甘醇经纤维过滤器和活性炭过滤器除去夹带的少量固体、液烃、化学试剂和其他杂质。否则，这些杂质可引起甘醇溶液起泡，堵塞再生系统，造成再沸器结垢，增加甘醇损失等。

过滤后的富甘醇经贫/富甘醇换热器预热后，进入再沸器上部的精馏柱。富甘醇在精馏柱内向下流入再沸器，与由再沸器中上升的热甘醇蒸气和水蒸气接触，进行传热、传质。精馏柱顶部有回流冷凝器以产生部分回流。富甘醇中汽化的水蒸气最后从精馏柱顶部排至大气中。

由精馏柱进入再沸器的富甘醇被加热到 177~204℃，以充分脱除所吸收的水分，并使甘醇溶液中的甘醇浓度达到 99% 以上。为保证再生后甘醇溶液的浓度，通常还需往再沸器中通入汽提气。

再生后的热贫甘醇经贫/富甘醇换热器冷却后，经甘醇泵加压后去气体/贫甘醇换热器进一步冷却后，进入吸收塔循环使用。

对于含 H_2S 的酸性天然气，采用三甘醇脱水时，由于 H_2S 会溶解到甘醇溶液中，导致溶液 pH 值降低，使甘醇溶液变质。因此，从甘醇脱水吸收塔出来的富甘醇进入再生系统前应先进入一个富液汽提塔，用不含硫的净气或其他惰性气体汽提吸收的 H_2S。

影响吸收法脱水的操作参数主要有吸收塔的进气量、进气温度和压力、吸收剂的温度和浓度、吸收剂的循环量以及再沸器的温度、再生汽提气量、精馏柱温度等。

三、固体吸附法

吸附法脱水是根据吸附原理，选择多孔性固体吸附天然气中水蒸气的方法。被吸附的水蒸气称为吸附质，吸附水蒸气的固体称为吸附剂或干燥剂。固体吸附法的投资和操作费用比甘醇法脱水装置高，因此一般在甘醇法脱水满足不了天然气露点要求的情况下使用。

固体吸附过程可分为物理吸附和化学吸附两种。天然气吸附脱水多采用物理吸附过程，即由吸附质分子与吸附剂表面间范德华力引起的吸附过程，类似于气体的凝结过程。物理吸附过程中，吸附质与吸附剂间不发生化学反应，吸附速度快，放热量少，过程可逆。当体系压力降低或温度升高时，被吸附的气体可以很容易地从固体表面脱附，达到吸附剂再生、回收吸附质的目的。

固体吸附剂的吸附容量与被吸附气体的特性及分压、固体吸附剂的特性、比表面积和空隙率、吸附温度等有关。尽管吸附剂可以同时吸附多种不同的气体，但不同吸附剂对不同吸附质的吸附容量往往有很大差别，所以吸附剂对不同的吸附质有选择性吸附作用。因此，可以利用这一特性对流体中不同的物质进行分离。目前，天然气加工和处理工业中除可以利用固体吸附剂对天然气进行净化(脱水、脱硫)外，还可以从天然气中回收液烃。

吸附剂的性能在天然气脱水中具有重要影响，一种良好的吸附剂应该具有大的比表面积和良好的表面活性。许多固体物质都具有吸附能力，但工业上真正能应用的只有少数几种，这是因为工业吸附剂除要求有高的吸附能力和选择性外，还要便于再生和重复使用，有良好的机械强度和化学稳定性，价格合理且供应量大等。目前工业上常用的吸附剂有硅胶、活性氧化铝、分子筛和活性炭等，通常应根据工艺要求进行经济比较后，选择合适的吸附剂。

固体吸附法脱水适用于干气露点要求较低的场合。在天然气处理与加工过程中，有时需设置专门的吸附法脱水装置对湿气进行脱水，有时吸附法脱水则是作为深冷分离的天然气凝液回收装置的一部分。不管采用哪一种吸附剂，天然气脱水装置的基本工艺流程是相同的，装置可以互换，无须特别的改动。天然气脱水大多采用固定床干燥塔，为保证操作连续，装置中至少有两个塔切换操作，即一个塔进行脱水，另一个塔进行再生和冷却。三塔流程中则是一塔脱水，一塔再生，一塔冷却。

图13-5显示了天然气脱水装置中较常用的两塔工艺流程。装置中有两台干燥器，一台干燥器在脱水，原料气上进下出，以减少气流对床层的扰动；同时，另一台干燥器进行再生，再生气下进上出，以便在脱除干燥器上部被吸附物质的同时，避免脱附的物质流过床层，还可以使床层下部得到充分再生，确保脱水时干气的露点合格。生产过程中，两台干燥器切换轮流操作。当以湿气(如原料气)为再生气时，为保证床层的再生效果，应采用再生气上进下出的操作方式。

湿气首先经过一个进口气体分离器以除去所携带的液体与固体杂质，然后自上而下流过吸附剂床层，其中的水蒸气被吸附剂选择性吸附以脱除水分，脱水后的干气由干燥器底部流出，出装置外输。

脱水操作过程中，干燥器内的吸附剂床层不断吸附水蒸气，整个床层达到饱和后即不能再对湿气进行脱水。因此，在吸附剂床层未达到饱和前，就需要切换再生，即将湿气改为进入另一个已再生好的干燥器，而刚刚完成脱水操作的干燥器改用热再生气进行再生。

再生用气量一般为原料气量的5%~10%，可以是湿原料气，也可以是脱水后的干气。为保证干燥器再生完全，一般应采用干气作为再生气。经加热器加热至232~315℃的再生气进入干燥器，热的再生气将吸附剂床层加热，水分从吸附剂上脱附，脱附出来的水蒸气随再生气一起离开吸附剂床层后进入再生气冷却器，大部分水蒸气在冷却器中冷凝，并在再生气

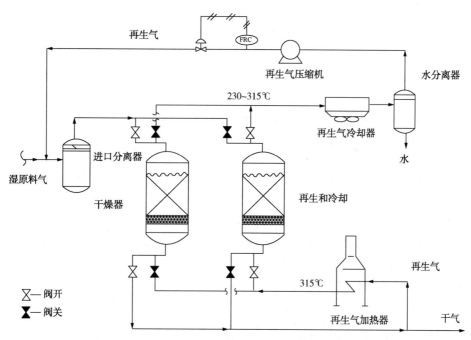

图 13-5　天然气吸附脱水工艺流程图

分离器中除去，分出的再生气与进料湿气混合后进行脱水。

再生后的吸附剂床层温度较高，在重新进行脱水操作前必须先用未加热的湿气进行冷却。

影响固定床吸附脱水的操作参数主要有吸附周期、湿气进干燥器的温度、再生的加热与冷却温度、加热与冷却时间的分配等。

第四节　天然气凝液回收

一、天然气凝液回收概述

天然气(尤其是伴生气及凝析气)中除含有甲烷外，还含有一定量的乙烷、丙烷、丁烷、戊烷及更重的烃类。为了满足商品气或管输气对组成的要求，或者为了获得宝贵的化工原料，需将天然气中除甲烷外的一些其他烃类分离回收。从天然气中回收的液态烃类混合物称为天然气凝液(天然气液，天然气液体，NGL)，简称凝液或液烃，中国习惯上称为轻烃。从天然气中回收凝液的过程称为天然气凝液回收或天然气液回收，中国习惯上称为轻烃回收。

天然气凝液的组成根据天然气的组成、天然气凝液回收的目的和方法不同而异，主要含有乙烷、丙烷、丁烷、戊烷及更重的烃类，有时还可能含有少量非烃类。天然气凝液可以直接作为商品，也可以根据有关商品质量要求进一步分离成乙烷、丙烷、丁烷及天然汽油等产品。因此，天然气凝液回收一般也包括了天然气分离过程。

天然气凝液回收是天然气处理与加工过程中的重要过程，但并不是在任何情况下进行天然气凝液回收都是经济合理的，其经济性取决于天然气的类型和数量，天然气凝液回收的目的、方法及产品价格等。

气藏气主要由甲烷、乙烷及少量更重的烃类组成，只有乙烷及更重的烃类成为产品的效益高于商品气时，才考虑进行凝液回收。伴生气常常含有很多可以冷凝回收的液体烃类，为满足商品气或管输气的质量要求，同时获得一定数量的液烃产品，必须进行凝液回收。凝析气中一般含有较多戊烷以上的重烃，在开采和运输过程中，当温度和压力降低到一定程度时，会有凝析油析出，因此也必须进行凝液回收。

二、天然气凝液回收目的

天然气凝液回收的目的主要有 3 个，即生产管输气、满足商品气的质量要求和回收天然气凝液。

（1）生产管输气。

对于需要远距离输送的天然气，为了满足管输气质量要求，需要在管前对天然气进行预处理，然后再经过管道将天然气送到加工厂进一步加工。天然气在管道内输送时不允许有凝液析出，必须将天然气中的重烃脱除，否则会带来如下问题：①天然气中出现凝液，会使管道的流动压降大幅度增加，增加输送过程中的动力消耗；②含有液相的天然气，在使用和加工前必须设置捕集器进行气液分离，以保护下游设备。

为了防止管输过程中出现凝液，可以考虑采用以下两种方法对天然气进行预处理：①适度回收天然气凝液，使天然气的烃露点满足管输要求，保证天然气在管道内输送时为单相流动，此法称为露点控制；②将天然气压缩至临界冷凝压力以上冷却后再进行管道输送，从而防止在输送管道中形成两相流动，此法称为密相输送。密相输送的管道直径较小，但管壁较厚，能耗很高。

（2）满足商品气质量要求。

为满足商品气对组成和热值等的质量要求，需对油气田开采得到的天然气采用不同的加工和处理方式。

① 脱水：主要是满足商品气对水露点的要求。例如，天然气需进行压缩才能输送时，通常先经压缩机的后冷却器与分离器脱除游离水，再经甘醇脱水法等脱除其余的水分。

② 脱酸性气：如果天然气中含有较多的酸性组分（H_2S 和 CO_2），则需要脱除这些酸性组分。

③ 凝液回收：当天然气对烃露点有要求时，则需要对天然气进行凝液回收。如果天然气中可以冷凝回收的烃类很少，只需要适度回收天然气凝液以控制露点即可。如果天然气中氮气等不可燃组分含量较多，则应保留一定量的较重烃类以满足商品气对热值的要求。如果天然气凝液的经济效益优于商品气，则应在满足商品气最低热值的前提下，最大限度地回收天然气凝液。因此，天然气凝液回收的深度不仅取决于天然气的组成，还取决于商品气对热值和烃露点的要求等。

（3）回收天然气凝液。

基于以下几个方面的原因，需对天然气中的重烃进行回收。

① 增加原油产量：从伴生气中回收液态烃，并回调入原油中，增加原油的产量。

② 回收液烃：从凝析气中回收液烃，回收液烃后的残余气回注到储层中以保持储层压力。

③ 提高经济效益：当液态烃的价值比商品气更高时，从天然气中回收液态烃以提高经济效益。

当以从天然气中最大限度地回收凝液为目的时，残余气中的组分主要是甲烷，通常可以满足商品气的热值要求。但当天然气中含有较多的 N_2 及 CO_2 等不可燃组分时，为了满足商品气的热值要求，还需在残余气中保留一定量的乙烷等重组分。当丙烷等重组分的商品价值较高时，则应将天然气中的丙烷及更重烃类全部回收，而乙烷只进行部分回收。

由于凝液回收的目的不同，所得凝液的组成及收率也有所不同。

三、天然气凝液回收工艺

根据生产目的不同，天然气凝液的回收可以在油气田矿场进行，也可以在天然气加工厂或气体回注厂进行。回收方法分为吸附法、油吸收法和冷凝分离法 3 种。

1. 吸附法

吸附法是利用固体吸附剂（如活性炭等）对各类烃的吸附容量不同，使天然气中一些组分得以分离的方法。这种方法通常用于从处理量较小或重烃含量较少的湿气中回收较重烃类，也可以在回收重烃的同时进行脱水。

吸附法的优点是装置比较简单，不需要特殊材料和设备，投资少；缺点是需要几个吸附塔切换轮流操作，成本较高，能耗也较高（如其燃料气的消耗约为处理量的5%），因此应用较少。

2. 油吸收法

吸收法是根据不同烃类在吸收油中的溶解度不同，采用一定分子量的烃类作为吸收油选择性地回收天然气中乙烷以上组分的过程，尤以回收丙烷、丁烷为主。吸收油一般采用石脑油、煤油或柴油，其分子量随吸收温度而定，如常温吸收油的分子量可达180~200，低温吸收油的分子量在100~130，一般都是大于 C_3 的烷烃。一般来说，吸收油的分子量越小，天然气吸收率越高，但吸收油蒸发损失越大。

由于常温回收法的回收率低，基本已被低温油回收法所取代。低温油回收法的操作压力即输气压力，操作温度取决于所要 C_3 收率下外输干气的露点要求，一般为 $-40℃$ 左右，C_3 收率在 80%~90%，C_2 收率一般为 35%~50%。

图 13-6 为低温油吸收法的原则工艺流程图。

原料气在气/气换热器中与外输干气换热后，经外界冷源冷冻制冷（大部分采用液体丙烷汽化制冷），冷却到所需温度的原料气进入吸收塔与冷吸收油逆流接触传质。塔顶排出的冷干气在预饱和器中先与贫吸收油混合，再分成气、液两相，气相被原料气复热后出装置外输，液相为饱和了甲烷、乙烷的冷贫油，从吸收塔顶打入后与原料气进行逆流接触传质。吸收过程中应尽可能减少因气体溶解而导致的温升，以保证较高的吸收率。

塔底的富油先闪蒸除去一部分非目的产物，在较低压力下闪蒸出的主要是甲烷，这是一个绝热膨胀过程，因此闪蒸后的液体温度略有降低。闪蒸后的冷富油在贫/富油换热器中为热贫油降温，温度略有上升后又闪蒸出一部分气相，液相进入脱乙烷塔。

脱乙烷塔的上、下段负荷不同，下部的汽提段直径较大，上部的吸收段直径稍小。吸收段顶部打入冷的贫油作为回流，控制产物的回收率。脱乙烷塔底温度和塔顶贫油的流率取决于丙烷的蒸脱率和后续产物的规格要求（C_2 含量）。如果需要回收乙烷，则还需要一个

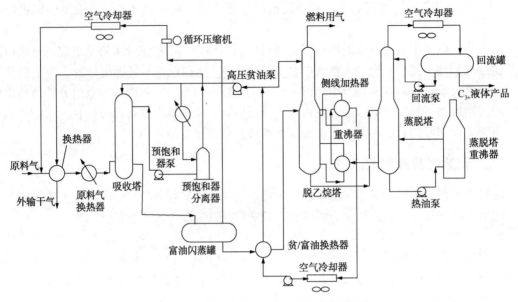

图 13-6　低温油吸收法的原则工艺流程图

类似的脱甲烷塔。

脱乙烷塔底的富油去贫油蒸脱塔，分出 C_{3+} 组分。塔底热贫油先作为脱乙烷塔底热源，再经一系列换热降温，最后经预饱和冷却，重新进入吸收塔顶完成一个吸收—解吸循环。贫油蒸脱塔顶产物进一步分馏成 C_3，或 LPG、轻油等。

低温油吸收法的系统压降小，允许采用碳钢，对 C_3 的选择性较高，对原料气预处理没有严格要求，单套装置处理量大。但设备复杂，投资和操作费用较高。

3. 冷凝分离法

冷凝分离法是在一定的压力下，根据天然气中各组分的挥发度不同，将天然气冷却至露点温度以下，使部分重烃液化并与气相分离，是目前工业上普遍采用的凝液回收方法。分离出的凝液往往再利用精馏的方法进一步分离成单体烃或其他液烃产品。冷凝分离法的特点是需要向体系提供足够的冷量使其降温。

根据提供冷量的制冷系统不同，冷凝分离法可以分为冷剂制冷法、直接膨胀制冷法和联合制冷法 3 种。一般需根据天然气中 C_{2+} 含量和自身可利用的压力降来选择合适的工艺。如果原料气中的 C_{2+} 不太丰富，而天然气有足够的自身压力降可利用，则采用直接膨胀制冷法；如果 C_{2+} 很丰富，而天然气自身压力降膨胀制冷不足以保证目的产物的冷凝，则辅以外界冷源；当天然气的压力很低，膨胀制冷不足以达到所需的冷凝温度和冷凝压力时，经技术经济论证，可采用外冷方式。

透平膨胀机工艺的流程简单、装置投资小、见效快，在工业上得到了广泛应用，因此以透平膨胀法为例介绍冷凝分离法的工艺流程(图 13-7)。

原料气进入装置后，首先经过原料气分离器进行原料气的初级净化，除去原料中的凝析油、游离水和机械杂质等，然后进入一级压缩机增压。由于装置规模较小，一般采用往复式压缩机，一级压缩机的出口压力在 0.8MPa 以下(低压)或 20.0MPa 以下(中压)。压缩后的气体进入分子筛干燥器进行脱水，达到规定的水露点要求。干燥后的原料气进入板翅式换热

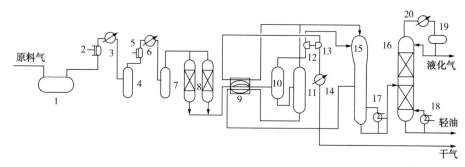

图 13-7　透平膨胀法回收 LNG 原则工艺流程图

1—原料气分离器；2—一级压缩机；3、6、14、20—水冷却器；4、7—级间分离器；5—二级压缩机；

8—分子筛干燥器；9—主冷箱；10—低温分离器；11—脱甲烷塔；12—膨胀机膨胀端；13—膨胀机增压端；

15—脱乙烷塔；16—轻油稳定塔；17、18—再沸器；19—回流罐

器进行冷却，以充分利用装置系统内的冷量，保证进膨胀机的气体温度足够低。

低温原料的气液混合物进入低温分离器进行绝热闪蒸，分出凝液，气体进入透平膨胀机进行膨胀制冷，膨胀机出口温度为 -60 ~ -20℃。低温气体在脱乙烷塔上部的分离器内闪蒸，干气返回主冷箱作为冷却剂，预冷原料气，然后经膨胀机带动的同轴压缩机升压外输。低温分离器分出的凝液经降压节流进一步降温后也进入主冷箱，与原料气换热降温后进入分离系统分离。凝液在脱乙烷塔内脱除 C_2 后，进入轻油稳定塔生产液化气(塔顶)和轻油产品(塔底)。

第五节　天然气的压缩与液化

一、压缩天然气生产

常温和高压(20~25MPa)下，相同体积天然气的质量是常压下的 270~300 倍，可以使储存和运输的效率大大提高，使天然气的利用更方便。例如，压缩天然气(CNG)可以实现"点对点"供应，使供应范围变大，克服了管输天然气的局限性；供应的弹性大，日供气量可以在几十倍甚至数百倍范围内变化；可以采取车、船等灵活多样的运输方式，运输量可灵活调节；容易获得备用气源等。因此，压缩天然气可广泛应用于交通运输、城镇燃气和工业生产领域。

目前，尤其是在代用汽车燃料方面，压缩天然气得到了广泛的应用，并且制定了相应的国家标准——GB 18047—2017《车用压缩天然气》。压缩天然气作为一种理想的汽车代用燃料，应用技术日趋成熟，具有成本低、效益高、无污染、使用安全快捷以及对发动机所造成的危害小等特点。

压缩天然气的生产一般是在压缩天然气站进行的。压缩天然气站是指获得并供应符合质量要求的压缩天然气的场所，可以向运输车或船以及调峰储气设施供气。压缩天然气的生产一般根据原料气(一般为管输天然气)的组成情况，由处理、压缩、储存和供应等部分组成，图 13-8 为天然气加压站生产工艺流程框图。

(1) 调压计量。

主要目的是对进站天然气进行计量。调压的目的是采用调压器将压力不符合设备进口要

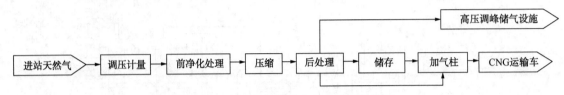

图 13-8 天然气加压站生产工艺流程框图

求的天然气压力调整到符合进口要求的稳定压力。

为减少占地面积，调压计量设备可以组装成橇装式组合调压柜。

（2）净化处理。

主要目的是脱除天然气中不符合压缩天然气质量要求的非理想组分，并对天然气进行调压、过滤、加臭以及必要时的加湿等。

过滤是为了脱除天然气中的固体粉尘，以保护后续的生产设备，如压缩机、调压器、流量计、阀门等。

天然气压气站内的高压设备和管线采用高强度钢制造，对 H_2S 特别敏感。当天然气中 H_2S 浓度较高时，容易发生氢脆，导致钢材失效。此外，GB 18047—2017《车用压缩天然气》中也规定了 H_2S 含量必须低于 $15mg/m^3$。因此，如果进站天然气中 H_2S 含量较高，就应该进行脱硫，一般采用干法塔式脱硫工艺。干法脱硫工艺的净化度较高，设备简单，操作方便，占地面积小，但在更换或再生脱硫剂时有一定的污染物排放，废脱硫剂的处理也是一个问题。干法脱硫工艺的脱硫剂有活性氧化铁、高效氧化铁、活性炭以及分子筛等，目前多采用氧化铁脱硫剂。

天然气一类、二类质量指标中规定 CO_2 含量不大于 3%（体积分数），如果进站气中的 CO_2 含量大于 3%（体积分数），就需要对天然气进行脱碳。CO_2 的临界压力为 7.4MPa，临界温度为 31℃，可以采用加压冷凝法脱除。

压缩天然气中的水在减压膨胀过程中会结冰而堵塞设备管道，且天然气中的酸性气体可与冷凝水形成酸性溶液而腐蚀设备。如原料气的水露点高于相关要求，就需要进一步脱水，一般采用分子筛脱水。

为了确保使用安全，GB 18047—2017《车用压缩天然气》中规定压缩天然气应有可察觉的臭味。因此，无臭味或臭味不足的天然气应加臭。

有的天然气压气站为了保持氧化铁脱硫剂的活性，改善氧化铁的脱硫效果，对水露点较低的进站天然气进行加湿，或对脱硫剂进行保湿处理。

为了防止湿气甚至是干气因节流效应导致水分结冰，必要时还需对天然气进行加热。

（3）压缩。

天然气压缩是指将处理后的天然气压缩至所规定高压的过程。往复式压缩机是天然气压缩的首选机型，该压缩机适用于排量小、压缩比高的情况。往复式压缩机的压缩比通常为（3~4）:1，每级压缩比一般不超过 7。当天然气的压缩比较高时，可采用多级配置。通常天然气出压缩机的最终压力为 25MPa，单台排量为 $250\sim1500m^3/h$。

往复式压缩机是压缩天然气站的核心设备，根据进站天然气的压力不同，一般采用 2~4 级。除压缩机组外，还包括加气缓冲和废气回收罐、润滑、冷却、除油净化及控制系统等。

（4）储存。

压缩天然气储存设施的最高工作压力取决于储存的最高允许压力（如25MPa），而最低工作压力与取气设备的最高工作压力有关，例如，对于压缩天然气运输车，需要的工作压力一般为20MPa；而对于城镇燃气管网，最高工作压力一般为0.4MPa、0.8MPa或1.6MPa。因此，对于不同的取气设施，压缩天然气储存设施的容积利用率不同。例如，压缩天然气运输车的工作压力很高，与压缩天然气储存设施的压差很小，储存设施的容积利用率在不考虑压缩因子的情况下只有20%左右，而对于城镇燃气管网，储气设施的容积利用率可达93%~98%。

为提高压缩天然气运输车等高压设施取气时的容积利用率，压缩天然气站可采用不同的储气调度制度，其核心是分压力级别储气和取气。

储气压力分级制度是按储气设施不同工作压力范围，分级设置储气设备的储气工艺制度，简称储气分级制度或储气分区制。一般将最低工作压力较低的储气设备组称为低压级储气设备，压力较高的称为高压级储气设备，居于二者之间者称为中压级储气设备。天然气压气站应根据运行制度和加气制度综合确定其采用的储气分级制，如压缩天然气汽车加气站通常采用三级制，即高压制、中压制和低压制。

天然气经处理、压缩后成为压缩天然气，需根据储气调度制度，经一定程序送入各储气设施储存。储气调度制度包括压力分级方式、储气优先顺序及控制制度等，一般与压缩天然气站的功能及工艺有关。储气设施一般包括储存设备及管线系统，储存设备包括储气瓶、地下储气井和球罐等。

（5）加气。

压缩天然气站对运输设备进行加气时，一般采用加气柱加气工艺流程。当对压缩天然气运输车等不连续运输设备进行加气时，应采用压缩机直充（直接加气）工艺；反之，应采用压缩机直充和储气设施辅助充气工艺。

（6）回收和放散。

天然气加压站的压缩机卸载排气、脱水装置干燥剂再生后的湿天然气、加气机软管泄压气以及油气分离器分出的天然气等，不能直接排放到环境中，需要回收以防对环境造成危害。回收方式应根据需回收气体的性质和压力而定。

对于无法回收的天然气，当符合排放标准时应按照安全规定进行放散。

二、液化天然气生产

LNG的生产始于20世纪40年代，目前已形成了包括LNG生产、储存、运输、接收、再汽化、冷量利用和调峰等一系列完整的产业链，并且与之相关的压缩机、深冷换热器、设备和装置模块化设计等技术也得到了快速发展。

天然气的产地往往不在工业和人口集中的消费地，尤其是海上天然气的开发，因此必须解决天然气的运输和储存问题。此外，由于季节、气候、用量变化等会导致天然气的消耗量发生很大的变化，还有输气系统产生故障等，必须考虑天然气的储存问题。为解决气体体积大、储存难的问题，天然气必须在压力下储存。最初，往往建造专门的储气库，在天然气负荷低峰时，将天然气注入储气库；在负荷高峰或输气系统故障时，将储气库中的天然气补入管网以保证供气需求。

如果将天然气（主要为CH_4）深冷至其沸点（-161.5℃）以下，变成液体储存在-161.5℃、

0.1MPa 左右的低温储罐内，由于此时 LNG 的体积约为标准状态下的 1/630，给天然气的储存和运输带来极大的便利。液化天然气是目前天然气跨地区远洋储运的唯一有效方法。

1. 天然气液化厂的类型

天然气液化一般在天然气液化厂内进行。天然气液化厂按照使用目的不同，一般分为基地型和调峰型两类。

基地型天然气液化厂也称为基本型，一般建在气源地附近，主要供远离气源的用户或出口，是生产液化天然气的主要工厂，特点是液化能力大。这类液化厂的储罐容量也较大，一般还附有码头和装载设施。

调峰型液化厂多建在用户附近，主要调节工业和民用用气的不平衡性，将用气低峰时相对多余的管输天然气液化并储存起来，在用气高峰时再汽化后供用户使用。特点是液化能力较小，甚至可间断运行，但储存容量、LNG 再汽化能力大。

2. 天然气液化工艺流程

天然气液化工艺流程有不同的型式，其核心是制冷。天然气液化厂一般包括两部分，即原料气的预处理(净化)和天然气液化。作为完整的工业体系，还应该包括 LNG 的储存、运输、再汽化和冷量回收等部分。

(1) 天然气预处理。

不管采用哪一种工艺流程，天然气液化前都需要进行预处理。所谓的预处理，就是脱除天然气中的硫化氢、二氧化碳、水分、重烃和汞等杂质的过程。天然气液化装置在较低温度(小于−160℃)下运转，为防止杂质腐蚀设备及低温冻结堵塞管道和设备，原料气在进液化装置前必须进行预处理。一般要求进低温液化装置的天然气中 H_2S 小于 $3.5mg/m^3$，COS 小于 $0.1mg/m^3$，硫化物总量小于 $50mg/m^3$，CO_2 小于 $100mg/L$，水分小于 $0.1mg/L$，Hg 小于 $0.01\mu g/m^3$。

天然气中的 H_2S 要符合管输要求，一般在油气田外输时已进行处理。

CO_2 的脱除方法视液化装置规模和原料气中的 CO_2 含量而定。一般认为液化能力小于 $500t/d$、原料气中 CO_2 含量低于 0.5% 的装置可以采用分子筛吸附脱除 CO_2。而原料气中 CO_2 含量较高、液化装置处理量较大时，应考虑采用醇胺溶液或碳酸丙烯酯吸收法脱除 CO_2。

由于在超低温下运行，LNG 装置对原料气中水分的含量要求特别严格，往往需要脱除全部水分，因此一般使用分子筛、活性氧化铝等固体吸附剂作为最终的水分脱除手段。

C_5 以下烃类可溶于 LNG，但如果天然气中含有高沸点的烷烃、环烷烃和芳烃时，深冷过程中有可能形成固体而造成设备和管线堵塞，在工艺上应该考虑液化前从系统中将这些重烃除去。

汞对天然气液化过程中使用的铝质板翅式换热器有腐蚀作用，也会造成污染并对人员造成伤害，必须除去。在高速流下，汞与硫在催化反应器中可脱除至 $0.01\mu g/m^3$ 以下。

(2) 天然气液化。

根据制冷方式不同，天然气液化可分为级联式液化、混合制冷剂液化和带膨胀机的液化 3 种基本流程。下面以基地型天然气液化厂中常用的丙烷预冷混合冷剂制冷工艺为例介绍天然气液化的工艺流程。

混合制冷剂液化采用多组分混合物作为制冷剂，一般由 C_1—C_5 的烃类和 N_2 等 5 种以上组分组成，具体组成根据原料气组成及压力而定。工作时根据多组分混合物中的重组分先冷凝、轻组分后冷凝的特性，将它们依次冷凝、节流、蒸发得到不同温度级的冷量，使对应的天然气组分冷凝并最终将其全部液化。

混合制冷剂液化工艺既包括了天然气液化所需的全部温度范围，又可只用一台(或几台同类型)压缩机。混合制冷剂液化的工艺流程简单、管理方便、机组设备少、投资小，对制冷剂纯度要求不高，混合制冷剂可部分或全部从天然气本身提取与补充。但也存在能耗较高，对混合制冷剂的配比要求严格，设计计算比较困难等不足。

所谓的丙烷预冷混合制冷剂工艺，是指首先利用丙烷预冷循环将天然气从40℃预冷至−30℃，然后再用混合制冷剂将天然气从−30℃冷却至−160℃。这种工艺的流程简单，效率高，在天然气液化装置中得到了广泛的应用，目前全世界约80%的基地型天然气液化装置采用丙烷预冷混合制冷剂液化流程。

图13−9为丙烷预冷混合制冷剂天然气液化原则工艺流程图，包括丙烷预冷循环、混合制冷剂循环和天然气液化3部分。

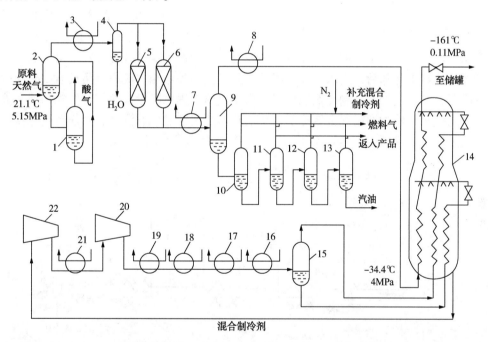

图 13−9　丙烷预冷混合制冷剂天然气液化原则工艺流程图
1—再生塔；2—吸收塔；3，18—高压丙烷换热器；4—水分离器；5，6—干燥器；7，17—中压丙烷换热器；
8，16—低压丙烷换热器；9—重烃分离器；10—甲烷分离器；11—乙烷分离器；12—丙烷分离器；
13—丁烷分离器；14—低温换热器；15—气液分离器；19，21—水冷却器；20，22—制冷剂压缩机

原料气中的CO_2和H_2S用环丁砜法脱除后，冷却到21℃(略高于水合物的形成温度)，冷凝分离出大部分的水分，剩余的水分由分子筛干燥器进一步脱除。净化后的天然气经重烃分离器分离出重烃，再用丙烷预冷循环预冷到−34.4℃，在4MPa压力下进入混合制冷剂循环的低温换热器，进行冷却、冷凝和过冷，经节流阀降压后的LNG送入常压储罐。重烃分离器分离出的重烃经重烃分离装置分离出甲烷、乙烷、丙烷和丙烷等，补充混合制冷剂的损耗。

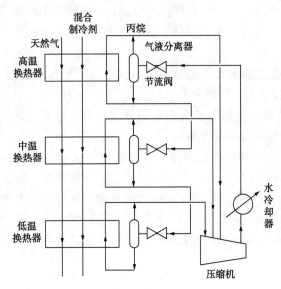

图 13-10　丙烷预冷循环示意图

丙烷预冷循环部分的工艺流程如图 13-10 所示。丙烷通过 3 个温度级的换热器，为天然气和混合制冷剂提供冷量。丙烷经压缩、水冷后，再经节流进入气液分离器，产生气、液两相，气相返回压缩机；液相分成两部分，一部分用于冷却天然气和混合制冷剂，另一部分作为后续流程的制冷剂。

混合制冷剂循环主要用于深冷和液化天然气，其工艺流程如图 13-11 所示。混合制冷剂经两级压缩后，先用水冷却，然后再用丙烷预冷循环冷却，进入气液分离器 1 分离成气、液两相。液相经换热器 1 冷却后，节流降压降温，与返流的混合制冷剂混合，为换热器 1 提供冷量，冷却天然气和从气液分离器 1 出来的气相和液相两股混合制冷剂。从气液分离器 1 出来的气态混合制冷剂经换热器 1 冷却后，进入气液分离器 2 分成气相和液相，液相经换热器 2 冷却后再节流降压降温，与返流的混合制冷剂混合后，为换热器 2 提供冷量，冷却天然气和从气液分离器 2 出来的气相和液相两股混合制冷剂。从换热器 2 出来的气态混合制冷剂经换热器 3 冷却后，节流降压降温后再进入换热器 3，冷却天然气和气态混合制冷剂。

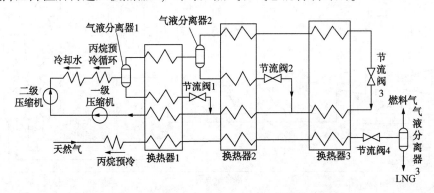

图 13-11　丙烷预冷混合制冷液化流程示意图

（3）LNG 的再汽化。

LNG 在使用前必须经汽化后才能送给用户，称为 LNG 的再汽化。再汽化主要在汽化器内进行，按 LNG 所承担的任务不同，汽化器可分为两大类，即常规汽化量的汽化器和调峰用的高效汽化器；按汽化器的加热形式不同，LNG 汽化器又可分为常温空气加热汽化器、直接加热式汽化器和间接加热式汽化器 3 种，不同的汽化器适用于不同的工况。

LNG 具有巨大的低温冷量，常压下，液体甲烷的汽化潜热约为 510kJ/kg，加上复热到常温的冷量，每千克液化天然气大约可以回收 830kJ 冷量。因此，利用 LNG 再汽化时的冷量有很大的经济效益。目前，LNG 冷量的利用主要是使一些工业气体液化或代替石化企业的现用冷源。此外，在海水淡化、发电、空调、冷冻冷藏、空气液化、低温破碎固体、制液

体 CO_2 或干冰等方面，都可以利用 LNG 可观的冷量。

第六节　硫黄回收与尾气处理

天然气中的硫主要以 H_2S 的形式存在，为了避免环境污染及对天然气生产和利用带来不利影响，H_2S 必须从天然气中脱除。脱硫装置的酸性气中含有相当数量的 H_2S，可以用来生产优质硫黄。

由天然气中的 H_2S 生产硫黄的方法有很多。目前工业上应用比较多的是克劳斯(Claus)法，该法以醇胺法等脱硫脱碳装置得到的酸性气为原料生产硫黄。克劳斯反应是可逆反应，受热力学和动力学限制，以及过程中的硫损失等问题，常规克劳斯法的硫收率一般只能达到 92%~95%，即使将催化转化段由两级增加至三级甚至四级，硫收率也难以超过 97%。尾气中残余的硫需经过焚烧后转化成毒性较小的 SO_2 排放至大气，但当排放气体不能满足环保要求时，就需要配备尾气处理装置处理，再经焚烧，使排放气体中的 SO_2 含量和(或)浓度符合要求。中国规定，对已建硫黄生产装置的硫回收率需达到 99.6% 才能符合最高 SO_2 允许排放浓度($1200mg/m^3$)，新建装置则需达到 99.7%。尾气处理装置回收的硫黄仅占酸性气中总硫量的百分之几，虽然从经济上难获效益，但具有非常显著的环境效益和社会效益。

一、克劳斯法的化学反应

最初的克劳斯法是在铝矾土或铁矿石等催化剂床层中进行的，用空气中的氧直接将 H_2S 氧化生成元素硫和水。化学反应式如下：

$$H_2S+\frac{1}{2}O_2 \Longrightarrow S+H_2O$$

该反应为强放热反应，反应过程很难控制，且反应热无法回收，硫收率也较低。1938 年德国 Farben 公司提出了改进的克劳斯法(但目前仍习惯称为克劳斯法)，将 H_2S 的氧化分为两个阶段。第一阶段是热反应段或燃烧反应段，在反应炉中将 1/3 体积的 H_2S 燃烧生成 SO_2，并放出大量热量，酸性气中的烃类也全部燃烧；第二阶段为催化反应段或催化转化段，将热反应中燃烧生成的 SO_2 与酸性气中剩余的 2/3 体积的 H_2S 在催化剂上反应生成元素硫，放出少量热量。

热反应段的反应如下：

$$H_2S+1\frac{1}{2}O_2 \Longrightarrow SO_2+H_2O \qquad \Delta H(298K)=-518.9kJ/mol$$

催化反应段的反应如下：

$$2H_2S+SO_2 \Longrightarrow \frac{3}{x}S_x+2H_2O \qquad \Delta H(298K)=-96.1kJ/mol$$

总反应式如下：

$$3H_2S+1\frac{1}{2}O_2 \Longrightarrow \frac{3}{x}S_x+3H_2O \qquad \Delta H(298K)=-615.0kJ/mol$$

上述反应式只是对克劳斯反应的简化描述，事实上，硫蒸气中各种分子形态硫(S_2、S_3、S_4、S_5、S_6、S_7 和 S_8)的存在，使反应的化学平衡变得非常复杂。此外，原料气中烃类、

CO_2 等在反应炉内发生的副反应又导致 COS、CS_2、CO 和 H_2 的产生，更增加了过程的复杂性。

通常，克劳斯装置的原料气中 H_2S 的含量为 30%~80%(体积分数)，烃类含量为 0.5%~1.5%(体积分数)，其余主要是 CO_2 和饱和水蒸气，此时，克劳斯法反应炉的温度在 980~1370℃，生成的硫分子形态主要是 S_2。

克劳斯法硫黄回收过程的反应都是可逆反应，反应中生成的 S_x 包括 S_2、S_3、S_4、S_5、S_6、S_7 和 S_8 等，反应平衡非常复杂。反应温度较低(如催化反应段中)时，硫蒸气中的 S_5、S_6、S_7 和 S_8 等分子量较大的硫分子含量较多；反应温度越高(如热反应段的加热炉中)时，硫蒸气中的 S_2、S_3 和 S_4 等分子量较小的硫分子含量越多。因此，反应温度较低时，由于硫蒸气分子构成的变化，有利于反应向正方向进行。

二、克劳斯法工艺流程

克劳斯法工艺一般包括热反应、余热回收、硫冷凝、再热和催化反应等部分。由这些部分可以组合成各种不同的硫黄回收工艺，用于处理不同 H_2S 含量的原料气。目前常用的克劳斯法有直流法、分流法、硫循环法及直接氧化法等，其基本原理均相同，不同工艺的主要区别在于保持热平衡的方法不同。在这些工艺的基础上，又根据预热、补充燃料等方法不同，衍生出各种不同的变体工艺。其中直流法和分流法是最主要的工艺方法，下面以直流法为例介绍克劳斯法硫黄回收工艺流程。

直流法也称直通法、单流法或部分燃烧法。特点是原料气全部进入反应炉，进反应炉的空气严格按照化学计量配给，仅供原料气中 1/3 体积的 H_2S 及全部烃类、硫醇燃烧，只能使原料气中的部分 H_2S 燃烧生成 SO_2，以保证燃烧后过程气中的 H_2S 与 SO_2 的物质的量比为 2。反应炉内虽然没有催化剂，但仍能将部分 H_2S 转化成元素硫，转化率随反应炉的温度和压力不同而异。

直流法反应炉内的 H_2S 转化率一般可以达到 60%~70%，大大减轻了催化反应段的反应负荷，有助于提高硫收率，是硫黄回收优先考虑的工艺流程。直流法的前提是原料气中的 H_2S 含量大于 55%，这样才能保证酸性气和空气燃烧的反应热足以维持反应炉内的温度不低于 980℃，这是因为通常认为此温度是反应炉内火焰处于稳定状态而且能有效操作的下限。如果有酸性气和空气预热或使用富氧空气，原料气中的 H_2S 含量也可以低于 55%。

以部分酸性气为燃料，采用在线燃烧式再生器进行再热的直流法三级硫黄回收装置的原则工艺流程如图 13-12 所示。

原料气在反应炉内部分燃烧，放出热量，反应炉内的温度可高达 1100~1600℃。由于反应炉内的温度非常高，导致部分副反应(特别是 H_2S 的裂解反应)发生，生成少量的 COS 和 CS_2 等。风气比(空气量与酸性气之比)和操作条件是影响硫收率和副反应的关键，因此克劳斯法通常需控制实际空气量低于化学计量的空气量。

反应炉出来的含有硫蒸气的高温燃烧产物进入余热锅炉回收热量。然后进入一级硫冷凝器，经冷却、分离除去液硫后，进入一级再热器。再热器由反应炉前分出的部分原料气燃烧加热，使一级硫冷凝器出来的过程气在进入一级转化器前达到所需要的反应温度。

再热后的过程气在一级转化器中反应后进入二级硫冷凝器除去液硫；然后进入二级再热器，再热至所需温度后进入二级转化器进一步反应，反应后的过程气进入三级硫冷凝器分出

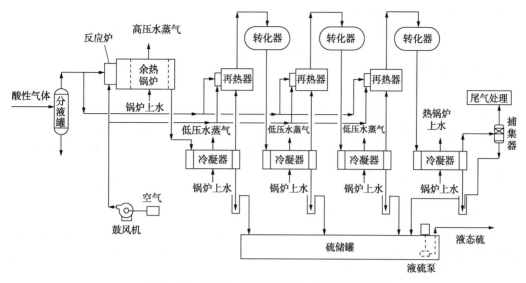

图 13-12　直流法三级硫黄回收工艺原则流程图

液硫；分出液硫后的过程气再去三级再热器，再热后进入三级转化器，使气体中的 H_2S 和 SO_2 最大限度地转化成元素硫。三级转化器出来的过程气进入四级硫冷凝器冷却，以除去最后生成的硫。

脱除液硫后的尾气中仍含有少量的 H_2S、SO_2、COS、CS_2 和硫蒸气等，经焚烧后才能排放，或是去尾气处理装置进一步处理后再焚烧排放。

各级硫冷凝器分出的液硫进入液硫槽，经成型后即成为硫黄产品，也可以直接以液硫的形式外输销售。

一般来说，克劳斯法需要设置两级或者更多的催化转化器。较低的转化温度可以获得较高的转化率，但为了防止液硫在转化器中的催化剂上凝结而导致催化剂失活，转化器出来的过程气温度应高于该过程气的硫露点温度，因此单一反应器很难获得较高的硫转化率。此外，一级转化器中为使有机硫水解也需采用较高的温度，而二级及以后的转化器则采用逐级降温的方式以获得更高的转化率。有的克劳斯法工艺设置了三级甚至四级转化器，但三级转化器对硫收率的影响仅有 1.3% 左右，四级转化器的影响更小，因此克劳斯法多采用两级转化。

从硫黄回收效果来看，直流法的总硫收率是最高的。

三、硫收率的影响因素

影响硫收率的因素较多，最主要的是原料气组成、风气比、催化剂和再热方式等。

1. 原料气组成

原料气组成是克劳斯法工艺硫收率的重要影响因素，主要包括原料气中的 H_2S 含量及杂质含量。

原料气中的 H_2S 含量高，则硫收率增加，装置投资也可以降低。因此，在硫黄回收装置之前的脱硫脱碳装置采用选择性脱硫方法，可以有效降低酸性气中的 CO_2 含量，提高克劳斯法工艺的硫收率并降低装置投资。

原料气中一般都含有 CO_2，它不仅会降低原料气中 H_2S 的含量，还会在反应炉内与 H_2S 反应生成 COS 和 CS_2，使硫收率降低。例如，原料气中的 CO_2 含量从 3.6% 增加至 43.5%

时，随尾气排放的硫损失将增加 52.2%。

原料气中的烃类和其他有机化合物，不仅会增加反应炉和余热锅炉的热负荷，还会增加空气的需求量。而当空气不足时，分子量较大的烃类(尤其是芳烃)和脱硫脱碳带入的溶剂，还会在高温下与硫反应生成焦炭和焦油状物质，影响催化剂活性。此外，过多的烃类还会增加反应炉内 COS 和 CS_2 的生成量，影响总转化率。

硫黄回收装置的原料气中含有部分水蒸气，同时克劳斯法的反应产物中也有水蒸气，这些水蒸气能够抑制克劳斯反应，降低反应物的分压，从而降低总转化率。

虽然原料气中的杂质对克劳斯法装置的设计和操作有很大影响，但一般不在进装置前预先脱除，而是通过改进克劳斯法装置的设备和操作条件等来解决。

2. 风气比

风气比是指进入反应炉的空气与酸性气的体积比。在反应炉内，由于存在少量的 H_2S 裂解等副反应，使化学反应复杂化，因此应使总的风气比略低于化学计量要求。在转化器内，H_2S 和 SO_2 是按物质的量比为 2 进行反应的，因此风气比应保证进入转化器的过程气中 H_2S/SO_2 的物质的量比为 2 左右。

风气比的微小偏差(即空气不足或过剩)都会导致 H_2S/SO_2 的物质的量比不当，使硫的平衡转化率降低，尤其是空气不足时，对硫平衡转化率损失的影响更大。

当克劳斯法装置后面设置有低温克劳斯尾气处理装置时，严格控制风气比更为重要，如当风量与理想值相差 5% 时，硫收率将由 99% 降至 95%。因此，目前不少装置都配置了在线分析尾气中 H_2S/SO_2 比值的装置并实时反馈调节风量。

3. 催化剂

克劳斯法对催化剂的要求并不苛刻，但为了保证克劳斯过程的最佳效果，仍要求催化剂具有较好的活性和稳定性。此外，由于反应炉内经常产生远高于平衡值的 COS 和 CS_2，还要求一级转化器的催化剂具有促使 COS 和 CS_2 水解的良好活性。

目前工业上使用的催化转化催化剂主要包括高纯度氧化铝及加有添加剂的以活性氧化铝为主的铝基催化剂和非铝基催化剂(如二氧化钛含量高达 85% 的钛基催化剂)两大类。

在使用过程中，催化剂会因种种原因而导致活性降低，即所谓的失活。由催化剂内部微孔结构遭到破坏而引起的失活是无法恢复活性的；对于外部情况引起的失活，有的情况(如硫沉积)可采取措施使催化剂活性部分或完全恢复，有些情况(如少量焦炭沉积)对活性影响不大，但沉积量较大时有可能导致催化剂完全失活。

4. 再热方式

过程气进入转化器之前需要进行再热，以便使转化器内有较高的反应速率，并确保过程气的温度高于硫露点。对于进入转化器的过程气温度，通常要求如下：(1)比预计的出口硫露点高 14~17℃；(2)温度尽可能低，以使 H_2S 的转化率最高，但也应高到反应结果令人满意；(3)对于一级反应器，反应温度还应足以使 COS 和 CS_2 充分水解以生成 H_2S 和 CO_2。

常用的再热方法有热气体旁通法、直接再热法和间接再热法 3 种。

热气体旁通法又称高温掺合法，是从余热锅炉的侧线引出一股热过程气，将其与转化器上游的硫冷凝器出口过程气混合加热的方法。该方法的成本最低，易于控制，压降较小，但总硫收率较低。一般可用于前两级转化器的再热。

直接再热法是采用在线燃烧器燃烧燃料气或酸性气，将燃烧产物与硫冷凝器出口过程气混合加热的方法。该方法可将过程气加热到任意温度，压降也较小。不足是如果采用酸性气作为燃料，可生成 SO_3；采用燃料气作为燃料，可生成烟炱，堵塞床层，引起催化剂失活。

间接再热法通常采用高压蒸汽、热油或热过程气，利用换热器加热硫冷凝器出口过程气，也可采用加热炉或电加热器。该方法的总硫收率高，催化剂因硫酸盐或炭沉积引起失活的可能性小。不足是成本较高、压降大，且转化器进口温度受加热介质的温度限制。

不同的加热方法会影响总硫收率，各种再热法的总硫收率排列顺序如下：热气体旁通法<直接再热法<间接再热法。热气体旁通法一般只适用于一级转化器，直接再热法可适用于各级转化器，间接再热法一般不适用于一级转化器。

此外，硫黄回收过程中有机硫的损失、硫蒸气损失以及夹带硫损失等都会影响克劳斯法的硫回收率。

四、克劳斯法尾气处理工艺

采用常规克劳斯法从酸性气中回收硫黄时，受化学反应平衡限制，硫黄回收率不会太高，且尾气中一般还含有 H_2S、SO_2、COS、CS_2 及硫蒸气等，达不到国家规定的硫回收率及尾气排放要求。因此，大多数克劳斯法装置之后还需要设置尾气处理装置。按照工艺原理不同，尾气处理一般可分为低温克劳斯法、还原—吸收法和氧化—吸收法 3 类。

1. 低温克劳斯法

低温克劳斯法也称亚露点法，在低于硫露点的温度下继续进行克劳斯反应，从而使包括克劳斯法装置在内的总硫收率接近99%，尾气中 SO_2 浓度为 $1500 \sim 3000 \text{mL/m}^3$。低温克劳斯法可以使用固体催化剂，也可以使用液相催化系统。

（1）固相催化低温克劳斯法。

低温克劳斯法的反应温度低于硫露点，反应生成的液硫将沉积于催化剂上。因此，需定期升高温度以惰性气体或过程气将硫带出而使催化剂活性恢复。该工艺是一种非稳态运行工艺，系统内至少需要设置两台反应器，以实现装置的连续运行，其原则工艺流程如图13-13所示。

为了提高过程的硫转化率，固相低温克劳斯法使用的催化剂应比常规克劳斯法催化剂的活性高。低温克劳斯法通常不能使有机硫转化，因此克劳斯装置内必须控制有机硫的生成并使其在一级转化器内有效转化，否则低温克劳斯法将无法达到要求的总硫收率。

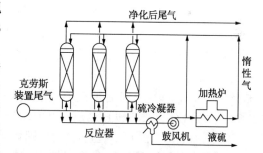

图13-13　固相低温克劳斯法原则工艺流程图

（2）液相催化低温克劳斯法。

液相催化低温克劳斯法以苯甲酸钾类的羧酸盐为催化剂，在 $120 \sim 150 ℃$ 下，让克劳斯法尾气在聚乙二醇400溶液中进行克劳斯反应，生成的液硫在重力作用下与溶剂分离。其原则工艺流程如图13-14所示。

2. 还原—吸收法

还原—吸收法是将克劳斯法装置尾气中的各种形态的硫先转化成 H_2S，再采用吸收方法将 H_2S 从尾气中除去。该方法包括克劳斯法装置在内的总硫回收率接近99.5%，甚至可达到99.9%，可满足目前严格的尾气 SO_2 排放标准。

典型的还原—吸收法工艺为壳牌公司开发的 SCOT 工艺，是目前工业应用最多的尾气处

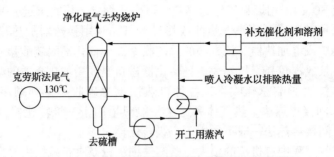

图 13-14　液相催化低温克劳斯法原则工艺流程图

理方法之一。SCOT 工艺首先通过加氢还原将各种形态的硫转化成 H_2S，再经选择性溶液吸收 H_2S，以不同的方式转化，总硫收率可达 99.8% 以上。该方法的基本原则工艺流程如图 13-15 所示，主要包括还原段、急冷段和选择性吸收段 3 部分。

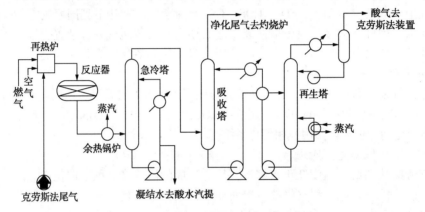

图 13-15　还原—吸收法原则工艺流程图

在还原段，尾气中的硫化物基本上全部加氢还原或水解生成 H_2S。还原反应是一个催化反应过程，通常采用担载在 Al_2O_3 上的钴钼催化剂，反应温度需根据催化剂性能确定，一般为 300 ~ 340℃，最高不超过 400℃。还原反应所用的氢气既可由外部提供，也可在装置内设置一个不完全燃烧发生还原气的设施。当还原气中含有 CO 时，反应器中还会存在 CO 与 SO_2、S_8、H_2S 及 H_2O 的反应，因为 CO 与 H_2S 和 H_2O 反应可生成活性很高的氢气，所以 CO 的存在对各种形态的硫转化成 H_2S 是有利的。但 CO 含量较高时，则有可能与 SO_2 和 S_8 反应生成 COS。

离开反应器的过程气经余热锅炉回收热量后去急冷塔，利用循环水将过程气冷却至常温，同时降低其中的水含量、除去气体中的催化剂粉尘及痕迹的 SO_2。气体中的 H_2S 和 CO_2 会溶于水中，产生的凝结水去酸性水汽提系统。

经急冷后的常温过程气进入吸收塔，采用选择性脱硫溶液吸收 H_2S，富液送至再生塔解吸，再生塔顶的酸性气去克劳斯法装置处理。目前工业上选择性吸收的溶剂普遍采用甲基二乙醇胺（MDEA）。

3. 氧化—吸收法

氧化—吸收法先将尾气中各种形态的硫氧化成 SO_2，将 SO_2 吸收后再采用不同的方法转化成产品，如元素硫、焦亚硫酸钠或其他产品等。

脱除烟道气中 SO_2 的方法均可用于处理克劳斯法尾气，但目前克劳斯法尾气的处理很少采用氧化—吸收法。

第三篇
基本有机化工原料生产过程

　　工业上最主要的基本有机化工原料包括乙烯、丙烯、丁二烯、苯、甲苯、二甲苯、乙炔和萘，合称为八大基础原料，除此以外，常见的基本有机化工原料还包括甲醇、乙醇、甲醛、醋酸以及环氧化合物等。这些化合物是利用自然界中大量存在的石油、煤、天然气等为原料，通过各种化学过程加工制得的。这些产品一般不能直接用于人们的生活，而是生产三大合成材料(合成树脂、合成纤维、合成橡胶)的单体，也是合成洗涤剂、医药、染料、香料等的重要原料和中间体，在现代有机化工工业中占有不可替代的地位。

　　由于石油与天然气资源丰富，制取烯烃、芳烃的方法简单，成本低，因此，目前工业上80%以上的基本有机化工原料是由石油和天然气生产的。

　　本篇主要介绍以石油和天然气为原料生产基本有机化工原料的过程。

第十四章　低碳烯烃生产

低碳烯烃是以乙烯为代表的，包括乙烯、丙烯和丁烯的，常温下呈气态的多种低分子量烯烃的统称。

由于采用的原料和生产工艺不同，低碳烯烃有多种不同的生产方法，包括管式炉裂解制乙烯、甲醇制烯烃、甲烷制烯烃、催化裂解制烯烃、合成气制乙烯以及其他裂解技术制烯烃等。

炼化企业生产低碳烯烃的原料主要包括两大类：一类是天然气加工得到的轻烃，如乙烷、丙烷、丁烷、天然汽油等；另一类是炼油厂加工的产品，包括炼厂气、汽油、煤油、柴油、重油、渣油等，以及炼化企业二次加工的油品，如焦化加氢油、加氢裂化油等。

第一节　管式炉裂解制乙烯

裂解是将石油中的烃类原料经高温作用，使烃类分子发生碳链断裂或脱氢反应，生成分子量较小的烯烃和烷烃的过程。石油化学工业中大多数中间产品(有机化工原料)和最终产品(三大合成材料)均以烯烃和芳烃为原料，除由重整生产芳烃以及由催化裂化液化气回收部分烯烃(主要是丙烯和 C_4 烯烃)外，主要由乙烯裂解装置生产各种烯烃和芳烃。乙烯裂解装置在生产乙烯的同时，副产大量的丙烯、丁烯、丁二烯、苯、甲苯和二甲苯等，是石油化工基础原料的主要来源。世界上约90%的丙烯、90%的丁二烯、30%的芳烃来自乙烯裂解装置。以三烯(乙烯、丙烯、丁二烯)、三苯(苯、甲苯和二甲苯)总量计，约65%来自乙烯生产装置。因此，乙烯生产在石油化工基础原料生产中占主导地位，乙烯生产的规模、成本、生产稳定性、产品质量等将直接影响企业的生产和效益，乙烯装置在石化企业中成为关系全局的核心装置。工业上常以乙烯生产能力作为衡量一个国家和地区石油化工生产水平的标志。

一、乙烯裂解原料及产物

1. 裂解原料的种类

管式炉裂解的原料来源广、种类多，是影响乙烯产品质量、收率和成本的重要因素，乙烯原料的选择和优化是裂解制乙烯工艺设计和操作的主要因素之一。

裂解原料按照常温、常压下的相态，可分为气体原料和液体原料两大类。气体原料包括天然气、油田气、凝析油及炼厂气中分离出的乙烷、丙烷、丁烷、液化石油气等；液体原料是指各种液态的石油产品，主要有凝析油、石脑油、加氢裂化尾油和柴油等，也可以是重油、渣油以及炼油厂二次加工油，如焦化加氢油、加氢裂化尾油等。

天然气(尤其是凝析气及油田伴生气)中除含有甲烷外，一般还含有一定量的乙烷、丙烷、丁烷、戊烷以及更重的烃类。为了符合商品天然气质量指标，或为了获得宝贵的液体燃料和化工原料，通常需将天然气中的烃类按照一定要求进行分离与回收。目前，天然气中的乙烷、丙烷、丁烷、戊烷以及更重的烃类，除乙烷有时是以气体形式回收外，其他都是以液体形式回收的。从天然气中回收到的液烃混合物称为天然气凝液（NGL），简称液烃或凝液，中国习惯上称为轻烃。天然气凝液可直接作为商品，也可以直接用作乙烯裂解原料。

炼厂气是原油在炼厂加工过程中所得副产气的总称，主要包括催化裂化气、加氢裂化气、焦化气、重整气等。炼厂气是低级烃类的混合物，甲烷含量低，主要是 $C_2—C_4$ 组分，其中的 $C_2—C_4$ 烷烃为裂解过程的有效组分。部分炼厂气（如催化裂化气体）中还含有丰富的 $C_2—C_4$ 烯烃，特别是含有较多的 C_3＝和 C_4＝。由于烯烃在裂解时很容易发生结焦反应，如果炼厂气中烯烃含量大，必须将炼厂气中的烯烃除去之后再用作裂解原料，也可以从中回收低碳烯烃直接用作有机合成原料。

原油经常减压蒸馏后得到的直馏馏分油，如石脑油、煤油、柴油、减压馏分油等，都可用作裂解原料。

炼油厂二次加工装置加工得到的石脑油（有些需要加氢），甚至是尾油，也是裂解的原料。例如，加氢裂化装置可将减压馏分油转化为汽油、中间馏分油和加氢裂化尾油，除汽油和中间馏分可以作为乙烯裂解原料外，加氢裂化尾油一般是350℃以上的馏分，其相关指数小于15，裂解的乙烯收率大于30%，丙烯收率接近20%，是一种优质的裂解原料。因此，有加氢裂化的炼厂应很好地利用尾油作为生产乙烯的原料。

由于各地区资源构成的差异，乙烯原料也呈现出一定的地域性特点，如富产天然气的地区大多数以天然气中廉价的乙烷、丙烷作为裂解装置原料，而中国长期以来以轻质油作为裂解装置的原料。从世界范围来看，乙烯生产的原料发展趋势有两个，一是原料趋向多样化，二是原料中的轻烃比例增加，乙烷和石脑油仍将是乙烯裂解工艺最主要的原料。

2. 乙烯裂解原料的评价

乙烯裂解遵循自由基反应机理，由于原料组成的复杂性，裂解过程中的反应十分复杂。裂解产物的组成与分布除与操作条件有关外，还与原料的组成特性有关，评价裂解原料性能的指标主要有族组成、特性因数、相关指数和氢含量等。

（1）族组成。

根据来源不同，乙烯裂解原料一般含有烷烃、环烷烃、芳烃和烯烃。各种烃类的裂解性能是不同的，从多产乙烯和丙烯的角度考虑，原料中各种不同烃类的优劣顺序依次为烷烃>环烷烃>单环芳烃>多环芳烃。

乙烯裂解原料中的烷烃最易裂解生成乙烯和丙烯，正构烷烃裂解的乙烯收率高于异构烷烃，但正构烷烃裂解产物中甲烷、丙烯、丁烯及芳烃的收率比异构烷烃低，且正构烷烃和异构烷烃裂解性能的差异随着分子中碳数的增加而减小。此外，C_5 以上的正构烷烃具有大致相同的裂解性能。

烯烃的裂解能力比烷烃差。

环己烷裂解会成乙烯、丁二烯和芳烃，环戊烷裂解生成乙烯和丙烯。环烷烃裂解的乙烯、丙烯及 C_4 收率低于烷烃，但比烷烃更易生成芳烃。

芳烃的苯环非常稳定，不易发生裂解反应，裂解过程中几乎不会生成小分子的气体产物，且芳烃在乙烯裂解过程中容易发生缩聚反应，生成裂解焦油直至缩合生成焦炭。苯环上较大的烷基侧链可以发生裂解反应。

（2）特性因数。

特性因数 K 是表征烃类及油品化学组成的重要指标。一般来说，分子量大小相近时，烷烃的 K 值最大，芳烃的 K 值最小，即特性因数表征了烃类或油品的芳香性。对于石油馏分，K 值越大，表明其中的烷烃含量越高，馏分的饱和度及氢碳原子比越高，裂解性能越好，裂解产物中乙烯和丙烯的收率越高。

（3）相关指数 $BMCI$。

相关指数是采用相对密度和沸点计算得到的一个表征油品化学组成的参数。根据定义，正己烷的相关指数为 0，苯的相关指数为 100，因此相关指数也是一个芳香性指标，相关指数越大，芳烃含量越高。相关指数的变化规律与烃类化合物的芳香性变化规律是一致的，相关指数的排列顺序为正构烷烃<异构烷烃<带烷基侧链的单环环烷烃<无侧链单环环烷烃<双环环烷烃<带烷基侧链的单环芳烃<无侧链单环芳烃<双环芳烃<三环芳烃<多环芳烃。因此，裂解原料的相关指数越大，芳香性越高，裂解产物中的乙烯收率越低。研究表明，深度裂解时，重质原料的相关指数与乙烯收率之间存在良好的线性关系。

（4）氢含量。

裂解原料氢含量是衡量原料裂解性能和乙烯收率的重要特性。通过裂解反应，可使一定氢含量的裂解原料生成氢含量较高的 C_4 及 C_4 以下的轻馏分和氢含量较低的 C_5 及 C_5 以上的液体馏分。从氢平衡角度可知，裂解原料氢含量越高，C_4 及 C_4 以下轻烃的收率越高，乙烯和丙烯的收率也越高。氢含量可以判定乙烯原料的优劣。

一般低沸点馏分的氢含量较高，对于乙烯裂解原料，从乙烷到柴油，分子量越来越大，氢含量越来越小，裂解产物中的乙烯收率也越来越低。

分子大小相近时，烷烃的氢含量最高，环烷烃次之，芳烃最小；环数越多，氢含量越低，因此多环芳烃的裂解性能比单环芳烃差。对于同一类烃，氢含量随碳原子数的增加而减小，因此低沸点馏分是裂解的良好原料。

裂解原料的氢含量低于 7%～8%（质量分数）时，生焦倾向急剧增加，裂解炉的炉管和急冷器容易结焦，严重时会导致装置停止运转。

综上所述，乙烯裂解原料的氢含量越高，生成乙烯的潜力越大，过程越不易生焦。因此，裂解原料越轻，氢含量越高，产物中乙烯收率越高，裂解焦油收率越低。

3. 乙烯裂解产物

烃类的裂解反应产物复杂，即使是纯组分的裂解，得到的产物也是很复杂的。产物分子大小分布很宽，包括从氢气到焦油的一系列产物。例如，乙烷的裂解产物中包括氢气、甲烷、乙炔、乙烯、乙烷、丙烯、丙烷、丙炔、丙二烯、混合 C_4 以及更重的组分等。裂解反应产物中经鉴别出来的化合物多达 100 多种。

乙烯裂解的产物经分离后，可得到聚合级乙烯和聚合级丙烯等目的产品，乙烯可用于生产线性低密度聚乙烯、环氧乙烷、乙二醇等，丙烯可用于生产本体聚丙烯；联产的混合 C_4 可供给丁二烯抽提装置抽提丁二烯；副产品裂解汽油加氢后可作为重整装置的原料；其他副产品（如裂解燃料油、甲烷—氢尾气等）可用作工业炉燃料等。

除此以外，乙烯裂解尾油中还含有大量化学结构稳定、难于裂解的芳烃，经分离后可以得到苯、甲苯和二甲苯等轻芳烃，也是重要的基本有机化工原料。

二、裂解反应

1. 裂解过程的主要化学反应

乙烯裂解过程的反应主要是烃类裂解生成低碳烯烃。研究表明，裂解时的基元反应大部分遵循自由基反应机理。

（1）烷烃的反应。

正构烷烃和异构烷烃在裂解过程中均可发生断链反应和脱氢反应，同时，C_5 以上的烷烃还有可能发生环化脱氢反应。

断链反应是乙烯裂解过程中烷烃的主要化学反应，C—C 键发生断裂，生成碳原子数较少的烷烃和烯烃，其通式为

$$C_nH_{2n+2} \longrightarrow C_mH_{2m} + C_kH_{2k+2} \qquad n=m+k$$

脱氢反应是指 C—H 键断裂生成碳原子数相同的烯烃和氢的反应，也是乙烯裂解过程中的重要反应，其通式为

$$C_nH_{2n+2} \longrightarrow C_nH_{2n} + H_2$$

C_5 以上的烷烃还可以发生环化脱氢反应生成环烷烃，如正己烷脱氢生成环己烷。

烷烃的裂解反应遵循以下规律：

① 烷烃分子中的 C—H 键能大于 C—C 键能，同一分子的断链比脱氢容易。断链反应是不可逆过程，脱氢反应是可逆过程，受化学平衡限制。

② 随分子中碳原子数的增加，相同化学氛围的 C—H 键能和 C—C 键能均降低，分子的热稳定性下降。分子越大，碳链越长，裂解反应越易进行。

③ 从热力学角度分析，C—C 键在分子两端断裂的优势比在分子中央大。断裂所得分子，较小的是烷烃，较大的是烯烃。随着烷烃分子的增大，在分子中央断裂的可能性有所增加。

④ 乙烷只发生脱氢反应，生成乙烯，而不发生断链反应。在一般裂解温度下，甲烷不发生反应。

⑤ 与正构烷烃相比，异构烷烃的 C—H 键和 C—C 键的键能较低，容易断链或脱氢。分子中不同结构氢的脱除顺序为叔碳氢>仲碳氢>伯碳氢。

⑥ 异构烷烃裂解所得乙烯、丙烯的收率小于正构烷烃，而氢、甲烷、C_4 及 C_4 以上烯烃收率较高。但随着分子中碳原子数的增加，异构烷烃与正构烷烃裂解所得乙烯和丙烯收率的差异缩小。

（2）烯烃的反应。

乙烯裂解原料中一般不含烯烃，但作为裂解过程的产物，烯烃也有可能会进一步发生反应。乙烯裂解过程中烯烃发生的反应主要有以下几种：

① 断链反应。

较大分子的烯烃断链生成两个较小分子的烯烃，反应的通式为

$$C_{n+m}H_{2(n+m)} \longrightarrow C_mH_{2m}+C_nH_{2n}$$

烯烃发生裂解时，倾向于在键能较小的双键 β 位的 C—C 键上断裂，仅有少量 α 位的 C—C 键断裂。丙烯、异丁烯、2-丁烯由于没有 β 位的 C—C 键，比相应的烷烃更难裂解。

② 脱氢反应。

烯烃可进一步脱氢生成二烯烃或炔烃，如：

$$C_4H_8 \longrightarrow C_4H_6+H_2$$
$$C_2H_4 \longrightarrow C_2H_2+H_2$$

③ 歧化反应。

两个相同的烯烃分子反应歧化为两个不同的分子，如：

$$2C_3H_6 \longrightarrow C_2H_4+C_4H_8$$

④ 双烯合成反应。

二烯烃与烯烃进行双烯合成反应生成环烯烃，环烯烃进一步脱氢生成芳烃，如：

⑤ 芳构化反应。

分子中碳原子数不小于 6 个的烯烃，可以发生芳构化反应生成芳烃，反应通式如下：

（3）环烷烃的反应。

环烷烃较同样分子大小的烷烃稳定，在裂解条件下可以发生开环断链反应、脱氢反应、侧链断裂反应、开环脱氢反应等，相应地生成烯烃、芳烃、环烷烃、单环烯烃、单环二烯烃和氢气等，如环己烷可发生下列反应：

环烷烃的反应遵循以下规律：

① 烷基侧链比环烷环容易断裂，长侧链一般从中部断裂，而离环较近的 C—C 键不易断

裂；带烷基侧链的环烷烃裂解时，比没有侧链环烷烃的烯烃收率高。

② 五元环烷烃比六元环烷烃难于裂解。

③ 环烷烃脱氢生成芳烃的趋势大于开环生成烯烃的趋势，因此环烷烃比烷烃更易生成焦油，产生焦炭。

（4）芳烃的反应。

芳环较稳定，不易发生开环反应，故芳烃主要发生烷基侧链的断裂反应和脱氢反应，同时，芳烃还会缩合生成多环芳烃，并进一步缩合生焦。因此，含芳烃较多的原料不是裂解的理想原料，裂解过程中不仅烯烃收率低，还易于结焦。

① 裂解反应。

带有烷基侧链的芳烃可以发生断侧链反应或脱氢反应，如：

$$Ar\!-\!C_nH_{2n+1} \begin{cases} \longrightarrow ArH+C_nH_{2n} \\ \longrightarrow Ar\!-\!C_kH_{2k+1}+C_mH_{2m} \end{cases}$$

$$Ar\!-\!C_nH_{2n+1} \longrightarrow Ar\!-\!C_nH_{2n-1}+H_2$$

带有环烷环的芳烃可以发生异构脱氢反应或脱氢反应，如：

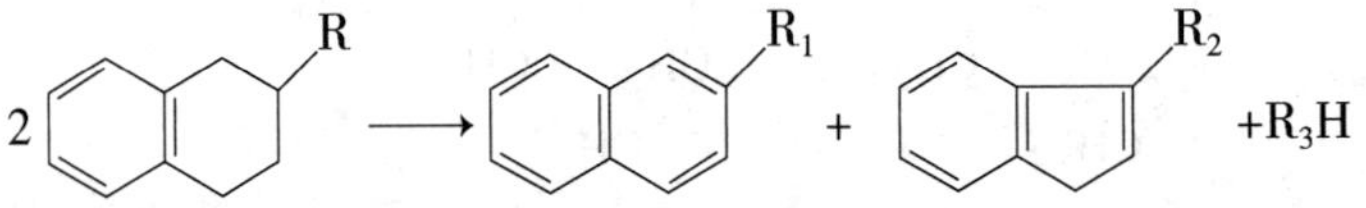

② 缩合反应。

芳烃及芳香—环烷烃均可发生脱氢缩合反应，生产多环芳烃，如：

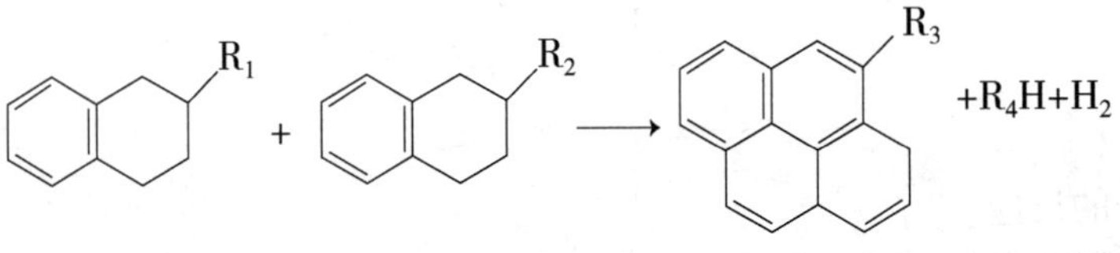

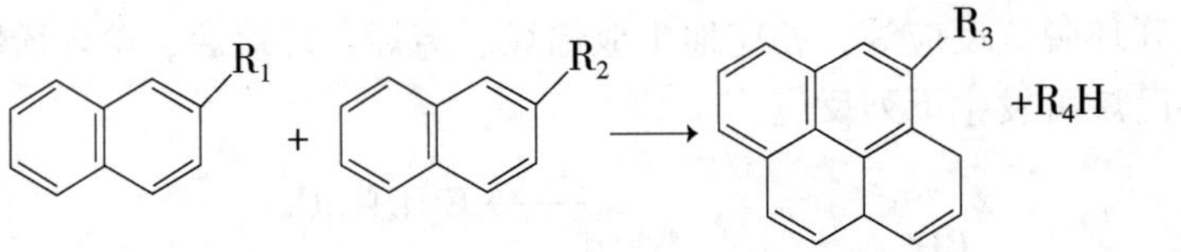

（5）生焦反应。

裂解过程中，乙烯在高温下裂解生成乙炔阶段，以及芳烃的脱氢缩合反应，都有可能生成焦炭，进而影响装置的操作。

2. 表征裂解反应过程的常用指标

1）表示裂解深度的指标

（1）转化率。

转化率反映了裂解原料的转化程度，表示转化率的方法有多种。当以单一烃为原料时，转化率可由裂解反应前后原料的量进行计算。当以混合轻烃为原料时，可以选用其中的一个烃为代表来计算转化率，也可以分别计算各组分的转化率。

当以重馏分为裂解原料时，由于原料组成复杂，且其中各烃的裂解程度不同，无法采用上述转化率的概念来度量裂解反应的程度，可以采用以下两种方法来评价转化深度：一种方法是以气体产率近似代替转化率，在低等和中等转化深度时，该方法与裂解程度具有较好的对应性，但深度裂解时往往出现偏差。另一种方法是考虑裂解时芳烃较难转化，利用扣除原料中芳烃后的气体产率近似代替转化率，但裂解深度较大时，此法也有一定的偏差。

（2）甲烷收率。

裂解中甲烷的收率随着裂解深度的提高而增加，且由于裂解过程中甲烷基本上不因二次反应而消失，因此甲烷的收率在一定程度上可以衡量裂解的反应深度。

管式炉裂解中，芳烃裂解基本上不生成气体。为消除芳烃含量的影响，可以扣除原料中的芳烃，而以烷烃和环烷烃的质量为基准计算甲烷收率，称为无芳烃甲烷收率。

（3）膨胀率(气体膨胀系数)。

烃类的裂解反应是分子数增加的反应，衡量裂解反应过程中烃类增加的物质的量与转化的物质的量之间比值的物理量称为膨胀率 δ，可用式(14-1)计算：

$$\delta = \frac{N - N_0}{x N_0} \tag{14-1}$$

式中　N_0——反应开始时烃类的物质的量；

　　　N——反应进行到转化率为 x 时烃类的物质的量。

当裂解的烃类物质的量为 1 时，则有

$$\delta = \frac{N - 1}{x} \tag{14-2}$$

对于单一化合物的反应，δ 为常数；对于混合烃类的裂解反应，由于反应数较多，反应较复杂，δ 一般不是常数，而是转化率 x 的函数。

（4）动力学裂解深度函数 KSF。

动力学裂解深度函数 KSF 既能反映反应温度—时间的关系，又能与原料烃的裂解反应动力学联系起来；既考虑了操作条件的影响，又考虑了原料性质的影响。

动力学裂解深度函数的定义为

$$KSF = \int k \mathrm{d}\theta \tag{14-3}$$

式中　k——反应速率常数，s^{-1}；

　　　θ——反应时间，s。

裂解反应按一级反应进行，反应速率为 $(-\mathrm{d}N)/(-\mathrm{d}\theta) = kN$，积分得

$$-\int \frac{-\mathrm{d}N}{N} = k \mathrm{d}\theta \tag{14-4}$$

所以

$$KSF = \int_0^\theta k \mathrm{d}\theta = -\int_{N_0}^{N_1} \frac{\mathrm{d}N}{N} = \ln \frac{N_0}{N_1} \tag{14-5}$$

如果原料烃反应前后的物质的量 N_0 和 N_1 可以分析测量出来，就可以按式(14-5)计算出 KSF，否则由原料烃的反应速率常数进行计算。反应速率常数 k 为

$$k = A \mathrm{e}^{\frac{-E}{RT}} \tag{14-6}$$

当反应时间从 0 到 θ 时，原料烃的物质的量由 $N_0 = 1$ 到 $N_1 = 1-x$，则：

$$KSF = \int_0^\theta k\mathrm{d}\theta = -\int_{1-x}^1 \frac{\mathrm{d}N}{N} \qquad (14-7)$$

对于等温过程，式（14-7）为

$$KSF = k\theta = \ln\frac{1}{1-x} = -\ln(1-x) \qquad (14-8)$$

式中　E——活化能；

　　　A——指前因子；

　　　R——气体常数；

　　　T——反应温度。

动力学裂解深度函数 KSF 与产物分布之间存在着一定关系。大量研究结果表明，在距离工业生产条件不远的情况下，不论 k、θ 多大，只要原料的 KSF 值相同、PONA 组成相同，裂解产物的产率分布也相同。

2）衡量裂解效果的常用指标

（1）选择性。

乙烯裂解的选择性是指乙烯、丙烯和丁二烯产率之和占转化率的比例。但选择性还可以采用甲烷的质量产率与乙烯质量产率的比来表示，即 $C_1^0/C_2^=$，简称甲烷乙烯比。$C_1^0/C_2^=$ 小，乙烯选择性高，则乙烯、丙烯和丁二烯的产率高，而甲烷、乙烷、丁烷、非芳烃汽油组分和燃料油的产率低；$C_1^0/C_2^=$ 大，乙烯选择性低。

选择性高，乙烯和有价值的副产物产率高，气体产率低，重质产物少，结焦的可能性小。管式炉裂解过程中，如只要求乙烯产率高，可通过提高裂解深度来实现，但同时会使产气率增加，分离负荷增大。而如果提高选择性，则可多得有价值的副产物，减少产气率，降低分离的能耗。裂解过程中，当采用氢含量低的轻柴油等为原料时，采用中等裂解深度和高选择性裂解比较合理，而不追求过高的裂解深度。当以氢含量较高的轻烃为原料时，裂解深度可适当高一些，但需要根据实际情况加以确定。

$C_1^0/C_2^=$ 的大小主要受平均停留时间和平均烃分压影响。对于同一种原料，当乙烯产率一定时，缩短停留时间和减小烃分压，$C_1^0/C_2^=$ 均减小，即乙烯的选择性提高。

裂解过程的反应可以分为一次反应和二次反应。一次反应又包括脱氢和断裂反应，主要是生成低分子烯烃的反应；二次反应包括烯烃的进一步裂解、烯烃的饱和及缩聚反应，最终的结果是生成焦炭。裂解过程的选择性是一次反应和二次反应的相对速率的函数。

（2）收率。

乙烯裂解过程中，各种产物的收率随着反应深度的变化而变化。一般来说，在一定的裂解深度范围内，随着裂解深度的增大，乙烯收率升高，丙烯收率缓慢增加。超过一定的裂解深度后，乙烯收率尚能进一步随裂解深度的增加而增加，但丙烯收率将由最高值而下降。

乙烯收率主要与原料性质和反应条件有关。

三、影响乙烯收率的因素

裂解原料的特性、裂解反应条件、裂解反应器的型式和结构等诸多因素影响石油烃的裂解结果，各因素之间彼此相互关联又相互制约。这里主要介绍工艺条件对裂解过程的影响。

影响裂解过程的工艺条件主要包括反应温度、反应时间、反应压力及稀释比等。一般来说，高温、低压、短停留时间(反应时间)对生产乙烯有利。

（1）反应温度。

乙烯裂解属于强吸热反应，提高反应温度可使一次反应速率比二次反应速率增加得更快，有利于提高一次反应对二次反应的相对速率，因此可提高乙烯产率，相对减少乙烯的消耗反应，有利于提高乙烯的收率和选择性。裂解反应热力学研究表明，裂解反应达到平衡时，裂解产物将主要为碳和氢，而乙烯的收率非常少，因此乙烯裂解的反应深度必须控制在一定的范围内，即需要控制乙烯裂解的转化率不能太大。

不同裂解原料的反应速率常数不同，在相同停留时间下所需的裂解温度也不同。裂解原料的分子量越小，活化能和频率因子越高，反应活性越低，所需的裂解温度越高。

烃类裂解制乙烯的最适宜反应温度一般为 800～900℃。当温度超过 900℃，甚至达1100℃时，对生成焦炭的反应极为有利，原料转化率虽有增加，但产品收率却大大降低。

（2）停留时间。

停留时间是指裂解原料流经管式裂解炉辐射管的时间。在一定的反应温度下，每一种裂解原料都有最适宜的停留时间。如果裂解原料在反应区停留时间太短，大部分原料还来不及反应就离开了反应区，原料的转化率降低；延长停留时间，虽然原料的转化率提高，但二次反应概率加大，会造成乙烯产率下降，生焦和成炭的机会增多。

对于给定的裂解原料，裂解深度取决于裂解温度和停留时间。裂解温度与停留时间是相互关联的，相同转化率下可以有各种不同的温度—停留时间组合，所得产品的收率也不相同。反应温度越高，最佳反应时间越短。

高温有利于裂解反应中一次反应的进行，短停留时间可以抑制二次反应。因此，对于给定的裂解原料，在相同的裂解深度下，高温—短停留时间可以获得较高的低碳烯烃收率，并减少芳烃、焦炭及裂解汽油的生成。

为此，烃类裂解必须创造一个高温、快速、短停留时间的反应条件，保证操作中使裂解原料很快上升到反应温度，经短时间(适宜停留时间)的高温反应后，迅速离开反应区，又使裂解气急冷降温，以终止反应。

烃类裂解的反应时间很短，一般都低于 1s。

（3）反应压力和稀释比。

烃类裂解的一次反应(断链、脱氢等)都是分子数增加的反应，而聚合、缩合、生焦等二次反应都是分子数减少的反应，因此，降低压力有利于提高乙烯的平衡产率，抑制二次反应的进行，尤其是可以抑制结焦过程。此外，烃类的裂解反应是一级反应，而聚合和缩合是高于一级的反应，降低反应压力还可以增大一次反应对于二次反应的相对速率，提高一次反应的选择性。

裂解反应是在高温下进行的，不宜采用抽真空的方法降低烃分压，这是因为高温密封困难，空气一旦进入负压操作的裂解系统会带来危险，且减压对于后续分离工序的压缩操作也不利。因此，为了降低反应压力，通常采用在裂解原料中加入惰性稀释剂(水蒸气或其他气体)的方法，以降低原料烃分压。工业上常用水蒸气作为稀释剂。裂解过程的压力一般为150～300Pa，稀释比则因裂解原料类型而异，但水蒸气的稀释比不宜过大，否则会使裂解炉生产能力下降，能耗增加，急冷负荷增大。

（4）分离过程对乙烯收率的影响。

在分离过程中，乙烯损失约为 3%。损失的原因主要有以下几点：冷箱尾气（氢气与甲烷）中带出的损失，约占乙烯总量的 2.25%；乙烯塔釜液中乙烷带出损失，约占乙烯总量的 0.40%；脱乙烷塔釜液中带出损失，约占乙烯总量的 0.284%；压缩段间凝液带出损失，约占乙烯总量的 0.066%。由此可知，分离过程中乙烯损失主要由冷箱尾气带出，影响因素主要有原料气组成、操作温度和压力等。

① 原料气组成。

原料气的 C_{10}/H_2 分子比值对尾气中乙烯损失影响很大。因为氢气的存在导致烃露点下降，为了保证分离要求，使乙烯回收率一定，必须降低塔顶温度或提高压力。但实际生产中操作条件一般不变，C_{10}/H_2 分子比值减小，尾气中乙烯含量增加，即损失增加。

② 压力和温度的影响。

增大压力和降低温度都可以减少尾气中的乙烯损失。但是压力的增高和温度的降低都受到一定的限制。压力增高，降低了甲烷/乙烯的相对挥发度，造成分离困难，使甲烷难以从塔釜液中蒸出，要达到分离要求就必须增加塔板数或加大回流比，因此要增加投资或多消耗冷量。而塔顶温度的降低受到冷剂温度水平的限制。

四、管式炉裂解工艺流程

石油烃类裂解制乙烯的方法有很多，其中管式炉裂解法具有技术成熟、结构较简单、运转稳定性好和烯烃收率高等优点，是最重要的烃类裂解制乙烯方法，世界上约有 99% 的乙烯是由管式炉裂解法生产的。

乙烯裂解装置主要分为裂解单元、裂解气压缩净化单元、裂解气分离单元和压缩制冷单元 4 个重要单元。

1. 裂解单元

裂解单元主要包括裂解炉、急冷热交换系统和急冷—分馏系统 3 部分，原则工艺流程如图 14-1 所示。

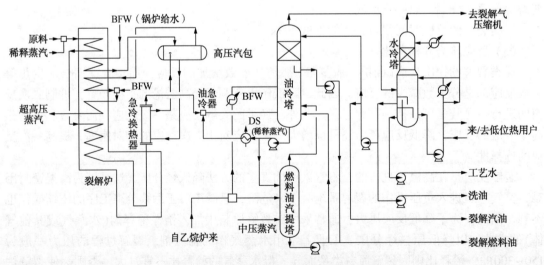

图 14-1　裂解和急冷部分原则工艺流程图

（1）裂解炉部分。

① 原料预热。

裂解原料主要在裂解炉对流段预热，为减少燃料消耗，也常常在进入对流段之前利用低位能热源（如急冷水、急冷油等）进行预热。原料预热到一定温度后，需在裂解原料中注入稀释蒸汽，并注入微量的 CS_2，以防止炉管管壁催化效应和炉管渗炭。

② 对流段。

管式裂解炉的对流段用于回收烟气热量，回收的烟气热量主要用于预热裂解原料和稀释蒸汽，使裂解原料汽化并过热至反应起始温度后，进入辐射段加热进行裂解。此外，根据热量平衡，也可以在对流段进行锅炉给水预热、助燃空气预热、稀释蒸汽的过热和超高压蒸汽的过热，对流段设置的预热管都是水平安装的。烟气出对流室上部后进入烟囱。

③ 辐射段。

烃和稀释蒸汽混合物在对流段预热至物料横跨温度（即对流段的预热出口温度，也是辐射段的入口温度）后进入辐射盘管，辐射盘管在辐射段内用高温燃烧的燃料气或燃料油直接加热，使裂解原料在管内升至反应所需温度并进行裂解反应。辐射段的炉管设置在炉膛中心，呈垂直单排，炉膛两侧及底部安装有多排火嘴，两侧烧燃料气，底部火嘴可油气混烧。每台炉的反应管为平行的几组（4 组或 6 组），因此物料要分开，分别进入各组反应管。

（2）急冷热交换系统。

裂解炉辐射盘管出口的高温裂解气可达 800℃ 以上，为了抑制二次反应的发生，需将辐射盘管出口的高温裂解气快速冷却。急冷的方法有两种：一是用急冷油（或急冷水）直接喷淋冷却，二是用换热器进行冷却。用换热器冷却时，可回收高温裂解气的热量而副产高位能的高压蒸汽。所用换热器被称为急冷换热器（Transfer Line Exchanger，缩写为 TLE），急冷换热器与汽包构成的蒸汽发生系统被称为急冷锅炉（或废热锅炉）。经废热锅炉冷却后的裂解气温度还在 400℃ 以上，此时可再由急冷油直接喷淋冷却。

裂解炉辐射盘管出口的高温裂解气进入急冷换热器，物料走管程，管外是高压沸腾水，裂解产物的热量迅速传递给沸腾水，产生高压水蒸气。柴油裂解炉出来的高温裂解气经急冷后降至 450~550℃，同时副产 11.8MPa 的高压蒸汽。由急冷锅炉出来的裂解气，在急冷器中用急冷油（180℃）直接喷淋冷却至 250℃ 后进入油冷塔（也称汽油分馏塔）。

经裂解炉对流段预热的锅炉给水进入汽包，汽包内的锅炉给水利用虹吸原理流经急冷锅炉循环，以产生高压饱和蒸汽，经气液分离后，进入对流段或蒸汽过热炉过热至 520℃，再并入高压蒸汽管网。

（3）急冷—分馏系统。

该系统的主要目的是把裂解气进一步冷却、回收热量，并对裂解产物进行粗分，主要包括油冷系统、急冷水系统和稀释蒸汽发生系统。

① 油冷系统。

从各 TLE 出来的裂解物料汇入一条总管中，经急冷器直接急冷后进入油冷塔底部，由下向上通过塔内，在裂解气入口上部一定位置也通入急冷油（为油冷塔塔底的重馏分），在塔中裂解气被进一步冷却。塔釜温度随原料的不同而控制在 180~200℃，塔顶温度控制在 100~110℃，以保证裂解气中的水分从塔顶带出油冷塔。从裂解气中回收的热量经过一个急冷油循环系统，用于产生稀释蒸汽或者裂解原料的预热。

油冷塔底部出重馏分(常称为裂解燃料油),其中大部分经急冷油循环泵送到稀释蒸汽发生器,然后分别送进原料预热器以及急冷器。小部分送至燃料油汽提塔进行汽提,塔顶气相返回油冷塔,塔底裂解燃料油产品送至裂解燃料油储罐,一般供给开工锅炉和蒸汽过热炉作为燃料使用。

从油冷塔侧线抽出少量物料(馏程相当于轻柴油),并入裂解燃料油管线,或者进入轻柴油汽提塔进行汽提,汽提塔顶气相返回油冷塔,塔底裂解柴油产品经冷却后送至裂解柴油储罐,供给裂解炉作为燃料使用。

油冷塔的主要作用是进一步冷却裂解气,回收热量并用于产生稀释蒸汽;同时对裂解产物进行粗分,分成裂解气、裂解汽油、裂解柴油和裂解燃料油等。

② 急冷水系统。

油冷塔顶部出来的裂解气进入水冷塔,将裂解气冷却至40℃后进入裂解气压缩机,塔顶出口气体中加入氨水,以防止酸性气体的腐蚀。水冷塔塔釜温度为80℃,塔内冷凝下来的汽油与急冷水进入急冷水沉降槽进行油水分离。

急冷水沉降槽中,上层为裂解汽油,大部分经油冷塔回流泵送至油冷塔顶作为回流;另一部分送至汽油汽提塔,经过蒸汽汽提除去溶解在其中的 C_4 以下气态烃后,作为裂解汽油送至裂解汽油加氢单元。下层的热冷却水(80℃)分成两部分,一部分先去分离工段作为工艺热源后返回,经冷却后进入水冷塔的上部和顶部作为回流;另一部分泵送至工艺水汽提塔,将汽提出的酸性气体及轻烃送回水冷塔,汽提之后的急冷水称为工艺水,送至稀释蒸汽发生系统。

③ 稀释蒸汽发生系统。

工艺水经预热后泵送至稀释蒸汽包,稀释蒸汽包中的工艺水借热虹吸原理在稀释蒸汽发生器中循环,以裂解燃料油为热源,发生 0.7MPa(表压)的稀释蒸汽。另有一台蒸汽发生器以中压蒸汽为热源,以补充热量不足部分。汽包出来的稀释蒸汽需经过热器加热至180℃后才能与原料油混合。

裂解单元的整个流程中应充分考虑高温裂解气的余热回收,这是降低乙烯能耗的主要途径。例如,高温裂解气的热量回收可分为:a. 裂解气出裂解炉的出口温度至裂解气露点温度的高位能热量,可采用各种类型的废热锅炉以发生超高压蒸汽来回收热量;b. 裂解气露点温度以下至100℃左右的中位能热量,采用急冷循环油移出热量,并用于发生低压稀释蒸汽或预热裂解原料;c. 100℃以下的裂解气低位能热量,采用水洗或水冷的方法回收热量。该流程可回收大量热量,副产高压蒸汽和稀释蒸汽,并为分离工段提供热源,使装置的能耗大大降低;并且回收了稀释蒸汽的凝液,减少了排污,有利于环境保护。

2. 裂解气压缩净化单元

裂解气压缩净化单元主要包括裂解气压缩系统和裂解气净化系统两部分。

(1)裂解气压缩系统。

裂解气压缩系统是产物分离过程的保证,为分离过程创造必要条件。

裂解气的压缩,一方面,可以提高深冷分离的操作温度,从而节约低温能量和低温材料,如脱甲烷塔的塔顶操作压力为3.0MPa时,塔顶温度为-100~-90℃;塔顶操作压力为0.5MPa时,则塔顶温度降为-140~-130℃。另一方面,加压会促使裂解气中的水和重烃冷凝并分离除去,可以减少干燥脱水和精馏分离的负荷。但加压太大也会增加动力消耗,提高对设备材质强度的要求，此外还会降低烃类的相对挥发度，增加分离难度，如压缩机出口压力大于 3.8MPa 时，甲烷和乙烯的相对挥发度接近于 1，不易分离。一般认为，经济上合理而技术上可行的操作压力约为 3.7MPa。

压缩过程是一个近似绝热的过程，压缩后裂解气温度会升高，烯烃(尤其是二烯烃)在高温下易聚合。因此，压缩机一般为多段压缩，段间设置冷却器，利用循环水冷却裂解气至下一入口温度为 38~40℃，使压缩机出口温度低于 100℃。目前，乙烯装置中多数采用五段式压缩系统，对于以轻烃为原料的装置，由于裂解气中双烯含量低，因此可适当提高各段出口温度，采用四段式压缩。压缩机主要有离心式和往复式两种，大型乙烯装置均采用离心式压缩机。裂解气压缩系统的原则工艺流程如图 14-2 所示。

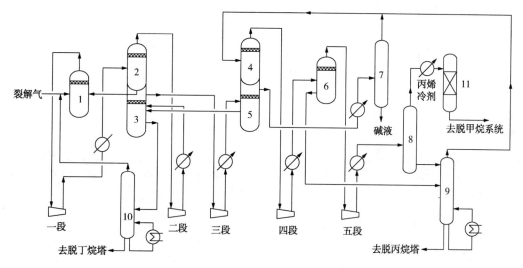

图 14-2　裂解气压缩系统原则工艺流程图

1——一段吸入罐；2—二段吸入罐；3—三段吸入罐；4—四段吸入罐；5—三段排出罐；6—五段吸入罐；

7—碱洗塔；8—脱苯塔；9—凝液汽提塔；10—汽油汽提塔；11—干燥器

由裂解工段来的 40℃、0.14MPa 的裂解气进入五段式离心压缩系统压缩到 3.69MPa。压缩系统前四段出口气体分别利用循环水冷却至 38℃，在三、四段之间设置胺洗、碱洗设备，脱除其中的酸性气体。压缩机前三段的冷凝烃类送至汽油汽提塔，回收的轻组分返回压缩机一段入口。四段冷凝烃类进入凝液汽提塔。五段压缩出口裂解气水冷后进入苯洗塔，脱除其中的苯，以防在深冷时冻结。苯洗塔底部烃类进入凝液汽提塔，凝液汽提塔顶汽提出的 C_2 以下轻组分返回四段压缩机入口，塔釜液进入脱丙烷塔。各段的冷凝水集中起来送回裂解工段急冷水塔。脱除苯后的裂解气用 18℃ 和 3℃ 的丙烯及脱乙烷塔进料冷却至 15℃(尽可能多地除去水分，减少干燥器的负荷)后进入裂解气干燥器。

(2) 裂解气净化系统。

净化系统的作用是为了排除杂质对后续操作的干扰并提纯产品而将裂解气中的杂质除去，主要包括酸性气的脱除、干燥、脱炔和甲烷化反应等。

① 酸性气的脱除。

裂解气中的酸性气体主要是 CO_2、H_2S 等，来源主要有两个方面，一是裂解原料带入，二是裂解过程中转化而来。H_2S 含量较高时会严重腐蚀设备，并缩短裂解气干燥所用分子筛的寿命，使催化剂中毒等；CO_2 除了腐蚀设备外，在深冷低温操作的设备中还会结成干冰堵塞设备和管道，破坏正常生产；酸性气体对后续产品的合成也有危害。

裂解气中酸性气的含量为 $0.2\% \sim 0.4\%$（物质的量分数），一般要求将裂解气中酸性气脱除至 10^{-6} 以下。常用方法是以 NaOH 溶液为吸收剂的碱洗法和以乙醇胺溶液为吸收剂的再生法。图 14-3 为酸性气脱除两段碱洗原则工艺流程图。

② 干燥。

五段压缩机出口裂解气需冷却至 $15\,^\circ\!\mathrm{C}$，此时，其中的饱和水含量为 $(600 \sim 700) \times 10^{-6}$，水在深冷分离操作时会结成冰，还能与烃在塔内或管道内生成烃水合物，如 $CH_4 \cdot 6H_2O$、$C_2H_6 \cdot 7H_2O$ 等。冰或水合物凝结在管壁上，增加动力消耗，甚至堵塞管道和设备，造成停车，因此需要进行干燥脱水处理。为避免低温系统冻堵，通常要求将裂解气的水含量脱至 1×10^{-6} 以下。

目前，裂解气干燥广泛采用的是以 3A 分子筛为干燥剂的吸附工艺，一般使用两床操作（一床操作，另一床再生），其原则工艺流程如图 14-4 所示。

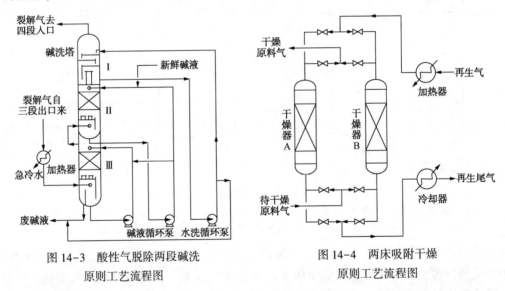

图 14-3　酸性气脱除两段碱洗　　　　图 14-4　两床吸附干燥
原则工艺流程图　　　　　　　　原则工艺流程图

③ 脱炔。

液态烃蒸气裂解得到的裂解气中一般含乙炔 $0.1\% \sim 0.5\%$，丙炔和丙二烯 $0.2\% \sim 0.9\%$，会影响产品纯度和聚丙烯反应的顺利进行，乙炔分压过高还会引起爆炸。为得到聚合级的烯烃产品，必须将乙炔等脱除至要求的指标。在大中型乙烯厂，裂解气中炔烃的脱除主要采用溶剂吸收法和催化选择加氢法两种工艺。近年来，美国鲁姆斯公司还开发了将催化加氢和精馏技术在脱丙烷塔中一步完成的反应精馏技术，称为 CD-hydro（Catalytic Distillation hydro-genation）。

催化加氢法将裂解气中的炔烃或二烯烃转化成烯烃或烷烃，以达到脱除的目的。催化加氢法工艺流程简单，能耗较低，没有环境污染，应用日趋普遍。加氢脱炔催化剂有钯催化剂和非钯催化剂两大类。

在乙烯生产过程中，由于工艺路线的不同，加氢脱炔分为前加氢和后加氢两种。前加氢工艺是指裂解气经碱洗脱除酸性气后，在未经精馏分离前即进行加氢脱炔的过程；后加氢工艺是指裂解气中的氢气和甲烷等轻质馏分脱除以后，再对分离所得的 C_2、C_3 馏分分别进行加氢的过程，通常称为 C_2 加氢、C_3 加氢。两床绝热加氢脱炔的原则工艺流程如图 14-5 所示。

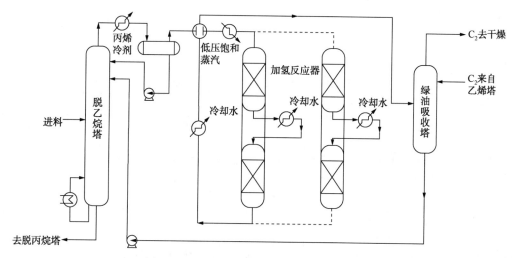

图 14-5　两床绝热加氢脱炔原则工艺流程图

加氢反应器为固定床两段反应器，由于加氢过程是放热反应，为防止温升过大（容易发生聚合反应），在两段反应器之间设置冷却器，使反应器的出入口温差约为 55℃。设计两段绝热反应器时，通常使运转初期在第一段内乙炔转化 80%，其余 20% 在第二段内转化；而在运转后期，随着第一段加氢催化剂活性的降低，逐步过渡到第一段转化 20% 而第二段转化 80%。随着使用时间的延长，催化剂表面被高分子烃（聚合物）逐渐覆盖，一定时间后就需要再生。

④ 甲烷化反应。

烃类裂解生产乙烯、丙烯的过程会伴随副产相当数量的富氢馏分，组成如下：90% ~ 96% 的 H_2，4% ~ 9% 的 CH_4 以及 0.1% ~ 1.0% 的 CO、CO_2 等杂质。由于 CO 和 CO_2 的存在，会造成 C_2、C_3 加氢催化剂失活，因此，这种富氢气体不能直接用作加氢过程的氢源。乙烯装置中常用甲烷化方法脱除富氢中的 CO，即在甲烷化反应器内，让富氢中的 CO 与 H_2 发生反应转化为 CH_4 和 H_2O，以达到氢气中 CO 含量小于 $5\mu g/g$ 的指标要求。

3. 裂解气分离单元

裂解气分离单元由一系列的精馏塔组成，以便分离得到组成合格的单体烃产品。因分离温度低，也常称为深冷分离过程。一般根据进料组分的性质以及产品的分离要求来确定分离流程。裂解气净化后主要含有 H_2、CH_4、C_2H_4、C_2H_6、C_3H_6、C_3H_8 以及混合 C_4、C_{5+} 等组分。目前工业上采用的深冷分离流程主要有顺序分离流程、前脱乙烷流程、前脱丙烷流程等。

（1）顺序分离流程（也称 123 流程）以碳数为序，第一个塔为脱甲烷塔（C_1），第二个塔为脱乙烷塔（C_2），第三个塔为脱丙烷塔（C_3）。典型代表为鲁姆斯公司的顺序分离流程。

（2）前脱乙烷流程（也称 213 流程）包括前加氢和后加氢两种流程。

（3）前脱丙烷流程（也称 312 流程）包括前加氢和后加氢两种流程。

几种典型分离流程的共同点如下：（1）采取先易后难的分离顺序，即先将不同碳原子数的烃分开，再分离同一碳原子数的烯烃和烷烃；（2）最终出产品的乙烯塔与丙烯塔并联安排，且置于流程最后，作为二元组分精馏处理，有利于保证产品纯度以及操作稳定。

几种典型分离流程的不同点如下：（1）精馏塔排列顺序不同；（2）加氢脱炔的位置不同；（3）冷箱位置不同。

3种代表性深冷分离流程的比较情况见表14-1。图14-6为代表性深冷分离流程示意图。

表14-1　代表性深冷分离流程比较

项目	顺序分离流程	前脱乙烷流程	前脱丙烷流程
对裂解气的适应性	不论裂解气组分是轻是重，都能适应	最适合 C_3、C_4 烃含量较多而丁二烯含量较少的气体（如炼厂气分离后的裂解气体），但不能处理丁二烯含量较多的裂解气	可处理较重的裂解气，特别是含 C_4 较多的裂解气
冷量消耗及利用	所有组分都进入甲烷塔，加重了甲烷塔的冷冻负荷，消耗高能位的冷量多，冷量利用不合理	C_3、C_4 烃不经甲烷塔冷凝，而在脱乙烷塔冷凝，消耗低能位的冷量，冷量利用合理	C_4 烃在脱丙烷塔冷凝，冷量利用比较合理
分子筛干燥负荷	分子筛干燥在流程中压力较高而温度较低的位置，吸附有利，容易保证裂解气的露点，负荷小	情况与顺序分离流程相同	由于脱丙烷塔在压缩机三段出口，分子筛干燥只能放在压力较低的位置，且三段出口 C_3 以上重烃不能较多地冷凝下来，影响分子筛吸附性，负荷大，费用高
塔径大小	所有馏分都进入甲烷塔，负荷大，深冷塔直径大，耐低温合金钢耗用多	甲烷塔负荷小，塔径小，耐低温合金钢可节省，脱乙烷塔径大	该流程情况介于前两种流程之间
设备多少	流程长，设备多	随加氢方案不同而不同	采用前加氢时，设备较少
操作中的问题	脱甲烷塔居首，釜温低，再沸器不易堵塞	脱乙烷塔居首，压力大，釜温高，如 C_4 以上烃含量多，二烯烃在再沸器聚合，影响操作且损失丁二烯	脱丙烷塔居首，置于压缩机段间除去 C_4 以上烃，再送入脱甲烷塔、脱乙烷塔，可防止二烯烃聚合

以下简要介绍脱甲烷过程、冷箱的位置及作用、乙烯精馏塔、脱乙烷流程和脱丙烷流程。

（1）脱甲烷过程。

脱甲烷系统的任务是将裂解气中氢气、甲烷以及其他惰性气体与 C_2 以上组分分开，主要包括冷箱与脱甲烷塔。裂解气分离过程中，脱甲烷塔是保证乙烯回收率和乙烯产品纯度的最关键的设备，它的温度最低（低压脱甲烷塔顶为-129℃，塔底为-45.6℃）、冷量消耗最大、乙烯损失最大。

根据分离压力不同，脱甲烷工艺可分为高压法脱甲烷与低压法脱甲烷两种。早期的乙烯厂深冷分离部分多采用高压法脱甲烷工艺，后来采用高压（3.4MPa）预冷和低压（0.59MPa）脱甲烷系统代替一般的高压法脱甲烷系统。在低压下脱甲烷可提高甲烷和乙烯的相对挥发度，有利于分离，大大降低了最小汽提量和最小回流比，从而节省了能量。此外，采用原料气本身经过再沸器降温代替冷剂制冷降温，省掉了一个外来热源，因而效率高，节省了能量。但低压法脱甲烷技术并不适合所有原料，只适用于裂解产品的 CH_4/C_2H_4 值较大的场合，如柴油、石脑油裂解等。

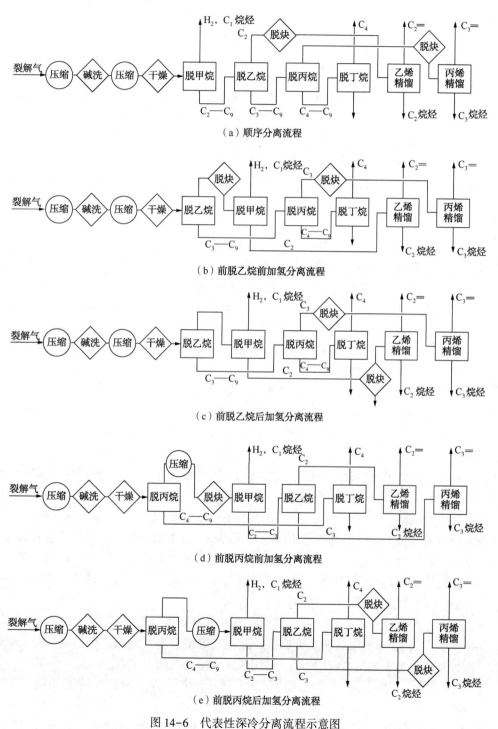

图 14-6 代表性深冷分离流程示意图

（2）冷箱的位置及作用。

由于深冷分离中的低温换热设备温度低（-160~-100℃），极易散冷，因此通常将其使用的板翅式换热器等根据在工艺流程中的不同位置包装在一个或几个矩形箱子中，然后在箱内与低温设备外壁之间填充如珍珠岩等隔热材料，一般称之为冷箱。冷箱的原理是利用节流膨胀来获得低温，依靠低温来回收乙烯、制取富氢和富甲烷馏分。

由于冷箱在流程中的位置不同，可分为后冷（后脱氢）和前冷（前脱氢）两种流程。后冷流程中冷箱放在脱甲烷塔之后，用来处理塔顶气；前冷流程中冷箱放在脱甲烷塔之前，用来处理塔的进料。

与后冷流程相比，前冷流程的优点是采用逐级冷凝和多股进料，可以节省低温冷剂并减轻脱甲烷塔的负荷，不仅乙烯回收率高，氢气的回收率也高（可达90%以上，而后冷只能达到53%），并且可获得91%~95%的富氢（后冷只有70%左右）；进料前分离氢气，增大了系统的甲烷/氢气比，从而提高了脱甲烷塔的分离效果。前冷流程的缺点是脱甲烷塔的适应性小，流程复杂，自动化要求高。近年来一般倾向于使用前冷流程，原料深度预冷，且采用多股进料。

（3）乙烯精馏塔。

乙烯精馏塔在深冷分离装置中作为主产品塔，操作的好坏直接影响产品品质；乙烷和乙烯较难分离，所需塔板数较多；塔温仅高于脱甲烷塔，冷量消耗很大（36%）。因此，乙烯精馏塔也是保证乙烯回收率和乙烯产品纯度的关键设备。

乙烯精馏塔的操作大致可以分为两类：一类是低压法，操作压力一般为0.5~0.8MPa，此时塔顶的冷凝温度为-60~-50℃，塔顶冷凝器需用乙烯作冷剂；另一类是高压法，操作压力一般为1.9~2.3MPa，此时塔顶冷凝温度为-35~-23℃，塔顶冷凝器用丙烯作冷剂。

由此可见，低压法虽然降低了回流比而节省了冷冻功耗，但由于压缩功耗的增加，总功耗仍高于高压法。有效能分析结果表明，高压法与低压法过程的效率大致相等（约21%）。但高压法对材质的耐低温性能要求低，操作简便，总功耗低，因而目前大多数乙烯精馏采用高压操作。此外，高压法对于乙烯的输送、储存也有利。乙烯精馏塔需设置中间再沸器，回收比塔底再沸器（-5℃）低的冷量（-23℃）。

由于乙烯精馏塔进料中含有少量甲烷以及未反应的氢气，一般采用塔顶脱除甲烷，侧线（约第9层板）出乙烯产品，一个塔可以起到两个塔的作用。

（4）脱乙烷流程。

在顺序分离流程中，脱甲烷塔釜所得的C_2以及C_2以上馏分分成两股，一股直接进入脱乙烷塔，另一股经过预热后再进入脱乙烷塔，这样可以最大限度地从进料中回收冷量。在脱乙烷塔中，由塔顶切割出C_2馏分，以进一步精制并分离出乙烯产品，塔釜液则为C_3及C_3以上重组分，送至脱丙烷塔进一步分离加工。

改进的脱乙烷塔流程将脱乙烷塔顶的气相不经过冷凝器降温直接进入乙炔加氢反应器，加氢后的产品经过C_2绿油吸收塔及干燥器后进入乙烯精馏塔，脱乙烷塔回流来自乙烯塔的侧线，其原则工艺流程如图14-7所示。采用该联合流程有如下优点：

① 节约冷量，实际上相当于乙烯塔增加了一个中间再沸器，每吨乙烯可节省能耗约156MJ。

② 脱乙烷塔操作压力降低，有利于乙烯与乙烷的分离，回流量减少。

③ 省掉了脱乙烷塔顶冷凝器，节约投资。

④ 减少了乙烯塔再沸器的加热面积。

由于操作压力低，脱乙烷塔釜温度也较低，因此可以采用急冷水加热，节约蒸汽。

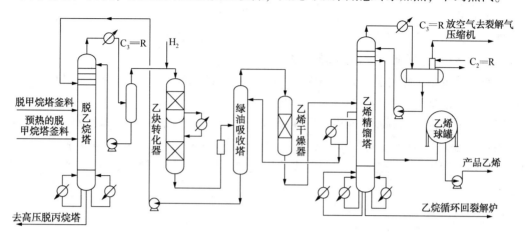

图 14-7 脱乙烷、乙炔加氢和乙烯精馏原则工艺流程图

（5）脱丙烷流程。

在顺序分离工艺流程中，脱丙烷塔用于对脱乙烷塔釜液进一步处理，塔顶分出 C_3 馏分，塔釜液则为 C_4 及 C_4 以上馏分。脱丙烷塔进料中含有大量 C_4 和 C_4 以上不饱和烃，在较高温度下易生成聚合物而使再沸器结垢，甚至造成塔板堵塞，采用低压脱丙烷可避免结垢、堵塞等问题，但是冷耗略有增加。为了节省冷耗，又避免塔釜温度过高而形成的聚合物结垢、堵塞等问题，目前大型乙烯装置多采用双塔脱丙烷流程(图 14-8)。

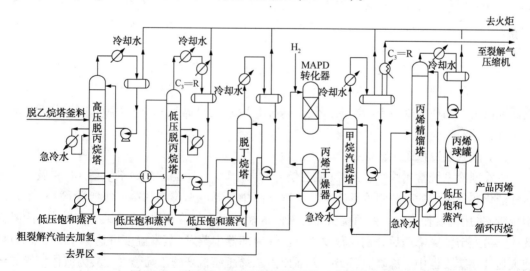

图 14-8 脱丙烷、脱丁烷和丙烯精馏工艺原则流程图

脱乙烷塔釜料送入高压脱丙烷塔，操作压力为 1.38MPa，塔顶温度为 38.6℃，塔釜温度为 78℃。塔顶冷凝器为水冷，凝液部分回流，部分送至 C_3 加氢脱炔反应系统。塔釜用蒸汽加热，并设置了用急冷水加热的中间再沸器。釜液中 C_3 含量约为 27%（物质的量分数），经冷却至 50℃后送至低压脱丙烷塔顶部，裂解气凝液汽提塔釜液送入低压脱丙烷塔第 13 层

板。低压脱丙烷塔操作压力为 0.58MPa，塔顶温度为 42.2℃，塔釜温度为 76℃。塔顶采出的气体依次经过水冷和丙烯冷剂冷却后达到全凝，凝液中 C_3 含量约为 45%（物质的量分数），经换热后送至高压脱丙烷塔第 39 层板。釜液送至脱丁烷塔进一步处理。

4. 压缩制冷单元

裂解气采用深冷分离法进行分离时，冷量是由制冷单元提供的。目前，工业上广泛采用蒸气压缩制冷（简称压缩制冷）和节流膨胀制冷。

在制冷系统中工作的制冷介质称为制冷剂，或简称冷剂。裂解气深冷分离过程中通常采用的是甲烷、乙烯和丙烯等烃类冷剂。

工业上采用的压缩制冷单元由制冷压缩机、冷凝器、节流阀（或称膨胀阀）、蒸发器等设备组成。裂解气深冷分离过程一般采用丙烯（图 14-8 中的 C_3＝R）制冷系统，以及由甲烷、乙烯和丙烯 3 种烃类冷剂覆叠而成的阶式制冷系统（覆叠或级联制冷系统，用于脱甲烷系统）。

以下对阶式制冷系统进行介绍。

（1）阶式制冷系统原理。

采用丙烷、丙烯等冷剂（标准沸点分别为-42.1℃和-47.4℃）的压缩制冷系统，制冷温度最低仅为-45～-40℃，如果要求更低的制冷温度（如低于-80～-60℃），则必须选用乙烷、乙烯等冷剂（标准沸点分别为-88.6℃和-103.7℃）。但是，由于乙烷、乙烯的临界温度较高（乙烷为 32.1℃，乙烯为 9.2℃），在压缩制冷循环中不能采用空气或冷却水（温度为 35～40℃）等冷却介质，而是需要采用丙烷、丙烯或氨等制冷循环蒸发器中的冷剂提供冷量。为了获得更低温位（如低于-102℃）的冷量，需要选用标准沸点更低的冷剂。例如，甲烷可以制取-160℃温位的冷量。但是，由于甲烷的临界温度为-82.5℃，在压缩制冷循环中其蒸气必须低于此温度才能冷凝。此时，甲烷蒸气需采用乙烷、乙烯制冷循环蒸发器中的冷剂以冷凝。

因此，在整个制冷系统中，就形成了由几个单独而又互相联系的不同温位冷剂压缩制冷循环组成的阶式制冷系统。在阶式制冷系统中，用较高温位制冷循环蒸发器中的冷剂来冷凝较低温位制冷循环冷凝器中的冷剂蒸气。这种制冷系统可满足-140～-70℃制冷温度（即蒸发温度）的要求。

（2）阶式制冷系统工艺流程。

阶式制冷系统常用丙烷、乙烯（或乙烷）及甲烷作为 3 个温位的冷剂。图 14-9 显示了天然气液化装置采用的阶式制冷系统工艺流程。图中，制冷温位高的第一级制冷循环（第一级制冷阶）采用丙烷作冷剂。由丙烷压缩机来的丙烷蒸气先经冷却器（水冷或空气冷却）冷凝为液体，再经节流阀降压后分别在蒸发器及乙烯冷却器中蒸发（蒸发温度可达-40℃），一方面使天然气在蒸发器中冷冻降温，另一方面使由乙烯压缩机来的乙烯蒸气冷凝为液体。第二级制冷循环（第二级制冷阶）采用乙烯作冷剂。由乙烯压缩机来的乙烯蒸气先经冷却器冷凝为液体，再经节流阀降压后分别在蒸发器及甲烷冷却器中蒸发（蒸发温度可达-102℃），一方面使天然气在蒸发器中冷冻降温，另一方面使由甲烷压缩机来的甲烷蒸气冷凝为液体。制冷温位低的第三级制冷循环（第三级制冷阶）采用甲烷作冷剂。由甲烷压缩机来的甲烷蒸气先经冷却器冷凝为液体，再经节流阀降压后在蒸发器中蒸发（蒸发温度可达-160℃），使天然气进一步在蒸发器中冷冻降温。各级制冷循环中的冷剂制冷温度常因所要求的冷量温位不同而有差别。

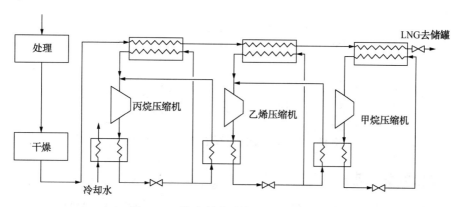

图 14-9　阶式制冷系统工艺流程示意图

阶式制冷系统的优点是能耗较低。以天然气液化装置为例，当装置原料气压力与干气外输压力相差不大时，每液化 1000m³ 天然气的能耗为 300~320kW·h。如果采用混合冷剂制冷系统和透平膨胀机制冷系统，能耗将分别增加 20%~24% 和 40% 以上。由于其技术成熟，在 20 世纪 60 年代曾被广泛用于液化天然气生产中。

阶式制冷系统的缺点是流程及操作复杂，投资较大，因此目前除极少数天然气液化装置采用阶式制冷系统外，大多数采用透平膨胀机制冷系统。但是，乙烯裂解装置中由于所需制冷温位多，丙烯、乙烯冷剂又是本装置的产品，储存设施完善，加之阶式制冷系统能耗低，因此被广泛采用，其工艺流程与图 14-9 基本相同。

第二节　催化裂解制烯烃

管式炉裂解技术以轻烃为原料，制取以乙烯为主的低碳烯烃，但随着化工市场对低碳烯烃（尤其是丙烯）需求量的增长，管式炉裂解已不能满足乙烯和丙烯需求的平衡要求。20 世纪 80 年代末，中国开发了以重质烃为原料，以催化裂化工艺为基础的催化裂解生产低碳烯烃（特别是丙烯）的技术，在大量生产丙烯和异构烯烃的同时，可以兼产高辛烷值汽油组分。

一、催化裂解制烯烃的反应机理

管式炉裂解是以自由基机理进行的热反应过程，而催化裂解是在酸性催化剂上进行的正碳离子反应过程，与催化裂化相同。常规催化裂化以生产汽油和柴油为目的，需适当控制反应深度，抑制二次反应。而催化裂解生产低碳烯烃技术需采用较苛刻的反应条件，将裂化过程中生成的汽油等轻质油品再在择形分子筛上进一步进行二次反应。二次反应既有裂化反应，也有异构化及氢转移反应。裂化反应及异构化反应可以得到丙烯及异构烯烃，但氢转移反应会使烯烃饱和，必须控制氢转移反应的程度。

催化裂解过程中汽油的二次反应历程如图 14-10 所示。

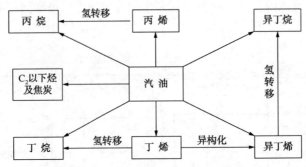

图 14-10   催化裂解过程中汽油的二次反应

二、催化裂解工艺技术

催化裂解技术经过近 30 年的发展，目前已经开发出了一系列工艺过程，如 DCC-Ⅰ、DCC-Ⅱ、MGG、MIO 技术等。

DCC-Ⅰ技术与常规催化裂化相似，以最大量生产丙烯为目的。与常规催化裂化不同的是，在提升管出口增加了一个床层反应器；加粗了催化剂输送管径；增大了沉降器顶油气管线的油气流速；由于气体负荷的增加而增大了后续分馏系统相应设备的尺寸及气压机负荷。

DCC-Ⅱ技术在增产丙烯、异丁烯及异戊烯的同时，可兼顾汽油产率。与 DCC-Ⅰ技术不同，DCC-Ⅱ技术的提升管出口不设床层反应器，采用较高的催化剂活性和较为缓和的反应条件。

MGG 技术的生产目的是最大量生产液化气和汽油，液化气中富含低碳烯烃。MGG 技术也是采用提升管反应器，采用较高活性的催化剂，反应温度介于 DCC-Ⅰ和 FCC 之间。MGG 技术的干气和焦炭产率较低。

MIO 技术的生产目的是最大量生产异丁烯和异戊烯，并兼顾汽油收率。MIO 技术采用提升管反应器和抗钒性能较好的催化剂，反应温度也介于 DCC-Ⅰ和 FCC 之间。

各种催化裂解工艺的整体工艺流程相似，但采用不同配方的催化剂，操作条件也有所差异，因此产品组成和分布有所不同。

三、催化裂解的影响因素

由于目的产物不同，因此催化裂解的工艺流程虽然与催化裂化相似，但二者的影响因素存在着一定的差异。

1. 原料油性质

催化裂解的原料主要包括减压馏分油、脱沥青油、焦化馏分油、加氢减压馏分油、常压渣油及少部分减压渣油等。

由催化裂化过程的反应化学可知，原料组成会影响催化裂化的产物分布，也同样会影响催化裂解低碳烯烃的收率。由于原料中的链状烃易于进入择形分子筛孔道并进行选择性裂化，因此烷烃和环状烃的烷基侧链易裂化生成低碳烯烃。石蜡基原料是生产低碳烯烃的理想原料，而对于环状结构的烃类，由于受几何形状的限制，很难进入择形分子筛的中孔进行反应。

2. 催化剂

对于催化裂解催化剂的要求如下：具有较高的基质活性，高的择形二次裂化能力，高异构化性能和低氢转移活性，此外，还要具有较好的抗重金属能力。

催化裂解催化剂除了要有适量的大孔以维持催化剂的活性外，还应加入具有择形作用的中孔分子筛，使在催化剂载体和大孔分子筛上生成的汽油继续进行选择性裂化，尽可能多地生成低碳烯烃。目前使用的是经过改性的、具有良好水热稳定性的五元环结构的中孔分子筛。除此以外，低氢转移能力、高活性的载体也是催化裂解催化剂的重要组成部分。可通过调节催化剂中各组分的配比及制备工艺，使裂解催化剂的性能达到不同生产目的的要求。

3. 反应温度

不同催化裂解工艺的操作温度存在较大差别，但通常来说，催化裂解的反应温度比常规催化裂化高 $30 \sim 80℃$。

汽油裂化生成气态烃的活化能要高于重油裂化为汽油、柴油的活化能，提高反应温度有利于提高汽油二次裂化生成低碳烯烃的反应速率，较高的反应温度还有利于抑制放热的氢转移反应，抑制低碳烯烃的饱和反应。因此，适当的高温有利于提高低碳烯烃的收率。

但是，反应温度不宜过高，过高的反应温度会增加热裂化反应的程度，导致干气产率增加。

4. 剂油比

催化裂化过程的剂油比是由反应—再生系统的热平衡确定的，不是独立的操作参数。由于催化裂解过程的反应温度高、二次反应需要更多的热量及氢转移反应放热量较低等，其反应热为常规催化裂化的 $1.5 \sim 3$ 倍。而为了维持催化剂的活性，催化裂解技术的再生温度与常规催化裂化基本相同。反应所需大量的反应热需通过大量催化剂循环带到反应器，因此其剂油比大于常规催化裂化。大剂油比还可以增加催化剂的整体活性。

5. 反应压力

反应压力对催化裂解过程的影响主要是通过烃分压体现的。催化裂解是大分子变成小分子的反应，体积增大，低压有利于反应的进行。但为了克服后续系统压力降及有利于烟气的能量回收，催化裂解需要在一定的压力下操作。催化裂解过程中，可通过向系统中加大水蒸气注入量，在维持系统总压的同时，降低烃分压，提高低碳烯烃的收率。

根据生产目的不同，催化裂解的水蒸气注入量可以略高于渣油催化裂化，也可以达到原料注入量的 25%。

第三节　其他低碳烯烃生产工艺

一、甲烷制烯烃

甲烷是天然气最主要的组分，也是分子量最小、化学性质最稳定的一种烃，难以作为有机化工原料直接利用。乙烯是有机化学工业中最重要和最基本的原料，将甲烷转化成高级烃是天然气化工长期以来追求的目标。1982 年，Keller 和 Bhasin 等发现了甲烷氧化偶联（OCM）制乙烯的反应，引起了天然气加工工业的广泛关注。30 余年的时间里，甲烷氧化偶联制乙烯技术在催化剂筛选、反应器设计和工艺技术等方面取得了显著的进展。

1. 化学反应

甲烷氧化偶联制乙烯过程的化学反应和产物复杂，主要有以下 5 个化学反应。

$$2CH_4+O_2 \longrightarrow C_2H_4+2H_2O$$

$$2CH_4+\frac{1}{2}O_2 \longrightarrow C_2H_6+H_2O$$

$$CH_4+2O_2 \longrightarrow CO_2+2H_2O$$

$$CH_4+O_2 \longrightarrow CO+H_2+H_2O$$

$$CO+H_2O \longrightarrow CO_2+H_2$$

反应的产物包括乙烯、乙烷、二氧化碳、一氧化碳、氢气和水等。

2. 催化剂

催化剂是甲烷氧化偶联制乙烯技术的关键，国内外进行了大量的研究，也开发了种类繁多的催化剂，涉及元素周期表中 50 余种元素(不包括 0 族)。这些催化剂可以分为 3 类：第一类以碱金属改性的碱土金属氧化物为主要活性组分，活性较高的碱金属有锂、钠、钾等，碱土金属有镁、钙等，其中 Li/MgO 的活性和选择性最好；第二类为铅、锰、镍等碱金属，采用碱金属改性过渡金属氧化物或调整载体的酸度，以获得较好的性能；第三类为经碱金属或碱土金属改性的稀土金属氧化物，具有较高的催化活性和 C_2 烃的选择性，稀土金属主要有镧、钐等，其中 Li/Sm_2O_3 的性能较佳。

技术经济评价表明，甲烷氧化偶联制乙烯技术要想在经济上与石脑油裂解工艺具有竞争力，其 C_2═的收率需超过 30%，且催化剂的时空收率应达到 3.6 ~ 36kmol/($m^3 \cdot$ h)，目前所开发的催化剂性能与上述期望值尚存在不小的差距。

3. 反应器

甲烷氧化偶联反应是在高温下进行的强放热反应，反应温度的控制和反应热的移除及利用是反应器设计开发中必须面对的问题。多年的研究探索表明，固定床反应器和流化床反应器是具有工业化潜质的两类反应器。

多段绝热固定床反应器可将床层分成多个反应段，段间取热，从而维持较高的甲烷转化率和较低的床层温升，其不足是段间存在 C_2 和氧的互混，选择性较低。

流化床反应器取热容易，反应温度易于控制，床内催化剂混合均匀，传热性能好，床层温度均匀，甲烷转化率高，且催化剂可再生循环利用，是最有可能实现大规模工业化应用的反应器。但流化床反应器对催化剂的机械强度、耐磨损性能、颗粒均匀度等具有非常严格的要求。同时，流化床反应器中存在气体的返混现象，选择性较低。

4. 甲烷氧化偶联制烯烃工艺技术

已开发的甲烷氧化偶联制烯烃工艺主要有美国 ARCO 公司的 REDOX 工艺、美国 Union Carbide 化学公司工艺、澳大利亚联邦科学与工业研究组织与 BHP 公司的 OXCO 工艺以及法国石油研究院(IFP)的 Oxypyolysis 工艺。这些工艺各有特点。

尽管目前已对甲烷氧化偶联制烯烃进行了大量的研究工作，但真正实现工业化应用，并与现有技术形成有效竞争，还需要做大量的工作。

除甲烷氧化偶联制烯烃技术以外，也可以通过甲烷直接氧化制甲醇，再由甲醇制烯烃(MTO)。

二、烷烃脱氢制烯烃

随着石油化工过程的快速发展，液化气产量逐年递增。液化气的组分主要包括 C_3 和 C_4 的烷烃和烯烃。回收丙烯和丁烯后，液化气中仍含有大量低附加值的烷烃，直接当作液化气进行销售会影响企业的经济效益。如果把这部分烷烃转化成低碳烯烃，则既可满足市场对低碳烯烃的需求，又提高了石油产品的利用率，符合炼化一体化及国民经济发展的趋势要求。

低碳烷烃通过脱氢的方式可以直接转化成高附加值的低碳烯烃。烷烃脱氢制烯烃包括直接脱氢、氧化脱氢和膜催化反应脱氢等技术路线，直接脱氢技术是研究较早、较为成熟的技术。

1. 化学反应

低碳烷烃脱氢一般以丙烷或丁烷为原料，在较高反应苛刻度和催化剂存在的条件下，通过脱氢制取丙烯和丁烯。以混合 C_4 原料为例，化学反应如下：

主反应：

$$n\text{-}C_4H_{10}(气) \longrightarrow n\text{-}C_4H_8(气) + H_2$$
$$i\text{-}C_4H_{10}(气) \longrightarrow i\text{-}C_4H_8(气) + H_2$$

副反应：

$$n\text{-}C_4H_{10} \longrightarrow C_3H_6 + CH_4$$
$$n\text{-}C_4H_{10} \longrightarrow C_2H_4 + C_2H_6$$
$$i\text{-}C_4H_{10} \longrightarrow C_3H_6 + CH_4$$
$$i\text{-}C_4H_8 \longrightarrow 4C + 4H_2$$
$$C_3H_6 \longrightarrow 3C + 3H_2$$
$$C_2H_4 \longrightarrow 2C + 2H_2$$
$$i\text{-}C_4H_8 + H_2 \longrightarrow C_3H_6 + CH_4$$
$$i\text{-}C_4H_8 + H_2 \longrightarrow n\text{-}C_4H_8 + H_2$$

烃类脱氢反应是强吸热反应，要求在较高的温度下进行。烃类在高温下的 C—C 键断裂在热力学上比 C—H 键断裂有利，在动力学上也占有一定的优势，因此在高温下主要是裂解反应的产物。要使反应向脱氢方向进行，必须改变动力学因素，使脱氢反应的速率远远大于裂解反应速率，采用选择性良好的催化剂是关键。

2. 催化剂

为了提高烷烃脱氢的选择性，需要选用性能良好的烷烃脱氢催化剂，目前工业上使用的主要是贵金属催化剂和过渡金属氧化物催化剂。

贵金属催化剂是将 Pt 负载于氧化铝或分子筛载体上，并添加其他组分(助剂)制备的脱氢催化剂，在烷烃脱氢反应中占有重要地位。与其他金属氧化物催化剂相比，贵金属催化剂在氧化脱氢和无氧催化脱氢中都具有显著的性能。目前制约贵金属催化剂广泛应用的主要因素是成本高及积炭引起的催化剂失活问题。

过渡金属氧化物或其混合氧化物可以对烷烃脱氢制烯烃反应起到良好的催化作用，目前应用的过渡金属氧化物主要有 Cr_2O_3、Fe_2O_3、V_2O_5、ZnO 和 MoO_3 等，复合氧化物有 V-Mg-O、V-Mo-O、V-Sb-O、V-Ni-O、Cr-Co-O 和 V-Nb-O 等。负载型氧化物催化剂表面物种的分散状态、分散物种与载体之间的相互作用等对催化剂的性能具有重要影响。此外，酸碱性是金属氧化物催化剂催化反应性能的重要影响因素，对反应物的吸附和产物的脱附有一定的影响。

3. 烷烃脱氢工艺

目前世界上较成熟的烷烃脱氢制烯烃工艺是 UOP 公司的 Oleflex 技术和 ABB Lummus 公司的 Catofin 技术，均已实现工业化，二者分别采用铂系和铬系催化剂。目前国内也广泛开展了低碳烯烃脱氢技术的研发工作，取得了重要的进展，但缺少大规模工业化应用的技术。

以 ABB Lummus 公司的 Catofin 技术为例，其原则工艺流程如图 14-11 所示。Catofin 技术使用多个固定床反应器轮流操作，反应的热源是热空气带入或烧焦产生的热量，反应温度为 600~630℃，反应压力为 0.5MPa，采用担载在氧化铝上的铬系催化剂，未转化的烷烃可循环使用。反应器循环操作一次的时间为 20~25min。当以异丁烷为原料时，转化率在 60%左右，选择性达到 90%~93%，催化剂寿命可达 2.5 年。

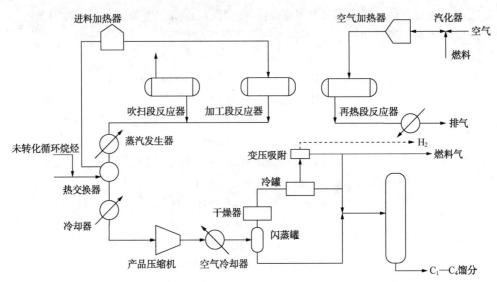

图 14-11　Catofin 原则工艺流程图

三、甲醇制烯烃(MTO)

甲醇制烯烃(Methanol To Olefin，MTO)是以煤或天然气合成的甲醇为原料，催化转化为乙烯、丙烯的工艺，是重要的 C_1 化工工艺。甲醇制烯烃技术是煤制烯烃工艺路线的枢纽技术，实现了由煤炭或天然气经甲醇生产基本有机化工原料。

1. 化学反应

20 世纪 70 年代，埃克森美孚公司在研究使用 ZSM-5 催化剂将甲醇转化为其他含氧化合物时，发现了甲醇制汽油反应，而低碳烯烃实际上是甲醇制汽油的中间产物，因此甲醇制烯烃过程的反应非常复杂，包括众多的平行和顺序反应，主要的化学反应为

$$2CH_3OH \longrightarrow C_2H_4 + 2H_2O$$

$$3CH_3OH \longrightarrow C_3H_6 + 3H_2O$$

$$4CH_3OH \longrightarrow C_4H_8 + 4H_2O$$

$$2CH_3OH \longrightarrow CH_3OCH_3 + H_2O$$

反应过程中，甲醇首先脱水生成二甲醚，得到甲醇、二甲醚和水的平衡混合物，二甲醚

继续脱水转化成低碳烯烃。低碳烯烃通过氢转移、烷基化和缩聚等副反应生成烷烃、芳烃、环烷烃和高级烯烃等。

2. 催化剂

催化剂的开发是甲醇制烯烃技术发展的关键。甲醇制烯烃最初使用的是 ZSM-5 催化剂，乙烯收率仅为 5%；后来 UOP 公司开发了以 SAPO-34 为活性组分的催化剂，乙烯的选择性明显高于 ZSM-5，可达 43%~61%，丙烯收率可达 27%~42%。

目前，甲醇制烯烃技术研发的重点仍是催化剂的改进，以提高低碳烯烃的选择性。将各种金属引入 SPAO-34 骨架上，是催化剂改性的重要手段之一。金属离子的引入会引起催化剂酸性孔径的变化，中等强度的酸中心有利于烯烃的形成，而孔口的变小有利于小分子烯烃选择性的提高。

3. 甲醇制烯烃工艺

甲醇制烯烃采用类似于催化裂化装置的流化床反应器。国外的 UOP/HYDRO、埃克森美孚和 Lurgi 等公司都有自己的代表性甲醇制烯烃工艺，中国科学院大连化学物理研究所在甲醇制烯烃方面做了大量的研究工作，并在催化剂和工艺开发方面取得了长足进展。

以 UOP 公司的甲醇制烯烃工艺为例，其反应器结构示意如图 14-12 所示。

UOP 公司的甲醇制烯烃工艺采用快速流化床反应器。反应器分为下部的反应段、中间的过渡段和上部的分离段。首先，甲醇或二甲醚等反应物进入催化剂密相床层并向上流过稀相管，部分转化为低碳烯烃，气相在沉降段中通过两个串联的旋风分离器除去大部分催化剂，使产物中催化剂的含量降到 $70\mu g/g$ 左右。分离段分出的催化剂进入上催化剂床层后，再分为两路，一路经过汽提后进入再生器烧焦再生，再生催化剂返回反应段循环利用；另一路催化剂通过至少两根循环立管返回反应段下部，实现催化剂在扩大段和反应器的循环利用。UOP 公司的甲醇制烯烃工艺的反应温度为 400~500℃，反应压力为 0.1~0.3MPa，产物中乙烯和丙烯的物质的量比可在 0.75~1.50 之间调节，乙烯和丙烯的选择性之和可达 80%。

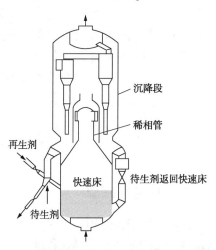

沉降段
稀相管
再生剂
快速床
待生剂返回快速床
待生剂

图 14-12　UOP 公司的甲醇制烯烃反应器示意图

第十五章 轻芳烃生产

芳烃中的苯、甲苯和二甲苯合称轻芳烃(简称 BTX),是石油化工过程的重要基本原料,产量和规模仅次于乙烯和丙烯,这类化合物的共同特征是分子中都含有一个苯环。由于苯环具有很强的反应能力,因此利用芳烃可以生产一系列带有苯环的芳香族化合物,再进一步合成医药、农药、橡胶、树脂和纤维等众多有机化工产品,在发展国民经济、改善人民生活方面起着极为重要的作用。

苯可以用来合成苯乙烯、苯酚、苯胺、环己烷和烷基苯等。甲苯是有机合成过程的优良溶剂,也可以用来合成甲酚、异氰酸酯等,或通过歧化和脱烷基制苯。C_8 芳烃包括临二甲苯、间二甲苯、对二甲苯和乙苯 4 个同分异构体。邻二甲苯可以用来生产邻苯二甲酸酐,进而生产邻苯二甲酸二辛酯、邻苯二甲酸二丁酯等增塑剂;间二甲苯可用来生产间苯二甲酸和间苯二腈,间苯二甲酸可作为生产不饱和聚酯树脂的原料,间苯二腈是生产杀菌剂的单体;对二甲苯主要用来生产对苯二甲酸或对苯二甲酸二甲酯,或与乙二醇反应生成聚酯,进一步生产纤维、胶片和树脂等,是重要的合成纤维和合成塑料的原料之一;乙苯可以用来制取苯乙烯,进而生产丁苯橡胶和苯乙烯塑料等。由此可见,以轻芳烃为原料,可以得到大量的化工产品,轻芳烃是化学工业重要的基础原料。

第一节 芳烃分离过程

一、轻芳烃来源

芳烃最早来自煤焦化过程的副产品煤焦油,随着对芳烃需求量的增加以及石油化工过程的发展,煤焦油中的芳烃在数量上以及质量上都已不能满足要求,石油成为生产芳烃的重要原料。目前,全球 80% 左右的轻芳烃来源于石油。

石油芳烃主要来源于两种加工过程,一是催化重整,不同馏分的石脑油经重整后可得到芳烃含量为 50%~70% 的重整油;二是乙烯裂解过程的副产裂解油,芳烃含量也在 50%~70%。重整油和裂解油经分离后,即可得到苯、甲苯、二甲苯和乙苯等。

1. 煤焦油

煤在焦炉炭化室进行高温干馏时,将发生一系列的物理化学变化,除生成 75% 左右的焦炭外,还会副产 25% 左右的粗煤气。粗煤气经初冷、脱氨、脱萘、终冷后,可以回收占干煤质量 1% 左右的粗苯。粗苯的主要成分是苯、甲苯和二甲苯,除此以外,还含有少量 C_9 芳烃、饱和烃、不饱和烃,以及噻吩和二硫化碳等硫化物。

粗苯经分馏可以得到轻苯与重苯,其中粗苯中绝大多数的 BTX、大部分硫化物及不饱和烃等集中于轻苯中。轻苯再经分馏,塔底重馏分即为 BTX 混合馏分。混合馏分经精制除去不饱和烃和噻吩等后,精馏分离可以得到苯、甲苯和二甲苯,其中苯的产率在 50%~

70%。因此，粗苯是制取苯的良好原料。

2. 催化重整汽油

催化重整是重要的油品二次加工工艺之一，主要用于生产高辛烷值汽油和轻芳烃，世界范围内 10%左右的重整装置是用于生产轻芳烃的。

催化重整装置的原料为石脑油，一般应尽可能选取环烷烃含量高的石脑油作为原料，当以生产轻芳烃为主要目的时，一般只切取 65～145℃的馏分。催化重整过程中主要发生六元环烷烃脱氢、五元环烷烃异构脱氢、烷烃环化脱氢、烷烃异构化及加氢裂化等反应，可生成大量芳烃，经抽提后可以得到部分混合芳烃。

催化重整装置生产的轻芳烃一般含甲苯和二甲苯较多，含苯较少。

3. 乙烯裂解汽油

裂解汽油是乙烯裂解过程的副产物，是石油芳烃的重要来源之一。裂解汽油一般含有 40%～60%的 C_6—C_9 芳烃，除此以外，还含有相当数量的二烯烃、单烯烃以及微量硫、氮、氧、砷等非理想组分。裂解汽油中的烯烃和杂原子含量远远超过芳烃生产过程所允许的范围，必须经过预处理和加氢精制后，才能作为芳烃抽提的原料。

裂解汽油为 C_5 馏分到沸点低于 200℃的馏分，必须经蒸馏除去其中的 C_5 馏分、部分 C_9 芳烃及 C_{9+} 馏分。

对于裂解汽油中的非理想组分，目前普遍采用二段加氢工艺除去。一段加氢采用比较缓和的操作条件，主要是将易生胶的二烯烃加氢转化为单烯烃并将烯基芳烃转化成芳烃；二段加氢在较高的反应温度下进行，主要是使单烯烃饱和并脱除硫、氮、氧等杂原子。经两段加氢后，可使裂解汽油的溴值小于 1，硫含量小于 2μg/g。

4. 轻烃芳构化和重芳烃轻质化

催化重整和乙烯裂解的原料均为石脑油，而石脑油同时又是生产汽油的原料。由于汽油需求量的日益增长，寻找其他来源的芳烃原料已成为炼化企业面临的重要任务。其中，轻烃芳构化和重芳烃轻质化是具有潜质的主要技术，目前均已实现工业化。

轻烃芳构化以丙烷、丁烷等气态烃为原料，在分子筛催化剂作用下使烷烃脱氢、二聚和环化，转化为芳烃，同时副产部分氢气。轻烃芳构化工艺的液体产物中非芳烃的含量小于 0.1%，不需经过芳烃抽提过程，仅通过分馏就可以得到高纯度的轻芳烃组分。并且，该技术的工艺流程简单，原料无须进行预处理。

重芳烃轻质化是以重整生成油、裂化汽油和焦化汽油中的 C_9、C_{10} 重芳烃为原料，采用担载在 Al_2O_3 上的 Cr_2O_3 为催化剂，在临氢作用下，将重芳烃转化成轻芳烃的工艺过程。

二、芳烃抽提

催化重整汽油和加氢后的乙烯裂解汽油均为芳烃和非芳烃的混合物，必须首先将芳烃与非芳烃分离后，才能对混合芳烃进行精馏，得到高纯度的芳烃单体。由于碳数相同的芳烃与非芳烃的沸点非常接近，有时还会形成共沸物，用一般的精馏方法难以将芳烃和非芳烃分开。为了生产满足纯度要求的芳烃，目前工业上一般采用溶剂抽提法或抽提蒸馏法分离芳烃和非芳烃。溶剂抽提法适用于从宽馏分中分离苯、甲苯和二甲苯等，抽提蒸馏法适用于从芳烃含量高的窄馏分中分离高纯度的单一芳烃。

1. 溶剂抽提

溶剂抽提是一种物理分离方法，利用烃类混合物中各组分在溶剂中溶解度的差异，将芳烃和非芳烃分开。溶剂是过程的关键，一般要求溶剂的选择性好、溶解度高、与原料的密度差大、蒸发潜热及比热容小、蒸气压小、腐蚀性小，并有良好的化学稳定性和热稳定性。目前工业上常用的芳烃抽提溶剂有环丁砜和甘醇类的三乙二醇醚、四乙二醇醚等。

以环丁砜为溶剂的芳烃抽提原则工艺流程如图 15-1 所示。

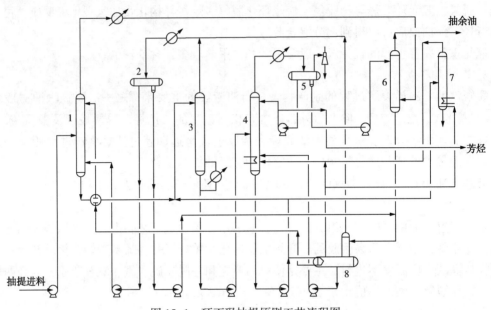

图 15-1　环丁砜抽提原则工艺流程图

1—抽提塔；2—芳烃回流罐；3—汽提塔；4—回收塔；5—芳烃罐；
6—水洗塔；7—溶剂再生塔；8—水汽提塔

抽提原料用泵连续送入抽提塔中部，抽提溶剂从塔顶进入，自上而下流动并与原料逆流接触，抽提原料中的芳烃，抽余油由塔顶出来以后，进入水洗塔，除去其中夹带的少量溶剂后出装置。

抽提塔进料段以上的部分称为抽提段，离开抽提段的抽出相中除含有芳烃外，还含有部分非芳烃。由汽提塔顶出来的回流芳烃从抽提塔底进入下部的反洗段，与抽提段流下的抽出相逆流接触，将其中的非芳烃取代出去，提高塔底芳烃的纯度。

抽提塔底富溶剂与贫溶剂换热后，进入汽提塔顶部，汽提塔底设有再沸器，由蒸汽加热。塔顶气相冷凝后进入芳烃回流罐，含有轻质非芳烃的回流芳烃由罐底抽出并返回抽提塔底。

汽提塔底液相用泵打入回收塔，以真空蒸馏的方式从溶剂中分离回收芳烃。塔顶气相经冷凝冷却后进入芳烃罐。芳烃罐顶采用蒸汽喷射器抽真空，芳烃由罐底抽出，一部分返回回收塔顶作为回流，其余部分作为芳烃产品，去精馏部分分离为苯、甲苯和二甲苯产品。

回收塔底使用再沸器加热，同时通入汽提水和水蒸气，塔底的环丁砜经换热后返回抽提塔循环利用。

汽提塔底及芳烃回流罐底抽出的含溶剂废水一起送入水汽提塔，除去其中夹带的轻质非芳烃。水汽提塔顶气相与汽提塔顶气相产物混合后，经冷凝返回芳烃回流罐。水汽提塔底用回收塔底贫溶剂加热，蒸汽和水分别送入回收塔底用于汽提。

环丁砜在使用过程中会发生老化，需经常对其进行蒸馏再生，因此芳烃抽提装置一般还设有溶剂再生塔。回收塔底抽出的部分溶剂进入再生塔，塔底采用再沸器加热并利用蒸汽汽提，再生后的溶剂由塔顶出来后进入回收塔底，老化的溶剂从塔底分出。

2. 抽提蒸馏

抽提蒸馏利用极性溶剂与烃类混合时能够降低烃类蒸气压，使混合物初沸点升高的原理，提高分离的效果。由于极性溶剂对不同烃类蒸气压的降低幅度不同，对芳烃的影响最大，环烷烃次之，烷烃最小，因此有助于芳烃和非芳烃的分离。抽提蒸馏实际上是一种把抽提过程和蒸馏过程结合起来的工艺，其原则工艺流程如图15-2所示。

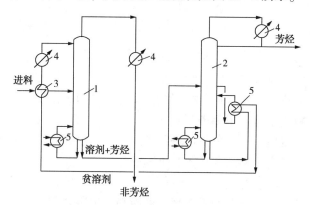

图15-2 抽提蒸馏原则工艺流程图

1—抽提蒸馏塔；2—汽提塔；3—换热器；4—冷却器；5—再沸器

原料首先进行预分馏(图15-2中未绘出)，切除轻组分和重组分，得到的中间馏分经预热后进入抽提蒸馏塔中部，溶剂由塔顶进入，二者在塔内逆流传质。含微量芳烃的非芳烃呈气态从塔顶蒸出，经冷凝后，部分作为回流，其余出装置。溶剂和芳烃从塔底部排出，进入汽提塔，汽提出芳烃后，溶剂循环使用。

抽提蒸馏过程特别适合于从富含芳烃的原料中直接提取高纯度芳烃，产物可以是某一种芳烃，也可以是芳烃的混合物。抽提蒸馏的原料包括焦炉轻油、重整生成油和裂解汽油等。该工艺的能耗低、投资少。

三、芳烃精馏

溶剂抽提和抽提蒸馏得到的往往是芳烃混合物，而化工工业中使用的原料一般是某种芳烃的单体，因此还需要把芳烃混合物分离成单体，一般是采用精馏过程来完成的。

目前国内的芳烃精馏工艺有两种流程。一种是三塔流程，可以得到苯、甲苯、混合二甲苯和重芳烃等产品；另一种是五塔流程，可以得到苯、甲苯、乙苯、间对二甲苯、邻二甲苯和重芳烃等产品。图15-3为典型的芳烃三塔精馏工艺流程图。

混合芳烃经换热和加热后进入白土塔，通过吸附除去其中的不饱和烃。白土塔底出来的混合芳烃与进料换热后进入苯塔，塔顶气相经冷凝后进入塔顶回流罐，然后用泵打回塔顶作

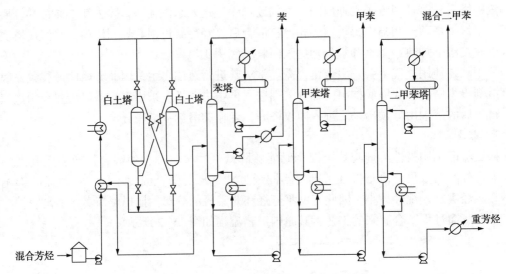

图 15-3 典型的芳烃三塔精馏工艺流程图

回流。由于塔顶回流中可能会含有少量轻质非芳烃，需要往抽提进料罐中排出一部分进行抽提，以保证产品苯的质量。苯产品从苯塔侧线抽出，经冷却后作为产品出装置。苯塔底采用再沸器加热，塔底物料用泵打入甲苯塔。

甲苯塔顶物料经冷凝后，一部分打回塔顶作回流，其余部分作为甲苯产品出装置。甲苯塔底采用再沸器加热，塔底物料用泵送入二甲苯塔。

二甲苯塔顶物料经冷凝冷却后，一部分打回流，其余部分作为混合二甲苯产品。二甲苯塔底也采用再沸器加热，塔底产品为重芳烃，经冷却后出装置。

对于不含不饱和烃的混合芳烃(如经过加氢处理后的混合芳烃)的分离，可以不设白土吸附过程。

与三塔流程相比，五塔流程中还设有邻二甲苯塔和乙苯塔。二甲苯塔顶蒸出的混合物料(一般含有乙苯、间二甲苯和对二甲苯)进入乙苯塔，乙苯塔一般由串联的三段塔组成，在其中将乙苯与间二甲苯、对二甲苯分开。二甲苯塔底出来的物料进入邻二甲苯塔，塔顶蒸出邻二甲苯，塔底出重芳烃。五塔流程分离出的邻二甲苯和乙苯的纯度可以达到99%以上，但由于乙苯与二甲苯的沸点相近，非常难分离，因此五塔流程在工业上较少采用。

四、混合二甲苯的分离

抽提所得混合芳烃经三塔流程精馏后得到苯、甲苯和混合二甲苯，混合二甲苯是邻二甲苯、间二甲苯、对二甲苯和乙苯的混合物，需进一步分离为单体后才能更好地对其利用。混合二甲苯中各组分的沸点非常接近，分离难度较大，沸点最高的邻二甲苯和沸点最低的乙苯可以采用精馏的方式分离，但所需精馏塔的塔板数多、回流比大；而间二甲苯与对二甲苯的沸点差只有0.75℃，采用常规精馏方法难以分离，工业上广泛采用二甲苯模拟移动床吸附分离技术对二者进行分离。

模拟移动床吸附分离的目的是从混合二甲苯中分离出高纯度的对二甲苯，原理是根据分子筛吸附剂对不同组分吸附选择性的不同，优先选择吸附对二甲苯，再经液态解吸剂脱附，分离得到对二甲苯。模拟移动床吸附分离过程的原则工艺流程如图15-4所示。

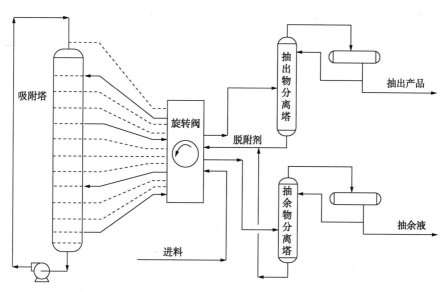

图 15-4 模拟移动床吸附分离原则工艺流程图

模拟移动床是一种利用吸附原理进行液体分离操作的传质设备,采用逆流连续操作方式,通过变换固定床吸附设备的物料进出口位置,产生相当于吸附剂连续向下移动、物料连续向上流动的效果。模拟移动床把固定吸附床分为许多段(通常为24段),每段内都装有吸附剂,段间液体不能直接流通。每段均装有物料进出口管道(进出两用),由中央控制装置(旋转阀)控制其进出。在特定时间内,24个进出口中的20个只起段间联系的作用,只有4个作为物料的进出口,即抽余液出口、原料进口、吸附液出口和脱附剂入口。

在某一时间段内,根据物料进出口位置、作用原理及功能不同,把整个吸附塔床层分成4个功能区,各区距离不等长,每段的相际传质作用也不同。(1)对二甲苯吸附区:吸附有非对二甲苯和脱附剂的吸附剂由顶部进入,在不断下降的过程中与上升的,含有对二甲苯、非对二甲苯及脱附剂的待分离物料逆流接触,液相中的对二甲苯被完全吸附,而原来吸附在吸附剂上的非对二甲苯和脱附剂则被置换出来,使原料中的对二甲苯与非对二甲苯组分进行分离,吸附区上部取出的抽余液中只含非对二甲苯组分和脱附剂,而不含对二甲苯,抽出后进入抽余物分离塔,分出夹带的脱附剂,抽余物经精馏分离后可得到间二甲苯和邻二甲苯。(2)非对二甲苯脱附区:介于对二甲苯吸附区和脱附区之间,利用对二甲苯和脱附剂置换由吸附区带入的少量非对二甲苯,以提高对二甲苯产品的纯度。(3)对二甲苯脱附区:利用脱附剂使对二甲苯从吸附剂上脱附下来,得到对二甲苯和脱附剂的混合物,进入抽出物分离塔,脱除其中的脱附剂。(4)脱附剂部分脱附区:脱附完对二甲苯的吸附剂进入此区,将置换对二甲苯后的脱附剂部分脱除,然后吸附剂进入对二甲苯吸附区,有利于对二甲苯的吸附。

吸附床中,若吸附剂固定不动,则随着时间的推移,固相中被分离组分的浓度将自下而上逐渐变大。模拟移动床就是利用旋转阀,改变物料的进入或抽出点位置,每隔一段时间,4种物料的进出口同时向前移动一个口,使4种物料进出口以与床层中固相浓度变化同步的速度上移,床层按照一定程序进行吸附或脱附操作,构成一个闭合回路,使总的结果与保持进出口位置不动而固体吸附剂在吸附塔中自上而下流动的效果基本相同。

模拟移动床的生产能力和分离效率比固定吸附床高，又可避免移动床吸附剂磨损、破碎或粉尘堵塞设备或管道以及固体颗粒缝隙间的沟流等现象的发生。

除此以外，对于混合二甲苯中对二甲苯和间二甲苯的分离，还可以采用深冷结晶分离法和络合分离法。

第二节　芳烃转化工艺

轻芳烃产品中包括多种分子大小和结构不同的组分，各种组分的含量、用途及需求量是不同的。例如，重整混合芳烃中约含50%的甲苯和C_9芳烃，而各种芳烃组分中用途最广、需求量最大的是苯与对二甲苯，其次是邻二甲苯，而甲苯、间二甲苯和C_9芳烃迄今未获得重大的化工利用。为解决这一问题，20世纪60年代初发展了脱烷基制苯工艺，20世纪60年代后期又发展了甲苯歧化技术，甲苯、C_9芳烃烷基转移以及二甲苯异构化等芳烃转化技术，以增大苯及对二甲苯的产量。

一、芳烃脱烷基工艺

苯环上带有烷基侧链的芳烃，在一定条件下可以将烷基脱除，称为芳烃脱烷基反应。芳烃脱烷基工艺主要用于甲苯脱烷基制苯、甲基萘脱烷基制萘等。根据反应的机理和方法，脱烷基反应可以分为催化脱烷基反应、催化氧化脱烷基反应、加氢脱烷基反应和水蒸气脱烷基反应等。下面以加氢脱烷基反应为例介绍芳烃脱烷基工艺。

1. 芳烃加氢脱烷基反应

甲苯脱烷基制苯过程的主反应如下：

除此以外，甲苯脱烷基过程中还存在以下副反应：

$$CH_4 \longrightarrow C + 2H_2$$

以上各反应中，主反应在热力学上是有利的，当温度不太高、氢分压较高时可以进行得比较完全。副反应中虽然芳烃的加氢饱和反应平衡常数很小，但由于环烷烃的氢解反应在热力学上是有利的，为不可逆反应，如果反应时间足够长，环烷烃会深度加氢裂解成甲烷。采用较高的反应温度和较低的氢分压有利于抑制环烷烃的深度裂解反应，但同时会不利于主反应，且还可能加剧甲烷分解反应和芳烃脱氢缩合反应，导致生焦率增加，引起催化剂失活。因此，甲苯脱烷基过程中的各个副反应难以从热力学上完全抑制，只能从动力学上控制其反应速率，尽量减少它们的反应比例。

芳烃加氢脱烷基反应的温度不宜过高和过低，较高的氢分压有利于抑制结焦反应和加氢脱烷基反应，但不利于抑制某些副反应，且会增加氢气消耗。

芳烃加氢脱烷基反应需要在催化剂存在的条件下进行，催化剂主要是将元素周期表中第Ⅳ族和第Ⅷ族中的 Cr、Mo、Fe、Co 和 Ni 等元素担载在 Al_2O_3 和 SiO_2 等载体上制成的。为了抑制副反应，通常还需在催化剂中加入少量碱金属和碱土金属作为助剂。

2. 芳烃脱烷基工艺流程

Hydeal 法是工业上采用较多的一种催化加氢脱烷基制苯过程，其原料为催化重整汽油、裂解汽油、甲苯及煤焦油等，原则工艺流程如图 15-5 所示。

新鲜原料、循环物料、新鲜氢气以及循环氢气一起进入加热炉，加热到反应所需的温度后进入反应器。如果原料中含有较多的非芳烃，则一般需要两台反应器，且控制不同的反应条件。第一台反应器中主要进行烯烃和烷烃的加氢裂解反应，第二台反应器中进行加氢脱烷基反应。反应产物出反应器后，经冷凝器冷却、冷凝，气液混合物一起进入闪蒸分离器，分出未反应的氢气，氢气一部分直接返回反应器，一小部分排出装置作为燃料，其余的氢气

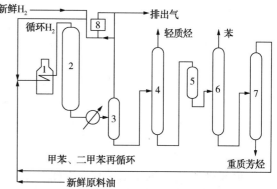

图 15-5　Hydeal 法加氢脱烷基原则工艺流程图
1—加热炉；2—反应器；3—闪蒸分离器；4—稳定塔；
5—白土塔；6—苯塔；7—再循环塔；8—H_2 提浓装置

送到纯化装置脱除其中的轻质烃，提高浓度后再返回反应器。闪蒸分离器底的液体芳烃经稳定塔去除轻质烃，再经白土塔脱去烯烃后送入苯精馏塔，塔顶得到产品苯。苯精馏塔釜液送入再循环塔，塔顶蒸出未转化的甲苯返回反应器再进行反应，塔底重芳烃排出系统。

二、芳烃歧化与烷基转移

重整混合芳烃中含有 50% 的甲苯和 C_9 芳烃，为了充分利用这一资源，生产需求量较大的二甲苯和苯，开发了芳烃歧化和烷基转移技术。

芳烃歧化是指两个相同的芳烃分子在酸性催化剂的作用下，一个芳烃分子上的烷基侧链转移到另一个芳烃分子上的反应；而烷基转移是指两个不同的芳烃分子之间发生烷基转移的过程。可以认为歧化反应和烷基转移反应互为逆反应。工业中应用最广的是甲苯的歧化反应，通过歧化反应可以使用途较少且有过剩的甲苯转化为苯和二甲苯两种重要的芳烃原料。如果同时进行 C_9 芳烃的烷基转移反应，还可以增产二甲苯。

1. 歧化和烷基转移反应

（1）歧化反应。

芳烃的歧化反应主要包括以下几种：

甲苯歧化：

C_9 芳烃歧化：

$$2 \text{ 甲基苯-}(CH_3)_2 \rightleftharpoons \text{甲基苯-}CH_3 + \text{甲基苯-}(CH_3)_3$$

除此以外，还包括产物二甲苯的二次歧化反应：

$$2 \text{ 二甲苯} \rightleftharpoons \text{甲苯} + \text{二甲苯-}(CH_3)_2$$

$$2 \text{ 甲基苯-}(CH_3)_2 \rightleftharpoons \text{甲基苯-}CH_3 + \text{甲基苯-}(CH_3)_3$$

（2）烷基转移反应。

甲苯与 C_9 芳烃的烷基转移反应如下：

$$\text{甲苯} + \text{甲苯-}(CH_3)_2 \rightleftharpoons 2 \text{ 甲基苯-}CH_3$$

$$\text{甲苯} + \text{甲基苯-}C_2H_5 \rightleftharpoons \text{甲基苯-}CH_3 + \text{乙苯}(C_2H_5)$$

$$\text{或 } \text{苯} + \text{乙基苯-}(CH_3)_2$$

产物二甲苯与甲苯之间的烷基转移反应如下：

$$\text{甲基苯-}CH_3 + \text{甲苯} \rightleftharpoons \text{苯} + \text{甲基苯-}(CH_3)_2$$

产物二甲苯与 C_9 芳烃间的烷基转移反应如下：

$$\text{甲基苯-}CH_3 + \text{甲基苯-}(CH_3)_2 \rightleftharpoons \text{甲苯} + \text{甲基苯-}(CH_3)_3$$

（3）烷基苯的脱烷基反应。

$$\text{（甲苯）} \longrightarrow \text{（苯）} +C+H_2$$

（4）芳烃的脱氢缩合反应。

芳烃脱氢缩合生成稠环芳烃和焦炭，会使催化剂表面结焦进而失活。为了抑制焦炭的生成及以延长催化剂寿命，工业上一般采用临氢歧化法，同时还可以抑制其他不利的副反应。但临氢条件下也会加剧甲苯加氢脱烷基反应和芳烃的苯环氢解反应。

2. 歧化和烷基转移的影响因素

芳烃歧化和烷基转移反应过程复杂，除主反应外，还会发生一系列副反应，不同的反应具有不同的动力学特性和热力学特性，因此反应的操作条件对反应结果具有重要影响。

（1）原料组成。

当采用纯甲苯为原料时，只发生甲苯歧化反应，产物中的二甲苯与苯的物质的量比为1:1。如果反应原料中含有 C_9 芳烃，则还会进行烷基转移反应。如果原料中甲苯与三甲苯的物质的量比为1:1，则体系中甲基与苯基的物质的量比为2:1，反应可得到大量的二甲苯。实际上，C_9 芳烃中除三甲苯外，还含有甲乙苯、丙苯等化合物参与反应，致使甲苯的转化率及二甲苯收率下降，且甲乙苯和丙苯的加氢脱烷基反应还会增加氢气的消耗量。因此，当采用 C_9 芳烃原料时，应尽可能使其中的三甲苯含量高。

原料中如果含有水分，会使分子筛催化剂的活性下降，应加以脱除。原料中的有机氮化物会严重影响催化剂的酸性，使催化剂活性下降，要求其质量分数不大于 2×10^{-7}。此外，原料中的重金属(如砷、铅、铜等)会促进芳烃脱氢反应，加速催化剂积炭，其质量分数应不大于 1×10^{-8}。

（2）反应温度。

歧化和烷基转移均为可逆反应，反应的热效应很小，反应温度对化学平衡影响不大。然而，反应速率和催化剂活性随反应温度的升高而提高，过高的反应温度会使苯环裂解，副反应增多，尤其是催化剂表面积炭增加，催化剂活性下降。

歧化过程的反应温度随着操作周期的延长而变化。反应初期，催化剂活性较高，一般采用较低的反应温度，随着操作时间的延长，催化剂上积炭增多，催化剂活性下降，反应温度随之升高以保持需要的转化率。工业装置的反应温度一般在 360~490℃。

（3）反应压力。

歧化反应与烷基转移反应都是分子数不变的反应，反应压力对平衡组成的影响较小。但提高压力可以提高反应物和氢气的浓度，提高反应速率，抑制焦炭形成，提高催化剂的稳定性。

操作压力的选择与采用的氢气纯度有关，为了保持一定的氢分压，总压需随氢气纯度的变化而变化。工业上采用的操作压力一般为 2.6~3.5MPa。

（4）空速。

空速反映了反应时间的长短。提高空速可缩短反应时间，提高单位装置体积的处理能力，但转化率会随之降低；降低空速延长了反应时间，有利于反应的进行，但同时也会使副反应增加，降低装置的处理能力。工业装置中根据采用催化剂的性能不同，空速一般在 $0.8h^{-1}$ 以上。

（5）氢烃比与氢气纯度。

歧化反应和烷基转移反应都不需要氢气参与，但氢气的存在可以抑制缩合反应，减少催化剂上的积炭，提高催化剂活性，延长装置运转周期。同时，氢气还可以带走反应热。因此，歧化反应和烷基转移反应需在临氢条件下进行。

氢烃比与进料组成有关。当原料中较易发生氢解反应的 C_9 芳烃含量较高时，需采用较大的氢烃比，尤其当 C_9 芳烃中甲乙苯和丙苯含量高时，所需的氢烃比会更高。但过高的氢烃比和过大的氢气流量不仅会增加动力损耗，还会降低反应速率。工业上一般采用氢烃比为 7~10（物质的量比）。

氢气中如果含有过多的甲烷及其他饱和烃，会抑制催化剂活性，并使循环气压缩机的负荷增加，一般要求进入反应器的氢气纯度不小于 80%（物质的量分数）。

（6）催化剂。

歧化和烷基转移过程必须采用催化剂。工业上使用的催化剂有 Y 型、丝光沸石型和 ZSM 系列分子筛催化剂。目前工业上广泛采用的是丝光沸石型催化剂，通过对丝光沸石进行改性，可以改善催化剂的活性和稳定性，提高反应空速和转化率。

3. 歧化和烷基转移工艺流程

歧化和烷基转移反应一般在同一个反应器中完成，称为歧化—烷基转移装置，简称歧化装置。典型歧化装置的原则工艺流程如图 15-6 所示。

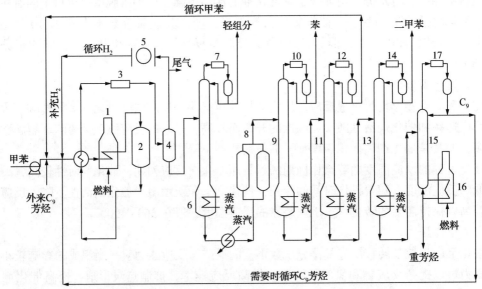

图 15-6　歧化—烷基转移装置原则工艺流程图

1, 16—加热炉；2——段绝热反应器；3, 7, 10, 12, 14, 17—冷却器；4—气液分离器；
5—压缩机；6—稳定塔；8—白土塔；9—苯分离塔；11—甲苯分离塔；
13—二甲苯分离塔；15—C_9 芳烃分离塔

新鲜甲苯、外来 C_9 芳烃与循环甲苯、循环 C_9 芳烃及氢气混合，经换热器和加热炉加热到反应温度，进入一段式绝热固定床反应器进行反应，反应产物经换热和冷却后，进入气液分离器分出氢气，液相进入稳定塔脱除轻组分，经白土塔处理脱除烯烃后，进入分馏系统，依次分馏出苯、甲苯、二甲苯、C_9 芳烃及重芳烃。其中分离出的氢气、甲苯和 C_9 芳烃与原料和补充氢一起重新进入反应器进行反应。

三、C_8 芳烃异构化

C_8 芳烃中的对二甲苯和邻二甲苯分别为聚酯纤维和苯酐的原料，需求量约占整个 C_8 芳烃的 95%，但在重整 C_8 芳烃中，它们只占 20% 左右，其余为间二甲苯和乙苯。歧化和烷基转移反应的 C_8 芳烃组成也大体类似。

将混合 C_8 芳烃分离出对二甲苯和邻二甲苯后，把剩余非热力学平衡的 C_8 芳烃进行异构化反应，在催化剂的作用下将其转化成热力学平衡 C_8 芳烃，可以分离得到更多的对二甲苯和邻二甲苯。

催化重整、歧化和烷基转移得到的 C_8 芳烃中，乙苯约占 15%。通常可以采用 3 种方法对乙苯进行处理，一是在精馏装置中直接将乙苯分离出来作为产品，但由于乙苯与二甲苯的沸点非常接近，分离难度较大；二是把乙苯混入二甲苯异构化的原料中，与二甲苯一起异构化，增产二甲苯；三是在异构化反应中将乙基脱除生产苯。目前工业上大多数采用第二种方法以增产需求量大的二甲苯。

1. 异构化的主要化学反应

C_8 芳烃异构化过程中的化学反应主要是 3 种二甲苯异构体之间的相互转化，3 种二甲苯由非热力学平衡状态向热力学平衡状态转化。

二甲苯异构化的平衡混合物中，对二甲苯的浓度随反应温度的升高而降低；间二甲苯的含量最高，低温时尤其显著；邻二甲苯的浓度随温度的升高而增大。因此，C_8 芳烃异构化过程中对二甲苯的收率受热力学平衡限制，最高浓度只能达到 23.7% 左右，这也是不同来源 C_8 芳烃组成相似的原因。

除二甲苯异构体之间的相互转化以外，乙苯也可以异构为二甲苯。

乙苯的异构化速率比二甲苯慢，且受温度的影响较显著。温度越高，乙苯转化率越小，二甲苯的收率也越低。

由以上反应过程可知，异构化的主反应既有烷基在芳核上转移的正碳离子反应，又有脱氢反应、环烷烃异构反应和加氢反应。因此，反应需要既有酸性中心，又有加氢活性中心的双功能催化剂，催化剂中含有氢型沸石和贵金属铂。

除以上两类反应以外，异构化过程中还伴随有歧化、脱烷基、开环裂解等副反应，这些副反应将导致目的产品收率下降，氢耗增加，因此应尽量减少这些反应的发生，尤其应尽量避免轻烃的产生。

2. 异构化的影响因素

C_8芳烃异构化的主要影响因素包括反应温度、反应压力、空速、氢油比和催化剂性质等。

（1）反应温度。

反应温度影响异构化反应的反应速率和化学平衡。提高反应温度，可以提高主反应的速率，同时也提高了副反应的速率，使C_8芳烃的收率下降。

提高反应温度有利于反应趋于热力学平衡组成，产物中对二甲苯占二甲苯的比例增加。但提高反应温度不利于氢在金属活性中心上的吸附，使催化剂表面的氢浓度降低，而由于乙苯转化为二甲苯需要经历加氢—环烷烃异构化—脱氢的过程，因此会使乙苯的转化率下降。工业装置的起始反应温度一般为385～395℃。

（2）反应压力。

二甲苯异构化是分子数不发生变化的反应，可以直接在催化剂表面的酸性中心上进行，因此受反应压力的影响较小。但提高反应压力会使体系的氢分压增加，增强了过程的加氢反应，在乙苯转化率提高的同时，C_8环烷烃和C_8烷烃的收率明显升高，从而降低了对二甲苯的收率。

工业装置中，反应温度和反应压力应协同考虑，在提高反应温度的同时，也必须提高反应压力，以使对二甲苯浓度、乙苯转化率和C_8芳烃收率控制在一个合理的范围内。工业装置的起始氢分压一般为0.80～0.85MPa。

（3）空速。

提高空速减少了反应时间，对二甲苯收率和乙苯转化率下降。但降低空速会增加副反应，使C_8芳烃收率下降。工业C_8芳烃异构化装置的空速一般为2.7～3.3h^{-1}。

（4）氢油比。

提高氢油比相当于提高了氢分压，与提高反应压力的效果是一样的。但提高氢油比可以减少催化剂结焦，改善催化剂选择性，延长装置运转周期，装置的能耗也相应提高。工业C_8芳烃异构化装置的氢油比一般为（800～100）∶1（体积比）。

（5）催化剂性质。

工业装置上使用的C_8芳烃异构化催化剂有无定型$SiO_2-Al_2O_3$催化剂、负载型铂催化剂、ZSM分子筛催化剂和$HF-BF_3$催化剂等。各种催化剂的酸性功能和金属功能不同，促进二甲苯异构化和乙苯异构化的能力也不同，需根据原料的性质和反应条件选择合适的催化剂。

3. 异构化工艺流程

依据使用的催化剂不同，C_8芳烃异构化有多种不同的方法，但其工艺流程大同小异。C_8芳烃临氢气相异构化的原则工艺流程如图15-7所示。

C_8芳烃原料经换热器加热后首先进入脱水塔，将原料中带入的少量水分脱除，以防水分对催化剂稳定性带来的影响。由于水分与二甲苯会形成共沸物，一般采用共沸蒸馏脱水。

要求原料中的水分脱除到 1×10^{-5}（质量分数）以下。

干燥后的 C_8 芳烃与循环氢及补充氢混合，经换热器、加热炉加热到所需的反应温度后，进入绝热式径向异构化反应器进行反应。

反应产物经换热冷却后进入气液分离器，分离出的气相大部分作为循环氢循环回反应器，小部分排出系统以维持系统内的氢气浓度。分离器底的液相产物进入稳定塔，脱除其中的乙基环己烷、庚烷以及少量的苯、甲苯等低沸物。稳定塔底液相经白土处理后，进入

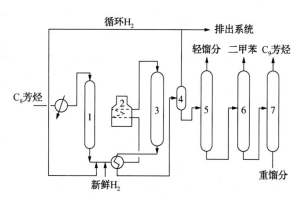

图 15-7　C_8 芳烃异构化原则工艺流程图

1—脱水塔；2—加热炉；3—反应器；4—分离器；
5—稳定塔；6—脱二甲苯塔；7—脱 C_9 塔

脱二甲苯塔，塔顶得到接近于热力学平衡浓度的 C_8 芳烃，送至分离工段分离得到对二甲苯。脱二甲苯塔底釜液进入脱 C_9 塔，塔顶蒸出 C_9 芳烃送入甲苯歧化和 C_9 芳烃烷基转移装置。

四、芳烃烷基化

芳烃烷基化是指芳烃分子中苯环上的一个或几个氢原子被烷基取代而生成烷基芳烃的反应，其中以苯的烷基化最为重要，可用于生产乙苯、异丙苯和十二烷基苯等。

芳烃烷基化反应中提供烷基的物质称为烷基化剂，工业上常用的有烯烃和卤代烷烃。烯烃不仅具有较好的反应活性，而且比较容易得到，是常用的烷基化剂，例如，乙烯、丙烯和十二烯等都可以作为烷基化剂。由于烯烃在烷基化过程中形成的正碳离子会发生骨架重排以形成最稳定的结构，因此 C_3 及以上烯烃与苯进行烷基化反应时，只能得到异构烷基苯而不能得到正构烷基苯。卤代烷烃使用最多的是氯代烷烃，如氯乙烷、氯代十二烷等。此外，醇类、酯类、醚类等也可以作为烷基化剂。

1. 芳烃烷基化的化学反应

苯的烷基化反应都是热效应较大的放热反应，在较宽的温度范围内，苯的烷基化反应在热力学上都是有利的，只有在温度很高时，才会发生明显的逆反应。苯烷基化过程的主要化学反应如下：

$$\text{苯} + CH_2 = CH_2 \rightleftharpoons \text{苯} - C_2H_5$$

$$\text{苯} + CH_2CH = CH_2 \rightleftharpoons \text{苯} - CH(CH_3)_2$$

$$\text{苯} + CH_2 = CH_2 \rightleftharpoons \text{苯} - C_2H_5$$

除了以上的主要化学反应，芳烃烷基化过程中还会发生多烷基苯的生成反应、二烷基苯

的异构化反应、烷基转移反应、芳烃缩合反应以及烯烃的缩聚反应等。

苯的烷基化反应产物是单烷基苯和各种二烷基苯、多烷基苯组成的复杂混合物，在适宜的乙烯和苯配比及反应条件下，可以达到热力学平衡。

芳烃烷基化反应遵循正碳离子机理，因此也需要有酸性催化剂的参与。目前工业上用于苯烷基化的催化剂主要有酸性卤化物的配位化合物、磷酸/硅藻土、$BF_3/\gamma-Al_2O_3$、ZSM-5分子筛等。

2. 芳烃烷基化的工艺流程

1）乙苯生产工艺流程

以苯和乙烯为原料生产乙苯，根据所用催化剂的不同，可以分为三氯化铝法、BF_3/Al_2O_3 法和固体酸法；根据反应状态不同，可以分为液相烷基化法和气相烷基化法。但不论工艺流程上有何差异，其反应机理基本一致。

（1）液相烷基化法。

液相烷基化法中历史最悠久和应用最广泛的是传统的无水三氯化铝法，典型原则工艺流程如图15-8所示。

苯、循环的多乙苯混合物与作为催化剂的 Al_2O_3 配位化合物一起进入反应器，在低温（95℃）和低压（101.3~152kPa）条件下进行充分搅拌，并向反应器内通入乙烯进行反应，在此反应条件下，乙烯基本上能够完全转化。

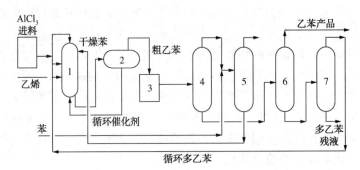

图 15-8　液相烷基化乙苯生产原则工艺流程图
1—反应器；2—澄清器；3—前处理装置；4—苯回收塔；
5—苯脱水塔；6—乙苯回收塔；7—多乙苯塔

反应完成后，产物由约55%未转化的苯、35%~38%的乙苯、15%~20%的多乙苯及 Al_2O_3 配位化合物组成。废液产物进入澄清器冷却分层，大部分 Al_2O_3 循环返回反应器，少部分被水解成 $Al(OH)_3$ 废液。澄清器顶的有机相经水洗和碱洗除去微量的 Al_2O_3，得到粗乙苯。粗乙苯经分离系统分离后可以得到纯乙苯。

（2）气相烷基化法。

气相烷基化法采用多层固定床绝热反应器，以固体酸为催化剂，使用的催化剂包括 $BF_3/\gamma-Al_2O_3$ 和 ZSM-5 分子筛等，其原则工艺流程如图15-9所示。

原料苯与循环苯混合后与反应产物换热，然后进入加热炉汽化并加热到400~420℃。出加热炉后的苯先与加热汽化后的循环二乙苯混合，再与乙烯混合，进入烷基化反应器。烷基化反应器中的催化剂分层装填，控制各床层的温升不超过70℃，各床层间补加苯和乙烯以将反应物冷却至进料温度，使每个床层的反应温度接近。典型的反应条件如下：温度为370~425℃，

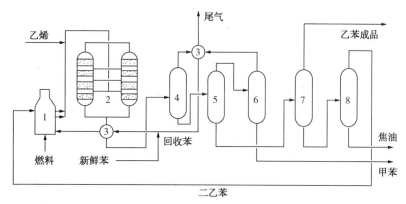

图 15-9 气相烷基化乙苯生产原则工艺流程图

1—加热炉；2—反应器；3—换热器；4—初馏塔；5—苯回收塔；

6—苯、甲苯塔；7—乙苯塔；8—多乙苯塔

压力为 1.37~2.74MPa，空速为 3~5h⁻¹（以乙烯计）。

烷基化产物由底部出反应器，先与原料换热降温，然后进入初馏塔，塔顶蒸出轻组分及少量苯，经换热后至尾气排出系统用作燃料；塔底物料进入苯回收塔进行分离，塔顶蒸出的苯和甲苯进入苯、甲苯塔；塔底物料进入乙苯塔。苯和甲苯的混合物在苯、甲苯塔内进行分离，塔顶回收的苯循环使用，塔底甲苯作为副产品出装置。乙苯塔顶蒸出乙苯送往成品罐，塔底产物送往多乙苯塔。多乙苯塔采用负压操作，塔顶蒸出二乙苯，返回烷基化反应器进行再反应，塔底得到多乙苯残液送往罐区。

2）异丙苯生产工艺流程

传统的异丙苯生产方法主要有固体磷酸法和三氯化铝法，但这两种方法都存在设备腐蚀和环境污染等问题。因此，各大石油公司于 20 世纪 60 年代开始，开发了各种以沸石分子筛为催化剂的异丙苯生产技术，尤其是其中的催化精馏法合成异丙苯技术，具有很大的发展前景。

苯和丙烯的烷基化反应过程为放热反应，而反应温度与后续产物精馏的温度接近，在苯与丙烯的物质的量比为 3：1 时反应所放出的热量足够使苯汽化，可以利用反应放热提供精馏所需热量。据此，美国 CR&L 公司在 MTBE 催化精馏工艺的基础上开发了以沸石为催化剂的催化精馏法合成异丙苯工艺（CD 法），其原则工艺流程图如图 15-10 所示。

催化精馏法合成异丙苯工艺的关键设备是反应精馏塔。反应精馏塔分为两部分，上段为装填了沸石分子筛催化剂的反应段，下段为提馏段。

反应精馏塔顶部出来的苯蒸气经塔顶冷凝器冷凝分出不凝气后进入苯塔，与新鲜原料混合，进入反应精馏塔反应段的上部作为回流，在催化剂床层中一边往下流动一边与反应段下部进入的丙烯接触，反应生成异丙苯。部分未反应的苯吸收反应放热而汽化，由塔顶流出。反应段下降的液相进入反应精馏塔的提馏段，其中未反应的苯被汽提出来重新返回反应段。反应精馏塔的釜液是异丙苯和多异丙苯的混合物，进入异丙苯精馏塔进行蒸馏，塔顶得到异丙苯产品，塔底产物送入多异丙苯塔。多异丙苯塔顶产物为多异丙苯，送到烷基转移反应器与苯塔来的苯反应转化为异丙苯后，进入反应精馏塔的提馏段，多异丙苯塔底产物为重芳烃。

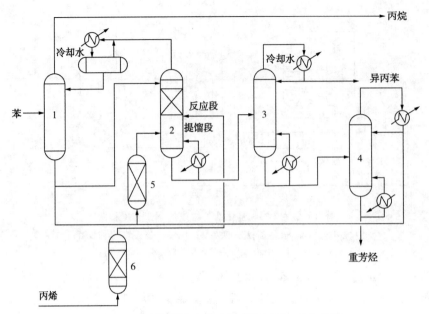

图 15-10　催化精馏法合成异丙苯原则工艺流程图

1—苯塔；2—反应精馏塔；3—异丙苯精馏塔；4—多异丙苯塔；

5—烷基转移反应器；6—干燥器

反应精馏工艺可以及时将反应生成的异丙苯与原料苯分离，使反应段的苯维持在较高的浓度，减少了连串副反应的发生，降低了多异丙苯的生成量，提高了反应的选择性，且工艺流程较简单。

第十六章 合成气生产

第一节 合成气生产概述

一、合成气简介

合成气是一种以 CO 和 H_2 为主要组分，广泛用作有机化工合成的气体，也是 CO 和 H_2 的重要来源。合成气的组成随原料和生产方法的不同而异，其 H_2/CO 在 $0.5 \sim 3$ (物质的量比)。

合成气在化学工业中具有重要作用，可以转化成液体和气体燃料，也可以生产大宗化学品和精细有机合成产品，实现合成气转化的重要技术是 C_1 化学技术。C_1 化学是指凡包含一个碳原子的化合物(如 CH_4、CO、CO_2、HCN、CH_3OH 等)参与反应的化学，涉及 C_1 化学反应的工艺过程及技术称为 C_1 化工。20 世纪 70 年代以来，以合成气生产为代表的 C_1 化工技术在世界各国得到了广泛的重视和应用。

合成气的原料来源广泛，许多含碳资源都可以作为合成气的生产原料。例如，合成气可由煤或焦炭等固体燃料气化产生，也可由天然气和石脑油等轻质烃类制取，还可由重油经部分氧化法生产。尤其是目前对于以农林废料和城市垃圾为原料的合成气技术的开发，大大拓宽了化工原料的来源，有利于化工原料路线和产品结构的多样化发展及资源的优化利用，具有巨大的经济效益和社会效益。

由不同原料生产的合成气，组成比例各不相同，通常不能直接满足后续合成产品的要求。例如，作为合成氨的原料气，要求 H_2/N_2 为 3，需将空气中的氮引入合成气中；生产甲醇及合成油的合成气要求 H_2/CO 约等于 2；用羰基合成法生产醇类时，则要求 H_2/CO 约等于 1；生产甲酸、草酸、醋酸和光气等则仅需要一氧化碳。因此，在制得合成气后，还需调整其化学组成，即利用水煤气反应(变换反应)，降低合成气中的一氧化碳含量，提高氢气的含量。

合成气生产过程中，原料中的部分杂原子也会进入合成气中，有可能造成后续生产过程中催化剂的中毒，因此通常还需对合成气或其原料进行净化。

二、合成气的用途

合成气是重要的有机合成原料之一，除直接分离得到 H_2 和 CO 以外，合成气的工业用途非常广泛，可以生产一系列的化学品。

1. 合成氨

由含碳原料与水蒸气反应，再与空气制成粗原料气，脱除各种杂质后，得到 H_2/N_2 为 3∶1(物质的量比)的合成氨原料气，在 $500 \sim 600℃$、$17.5 \sim 20MPa$ 及铁催化剂存在的条件下可以得到合成氨。

氨的最大用途是制氮肥，是目前世界上产量最大的化工产品之一。除此以外，氨也是重要的化工原料。

2. 氢气

合成气经过变换反应和氢气提纯过程，即可得到高纯度的氢气。目前在合成气制氢过程中，广泛采用低能耗的变压吸附(PSA)净化分离技术提纯氢气。

氢是重要的工业原料，也是最重要的工业气体和特种气体，在石油化工、冶金工业、食品工业、精细有机合成、浮法玻璃和航空航天等方面有着广泛的用途，也是一种理想的二次能源。尤其是随着炼油工业对油品清洁性需求的提高，炼化企业广泛采用加氢法生产清洁燃料，氢气成为炼化企业加氢装置的重要原料，需求量急剧增加，轻烃水蒸气转化法生产的合成气成为炼化企业重要的氢源之一。

3. 合成甲醇等低碳醇

将合成气的 H_2/CO(物质的量比)调整到 2.2 左右，在 $260 \sim 270℃$、$5 \sim 10MPa$ 及铜基催化剂存在的条件下，可以合成甲醇。甲醇可用于制造乙酸、乙酐、甲醛、甲酸甲酯、甲基叔丁基醚、二甲醚、低碳烯烃和芳烃等化工产品。

向合成甲醇的铜基催化剂中加入钾盐及助催化剂进行改性后，可将合成气转化成 C_1—C_4 的单醇，称为混合低碳醇，可以作为汽油调和组分或进一步脱水生成低碳烯烃。

4. 合成烃

合成气在 $200 \sim 300℃$、$1.0 \sim 4.0MPa$ 及催化剂存在的条件下，通过费托合成可以得到以烷烃为主的液态烃混合物。

费托合成的产物不含硫且芳烃含量少，经进一步加工后可以得到环境友好的汽油、柴油、溶剂油，也可以生产蜡或润滑油基础油。

5. 二甲醚

以合成气为原料，在 $250 \sim 350℃$、$1.5 \sim 15MPa$ 及甲醇合成与甲醇脱水双功能催化剂存在的条件下，可以直接合成二甲醚。

二甲醚是一种有机中间体，可以经羰基化制乙酸甲酯、乙酐，也可作为甲基化试剂用于医药、农药与燃料合成，与发烟硫酸或三氧化硫反应生产硫酸二甲酯。此外，二甲醚还是一种优良的有机溶剂，也可以作为车用燃料使用。

6. 与烯烃的氢甲酰化反应

合成气与不同的烯烃反应可以合成不同产品。例如，丙烯与合成气反应生成正丁醛，正丁醛除用作溶剂外，还可用于醇醛缩合和加氢生成 2-乙基己醇，用来制造聚乙烯的增塑剂邻苯二甲酸酯；乙烯与合成气反应生成丙醛，并进一步制正丙醇或丙酸；合成气与长链端烯反应生成长链醇，其中 C_{13}—C_{15} 的直链醇可用于生产易生物降解的洗涤剂。

不同烯烃与合成气反应的条件及催化剂不同。

7. 合成乙二醇

合成气在 $150 \sim 200MPa$ 及可溶性Ⅷ族金属配合物催化剂存在的条件下，可直接合成乙二醇，但此法尚处于研究阶段。目前主要采用间接法合成乙二醇，即首先将合成气合成甲醇，甲醇经选择性氧化或脱氢制得甲醛，甲醛经氢羰基化反应得到乙二醇。

乙二醇是合成聚酯树脂、聚酯纤维、表面活性剂、增塑剂、聚乙二醇、乙醇胺等的主要原料，也可以作为防冻剂，用量非常大。

8. 合成气的胺羰基化反应

在羰基钴或羰基铑的配合物催化剂作用下，一些烯烃、醛或酸类可以与合成气及胺化物反应，生成氨基酸、表面活性剂和食品添加剂等。

9. 合成气生产低碳烯烃

合成气在特定条件下可以一步转化成乙烯等低碳烯烃。但目前该过程的副反应较多，尚未达到工业应用的要求，需进一步研究高活性及选择性的催化剂，以提高烯烃的收率。

三、合成气的生产方法

工业上生产合成气的原料主要有天然气、煤和重油，不同原料的性质不同，采用的生产工艺及操作条件也有所不同。

1. 以煤为原料的合成气生产方法

主要有间歇式和连续式两种操作方式，工业上采用较多的是生产效率高、技术较先进的连续式生产工艺。连续式生产工艺在高温下以水蒸气和氧气为气化剂，与煤反应生成 CO 和 H_2 等气体，称为煤的气化过程。

煤的氢含量较低，所得合成气的 H_2/CO 比值较低。在煤储量较丰富的国家和地区，为了使煤资源得到充分利用，主要发展以煤制合成气为基础的煤化工企业，以及热电站与煤化工联合的大型企业。

2. 以天然气为原料的合成气生产方法

主要有蒸汽转化法和部分氧化法。目前工业上多采用蒸汽转化法，该方法所得合成气中 H_2/CO 的比值理论上为 3，有利于制造合成氨和氢气，当用来制造其他有机化合物（如甲醇、醋酸、乙烯、乙二醇等）时，需对 H_2/CO 比值进行调整。

近年来，因部分氧化法的热效率较高、H_2/CO 比易于调节而逐渐受到重视和应用，但该法需要有廉价的氧源。

二氧化碳转化法是一种新发展起来的工艺。

3. 以重油或渣油为原料的合成气生产方法

以重油或渣油为原料时，主要采用部分氧化法，即在反应器中通入适量的氧和水蒸气，使氧与原料中的部分烃燃烧，放出热量并产生高温，另一部分烃与水蒸气在高温下反应生成 CO 和 H_2。该法通过调节原料油、水蒸气与氧的比例，可以达到自热平衡而不需要外界供热。

以天然气为原料制合成气的成本最低，重质油与煤制合成气的成本相差不大。

目前，以其他含碳原料制合成气的工艺在工业上尚未大规模生产，但随着可再生资源和二次资源的广泛利用，预计今后将会得到迅速发展。

第二节　天然气制合成气

天然气中甲烷的含量一般大于 90%，其余为少量的乙烷、丙烷等气态烃，有时还含有少量的氮气和硫化物等。其他含甲烷等低碳气态烃的气体（如炼厂气、油田气、焦炉气和煤层气等）也可以用来制造合成气。

工业上的天然气制合成气技术主要有蒸汽转化法和部分氧化法。蒸汽转化法因技术成熟，是目前广泛应用于合成气、氢气和合成氨原料气等生产的方法，本节主要以此为例进行介绍。

一、天然气制合成气的化学原理

蒸汽转化法是在催化剂存在及高温的条件下，使甲烷等烃类与水蒸气发生反应，生成 H_2、CO 等混合气的过程。

1. 天然气制合成气的化学反应

甲烷水蒸气转化过程的主要反应如下：

$$CH_4 + H_2O \Longrightarrow CO + 3H_2$$
$$CH_4 + 2H_2O \Longrightarrow CO_2 + 4H_2$$
$$CO + H_2O \Longrightarrow CO_2 + H_2$$

除此以外，还会发生一系列以析碳反应为主的副反应：

$$CH_4 \Longrightarrow C + 2H_2$$
$$2CO \Longrightarrow C + CO_2$$
$$CO + H_2 \Longrightarrow C + H_2O$$

以上主反应和副反应均为可逆反应，其中的甲烷水蒸气转化反应是强吸热反应，副反应中的甲烷裂解反应也是吸热反应，其他反应均为放热反应。

天然气蒸汽转化过程中，如果操作条件控制不当，便会发生析碳反应，生成的炭会覆盖在催化剂表面，降低催化剂活性，使反应速率下降。析碳严重时，会使床层堵塞，流动阻力增加，催化剂毛细孔内的炭遇水蒸气剧烈气化，造成催化剂崩裂或粉化，迫使装置停工。因此，天然气蒸汽转化过程中要特别注意防止析碳。

2. 天然气制合成气的反应热力学

天然气制合成气过程中的主反应和副反应均为可逆反应。联立求解各主反应的化学平衡常数式和物料平衡式，可以计算得出天然气蒸汽转化过程产物的平衡组成。平衡组成是反应所能达到的极限，实际反应总是距平衡有一定距离的。但通过对一定条件下实际组成和平衡组成的比较，可以判断反应速率的大小或催化剂的活性。在其他条件相同时，催化剂的活性越高，实际组成越接近平衡组成。平衡组成与反应温度、反应压力及原料的水碳比等有关。

（1）反应温度。

天然气蒸汽转化反应生成氢气和一氧化碳的反应是可逆的吸热反应，高温对化学平衡有利，即高温时氢气和一氧化碳的平衡产率高，而甲烷的平衡含量低。一般情况下，温度每提高 10℃，甲烷的平衡含量降低 1%~1.3%。此外，高温对一氧化碳的变换反应不利，可以少生成二氧化碳，同时还会抑制一氧化碳歧化和还原析碳反应。但高温有利于甲烷裂解，导致大量析碳，沉积在催化剂和器壁上，引起催化剂的失活。

（2）反应压力。

天然气蒸汽转化反应是分子数增加的反应，低压有利于反应平衡，且低压还可以抑制一氧化碳的析碳反应。但低压同时有利于甲烷的析碳反应平衡，适当的压力可以抑制甲烷裂解。反应压力对一氧化碳的变换反应平衡无影响。

（3）原料的水碳比。

水碳比对天然气蒸汽转化有重要影响，高水碳比有利于甲烷的转化，还可以抑制析碳的副反应。但过高的水碳比会降低装置的生产能力。

从热力学角度考虑，为了提高天然气蒸汽转化的平衡组成，应采用适当的温度、较低的压力和较高的水碳比。

3. 天然气制合成气的反应动力学

天然气蒸汽转化过程是有催化剂参与的化学反应过程，是一个气固非均相催化反应，反应过程包括内扩散、外扩散及催化剂表面上的吸附、反应和脱附等多个步骤。每个步骤都会对过程的总速率有影响，其中最慢的一步控制了过程的总速率。一般来说，天然气蒸汽转化过程的反应速率较高，在700~800℃时即具有较高的工业生产价值。

对于一定的催化剂，在不考虑内外扩散影响的条件下，天然气蒸汽转化的反应速率与反应温度、反应压力和原料的水碳比有关。

（1）反应温度。

温度升高，天然气蒸汽转化的反应速率常数增大，反应速率也增大。随天然气蒸汽转化反应的进行，反应物浓度降低，产物浓度升高，反应速率会降低，需相应提高反应温度来进行补偿。

（2）反应压力。

反应体系的总压力升高，各组分的分压也随之升高，在反应初期对于提高反应速率是有利的。

（3）原料的水碳比。

天然气蒸汽转化过程中，水碳比过高时，虽然水蒸气的分压高，但烃类的分压过低，反应速率不一定高；相反，水碳比太低，反应速率也不会高。因此，天然气蒸汽转化过程的水碳比要适当。

在工业生产条件下，反应器内的气体流速较快，外扩散的影响可以忽略。但由于天然气蒸汽转化过程采用的催化剂粒径较大，内扩散对反应的影响不可忽略，因此其表观反应速率要小于本征反应速率，两者的差值与催化剂的粒径及孔径大小有关。

二、天然气蒸汽转化的催化剂

天然气蒸汽转化过程在没有催化剂参与条件下的反应速率非常慢，要到1300℃以上才有满意的反应速率，但此时已开始发生大量的裂解反应，没有工业生产价值。因此，过程中必须采用催化剂。

研究表明，一些贵金属和镍对天然气蒸汽转化过程具有催化作用，其中镍的价格便宜且具有足够高的活性，在工业上得到了广泛的应用。除镍以外，天然气蒸汽转化催化剂中还需添加一些助剂以提高催化剂的活性或改善催化剂的机械强度、活性组分的分散度、抗结炭、抗烧结和抗水合等性能，助剂主要有铝、镁、钾、钛、镧和铈等金属的氧化物。

天然气蒸汽转化过程是在固体催化剂上进行的表面反应，催化剂应具有较大的比表面积，因此必须将镍担载在大比表面积的载体上，并通过载体与活性组分的强相互作用而使金属镍不易烧结，起到更好的分散作用。载体还应具有足够的机械强度，使催化剂不易破碎。为了抑制烃类在催化剂表面的酸性中心上发生裂解析碳，往往还要在载体上添加碱性物质以中和催化剂表面的酸性。

目前工业上使用的天然气蒸汽转化催化剂主要有两类，一类是负载型催化剂，以高温烧结的 α-Al_2O_3 或 $MgAl_2O_4$ 为载体，将镍和助剂负载到预先成型的载体上，再进行加热分解和煅烧，金属含量一般为 10%~15%（以 NiO 计）；另一类是黏结型催化剂，将用沉淀法制得的活性组分细晶用硅铝酸钙为黏结剂分散混合均匀，成型后用水蒸气养护，使水泥固化而成，镍含量较高，一般为 20%~30%（以 NiO 计）。

天然气蒸汽转化催化剂在使用前，金属以氧化态形式存在，装入反应器后应先进行还原，使氧化态的金属还原成金属镍才具有活性。还原气体可以是氢气、甲烷或一氧化碳。采用纯氢还原可以得到很高的镍表面积，但表面积不稳定，反应过程中遇水会减小。工业上一般是在通入水蒸气的条件下先使催化剂升温到 500℃ 以上，然后添加一定量的天然气和少量的氢气来进行还原，还原效果较好。还原时一般控制还原气中 H_2O/CH_4 比在 4~8，还原终温在 800℃ 左右，操作压力为 0.5~0.8MPa。如果还原条件操作不当，催化剂还原不完全，还会因高温而造成催化剂烧结，影响催化剂活性。此外，还原后的催化剂不能暴露于空气或接触含氧量高的气体，否则会因自燃而烧毁催化剂。

催化剂在使用过程中，会因积炭、老化和中毒而引起活性下降。

天然气蒸汽转化过程中存在部分析碳反应，而水蒸气具有消碳作用，因此催化剂上炭的积累速率取决于析碳速率与消碳速率之比。积炭过程与反应温度、压力和原料组成等操作条件密切相关，同时还与催化剂的性能有关。通过控制合理的反应温度分布，保持足够的水碳比，严格净化原料气，选用稳定性和抗积炭性优良及低温活性高的催化剂，可以抑制反应过程中的积炭。

催化剂在长期运转过程中，由于受高温和水蒸气的作用，镍晶粒会逐渐长大、聚集甚至烧结，助剂流失，导致活性下降，称为催化剂的老化。当活性降低到一定程度后，反应达不到规定的指标，催化剂寿命结束，就需要更换新鲜催化剂。

原料中的杂原子（如硫、砷、氯、溴、铅、钒、铜等）都是天然气蒸汽转化催化剂的毒物，会引起催化剂中毒。原料气中的硫化物是最常见、最重要的毒物，极少量的硫化物就会使催化剂中毒，引起活性降低，甚至完全失活。对于轻微的硫化物中毒，当换用不含硫化物的原料气后，催化剂的活性可以恢复，因此硫化物中毒是暂时性中毒，但严重或频繁的硫化物中毒会引起镍晶粒的聚集长大。天然气蒸汽转化过程要求原料气的总硫含量不超过 0.5×10^{-6}（体积分数）。

砷会引起催化剂永久性中毒。当气体中的砷含量达到 1×10^{-9}（体积分数）时，就能使催化剂中毒，且砷易沉积到反应器壁上，如不除去这些砷，即使更换了新鲜催化剂，也会很快中毒。铜和铅的影响类似于砷，在原料中的含量也应该严格控制。

卤素会使催化剂烧结而造成永久性失活，因此应严格控制原料气中的氯含量不大于 5×10^{-9}（体积分数）。氯主要由水带入，应严格控制和监视工艺蒸汽和锅炉给水中的氯含量。

工业操作过程中，催化剂活性下降可通过 3 种方法进行判断。一是反应器出口转化气中甲烷含量升高。二是反应器出口处的平均温距增大。平均温距是指反应器出口温度与出口气体实际对应的平衡温度之差。催化剂活性下降，反应器出口甲烷含量升高，一氧化碳和氢气含量降低，对应的平衡常数减小，平衡温度降低，平均温距增大。催化剂的活性越低，平均温距越大。三是观察炉管是否出现"红管"现象。天然气蒸汽转化是吸热反应，催化剂活性低则反应吸热减少，而炉管外的供热未变，多余的热量由炉管吸收，炉管温度升高而变红，此时炉管强度下降，如不及时停工更换催化剂，将会造成重大事故。

三、天然气蒸汽转化工艺流程

天然气蒸汽转化制合成气的基本步骤如图 16-1 所示。

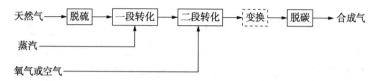

图 16-1 天然气蒸汽转化制合成气的步骤

变换过程是指 CO 和 H_2O 反应生成 H_2 和 CO_2 的过程，可以提高合成气中 H_2 含量，降低 CO 含量。图 16-1 中虚线框中的变换过程应根据合成气的用途决定取舍。当需要 CO 含量高的合成气时，应取消变换过程；当需要 CO 含量低时，则设置变换过程；而当只需要 H_2 而不要 CO 时，需设置高温变换和低温变换以及脱除微量 CO 的过程。

图 16-2 显示了以生产合成氨原料为目的的天然气蒸汽转化的转化工段流程。合成氨的原料之一为 H_2，应尽量将 CH_4 转化成 H_2，因此需设置两段转化，使产物中残余甲烷的含量小于 0.3%(体积分数)。

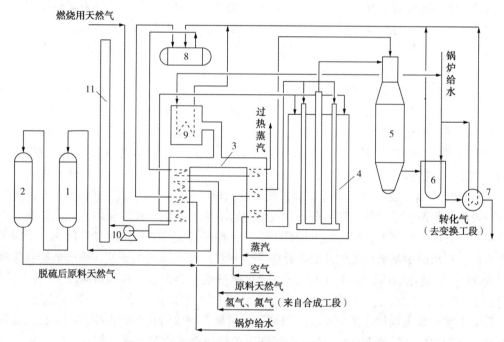

图 16-2 天然气蒸汽转化制合成气原则工艺流程图

1—加氢脱硫反应器；2—氧化锌脱硫罐；3—一段炉对流段；4—一段炉辐射段；5—二段转化炉；
6—第一废热锅炉；7—第二废热锅炉；8—汽包；9—辅助锅炉；10—排风机；11—烟囱

天然气中的硫化物会引起后续工段催化剂中毒，因此原料气应首先进行脱硫。天然气压缩到 3.6MPa 左右，配入一定量的氢气、氮气混合气，送入一段炉的对流段，利用辐射段来的高温烟气预热到 380~400℃，进入装有钴钼催化剂的脱硫反应器，将有机硫化物转变成硫化氢，再经氧化锌脱硫罐脱除硫化氢，使原料气中的总硫含量降至 $0.5×10^{-6}$(体积分数)以下。

脱硫后的天然气与中压蒸汽混合，送入一段炉对流段加热到 500~520℃，然后分流进入一段炉辐射段的各转化管，自上而下流经管内催化剂床层进行转化反应，反应所需热量由管外燃烧的天然气提供。800~820℃的转化气由反应管底部出来，汇合于集气管后进入中心管，从炉顶出来后送往二段转化炉，此时转化气中的 CH_4 含量约为 9.5%（干基）。

一段转化气在二段炉入口与预热到 450℃ 左右的空气混合，在炉顶发生部分甲烷燃烧，温度升至 1200℃ 左右，然后流经催化剂床层继续反应，离开二段炉的转化气温度约为 1000℃，压力为 3.0MPa，甲烷残余量低于 0.3%（干基），$(H_2+CO)/N_2$ 比为 3.1~3.2。

离开二段转化炉的高温转化气，先经废热锅炉回收高温气的显热以产生蒸汽，蒸汽再经对流段加热成为高压过热蒸汽，作为工厂动力或工艺蒸汽。经废热锅炉后，转化气的温度降至 370℃ 左右，送往变换工段。

四、天然气蒸汽转化工艺条件

天然气蒸汽转化的工艺流程复杂，影响反应的因素较多。在确定工艺条件时，应根据反应的热力学和动力学特性，结合技术经济和安全生产等因素进行优化选择。天然气蒸汽转化过程的影响因素主要有反应温度、反应压力、原料组成和空速等。

1. 反应温度

从热力学角度来说，高温下甲烷的转化率增加，平衡浓度降低；从动力学角度来说，高温增大了反应速率，也会降低甲烷的残余含量。此外，高压对化学平衡不利，更应该通过提高反应温度来促进反应的进行。但过高的温度会影响反应炉管寿命，对设备材质提出了更高的要求。

为满足工业上对转化气甲烷残余量不大于 0.3% 的要求，将转化过程分两段进行。第一段转化在装有催化剂的多管反应器中进行，管外供热，最高温度（反应器出口）控制在 800℃ 左右，出口残余甲烷含量在 10%（干基）左右。第二段转化反应器采用大直径的钢制圆筒，内衬耐火材料并装有催化剂，反应温度可达 1000℃ 以上，但不能再采用外加热方式供热。800℃ 左右的一段转化气与氧气进入二段炉，氧气与一段转化气中的甲烷部分燃烧放热，温度升至 1000℃ 左右，继续进行转化反应，使二段出口转化气中的甲烷含量降至 0.3% 以下。

一段转化炉温度沿炉管的轴向分布对反应过程有重要影响。在转化炉管的入口端，甲烷含量高，裂解反应较严重，反应温度应低一些，一般不超过 500℃，因有催化剂，反应速率不会太低，析出的少量炭也能够及时气化，不会积炭；在入口端 1/3 处，应严格控制温度不超过 650℃，在催化剂活性较高的情况下，转化速率也不会太慢；在入口端 1/3 后，反应温度应高于 650℃，此时已产生较多的氢气，且体系的水碳比相对变大，可有效抑制裂解反应，反应温度较高也会加速消碳反应，积炭不再明显；随着转化炉管内物料的后移，温度逐渐升高，直到出口处达到 800℃ 左右，以保证甲烷的残余量满足要求。因此，一段转化炉实际上是一个变温反应器。

二段转化炉中的温度较高，但由于甲烷含量低，又有氧气存在，一般不会积炭。

2. 反应压力

提高体系压力对天然气蒸汽转化过程的化学平衡不利。但从动力学方面考虑，高压增加了初期体系中反应物的浓度，加快了反应速率；但到了反应后期，反应接近平衡，反应产物浓度高，加压反而会降低反应速率。因此，从化学反应角度来说，天然气蒸汽转化过程的压力不宜过高。

从工程角度来看，天然气转化过程是外部供热过程，适当提高压力有利于传热。提高压力，可以提高体系中介质的密度，进而提高雷诺数，强化过程的传热。此外，为了提高传热效率，一段转化炉采用多管并联反应器以增大传热面积，如何将反应物均匀分布到各反应管是一个必须解决的问题。提高系统压力可以增大床层压降，使气流均匀分布于各反应管。

提高压力会增加装置的能耗，但如果合成气是作为后续高压合成过程（如合成氨、甲醇等）的原料，在制造合成气时将体系压力提高到一定水平，能降低后序工段的压缩机负荷，使全厂能耗降低。此外，加压还可以减小设备、管道的体积，提高设备的生产能力，减小占地面积。

天然气蒸汽转化过程一般采用加压操作，压力在 3MPa 左右。

3. 原料组成

原料组成主要是指进料的水碳比，是天然气蒸汽转化过程中诸多变量中最便于调节的一个，且对一段转化过程的影响较大。水碳比高，有利于防止积炭，产物中甲烷残余量也低。

为了节能降耗，近年来，水碳比有逐渐降低的趋势，此时，需要采取其他措施来防止积炭，主要包括：（1）开发新型的高活性、高抗碳性的低水碳比催化剂；（2）开发新型的耐高温炉管，提高一段转化炉的出口温度；（3）提高进二段炉的氧气量，可以保证降低水碳比后，一段转化气中较高残余量的甲烷能在二段炉中降低要求的含量。

为了防止积炭，实际操作中一般控制水碳比在 3.5 左右，目前水碳比已可降至 3.0，最低可降至 2.75。

4. 空速

空速大，反应炉管内的气体流速高，有利于传热，降低炉管外壁温度，延长炉管寿命，同时还可以提高装置的生产能力。但空速过大，转化深度降低，且床层流动阻力大，能耗增加。

第三节　煤制合成气

煤制合成气技术来源于煤气化技术，最初的目的是将煤炭转化为气体。煤气化技术在特定条件下，所得煤气中含有大量 CO 和 H_2，因此也可以用于生产合成气。

煤气化是指在特定的设备中，在一定的温度和压力下使煤中的有机质与气化剂发生反应，将煤转化成含有 H_2、CO、CH_4 等可燃气和 CO_2、N_2 等非可燃气混合物的过程。

煤的气化过程是热化学过程，包括煤的热解、气化和燃烧过程，主要包括以下几个步骤：

$$煤+水蒸气 \rightarrow \boxed{气化} \rightarrow 水煤气 \rightarrow \boxed{脱硫} \rightarrow \boxed{变换} \rightarrow \boxed{脱碳} \rightarrow 合成气$$

一、煤制合成气的化学原理

煤气化生产合成气通常采用水蒸气作为气化剂，产物中含有大量的 CO 和 H_2，发热量较高，可以作为燃料，更适合作为基本有机合成原料。

煤气化制合成气过程的化学反应主要包括：

$$C + H_2O \rightleftharpoons CO + H_2$$
$$C + 2H_2O \rightleftharpoons CO_2 + 2H_2$$
$$C + CO_2 \rightleftharpoons 2CO$$
$$C + 2H_2 \rightleftharpoons CH_4$$

以上反应均为可逆反应，总过程是强吸热的，因此高温对煤气化有利，而不利于甲烷的生成。当温度高于900℃时，CH_4和CO_2的平衡浓度接近于0。低压有利于CO和H_2的生成，不利于CH_4的生成。

煤气化过程是一个气固非均相反应过程，反应的总速率取决于控制步骤，提高控制步骤的速率是提高总速率的关键。对于泥煤、褐煤，当气化温度低于900℃时，反应速率慢，处于动力学控制区，提高反应温度可以加快总反应速率；但当温度高于900℃以后，反应速率已经非常快，过程进入扩散控制区，减小煤的颗粒度和提高气速以减小扩散阻力，是提高总反应速率的关键。对于无烟煤，900~1200℃是动力学控制区，1200~1500℃是过渡区，温度高于1500℃后才进入扩散控制区；对于焦炭，1200℃以上才是扩散控制区。

二、煤制合成气的工艺流程

煤制合成气是高温吸热过程，工业上采用燃烧煤来实现高温供热。按照操作方式不同，煤气化过程可以分为交替用空气和水蒸气为气化剂的间歇式气化法和同时用氧气和水蒸气为气化剂的连续气化法。不同的气化方法中，原料煤与气化剂的相对运动及接触方式有所不同，但煤由受热至最终气化转化所发生的化学反应及经历的过程类似，即原料煤通常经历干燥、热解、燃烧和气化过程。间歇式气化法历史悠久，缺点是生产必须间歇操作。连续气化法包括固定床(移动床)、流化床和气流床气化法，是当前煤气化的主要方法。

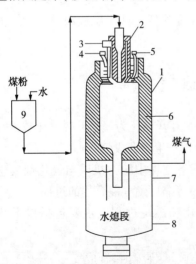

图16-3 德士古气化炉示意图
1—气化炉；2—喷嘴；3—氧气入口；
4—冷却水入口；5—冷却水出口；6—耐火砖衬；
7—水入口；8—渣出口；9—水煤浆槽

气流床技术是最为清洁、高效的煤气化技术，代表着当今煤气化工艺的发展方向。目前最有代表性的是美国德士古水煤浆气化法和荷兰壳牌公司的干煤粉气化技术。德士古气化法被称为第二代气流床气化方法。

图16-3为德士古气化炉示意图。气化炉为直立钢制圆筒式，炉膛内衬高质量的耐火材料，以防止热渣和粗煤气侵蚀。水煤浆通过喷嘴在高速氧气流作用下破碎、雾化喷入气化炉，气化得到的湿煤气和熔渣并流向下离开反应区，进入炉子底部进行冷却。按照冷却方式不同，德士古气化法可以分为激冷流程和废热锅炉流程。

图16-4为德士古激冷法气化工艺流程示意图。原料煤进入系统经称重后加入研磨机，与定量的水及添加剂混合制成一定浓度的煤浆。煤浆经滚筒筛筛去大颗粒后流入研磨机出口槽，再经高压煤浆泵送入气化喷嘴。经过喷嘴，煤浆与空分装置送来的氧气一起混合雾化进入气化炉，在燃烧室中进行气化反应。气化炉燃烧室排出的高温气体和熔渣经激冷环被水激冷后，沿下降管导入激冷室

进行水浴，熔渣迅速固化，粗煤气被水饱和。生成的灰渣留在水中，绝大部分迅速沉淀并通过排渣系统定期排出。出气化炉的粗煤气再经文丘里喷射器和炭黑洗涤塔用水进一步湿润洗涤，除去残余的飞灰。激冷室和洗涤塔排出水中的细灰，经过灰水处理系统经沉降槽沉降除去，澄清的水返回工艺系统循环使用，废水进入生化系统处理装置处理后排放。

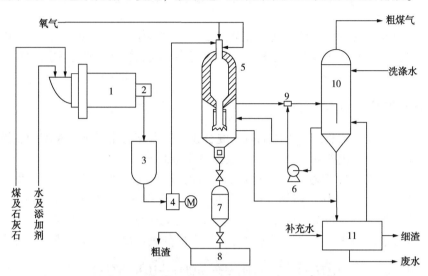

图 16-4　德士古激冷法气化工艺流程示意图

1—磨煤机；2—低压煤浆泵；3—煤浆槽；4—高压煤浆泵；5—气化炉；6—激冷水泵
7—锁渣罐；8—渣池；9—文丘里喷射器；10—炭黑洗涤塔；11—灰水处理系统

德士古激冷法气化工艺的优点是单炉生产能力大，气化用煤范围广，工艺流程简单，过程产生的"三废"少且易处理，制得的煤气中甲烷和烃类含量极低，适宜用作合成气。缺点是炉内耐火砖寿命短，更换费用大，喷嘴需频繁更换，影响装置运行，耗氧量较高。

三、煤制合成气的工艺条件

煤制合成气过程的主要工艺影响因素有温度、压力、水蒸气和氧气的比例以及煤种条件等。

1. 温度

不管是从热力学角度还是从动力学角度分析，温度对煤气化的影响最大。一般来说，煤至少要在 900℃以上才有满意的气化速率，操作温度多在 1100℃以上。近年来，很多新工艺采用 1500~1600℃的温度进行气化，极大地提高了反应速率和生产强度。

2. 压力

低压有利于提高 CO 和 H_2 的平衡浓度，但高压有利于提高反应速率并减小反应体积。工业上目前一般采用 2.5~3.2MPa 的压力。

3. 水蒸气和氧气的比例

氧气可以与煤燃烧放出热量，供给水蒸气与煤的气化反应，H_2O/O_2 比对反应温度和煤气组成均有影响。具体的 H_2O/O_2 比需根据煤气化的生产方法来确定。

4. 煤种条件

气化用煤的反应活性、黏结性、热稳定性、机械强度、粒度组成、水分、灰分和硫含量等性质，均对气化过程有极为重要的影响。如果煤的性质不适合煤的气化工艺，将导致气化炉生产指标下降，甚至恶化。

第四节 渣油部分氧化法制合成气

由渣油制合成气的过程一般称为渣油汽化，采用的原料主要是减压渣油或其他劣质重油。渣油汽化技术主要有部分氧化法和蓄热炉深度裂解法，目前工业上常用的技术是渣油部分氧化法。

一、渣油汽化的化学原理

渣油是大分子烃类和非烃类组成的复杂混合物，沸点高，常温下是黏稠的、黑色半固体物质，氢碳比低，含有较多的 S、N、O 以及微量重金属 Ni、V 等。

渣油汽化的氧化剂为氧气，当氧气量低于渣油完全氧化的理论值时，渣油发生部分氧化生成以 CO 和 H_2 为主的气体；当氧气量充分时，渣油会完全燃烧生成 CO_2 和 H_2O。

渣油汽化过程中，首先将渣油加热到一定温度变成气态，气态渣油与氧气混合均匀并发生反应。在氧气量低于完全氧化的理论值时，发生部分氧化反应，放出热量。反应式如下：

$$C_mH_n+(\frac{m}{2}+\frac{n}{4})O_2\longrightarrow mCO+\frac{n}{2}H_2O(放热)$$

$$C_mH_n+\frac{m}{2}O_2\longrightarrow mCO+\frac{n}{2}H_2(放热)$$

当氧气量充足时，则会发生完全燃烧反应：

$$C_mH_n+(m+\frac{n}{4})O_2\longrightarrow mCO_2+\frac{n}{2}H_2O(放热)$$

如果渣油与氧混合不均匀，或油滴过大，处于高温的油会发生热裂解反应，最终生成焦炭。因此，渣油部分氧化过程中总会有炭黑生成。为了减少炭黑的生成，以提高原料油的利用率和合成气产率，一般需向反应系统中通入部分水蒸气，因此渣油部分氧化过程中还有烃类的蒸汽转化反应和焦炭的气化反应。渣油中的硫化物、氮化物也会反应生成 H_2S、NH_3，以及 HCN 和 COS 等少量副产物。因此，渣油汽化反应要远远比天然气蒸汽转化过程复杂。

渣油汽化生成的合成气中，4 种主要组分 CO、H_2O、H_2、CO_2 之间的平衡关系由变换反应平衡决定。

$$CO+H_2O\Longrightarrow CO_2+H_2$$

二、渣油部分氧化制合成气的工艺流程

渣油制合成气的加工步骤如图 16-5 所示。

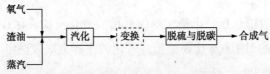

图 16-5 渣油汽化制合成气步骤

根据合成气的冷却方式不同，渣油汽化的反应部分主要有 3 种工艺流程。

1. 急冷式流程

汽化炉由上部的反应室和下部的水冷却室组成，原则工艺流程如图 16-6 所示。反应原料由汽化炉顶部进入反应室进行汽化反应，生成的合成气直接进入下部的急冷室，用水冷却并除去一部分未转化炭。合成气和冷却过程中产生的水蒸气一起从急冷室排出，进入炭黑洗涤塔以脱除合成气中的炭黑。

急冷式流程的特点是流程简单，维护工作量小，合成气冷却过程中发生的水蒸气直接混入合成气中。当合成气用于制氢、合成氨时，进行 CO 变换反应可直接利用合成气中的蒸汽，因此急冷式流程是最经济的。

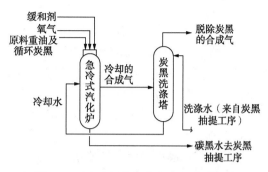

图 16-6 渣油部分氧化急冷流程示意图

2. 余热锅炉流程

汽化炉由一台全部带衬里的汽化炉和一台合成气冷却器组成，原则工艺流程如图 16-7 所示。汽化炉内产生的高温合成气在专门设计的余热锅炉(冷却器)中进行冷却，产生高压蒸汽。从余热锅炉内排出的合成气是干式合成气。

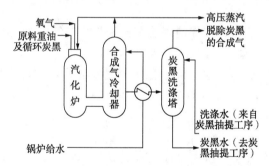

图 16-7 渣油部分氧化余热锅炉流程示意图

余热锅炉流程的特点是可以产生高压蒸汽，高压蒸汽可用于驱动机械或作其他用途。装置没有污染，炭黑洗涤塔排出的炭黑水进入炭回收工序进行处理。缺点是工艺流程较复杂，不易操作。

3. 混合流程

该流程使用带有急冷室的汽化炉，同时设有余热锅炉。汽化炉产生的合成气先经余热锅炉冷却，除去炭渣并产生蒸汽，然后再进行急冷水直接冷却。该流程的特点是传热效率高，合成气中含有充足的蒸汽，有利于后续的变换反应，适合用于生产甲醇。但工艺流程复杂，不易操作。

三、渣油部分氧化的工艺条件

渣油部分氧化的过程较复杂，包括渣油原料的雾化，雾滴与氧、蒸汽的混合，气液相之间的传热和传质，雾滴蒸发，油与氧气及水分子的反应，渣油液相的热裂解，裂解产物的环化、聚合、缩合，炭黑与水蒸气的气化反应等，影响因素较复杂。确定渣油汽化的操作条件，应充分认识过程的反应特点，全面分析各工艺参数对反应的影响，达到在尽可能低的氧和蒸汽消耗量下，碳转化率要高，尽量将渣油转化为更多的 CO 和 H_2。

1. 反应温度

渣油的完全燃烧和部分氧化反应均为不可逆反应，不存在化学平衡的限制问题。温度越高，反应速率越快，氧气也能更快地消耗尽。烃类的蒸汽转化和焦炭的气化也是吸热反应，高温对化学平衡和反应速率均有利。因此，渣油汽化过程的温度应尽可能高，但高温还需受反应器材质的限制。

工业上一般控制反应器出口温度在 1300~1400℃，反应器内燃烧区的最高温度在 1800~2000℃。

2. 反应压力

渣油汽化过程是一个分子数增加的过程，低压有利于产物的生成。但加压可以缩小设备尺寸，节省后续气体输送和压缩的动力消耗，还有利于消除炭黑、脱除硫化物和二氧化碳等。因此，渣油汽化一般采用加压操作，加压对平衡产生的不利影响可以通过提高反应温度进行补偿，同时还应该采用水油比的低限值。

渣油部分氧化过程的操作压力一般为 2.0~4.0MPa，也有采用 8.5MPa 的。

3. 氧油比

渣油汽化的操作温度不是独立变量，与氧和蒸汽用量有关。氧油比对汽化炉内温度及合成气的有效成分有很大影响，是装置的重要控制指标之一，氧油比的单位是 m^3/kg。

当希望渣油汽化过程只生成 CO 和 H_2 时，根据渣油部分氧化反应式可知，氧分子数和碳原子数之比为 0.5 即可，如果超过这个比值，则会生成部分 CO_2 和 H_2O。

实际生产过程中的氧油比要高于理论值。这是因为体系中添加了水蒸气，存在吸热反应，需提高氧油比以维持较高的温度，并可以使炭黑含量迅速下降。氧油比的具体数值要根据渣油碳含量、原料预热温度、水蒸气添加量以及反应器的散热损失等因素确定。

4. 水油比

渣油汽化过程中加入水蒸气可以抑制烃类热裂解，加快消碳速率，提高合成气中 CO 和 H_2 含量，还可以帮助渣油雾化，增大油与氧、水蒸气的接触面积。

水蒸气加入量是一个可调变量，一般来说水油比高一点较好。但水蒸气参与反应会降低温度，为了保持高温，就需要提高氧油比。因此，水油比不能过高，一般控制在 0.3~0.6。当采用加压操作时，应采用较低的水油比。

5. 原料预热温度

原料预热温度高，可以充分利用余热，节省氧耗，提高气体的有效成分含量，还可以降低渣油的黏度和表面张力，有利于输送和雾化。但预热温度过高会引起渣油在预热器内汽化和结焦。

渣油汽化过程中，渣油的预热温度一般控制在 120~150℃；氧的预热温度控制在 250℃以下；过热蒸汽最高可以达到 400℃。

第五节　一氧化碳变换过程

不同原料和工艺过程制备的合成气化学组成不同，而不同的使用目的对合成气的组成要求也不同。一氧化碳变换反应是指一氧化碳与水蒸气反应生成氢气和二氧化碳的过程。通过变换反应可以产生更多的氢气，降低合成气中的 CO 含量，调节 H_2/CO 比，满足不同生产工艺的需求。

一、一氧化碳变换反应化学原理

变换过程的主要反应为

$$CO+H_2O(气) \Longrightarrow CO_2+H_2$$

变换反应的主反应是可逆放热反应，而且反应热随着反应温度的升高而减小。变换反应的平衡受温度、水碳比、原料气中 CO_2 含量等因素的影响，低温和高水碳比有利于平衡向正方向进行，而压力对反应平衡没有影响。

除主反应以外，变换过程还会发生以下副反应：

$$2CO \Longrightarrow C+CO_2$$
$$CO+3H_2 \Longrightarrow CH_4+H_2O$$
$$CO_2+4H_2 \Longrightarrow CH_4+2H_2O$$

CO 的歧化反应会引起催化剂积炭，甲烷化反应消耗氢气，因此应当进行抑制。当体系中的水碳比较高时，有利于抑制副反应的发生。

二、一氧化碳变换催化剂

一氧化碳变换过程在没有催化剂的条件下，即使达到 700℃ 以上的高温，反应速率仍很慢。而在有催化剂参与反应的条件下，在不太高的温度下就有足够高的反应速率和较高的转化率。目前工业上采用的变换催化剂主要有三大类。

1. 铁铬系催化剂

催化剂的主要活性组分为 Fe_2O_3，还含有 Cr_2O_3 和 K_2CO_3 等助剂，反应前应将 Fe_2O_3 还原成 Fe_3O_4，这样催化剂才具有活性。该类催化剂适用的温度范围为 300~530℃，称为中温或高温变换催化剂。由于反应温度较高，反应后气体中残余 CO 含量最低可降至 3%~4%。

2. 铜基催化剂

催化剂的主要活性组分是 CuO，还含有 ZnO 和 Al_2O_3 等助剂，反应前也需要将催化剂还原成具有较高活性的铜。铜基催化剂的适用温度范围为 180~260℃，称为低温变换催化剂，反应后的 CO 含量可降至 0.2%~0.3%。

硫化物可导致铜基催化剂中毒，因此原料气中的硫化物体积分数不得超过 $0.1×10^{-6}$。此外，在装置的运转或催化剂还原过程中，超温均会导致催化剂铜晶粒烧结而失活。因此，当原料气中 CO 含量较高时，应先经高温变换，将 CO 含量将至 3%，再进行低温变换，以防剧烈放热而烧毁催化剂。

3. 钴钼系催化剂

该催化剂是将钴、钼氧化物担载在氧化铝上形成的，使用前需进行预硫化才具有较高的催化活性，反应中原料气也必须含有适当的硫化物。该催化剂耐硫抗毒，使用寿命长。

钴钼系催化剂的适用温度范围为 160~500℃，属宽温变换催化剂。

三、一氧化碳变换工艺流程

一氧化碳变换有多种工艺流程，包括两段中温变换、三段中温变换(简称高变)和高—低变串联等流程。流程中既可以采用常压操作，也可以采用加压操作。工艺流程的选择主要根据合成气的生产方法、合成气中 CO 含量、对残余 CO 含量的要求等因素来确定。

以渣油为原料制合成气时，水煤气中的 CO 含量高达 40%(体积分数)以上，需采用三段变换，其原则工艺流程如图 16-8 所示。渣油汽化工段来的水煤气先经换热器 1 和换热器 2 进行预热，然后进入装有铁铬系催化剂的中温变换反应器，经第 1 段变换后，到换热器 2 和换热器 4 进行换热降温, 再进入第 2 段, 反应后再到换热器 1 降温, 后进入第 3 段变换, 最后变换气经换热器 5 和换热器 6 降温后, 再经冷凝分离器脱除水分, 送至脱碳工段进一步处理。

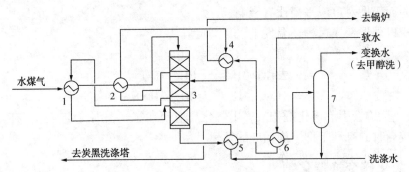

图 16-8　CO 三段中温变换原则工艺流程

1, 2, 4, 5, 6—换热器; 3—变换反应器; 7—冷凝液分离器

当以天然气或石脑油为合成气原料时, 合成气中的 CO 含量仅为 10%~13%, 采用一段高温变换和一段低温变换串联流程, 即可将 CO 含量降至 0.3% 以下。当以煤为合成气原料时, 多采用两段或三段中温变换流程。

CO 变换是一个可逆放热反应, 过程存在一个最佳反应温度, 且由研究可知, 当催化剂和原料气组成一定时, 最佳反应温度随转化率的升高而降低。为了使反应尽可能在最优操作温度下进行, CO 变换反应器一般设计成多段反应器, 段间冷却降温。根据降温方式不同, 变换反应器主要有中间间接冷却式多段绝热反应器、原料气冷激式多段绝热反应器和水蒸气或冷凝水冷激式多段绝热反应器(图 16-9)。

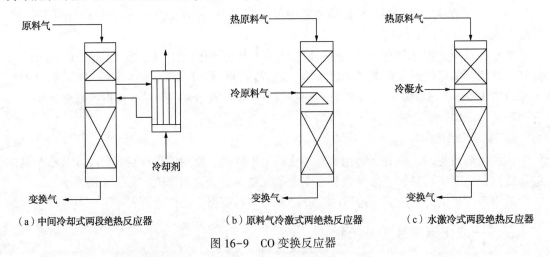

(a) 中间冷却式两段绝热反应器　　(b) 原料气冷激式两段绝热反应器　　(c) 水激冷式两段绝热反应器

图 16-9　CO 变换反应器

四、一氧化碳变换的影响因素

一氧化碳变换过程的影响因素主要有反应温度、反应压力和水碳比。

1. 反应温度

CO 变换是一个可逆放热反应, 反应过程存在一个最佳反应温度, 其与原料组成、转化率及催化剂有关。当催化剂和原料组成一定时, 最佳反应温度随转化率的升高而降低。变换反应器中的温度最好能根据转化率和最佳反应温度的变化而变化。反应初期，转化率低，反应温度高；反应后期，转化率高，反应温度低。

CO 变化过程是放热反应，在固定床反应器中，需要不断地取出热量才能使反应温度随着反应的进行而降低。目前工业上都是采用段间冷却的方式达到此目的，反应器的分段越多，操作温度越接近于最佳反应温度，但工艺流程越复杂。还需要注意的是，CO 变换反应的催化剂都有各自的活性温度范围，操作温度必须控制在催化剂的活性温度范围内，高于此范围，催化剂易过热而受损，失去活性；低于此温度，催化剂活性太低，反应速率太慢。

2. 反应压力

反应压力对 CO 变换的化学平衡没有影响，但加压可以提高反应物分压，对提高反应速率有利。在 3.0MPa 以下，反应速率和压力的平方根成正比，但压力再高，影响就不明显了。因此，一般中小型装置的操作压力可采用常压或 2MPa，大型装置多采用 3MPa，少数装置可以达到 8MPa。

3. 水碳比

水碳比是指原料气中 H_2O/CO 的比值。提高水碳比对反应平衡和反应速率均有利，在水碳比低于 4 时，提高水碳比，可使反应速率较快增长，水碳比大于 4 后对反应速率的影响就不明显了；且随着水碳比的增加，能耗增加，因此水碳比一般选用 4 左右。近年来受节能降耗要求的影响，工业上希望 CO 变换过程的水碳比降到 3 以下，技术的关键是提高变换催化剂的选择性，有效抑制 CO 的加氢副反应。

参 考 文 献

陈俊武，2005. 催化裂化工艺与工程[M].2版.北京：中国石化出版社.

侯祥麟，2001. 中国炼油技术[M].2版.北京：中国石化出版社.

李大东，2004. 加氢处理工艺与工程[M].北京：中国石化出版社.

刘晓林，刘伟，2015. 化学工艺学[M].北京：化学工业出版社.

马伯文，2009. 清洁燃料生产技术[M].北京：中国石化出版社.

米镇涛，2006. 化学工艺学[M].北京：化学工业出版社.

瞿国华，2007. 延迟焦化工艺与工程[M].北京：中国石化出版社.

王从岗，张艳梅，2009. 储运油料学[M].2版.东营：中国石油大学出版社.

王遇冬，2011. 天然气处理原理与工艺[M].北京：中国石化出版社.

徐承恩，2006. 催化重整工艺与工程[M].北京：中国石化出版社.

徐春明，杨朝合，2009. 石油炼制工程[M].4版.北京：石油工业出版社.

杨朝合，山红红，2013. 石油加工概论[M].2版.东营：中国石油大学出版社.

张建芳，山红红，涂永善，2009. 炼油工艺基础知识[M].2版.北京：中国石化出版社.

张君涛，2013. 炼油化工专业实习指南[M].北京：中国石化出版社.

诸林，2008. 天然气加工工程[M].2版.北京：石油工业出版社.